FANUC 工业机器人编程与操作

韩鸿鸾 周 蔚 王泓霖 刘洪军

编著

化学工业出版社

·北京·

内容简介

本书体现了专业知识与创新创业知识相融合的理念，以 FANUC 工业机器人为载体，并结合实际应用和相关要求而编写。本书包括工业机器人基础、工业机器人操作、工业机器人在线程序的编制、具有视觉系统的工业机器人编程与操作、工业机器人离线编程等内容。

本书可供企业从事数控机床与工业机器人操作、维护及维修等人员使用。

图书在版编目(CIP)数据

FANUC 工业机器人编程与操作/韩鸿鸾等编著．—北京：化学工业出版社，2024.5

ISBN 978-7-122-44925-2

Ⅰ．①F… Ⅱ．①韩… Ⅲ．①工业机器人-程序设计 Ⅳ．①TP242.2

中国国家版本馆 CIP 数据核字（2024）第 082417 号

责任编辑：王　烨　严春晖　　　　装帧设计：刘丽华

责任校对：王鹏飞

出版发行：化学工业出版社

（北京市东城区青年湖南街 13 号　邮政编码 100011）

印　　装：大厂聚鑫印刷有限责任公司

787mm×1092mm　1/16　印张 18¾　字数 501 千字

2024 年 8 月北京第 1 版第 1 次印刷

购书咨询：010-64518888　　　　售后服务：010-64518899

网　　址：http://www.cip.com.cn

凡购买本书，如有缺损质量问题，本社销售中心负责调换。

定　　价：89.00 元

前·言

2015年5月19日，国务院印发《中国制造2025》，规划指出，要把智能制造作为两化深度融合的主攻方向，其中工业机器人是主要抓手。

近年来，我国机器人行业在国家政策的支持下，顺势而为，发展迅速，已成为世界第一大工业机器人市场。

工业机器人作为一种高科技集成装备，对专业人才有着多层次的需求，主要分为研发工程师、系统设计与应用工程师、调试工程师和操作及维护人员四个层次。

对应于专业人才层次分布，工业机器人专业人才服务方向主要分为工业机器人研发和生产企业、工业机器人系统集成商和工业机器人应用企业。掌握技术核心知识的研发工程师主要分布在工业机器人研发企业和生产企业的研发部门，推动工业机器人技术发展；而工业机器人应用企业和工业机器人系统集成商则需要大量调试工程师和操作及维护人员，工作在生产一线，保障设备的正常运行并进行简单细微的调整，同时工业机器人研发与生产企业也需要大量的培训技师及具有一定专业知识的销售人员。本书正是基于此背景，为满足这一需求而开发的。

本书撰写始终贯穿“守正创新、独具创意”的根本。守正是指“国家标准、科学方法和产品品质”；创新是指“新技术、新产业、新业态和新模式”，具有如下特色。

1. 坚定历史自信、文化自信，坚持古为今用、推陈出新。通过多位一体表现模式和教、学、做之间的引导和转换，强化学员学中做、做中学，潜移默化提升岗位管理能力。强调互动式学习、训练，激发学员的双创能力，快速有效地将知识内化为技能、能力。

2. 坚持理论与实践相结合，体现实践没有止境，理论创新也没有止境。基于岗位知识需求，系统化、规范化内容；针对学员的群体特征，以可视化内容为主，通过图示、图片等形式表现学习内容，降低阅读难度，培养兴趣和信心，提高自主学习的效率和效果。

3. 培育创新文化，弘扬科学家精神，涵养优良学风，营造创新氛围。做到“举一反三、触类旁通”，启发学员动手、动脑、多看，做到勇于实践、敢于创新。

4. 不忘初心、牢记使命。在党的二十大报告中提到“实施科教兴国战略，强化现代化人才支撑”，要坚持党的领导，忠于党的事业。

5. 校企深度融合。在撰写过程中，编者广泛采纳工业机器人应用企业技术人员的经验和建议，结合企业用人需求，在内容上融入专业职业能力的培养。

6. 课程思政，培根铸魂。在撰写过程中融入思政元素，将严谨、精细的工匠精神融入其中；以培养高素质的技术技能人才、能工巧匠为具体目标，教会学员真本领，培养对社会有作为，对国家有担当的职业技能人才。

7. 守正创新。在撰写内容、表现形式等方面借助信息化手段提升质量，突出重点，有效地提高学习效果，为社会培养德智体美劳全面发展的高素质技术技能人才，为国家发展储备人才提供支撑。

本书由韩鸿鸾、周蔚、王泓霖、刘洪军编著。本书是职业教育相关课题的研究成果[1]。全书由韩鸿鸾、刘洪军统稿。

本书在撰写过程中得到了柳道机械、天润泰达、西安乐博士、上海ABB、KUKA、山东立人科技有限公司等工业机器人生产企业与北汽（黑豹）汽车有限公司、山东新北洋信息技术股份有限公司、豪顿华工程有限公司、联轿仲精机械有限公司等工业机器人应用企业的大力支持；得到了众多职业院校的帮助；还得到了山东省、河南省、河北省、江苏省、上海市等技能鉴定部门的大力支持，在此深表谢意。

由于编者水平所限，书中不足之处在所难免，恳请广大读者给予批评指正。

编著者

---

[1] 第二届黄炎培职业教育思想研究规划课题，重点项目（ZJS2024ZN023），课题名称：产教协同理念下的高职院校数控专业教育与创新创业教育相融合的研究与实践，主持人：韩鸿鸾。

目 · 录

第 1 章　工业机器人的操作基础　001

1.1　认识工业机器人　001
1.1.1　工业机器人的产生　001
1.1.2　工业机器人的常见分类　002
1.1.3　工业机器人的应用领域　009
1.1.4　按协作与否分类　012
1.1.5　机器人在新领域中的应用　013
1.2　认识机器人的组成与工作原理　016
1.2.1　机器人的基本工作原理　016
1.2.2　工业机器人的组成　017
1.2.3　机器人应用与外部关系　030
1.3　机器人的基本术语与图形符号　031
1.3.1　运动副及其分类　031
1.3.2　机构运动简图　032
1.3.3　工业机器人技术参数　037
1.3.4　机器人的提示图形符号　042
1.4　操作规程　043
1.4.1　焊接机器人操作规程　043
1.4.2　电源水箱操作规程　045
1.4.3　除尘设备操作规程　045
1.4.4　清枪剪丝站使用操作规程　045
1.4.5　机器人焊枪使用注意事项　046
1.5　工业机器人的维护　046
1.5.1　日常维护和定期维护　046
1.5.2　检查　051
1.5.3　更换　053
1.5.4　手腕的绝缘　065
1.6　工业机器人调试与网络管理　066
1.6.1　工业机器人调试　066
1.6.2　网络管理　069

第 2 章　工业机器人的操作　073

2.1　示教器的应用　073
2.1.1　示教器的操作　075
2.1.2　程序示教　077
2.1.3　工业机器人数据备份与恢复　079
2.2　程序编辑与执行　084
2.2.1　程序编辑　084
2.2.2　程序的调试与运行　097
2.3　工业机器人坐标系　098
2.3.1　机器人坐标系　099
2.3.2　工业机器人工具坐标系的确定　103
2.3.3　FANUC 机器人用户坐标系的确定　110
2.3.4　变更用户坐标系号码　117
2.3.5　设定 JOG 坐标系　117
2.3.6　设定基准点　119
2.3.7　设定具有视觉功能的坐标系　121
2.3.8　激活坐标系　126
2.4　其他设置　127

2.4.1 外部倍率选择 127
2.4.2 碰撞保护设置 128
2.4.3 防干涉区域功能设置 130
2.4.4 负载功能设置 131
2.5 协调控制功能 132
2.5.1 认识协调控制功能 132
2.5.2 协调控制系统的设定 135
2.5.3 主导坐标系的设定 139
2.5.4 协调点动 141

第3章 工业机器人在线程序的编制 146

3.1 工业机器人的编程基础 146
3.1.1 工业机器人的编程要求 146
3.1.2 机器人编程语言的类型 147
3.1.3 在线编程的种类 148
3.1.4 在线示教实例 149
3.1.5 机器人在线编程的信息 152
3.1.6 机器人语言编程 153
3.2 基本编程指令简介 157
3.2.1 动作指令 157
3.2.2 暂存器指令 160
3.2.3 数学函数指令 166
3.2.4 转移指令 167
3.2.5 FOR/ENDFOR 指令 172
3.2.6 等待指令 174
3.2.7 位置偏置 176
3.3 I/O 指令 178
3.3.1 分类 178
3.3.2 I/O 指令的编制 179
3.4 码垛功能 182
3.4.1 码垛的结构与种类 182
3.4.2 叠栈指令的结构与种类 184
3.5 示教叠栈 190
3.5.1 叠栈初始资料 190
3.5.2 执行叠栈 202
3.5.3 带有附加轴的叠栈 206
3.6 其他指令 208
3.6.1 RSR 指令 208
3.6.2 用户报警指令 208
3.6.3 计时器指令 209
3.6.4 倍率指令 209
3.6.5 注解指令 209
3.6.6 消息指令 209
3.6.7 参数指令 210
3.6.8 最高速度指令 210
3.6.9 动作群组指令 211
3.6.10 坐标系指令 211

第4章 具有视觉系统的工业机器人编程与操作 213

4.1 认识 FANUC 系统工业机器人的视觉系统 213
4.1.1 视觉系统功能 213
4.1.2 工业视觉系统组成 215
4.1.3 工业视觉系统主要参数 221
4.2 相机标定 222
4.2.1 点阵板标定（固定相机） 222
4.2.2 机器人生成网格标定 226
4.3 相机的补正 234
4.3.1 1台相机的2维补正 234
4.3.2 3台相机的3维补正 245

第 5 章　工业机器人的离线编程　252

5.1　机器人离线编程概述　252
5.1.1　机器人离线编程的特点　252
5.1.2　机器人离线编程的过程与分类　253
5.1.3　机器人离线编程系统的结构　254
5.1.4　机器人离线编程与仿真核心技术　256
5.1.5　常用离线编程软件简介　258
5.1.6　机器人离线编程系统实用化技术发展趋势　263
5.2　ROBOGUIDE 的应用　264
5.2.1　文件的创建　266
5.2.2　FANUC PaintPro 模块的应用　274

参考文献　291

第1章 工业机器人的操作基础

1.1 认识工业机器人

工业机器人作为高端制造装备的重要组成部分，技术附加值高，应用范围广，是我国先进制造业的重要支撑技术和信息化社会的重要生产装备，对未来生产、社会发展以及军事国防实力的增强都具有十分重要的意义，如图 1-1～图 1-4 所示为各种类型的工业机器人。

图 1-1 直角坐标系工业机器人

图 1-2 圆柱坐标系工业机器人

图 1-3 关节坐标系工业机器人

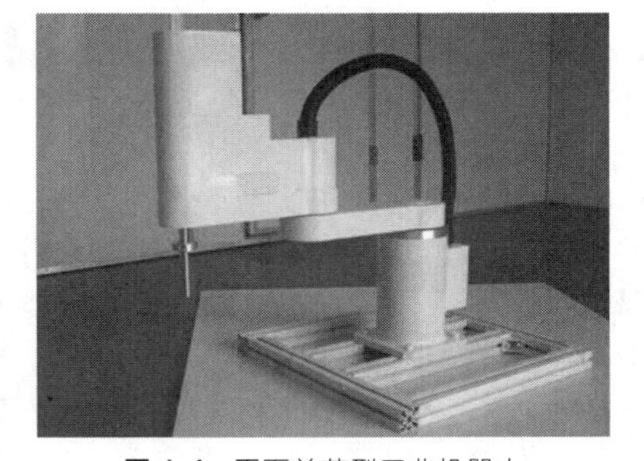

图 1-4 平面关节型工业机器人

1.1.1 工业机器人的产生

工业机器人的研究工作是 20 世纪 50 年代初从美国开始的。日本、俄罗斯等国的研制工作比美国大约晚 10 年，但日本的发展速度比美国快。欧洲特别是西欧各国比较注重工业机器人的研制和应用，其中英国、德国、瑞典、挪威等国的技术水平较高，产量也较大。

第二次世界大战期间，由于核工业和军事工业的发展，美国原子能委员会的阿尔贡研究所研制了“遥控机械手”，用于代替人生产和处理放射性材料。1948 年，这种较简单的机械装置被改进，开发出了机械式的主从机械手（见图 1-5）。它由两个结构相似的机械手组成，主机械手在控制室，从机械手在有辐射的作业现场，两者之间由透明的防辐射墙相隔。操作者用手操纵主机械手，控制系统会自动检测主机械手的运动状态，并控制从机械手跟随主机械手运动，从而解决对放射性材料远距离操作的问题。这种被称为主从控制的机器人控制方式，至今仍在很多场合中应用。

由于航空工业的需求，1952 年美国麻省理工学院（MIT）成功开发了第一代数控机床（CNC），并进行了与 CNC 相关的控制技术及机械零部件的研究，为机器人的开发奠定了技术基础。

1954 年，美国人乔治·德沃尔（George Devol）提出了一个关于工业机器人的技术方案，设计并研制了世界上第一台可编程的工业机器人样机，将之命名为“Universal Automation”，并申请了该项机器人专利。这种机器人是一种可编程的零部件操作装置，其工作方式为首先移动机械手的末端执行器，并记录下整个动作过程；然后，机器人反复再现整个动作过程。后来，在此基础上，Devol 与 Engerlberge 合作创建了美国万能自动化公司（Unimation），于 1962 年生产了第一台机器人，取名 Unimate（见图 1-6）。这种机器人采用极坐标式结构，外形完全像坦克炮塔，可以实现回转、伸缩、俯仰等动作。

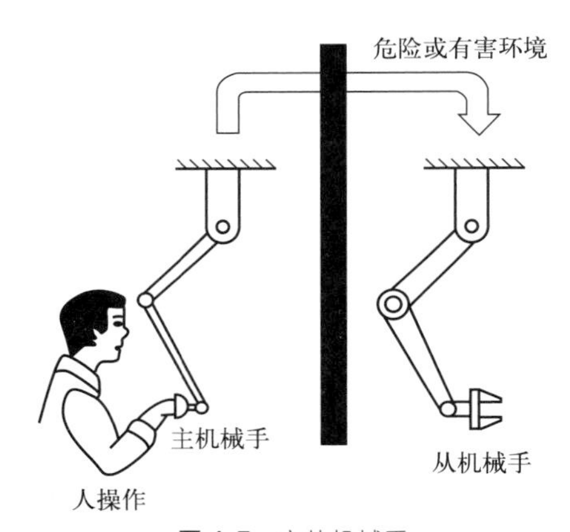

图 1-5 主从机械手

图 1-6 Unimate 机器人

在 Devol 申请专利到真正实现设想的这 8 年时间里，美国机床与铸造公司（AMF）也在进行机器人的研究工作，并于 1960 年生产了一台被命名为 Versation 的圆柱坐标型的数控自动机械，并以 Industrial Robot（工业机器人）的名称进行宣传。通常认为这是世界上最早的工业机器人。

Unimate 和 Versation 这两种型号的机器人以“示教再现”的方式在汽车生产线上成功地代替工人进行传送、焊接、喷漆等作业，它们在工作中反映出来的经济效益、可靠性、灵活性，令其他发达国家工业界为之叹服。于是，Unimate 和 Versation 作为商品开始在世界市场上销售。

1.1.2 工业机器人的常见分类

1.1.2.1 按机器人的运动形式分类

（1）直角坐标型机器人

这种机器人的外形轮廓与数控镗铣床或三坐标测量机相似，如图 1-7 所示。3 个关节都是移动关节，关节轴线相互垂直，相当于笛卡儿坐标系的 x、y 和 z 轴。它主要用于生产设备的上下料，也可用于高精度的装卸和检测作业。

(2) 圆柱坐标型机器人

如图 1-8 所示，这种机器人以 θ、z 和 r 为参数构成坐标系。手腕参考点的位置可表示为 $p=(\theta,z,r)$。其中，r 是手臂的径向长度，θ 是手臂绕水平轴的角位移，z 是在垂直轴上的高度。如果 r 不变，操作臂的运动轨迹将形成一个圆柱表面，空间定位比较直观。操作臂收回后，其后端可能与工作空间内的其他物体相碰，移动关节不易防护。

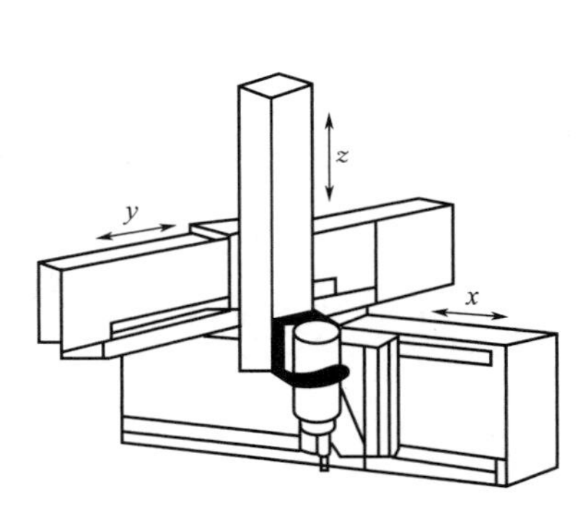

图 1-7 直角坐标型机器人运动形式

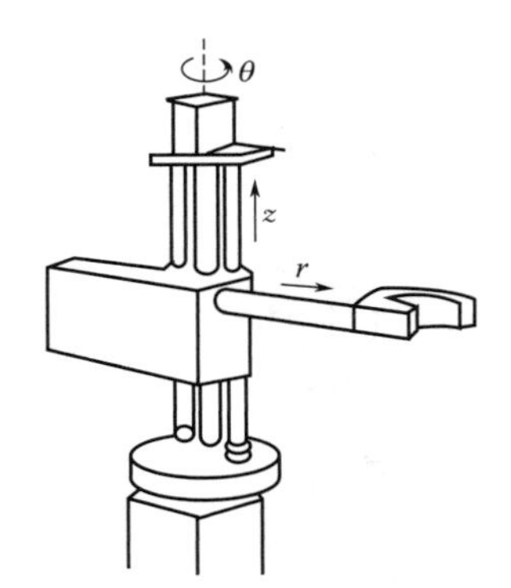

图 1-8 圆柱坐标型机器人运动形式

(3) 球（极）坐标型机器人

如图 1-9 所示，球（极）坐标型机器人腕部参考点运动所形成的最大轨迹表面是半径为 r 的球面的一部分，以 θ、ϕ、r 为坐标，任意点可表示为 $P=(\theta,\phi,r)$。这类机器人占地面积小，工作空间较大，移动关节不易防护。

(4) 平面双关节型机器人

平面双关节型机器人（selective compliance assembly robot arm，SCARA）有 3 个旋转关节，其轴线相互平行，在平面内进行定位和定向，另一个关节是移动关节，用于完成末端件垂直于平面的运动。手腕参考点的位置是由两旋转关节的角位移 ϕ_1、ϕ_2 和移动关节的位移 z 决定的，即 $P=(\phi_1,\phi_2,z)$，如图 1-10 所示。这类机器人结构轻便、响应快。例如 Adept I 型 SCARA 机器人的运动速度可达 10m/s，比一般关节式机器人快数倍。它最适用于平面定位、而在垂直方向进行装配的作业。

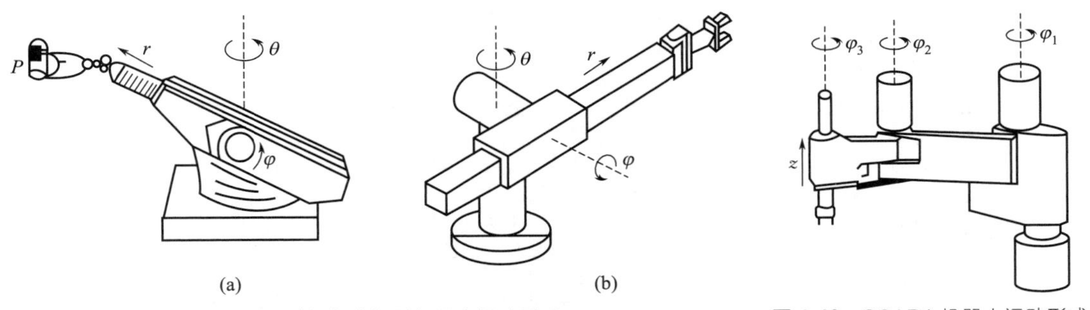

图 1-9 球（极）坐标型机器人运动形式　　**图 1-10** SCARA 机器人运动形式

(5) 关节型机器人

这类机器人由 2 个肩关节和 1 个肘关节进行定位，由 2 个或 3 个腕关节进行定向。其中，一个肩关节绕铅直轴旋转，另一个肩关节实现俯仰，这两个肩关节轴线正交，肘关节平行于第二个肩关节轴线，如图 1-11 所示。这种构形动作灵活，工作空间大，在作业空间内手臂的干涉最小，结构紧凑，占地面积小，关节上相对运动部位容易密封防尘。这类机器人运动学较复杂，运动学反解困难，确定末端件执行器的位姿不直观，进行控制时，计算量比较大。对于不同坐标形式的机器人，其特点、工作范围及其性能也不同，如表 1-1 所示。

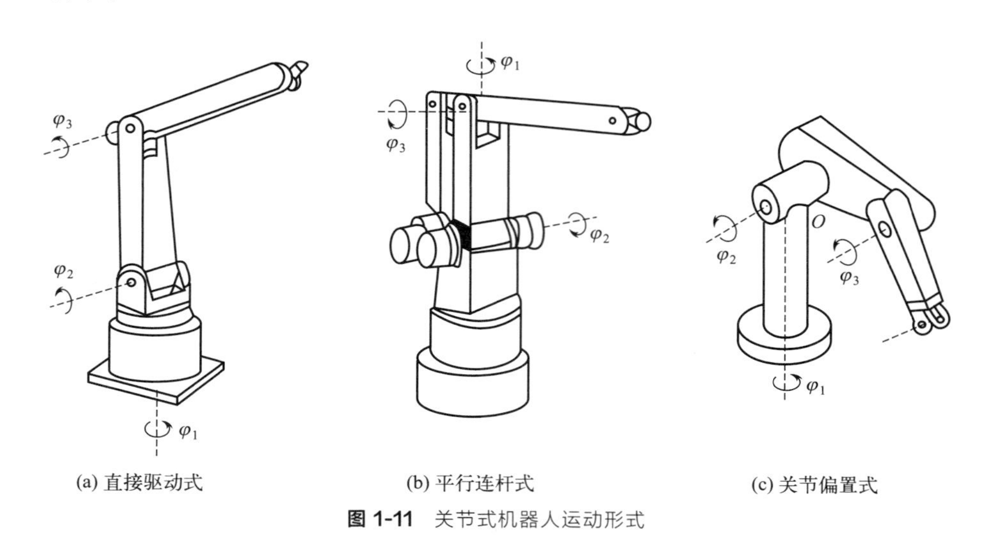

(a) 直接驱动式　　(b) 平行连杆式　　(c) 关节偏置式

图 1-11　关节式机器人运动形式

表 1-1　不同坐标型机器人的性能比较

类型	特点	工作空间
直角坐标型	在直线方向上移动，运动容易想象 通过计算机控制实现，容易达到高精度 占地面积大，运动速度低 直线驱动部分难以密封、防尘，容易被污染	横向行程　水平极限伸长　水平行程　垂直行程　垂直极限升高
圆柱坐标型	容易想象和计算，直线部分可采用液压驱动，可输出较大的动力 能够伸入型腔式机器内部，它的手臂可以到达的空间受到限制，不能到达近立柱或近地面的空间 直线驱动部分难以密封、防尘 后臂工作时，手臂后端会碰到工作范围内的其他物体	水平行程　平面图　摆动　水平极限伸长　水平行程　垂直行程　垂直极限升高　正视图

续表

类型	特点	工作空间
极坐标型	中心支架附近的工作范围大，两个转动驱动装置容易密封，覆盖工作空间较大 坐标复杂，难于控制 直线驱动装置仍存在密封及工作死区的问题	水平极限伸长 水平行程 垂直行程 垂直极限升高 正视图 水平行程 平面图 摆动
多关节坐标型	关节全都是旋转的，类似于人的手臂，是工业机器人中最常见的结构 它的工作范围较为复杂	水平极限伸长 平面图 摆动 水平极限伸长 垂直行程 正视图
平面关节坐标型	前两个关节（肩关节和肘关节）全都是平面旋转的，最后一个关节（腕关节）是工业机器人中最常见的结构 它的工作范围较为复杂	330° F A D 运行范围 运行范围

1.1.2.2 按机器人的驱动方式分类

(1) 气动式机器人

气动式机器人以压缩空气来驱动其执行机构。这种驱动方式的优点是空气来源方便，动作迅速，结构简单，造价低；缺点是空气具有可压缩性，导致工作速度的稳定性较差。因气源压力一般只有 60MPa 左右，故此类机器人适用于抓举力要求较小的场合。

图 1-12 是 2015 年日本 RIVERFIELD 公司研发的一种气压驱动式机器人：内窥镜手术辅助机器人 EMARO（endoscope manipulator robot）。

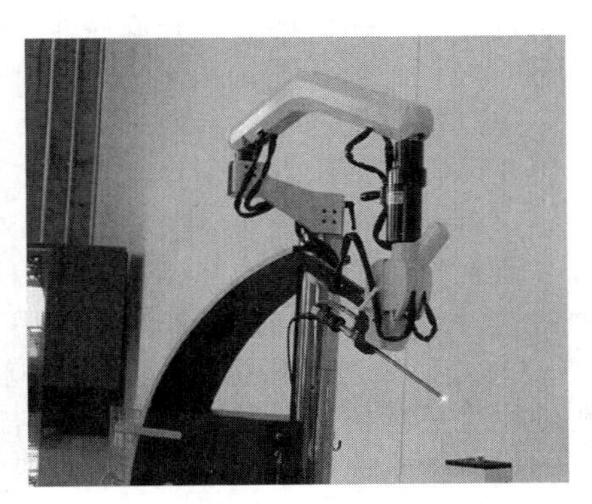

图 1-12 内窥镜手术辅助机器人 EMARO

（2）液动式机器人

相对于气力驱动，液力驱动的机器人具有大得多的抓举能力，可高达上百千克。液力驱动式机器人结构紧凑，传动平稳且动作灵敏，但对密封的要求较高，且不宜在高温或低温场合工作，要求的制造精度较高，成本较高。

（3）电动式机器人

目前越来越多的机器人采用电力驱动式，这不仅是因为电动机可供选择的品种众多，更因为可以运用多种灵活的控制方法。

电力驱动是利用各种电动机产生的力或力矩，直接或经过减速机构驱动机器人，以获得所需的位置、速度、加速度。电力驱动具有无污染，易于控制，运动精度高，成本低，驱动效率高等优点，其应用最为广泛。

电力驱动又可分为步进电动机驱动、直流伺服电动机驱动、无刷伺服电动机驱动等。

（4）新型驱动方式机器人

伴随着机器人技术的发展，出现了利用新的工作原理制造的新型驱动器，如静电驱动器、压电驱动器、形状记忆合金驱动器、人工肌肉及光驱动器等。

1.1.2.3 按机器人的控制方式分类

按照机器人的控制方式可分为如下几类。

（1）非伺服机器人

非伺服机器人按照预先编好的程序顺序进行工作，使用限位开关、制动器、插销板和定序器来控制机器人的运动。插销板用来预先规定机器人的工作顺序，往往是可调的。定序器是一种按照预定的正确顺序接通驱动能源的装置。驱动装置接通能源后，带动机器人的手臂、腕部和手部等装置运动。

当它们移动到由限位开关所规定的位置时，限位开关切换工作状态，给定序器送去一个工作任务已经完成的信号，并使终端制动器动作，切断驱动能源，使机器人停止运动。非伺服机器人工作能力比较有限。

（2）伺服控制机器人

伺服控制机器人将通过传感器取得的反馈信号与来自给定装置的综合信号比较后，得到误差信号，经过放大后用以激发机器人的驱动装置，进而带动手部执行装置以一定规律运动，到达规定的位置或速度等，这是一个反馈控制系统。伺服系统的被控量可为机器人手部执行装置的位置、速度、加速度和力等。伺服控制机器人比非伺服机器人有更强的工作能力。

伺服控制机器人按照控制的空间位置不同，又可以分为点位伺服控制和连续轨迹伺服控制。

① 点位伺服控制　点位伺服控制机器人的受控运动方式为从一个点位目标移向另一个点位目标，只在目标点上完成操作。机器人可以以最快的速度和最直接的路径从一个端点移到另一端点。

按点位方式进行控制的机器人，其运动为空间点到点之间的直线运动，在作业过程中只控制几个特定工作点的位置，不对点与点之间的运动过程进行控制。在点位伺服控制的机器人中，所能控制点数的多少取决于控制系统的复杂程度。

通常，点位伺服控制机器人适用于只需要确定终端位置而对编程点之间的路径和速度不做主要考虑的场合。点位控制主要用于点焊、搬运机器人。

② 连续轨迹伺服控制　连续轨迹伺服控制机器人能够平滑地跟随某个规定的路径，其轨迹往往是某条不在预编程端点停留的曲线路径。

按连续轨迹方式进行控制的机器人，其运动轨迹可以是空间的任意连续曲线。机器人在空间的整个运动过程都处在控制之下，能同时控制两个以上的运动轴，使得手部位置可沿任意形状的空间曲线运动，而手部的姿态也可以通过腕关节的运动得以控制，这对于焊接和喷涂作业是十分有利的。

连续轨迹伺服控制机器人具有良好的控制和运行特性，由于数据是依时间采样的，而不是依预先规定的空间采样，因此机器人的运行速度较快、功率较小、负载能力也较小。连续轨迹伺服控制机器人主要用于弧焊、喷涂、打飞边毛刺和检测。

1.1.2.4 按机器人关节连接布置形式分类

按机器人关节连接布置形式，机器人可分为串联机器人和并联机器人两类。从运动形式来看，并联机构可分为平面机构和空间机构；细分可分为平面移动机构、平面移动转动机构、空间纯移动机构、空间纯转动机构和空间混合运动机构。

（1）串联机器人（serial robot）

它是一种开式运动链机器人，由一系列连杆通过转动关节或移动关节串联形成，采用驱动器驱动各个关节的运动，从而带动连杆的相对运动，使末端执行器到达合适的位姿，一个轴的运动会改变另一个轴的坐标原点。图 1-13 是一种常见的关节串联机器人。它的特点是：工作空间大；运动分析较容易；可避免驱动轴之间的耦合效应；机构各轴必须独立控制，需搭配编码器与传感器来提高机构运动时的精准度。串联机器人的研究相对成熟，已成功应用在工业的各个领域，比如装配、焊接加工（图 1-14）、喷涂、码垛等。

图 1-13 串联装配机器人

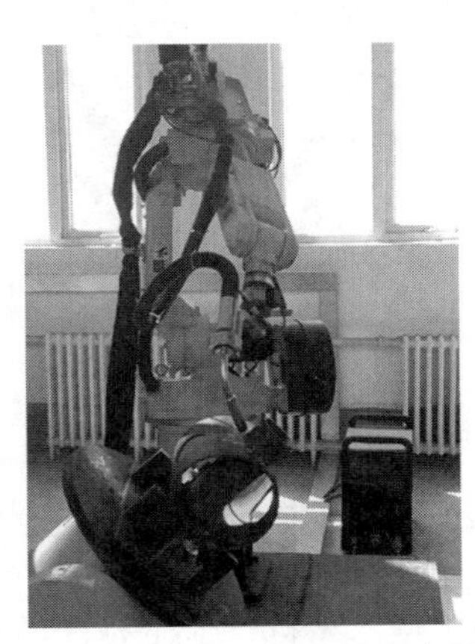

图 1-14 串联机器人在复杂零件焊接方面的应用

（2）并联机器人（parallel mechanism）

如图 1-15 所示，它是在动平台和定平台之间通过至少两个独立的运动链相连接，具有两个或两个以上自由度，且以并联方式驱动的一种闭环机构。其中末端执行器为动平台，与基座即定平台之间由若干个包含有许多运动副（例如球副、移动副、转动副、虎克铰）的运动链相连接，其中每一个运动链都可以独立控制其运动状态，以实现多自由度的并联，即一个轴的运动不影响另一个轴的坐标原点。图 1-16(b) 所示为一种蜘蛛手并联机器人，这种类型机器人的特点是：工作空间较小；无累积误差，精度较高；驱动装置可置于定平台上或接近定平台的位置，运动部分重量轻，速度快，动态响应好；结构紧凑，刚度高，承载能力强。完全对称的并联机构具有较好的各向同性。并联机器人在需要高刚度、高精度或者大载荷而无需很大工作空间的领域得到了广泛应用，在食品、医药、电子等轻工业中应用最为广泛，在物料的搬运、包装、分拣等方面有着无可比拟的优势。从机械结构上说，并联工业机器人可分为回转驱动型和直线驱动型两大类，如图 1-16 所示。

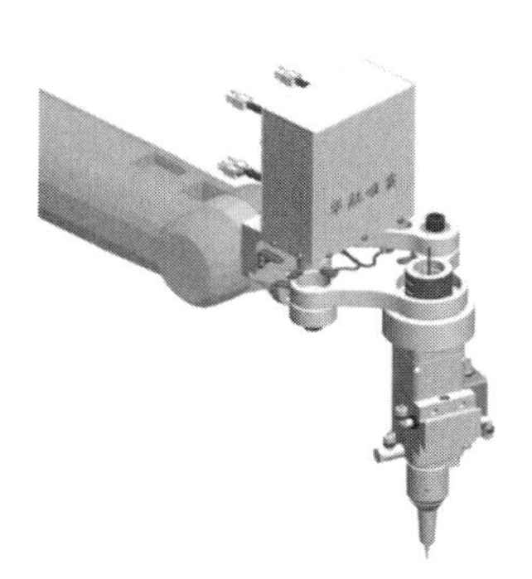

(a) 2自由度并联机构

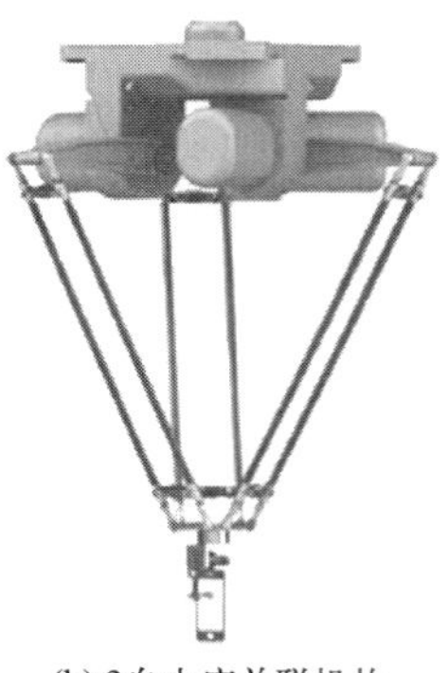

(b) 3自由度并联机构

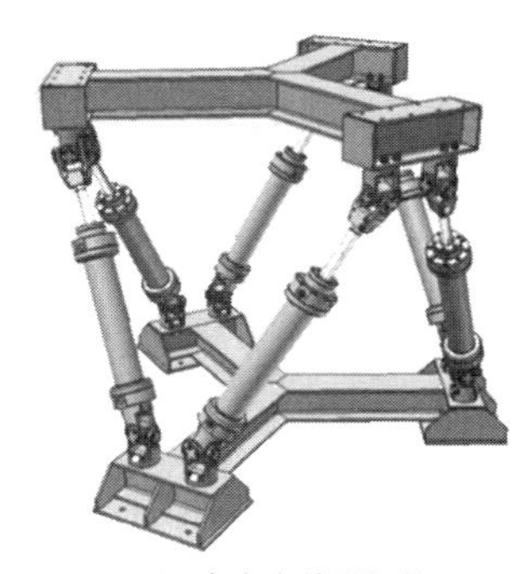

(c) 6自由度并联机构

图 1-15 并联机器人

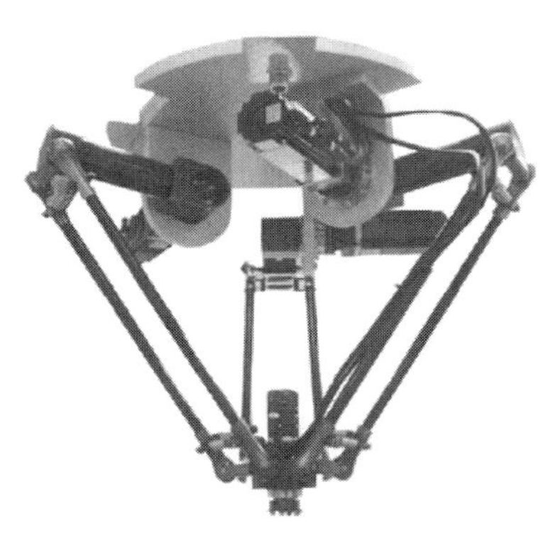

(a) 回转驱动型

(b) 蜘蛛手并联机器人(直线驱动型)

图 1-16 并联工业机器人

1.1.2.5 按程序输入方式分类

(1) 编程输入型机器人

编程输入型机器人是将计算机上已编好的作业程序文件，通过 RS-232 串口或者以太网等通信方式传送到机器人控制柜，计算机解读程序后作出相应控制信号，命令各伺服系统控制机器人来完成相应的工作任务。图 1-17 是该类型工业机器人编程界面的示意图。

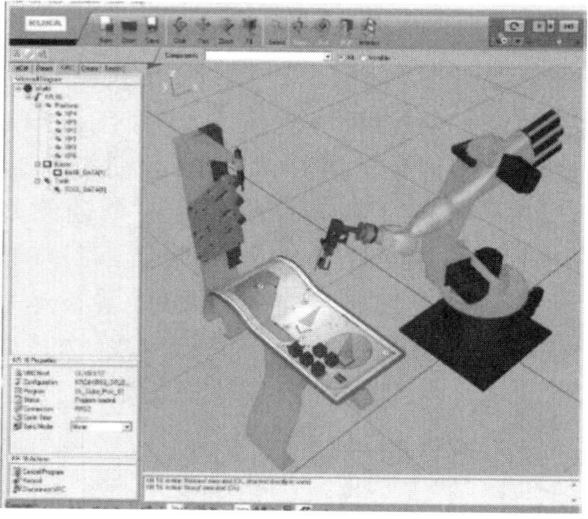

图 1-17 编程界面示意图

（2）示教输入型机器人

示教输入型机器人的示教方法有两种。一种是由操作者用手动控制器（示教操纵盒等人机交互设备），将指令信号传给驱动系统，使执行机构按要求的动作顺序和运动轨迹操演一遍，图 1-18 即为通过示教器来控制机器人运动的工业机器人。另一种是由操作者直接控制执行机构，按要求的动作顺序和运动轨迹操演一遍。在示教的同时，工作程序的信息自动存入程序存储器中。在机器人自动工作时，控制系统从程序存储器中调出相应信息，将指令信号传给驱动机构，使执行机构再现示教的各种动作。

1.1.3 工业机器人的应用领域

（1）喷漆机器人

如图 1-19 所示，喷漆机器人能在恶劣环境下连续工作，并具有动作灵活、工作精度高等特点，因此喷漆机器人被广泛应用于汽车、大型结构件等喷漆生产线，以保证产品的加工质量，提高生产效率，减轻操作人员劳动强度。

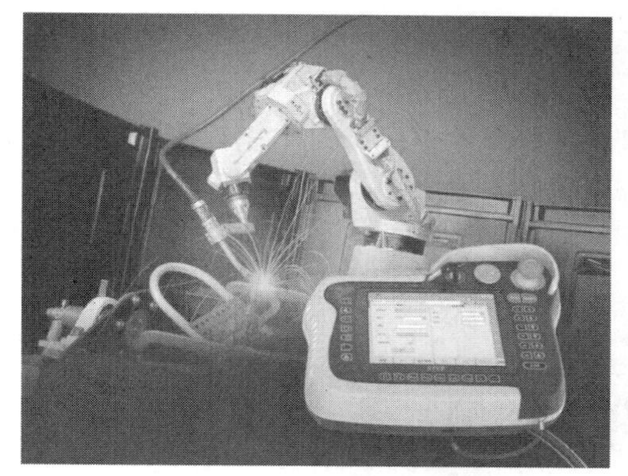

图 1-18 示教输入型工业机器人

图 1-19 喷漆机器人

（2）焊接机器人

用于焊接的机器人一般分为点焊机器人和弧焊机器人两种，如图 1-20 所示。弧焊机器人作业精确，可以连续不知疲劳地进行工作，但在作业中会遇到部件稍有偏位或焊缝形状有所改变的情况。人工作业时，因能看到焊缝，可以随时作出调整，而焊接机器人，因为是按事先编好的程序工作，不能很快调整。

(a) Fanuc S-420点焊机器人

(b) 弧焊机器人

图 1-20 焊接机器人

机器人激光焊系统由激光器、冷却系统、热交换器、光缆转换器、激光电缆、激光加工镜组和机器人等部分组成。例如：在 POLO 两厢车身骨架焊接中，由 2 台激光源通过光缆转换器分别为 5 台机器人所带的激光头提供激光输入。由于激光焊接对焊接位置和零件配合要求较高，因此，对机器人重复精度要求也高，一般要低于±0.1mm。激光焊接机器人系统及焊缝成形如图 1-21 所示。

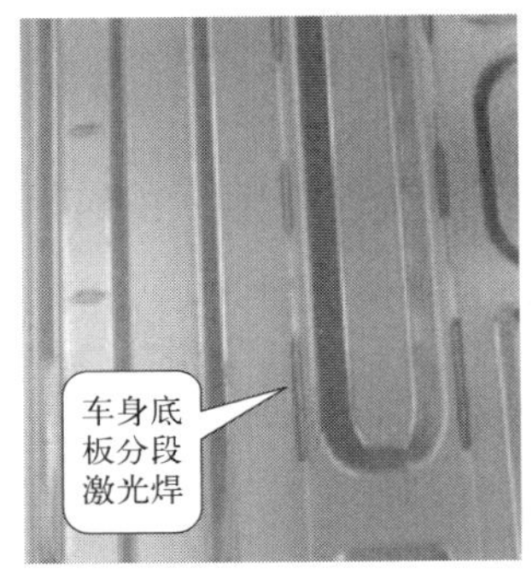

图 1-21 激光焊接机器人系统及焊缝成形

(3) 上下料机器人

如图 1-22 所示，目前我国大部分生产线上机床装卸工件仍由人工完成，其劳动强度大，生产效率低，而且具有一定的危险性，已经满足不了生产自动化的发展趋势。为提高工作效率，降低成本，并使生产线发展为柔性生产系统，应现代机械行业自动化生产的要求，越来越多的企业已经开始利用工业机器人进行上下料。

图 1-22 数控机床用上下料机器人

(4) 装配机器人

如图 1-23 所示，装配机器人是专门为装配而设计的工业机器人，与一般工业机器人比较，它具有精度高、柔顺性好、工作范围小、能与其他系统配套使用等特点。使用装配机器人可以保证产品质量，降低成本，提高生产自动化水平。

(5) 搬运机器人

在建筑工地，在海港码头，总能看到大吊车的身影，吊车装运比起以前工人肩扛手抬已经进步多了，但这只是机械代替了人力，或者说吊车只是机器人的雏形，它还得完全依靠人

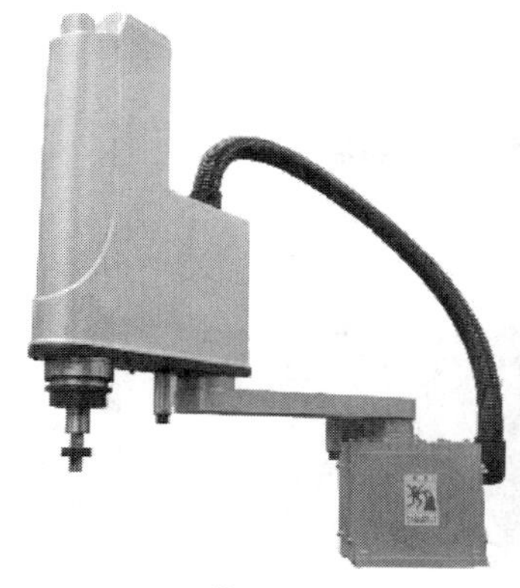
(a) 装配机器人

(b) 装配工业机器人的应用

图 1-23 装配工业机器人及应用

操作和控制定位等，不能自主作业。图 1-24 所示的搬运机器人可进行自主的搬运。当然，有时也可应用机械手进行搬运，图 1-25 所示为搬运机械手。

图 1-24 搬运机器人

图 1-25 搬运机械手

（6）码垛工业机器人

如图 1-26 所示，码垛工业机器人主要用于工业码垛。

（7）包装机器人

计算机、通信和消费性电子行业（3C 行业），化工、食品、饮料、药品工业是包装机器人的主要应用领域，图 1-27 所示是应用包装机器人在工作。3C 行业的产品产量大、周转速度快、产品包装任务繁重；化工、食品、饮料、药品包装由于行业的特殊性，人工作业涉及安全、卫生、清洁、防水、防菌等方面的问题。因此，包装机器人在以上领域应用较多。

（8）喷丸机器人

如图 1-28 所示，喷丸机器人比人工清理效率高出 10 倍以上，而且工人可以避开污浊、嘈噪的工作环境，操作者只要改变计算机程序，就可以轻松改变不同的清理工艺。

图 1-26 码垛工业机器人

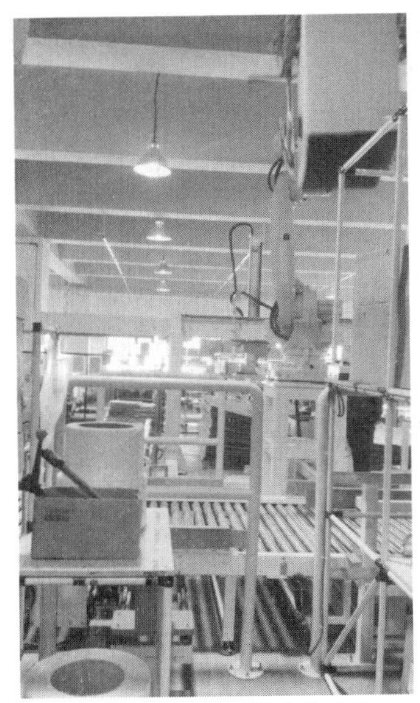
图 1-27 包装机器人在工作

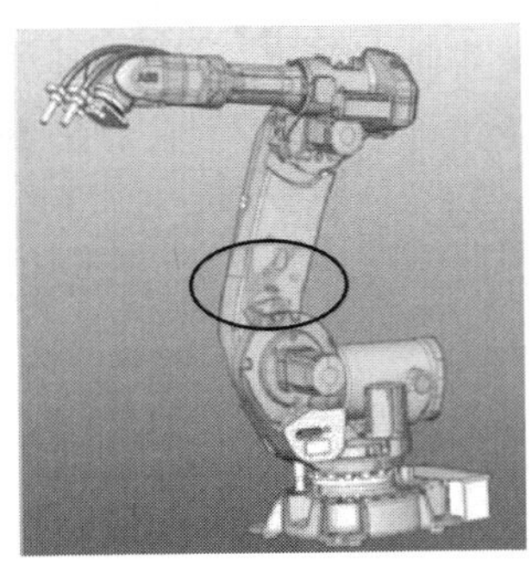
(a) 喷丸机器人模型图

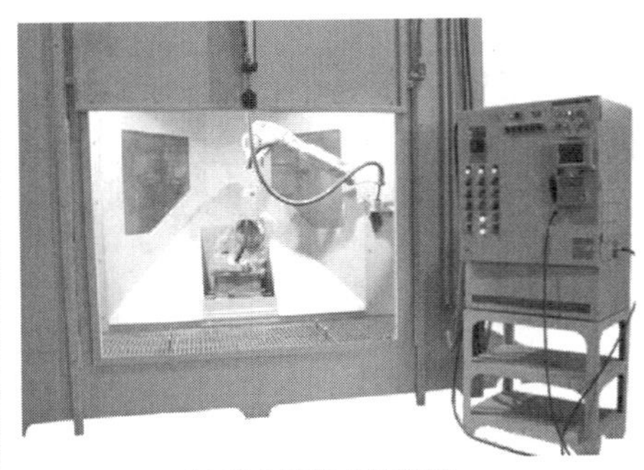
(b) 喷丸机器人的应用

图 1-28 喷丸机器人

(9) 吹玻璃机器人

类似灯泡一类的玻璃制品，都是先将玻璃熔化，然后人工吹起成形的，融化的玻璃温度高达 1100℃以上，无论是搬运，还是吹制，工人不仅劳动强度很大，有害身体，工作的技术难度要求还很高。法国赛博格拉斯公司开发了两种 6 轴工业机器人，应用于“采集”（搬运）和“吹制”玻璃两项工作。

图 1-29 核工业中的机器人

(10) 核工业中的机器人

如图 1-29 所示，核工业机器人主要用于以核工业为背景的危险、恶劣场所，针对核电站、核燃料后处理厂及三废处理厂等放射性环境现场，可以对其核设施中的设备装置进行检查、维修和简单的事故处理等工作。

(11) 机械加工工业机器人

这类机器人具有加工能力，本身具有加工工具，比如刀具等，刀具的运动是由工业机器人的控制系统控制的。主要用于切割（图 1-30）、去毛刺（图 1-31）、轻型加工（图 1-32）、抛光与雕刻等。这样的加工比较复杂，一般采用离线编程来完成。这类工业机器人有的已经具有了加工中心的某些特性，如刀库等。图 1-33 所示为雕刻工业机器人，其刀库如图 1-34 所示。这类工业机器人的机械加工能力是远远低于数控机床的，因为刚度、强度等都没有数控机床好。

1.1.4 按协作与否分类

按协作与否分可分为协作工业机器人和非协作工业机器人。如图 1-35 所示，协作机器人指被设计成可以在协作区域内与人直接进行交互的机器人。

图 1-30 激光切割机器人工作站

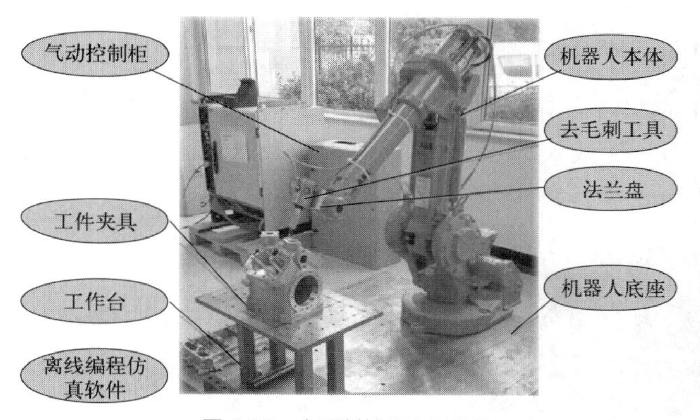

图 1-31 去毛刺机器人工作站

图 1-32 轻型加工机器人工作站

图 1-33 雕刻工业机器人

图 1-34 雕刻工业机器人的刀库

1.1.5 机器人在新领域中的应用

(1) 医用机器人

医用机器人是一种智能型服务机器人，它能独立编制操作计划，依据实际情况确定动作程序，然后把动作程序变为操作机构的运动。因此，它有广泛的感觉系统，智能、模拟装置（周围情况及自身——机器人的意识和自我意识），从事医疗或辅助医疗工作。

(a) 单臂

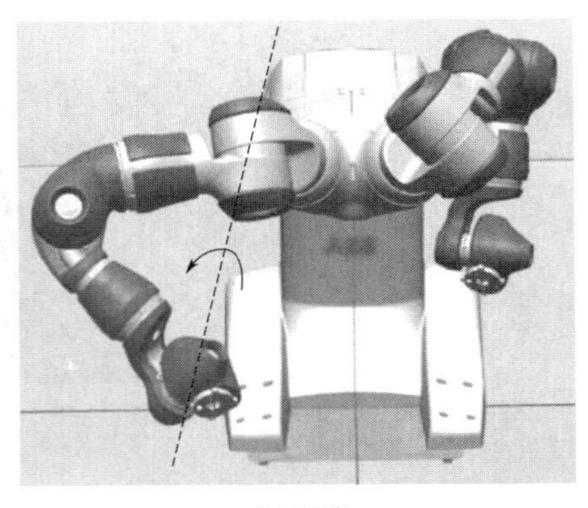
(b) 双臂

图 1-35 协作工业机器人

医用机器人种类很多，按照其用途不同，分为运送物品机器人、移动病人机器人（图 1-36）、临床医疗用机器人（图 1-37）、为残疾人服务机器人（图 1-38）、护理机器人、医用教学机器人等。

图 1-36 移动病人机器人

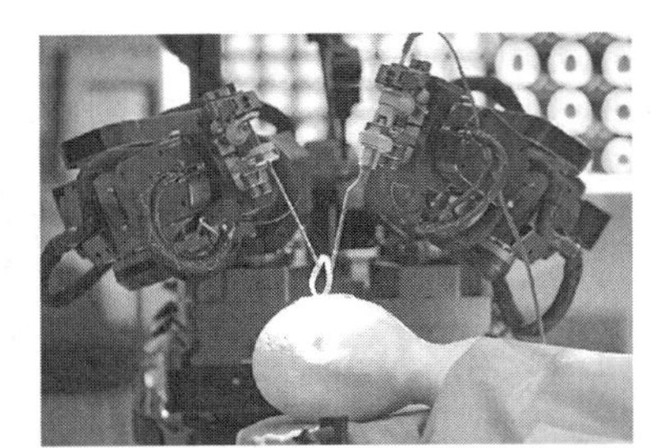
图 1-37 做开颅手术的机器人

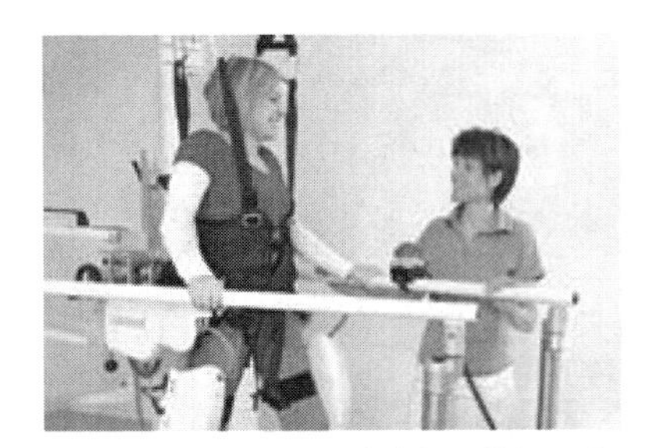
图 1-38 MGT 型下肢康复训练机器人

（2）其他机器人

其他方式的服务机器人包括公共服务机器人（图 1-39）、家庭服务机器人（图 1-40）、娱乐机器人（图 1-41）、建筑工业机器人（图 1-42）与教育机器人等几种形式。图 1-43 为送餐机器人，送餐也可以用小车，如图 1-44 所示。当然，类似的设备如图 1-45、图 1-46 所示，也可以归为机器人的一种。

图 1-39 保安巡逻机器人

图 1-40 家庭清洁机器人

图 1-41 演奏机器人

图 1-42 建筑机器人

图 1-43 送餐机器人

图 1-44 送餐小车

图 1-45 自动旅行箱

高压巡线也是一项危险性较高的工作，工作人员需攀爬高压线设备进行安全巡视。而借助高压线作业机器人来帮助工作人员进行高压线巡视，不仅省时省力，还能有效保障工作人员的生命安全，图 1-47 所示为变电站巡视机器人。

图 1-46 AGV 小车

图 1-47 变电站巡视机器人

再比如墙壁清洗机器人（如图 1-48 所示）、爬缆索机器人（如图 1-49 所示）以及管内移动机器人等，这些机器人都是根据某种特殊目的设计的特种作业机器人，为帮助人类完成一些高强度、高危险性或无法完成的工作。

图 1-48　墙壁清洗机器人

图 1-49　爬缆索机器人

1.2　认识机器人的组成与工作原理

工业机器人通常由执行机构、驱动系统、控制系统和传感系统四部分组成，如图 1-50 所示。工业机器人各组成部分之间的相互作用关系如图 1-51 所示。

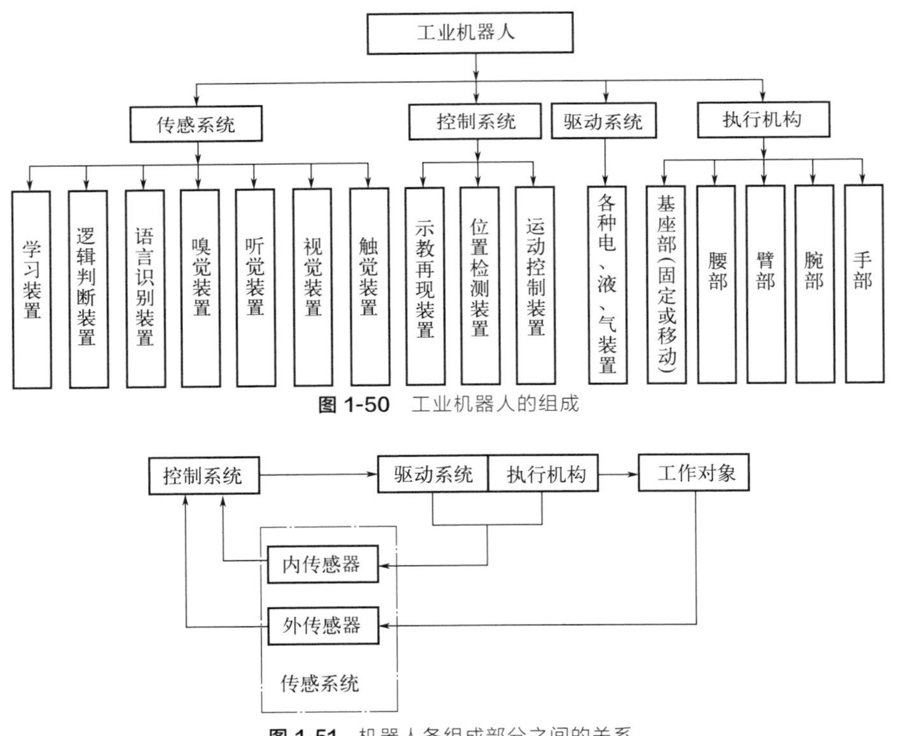

图 1-50　工业机器人的组成

图 1-51　机器人各组成部分之间的关系

1.2.1　机器人的基本工作原理

现在广泛应用的工业机器人属于第一代机器人，它的基本工作原理是示教再现，如

图 1-52 所示。

示教也称为导引，由用户引导机器人，一步步将实际任务操作一遍，机器人在引导过程中自动记忆示教的每个动作的位置、姿态、运动参数、工艺参数等，并自动生成一个连续执行全部操作的程序。

完成示教后，只需给机器人一个启动命令，机器人将精确地按示教动作，一步步完成全部操作，这就是示教与再现。

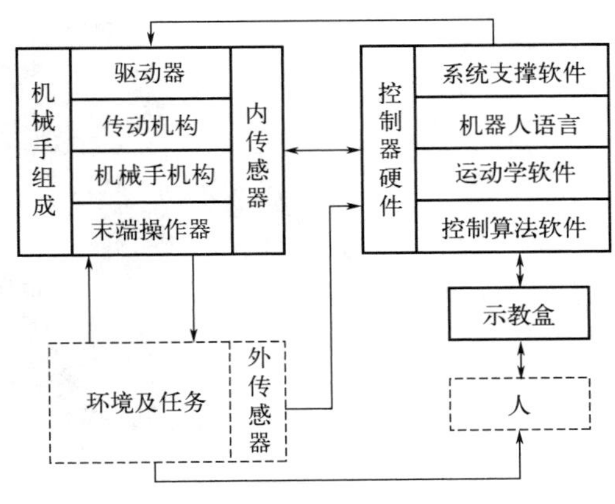

图 1-52 机器人示教再现工作原理

(1) 机器人手臂的运动

机器人的机械臂是由数个刚性杆体和旋转或移动关节连接而成，是一个开环关节链，开链的一端固定在基座上，另一端是自由的，安装着末端执行器（如焊枪）。在机器人操作时，机器人手臂前端的末端执行器必须与被加工工件处于相适应的位置和姿态，而这些位置和姿态是由若干个臂关节的运动所合成的。

因此，机器人运动控制中，必须知道机械臂各关节空间变量和末端执行器的位置和姿态之间的关系，这就是机器人运动学模型。一台机器人机械臂的几何结构确定后，其运动学模型即可确定，这是机器人运动控制的基础。

(2) 机器人轨迹规划

机器人机械手末端部从起点的位置和姿态到终点的位置和姿态之间的运动轨迹空间曲线叫作路径。

轨迹规划的任务是用一种函数来“内插”或“逼近”给定的路径，并沿时间轴产生一系列“控制设定点”，用于控制机械手运动。目前常用的轨迹规划方法有空间关节插值法和笛卡儿空间规划两种方法。

(3) 机器人机械手的控制

当一台机器人机械手的动态运动方程已给定，它的控制目的就是按预定性能要求保持机械手的动态响应。但是由于机器人机械手的惯性力、耦合反应力和重力负载都随运动空间的变化而变化，因此要对它进行高精度、高速度、高动态品质的控制是相当复杂而困难的。

目前工业机器人采用的控制方法是把机械手上每一个关节都当作一个单独的伺服机构，即把一个非线性的、关节间耦合的变负载系统，简化为线性的非耦合单独系统。

1.2.2 工业机器人的组成

1.2.2.1 执行机构

执行机构是机器人赖以完成工作任务的实体，通常由一系列连杆、关节或其他形式的运动副所组成。从功能的角度可分为手部、腕部、臂部、腰部和机座，如图 1-53 所示。

(1) 手部

工业机器人的手部也叫作末端执行器，是装在机器人手腕上直接抓握工件或执行作业的部件。手部对于机器人来说是完成作业好坏、作业柔性好坏的关键部件之一。

1）机械钳爪式手部结构

机械钳爪式手部按夹取的方式，可分为内撑钳爪式和外夹钳爪式两种，分别如图 1-54 与图 1-55 所示。两者的区别在于夹持工件的部位不同，手爪动作的方向相反。

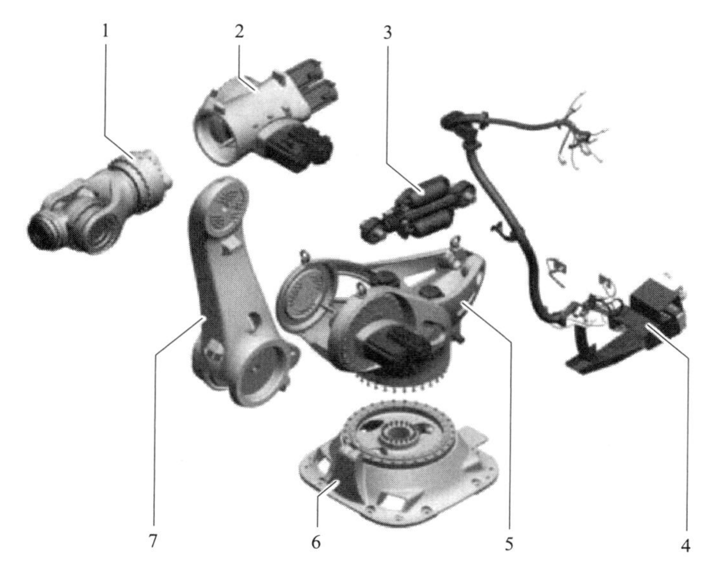

图 1-53 KR 1000 titan 的主要组件

1—机器人腕部；2—小臂；3—平衡配重；4—电气设备；5—转盘（腰部）；6—底座（机座）；7—大臂

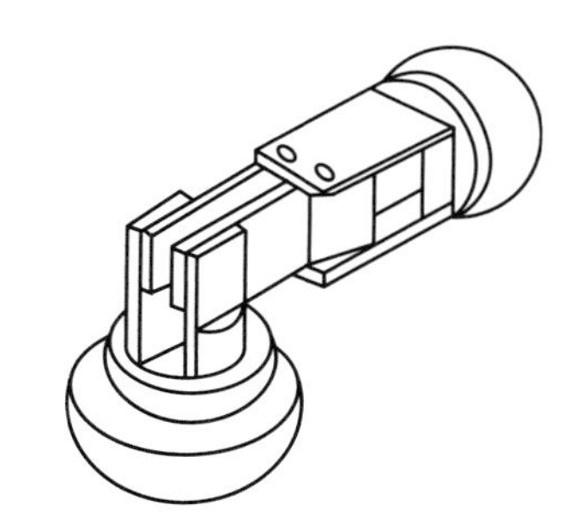
图 1-54 内撑钳爪式手部的夹取方式

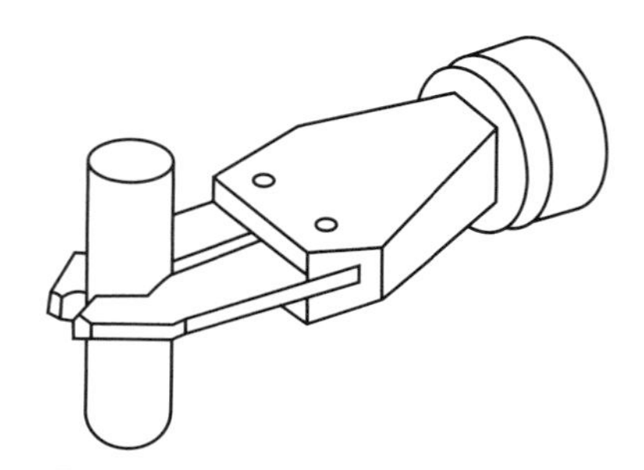
图 1-55 外夹钳爪式手部的夹取方式

由于采用两爪内撑式手部夹持不易达到稳定，工业机器人多用内撑式三指钳爪来夹持工件，如图 1-56 所示。

从机械结构特征、外观与功用来区分，钳爪式手部还有多种结构形式，下面介绍几种不同形式的手部机构。

① 齿轮齿条移动式手爪　如图 1-57 所示。

② 重力式钳爪　如图 1-58 所示。

③ 平行连杆式钳爪　如图 1-59 所示。

④ 拨杆杠杆式钳爪　如图 1-60 所示。

⑤ 自动调整式钳爪　如图 1-61 所示。自动调整式钳爪的调整范围在 0～10mm，适用于抓取多种规格的工件，当更换产品时可更换 V 型钳口。

2）钩托式手部

钩托式手部主要特征是不靠夹紧力来夹持工件，而是利用手指对工件钩、托、捧等动作来托持工件。应用钩托方式可降低对驱动力的要求，简化手部结构，甚至可以省略手部驱动装置。它适用于在水平面内和垂直面内作低速移动的搬运工作，尤其对搬运大型笨重的工件或结构粗大而重量较轻且易变形的工件更为有利。钩托式手部可分为无驱动装置型和有驱动装置型。

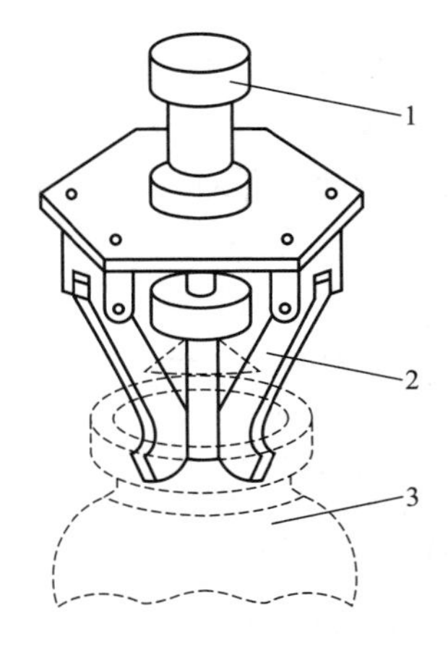

图 1-56 内撑式三指钳爪

1—手指驱动电磁铁；2—钳爪；3—工件

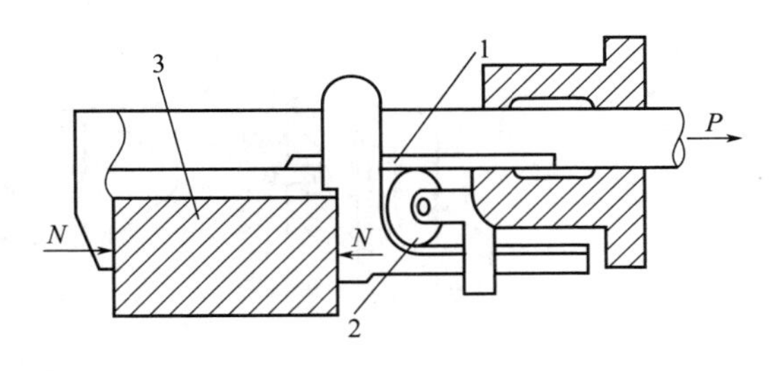

图 1-57 齿轮齿条移动式手爪

1—齿条；2—齿轮；3—工件

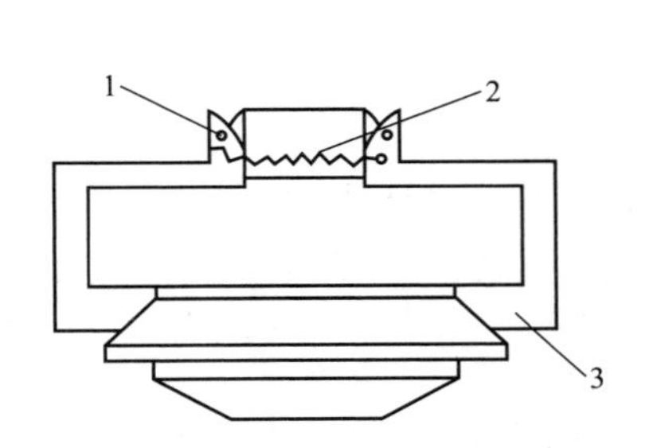

图 1-58 重力式钳爪

1—销；2—弹簧；3—钳爪

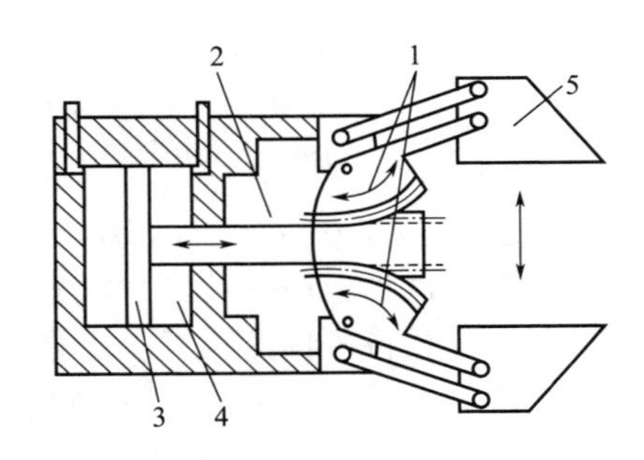

图 1-59 平行连杆式钳爪

1—扇形齿轮；2—齿条；3—活塞；4—气（油）缸；5—钳爪

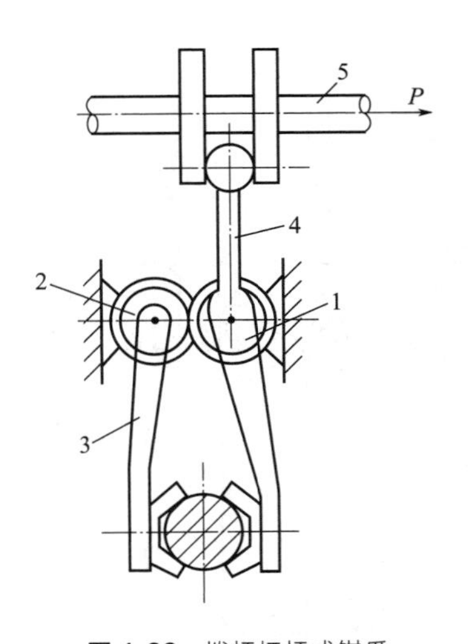

图 1-60 拨杆杠杆式钳爪

1—齿轮 1；2—齿轮 2；3—钳爪；4—拨杆；5—驱动杆

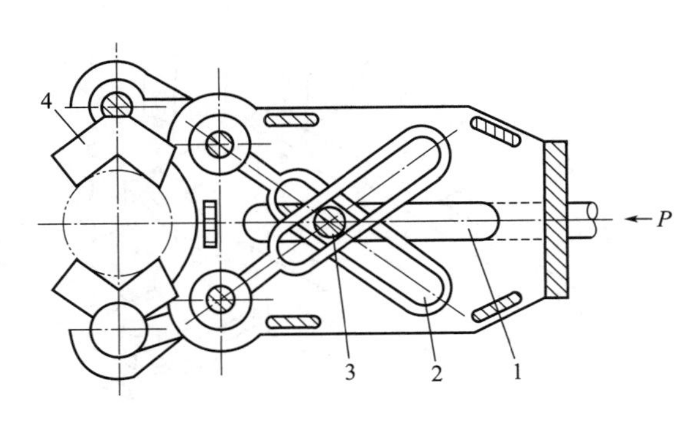

图 1-61 自动调整式钳爪

1—推杆；2—滑槽；3—轴销；4—V 型钳爪

① 无驱动装置型　无驱动装置型的钩托式手部，手指动作通过传动机构，借助臂部的

运动来实现，手部无单独的驱动装置。图 1-62(a) 为一种无驱动型，手部在臂的带动下向下移动，当手部下降到一定位置时齿条 1 下端碰到撞块，臂部继续下移，齿条便带动齿轮 2 旋转，手指 3 即进入工件钩托部位。手指托持工件时，销 4 在弹簧力的作用下插入齿条缺口，保持手指的钩托状态并使手臂携带工件离开原始位置。在完成钩托任务后，由电磁铁将销向外拔出，手指又呈自由状态，可继续下一个工作循环程序。

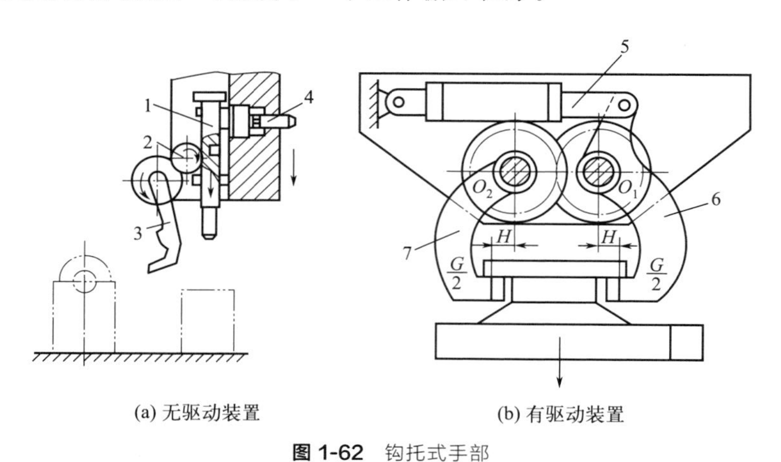

图 1-62 钩托式手部

1—齿条；2—齿轮；3—手指；4—销；5—液压缸；6,7—杠杆手指

② 有驱动装置型　图 1-62(b) 为一种有驱动装置型的钩托式手部。其工作原理是依靠机构内力来平衡工件重力而保持托持状态。驱动液压缸 5 以较小的力驱动杠杆手指 6 和 7 回转，使手指闭合至托持工件的位置。手指与工件的接触点均在其回转支点 O_1、O_2 的外侧，因此在手指托持工件后工件本身的重力不会使手指自行松脱。

图 1-63(a) 所示为从三个方向夹住工件的抓取机构的原理，爪 1、2 由连杆机构带动，在同一平面内作相对的平行移动；爪 3 的运动平面与爪 1、2 的运动平面相垂直；工件由这三爪夹紧。

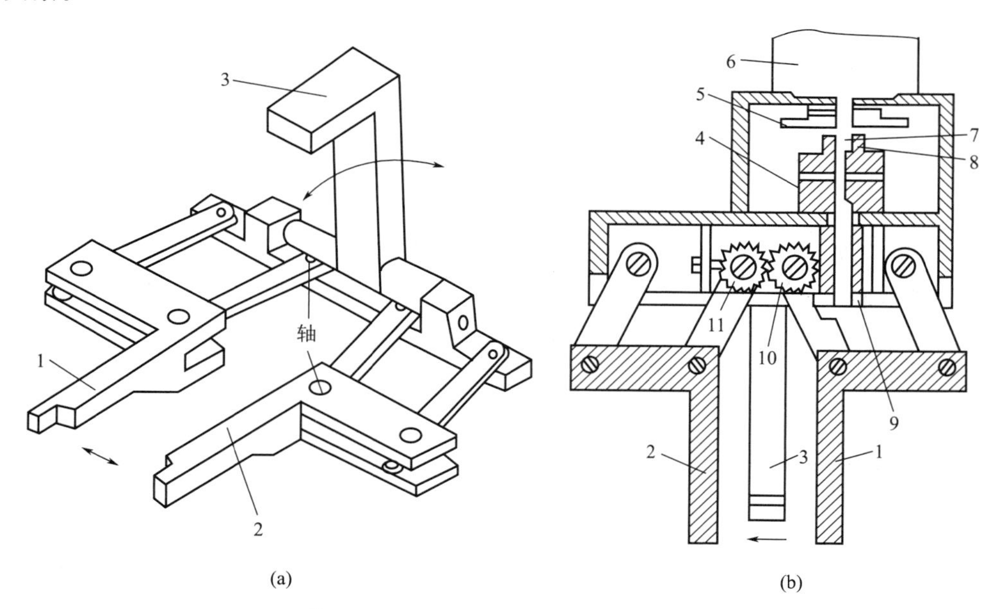

图 1-63 从三个方向夹住工件的抓取机构

1～3—爪；4—离合器；5,10,11—齿轮；6—驱动器；7—输出轴；8—联轴器；9—蜗杆

图 1-63(b) 为爪部的传动机构。抓取机构的驱动器 6 安装在抓取机构机架的上部，输出轴 7 通过联轴器 8 与工作轴相连，工作轴上装有离合器 4，通过离合器与蜗杆 9 相连。蜗杆带动齿轮 10、11，齿轮带动连杆机构，使爪 1、2 做启闭动作。输出轴又通过齿轮 5 带动与爪 3 相连的离合器，使爪 3 做启闭动作。当爪与工件接触后，离合器进入“OFF”状态，三爪均停止运动，由于蜗杆蜗轮传动具有反行程自锁的特性，故抓取机构不会自行松开被夹住的工件。

3）弹簧式手部

弹簧式手部靠弹簧力的作用将工件夹紧，手部不需要专用的驱动装置，结构简单。它的使用特点是工件进入手指和从手指中取下工件都是强制进行的。由于弹簧力有限，故只适用于夹持轻小工件。

如图 1-64 所示为一种结构简单的弹簧式手部。手臂带动夹钳向坯料推进时，弹簧片 3 由于受到压力而自动张开，于是工件进入钳内，受弹簧作用而自动夹紧。当机器人将工件传送到指定位置后，手指不会将工件松开，必须先将工件固定后，手部后退，强迫手指撑开后留下工件。这种手部只适用于定心精度要求不高的场合。

如图 1-65 所示，两个手爪 1、2 通过连杆 3、4 连接在滑块上，气缸活塞杆通过弹簧 5 使滑块运动。手爪夹持工件 6 的夹紧力取决于弹簧的张力，因此可根据工作情况，选取不同张力的弹簧；此外，还要注意，当手爪松开时，不要让弹簧脱落。

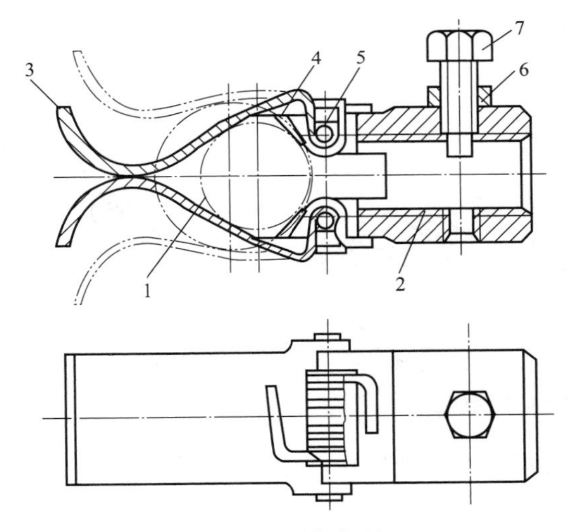

图 1-64 弹簧式手部

1—工件；2—套筒；3—弹簧片；4—扭簧；
5—销钉；6—螺母；7—螺钉

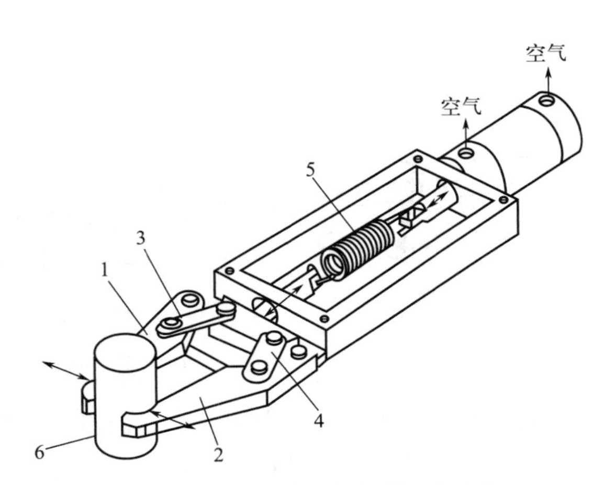

图 1-65 利用弹簧螺旋的弹性抓物机构

1,2—手爪；3,4—连杆；5—弹簧；6—工件

如图 1-66(a) 所示的抓取机构中，在手爪 5 的内侧设有槽口，用螺钉将弹性材料装在槽口中以形成具有弹性的抓取机构；弹性材料的一端用螺钉紧固，另一端可自由运动。当手爪夹紧工件 7 时，弹性材料便发生形变并与工件的外轮廓紧密接触。也可以只在一侧手爪上安装弹性材料，这时工件被抓取时的定位精度较好。图 1-66(b) 是另一种形式的弹性抓取机构。

(2) 腕部

1）腕部旋转

腕部旋转是指腕部绕小臂轴线的转动，又叫作臂转。有些机器人限制其腕部转动角度小于 360°。有些机器人则仅仅受控制电缆缠绕圈数的限制，腕部可以转几圈。如图 1-67(a) 所示。

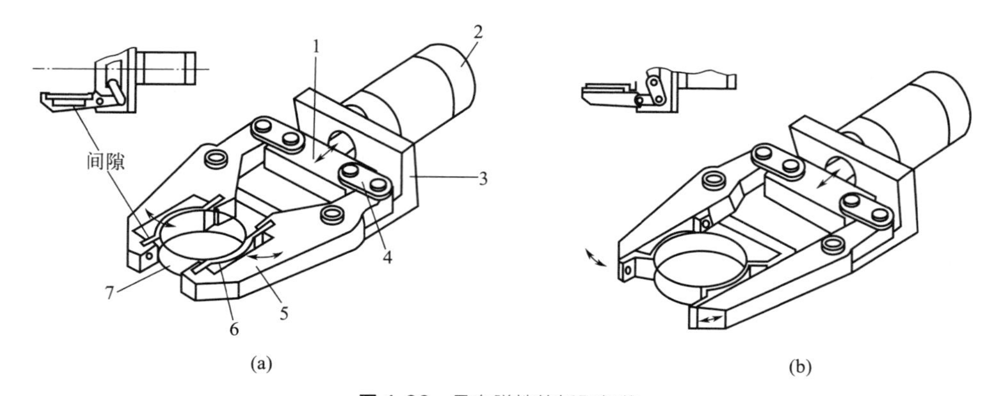

图 1-66 具有弹性的抓取机构

1—驱动板；2—气缸；3—支架；4—连杆；5—手爪；6—弹性爪；7—工件

2）腕部弯曲

腕部弯曲是指腕部的上下摆动，这种运动也称为俯仰，又叫作手转。如图 1-67(b) 所示。

3）腕部侧摆

腕部侧摆指机器人腕部的水平摆动，又叫作腕摆。腕部的旋转和俯仰两种运动结合起来可以看成是侧摆运动，通常机器人的侧摆运动由一个单独的关节提供。如图 1-67(c) 所示。

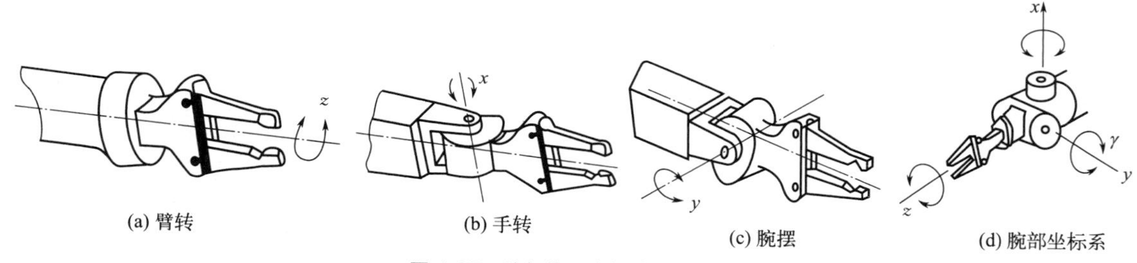

图 1-67 腕部的三个运动和坐标系

腕部结构多为上述三个回转方式的组合，组合可以有多种形式，常用的腕部组合的方式有：臂转—腕摆—手转结构，臂转—双腕摆—手转结构等，如图 1-68 所示。

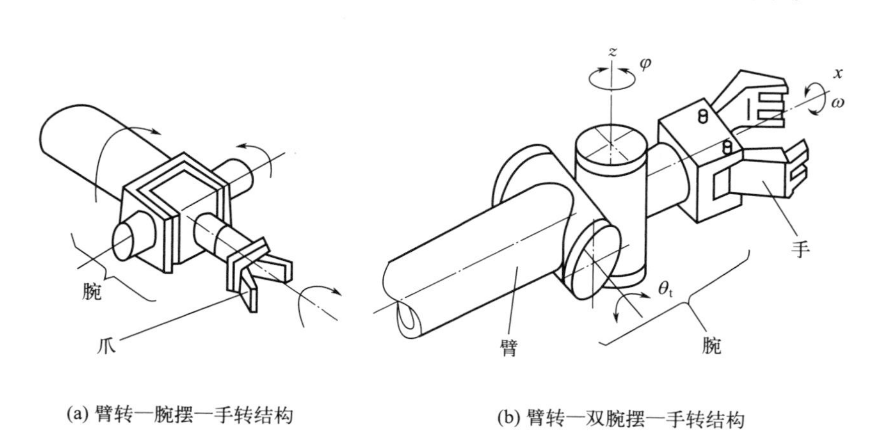

图 1-68 腕部的组合方式

4）手腕的分类

手腕按自由度数目来分，可分为单自由度手腕、二自由度手腕和三自由度手腕。

① 单自由度手腕　如图 1-69(a) 所示是一种翻转（roll）关节，手臂纵轴线和手腕关节轴线构成共轴线形式，这种 R 关节旋转角度大，可达到 360°以上。图 1-69(b)、图 1-69(c) 是一种折曲（bend）关节，关节轴线与前、后两个连接件的轴线相垂直。这种 B 关节因为受到结构上的干涉，旋转角度小，大大限制了方向角。

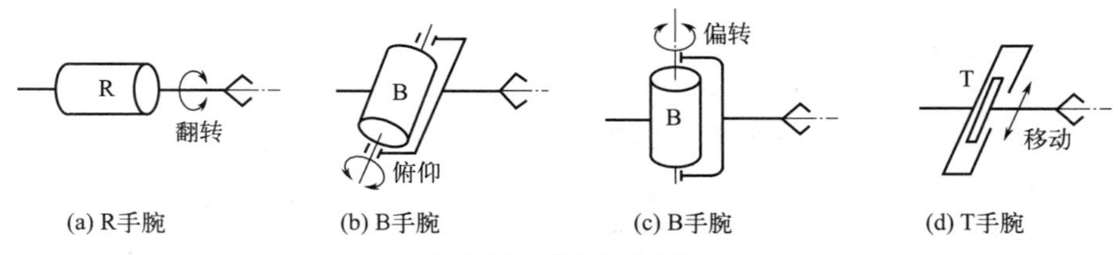

图 1-69　单自由度手腕

② 二自由度手腕　二自由度手腕可以由一个 R 关节和一个 B 关节组成 BR 手腕，见图 1-70(a)，也可以由两个 B 关节组成 BB 手腕，见图 1-70(b)。但是，不能由两个 R 关节组成 RR 手腕，因为两个 R 关节共轴线，所以退化了一个自由度，实际只构成了单自由度手腕，见图 1-70(c)。

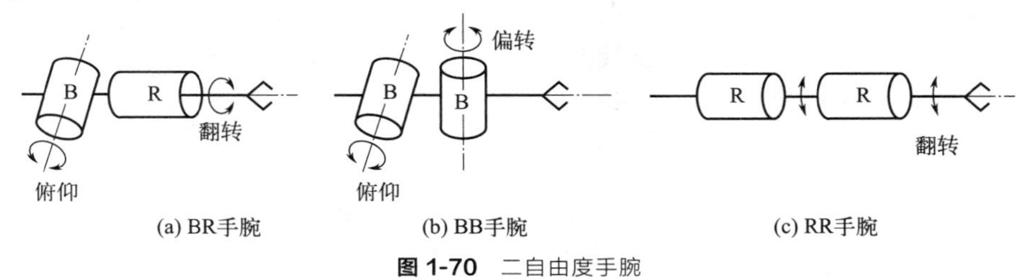

图 1-70　二自由度手腕

③ 三自由度手腕　三自由度手腕可以由 B 关节和 R 关节组成许多种形式。图 1-71(a) 所示为通常见到的 BBR 手腕，手部具有俯仰、偏转和翻转运动，即 RPY 运动。图 1-71(b) 所示为一个 B 关节和两个 R 关节组成的 BRR 手腕，为了不使自由度退化，使手部获得 RPY

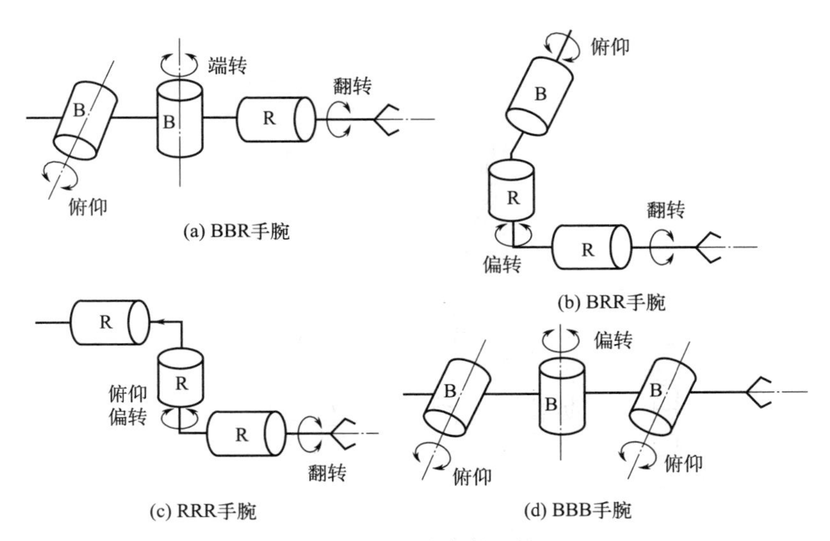

图 1-71　三自由度手腕

运动，第一个 R 关节必须如图偏置。图 1-71(c) 所示为三个 R 关节组成的 RRR 手腕，它也可以实现手部 RPY 运动。图 1-71(d) 所示为 BBB 手腕，很明显，它已经退化为 2 自由度手腕，只有 PY 运动，实际上它是不采用的。此外，B 关节和 R 关节排列的次序不同，也会产生不同的效果，也构成了其他形式的 3 自由度手腕。为了使手腕结构紧凑，通常把两个 B 关节安装在一个十字接头上，这可大大减小 BBR 手腕的纵向尺寸。

(3) 末端装置

1）认识快速装卸装置

使用一台通用机器人，要在作业时能自动更换不同的末端操作器，就需要配置具有快速装卸功能的换接器。换接器由两部分组成，换接器插座和换接器插头，分别装在机器腕部和末端操作器上，能够实现机器人对末端操作器的快速自动更换。

具体实施时，各种末端操作器存放在工具架上，组成一个专用末端操作器库，如图 1-72 所示。机器人可根据作业要求，自行从工具架上接上相应的专用末端操作器。

对专用末端操作器、换接器的要求主要有：同时具备气源、电源及信号的快速连接与切换；能承受末端操作器的工作载荷；在失电、失气情况下，机器人停止工作时不会自行脱离；具有一定的换接精度等。

气动换接器和专用末端操作器如图 1-73 所示。该换接器也分成两部分：一部分装在手腕上，称为换接器；另一部分在末端操作器上，称为配合器。利用气动锁紧器将两部分进行连接，并具有就位指示灯，以表明电路、气路是否接通。其结构如图 1-74 所示。

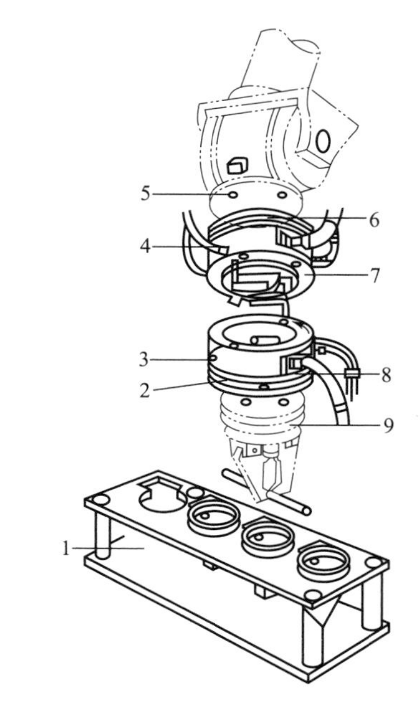

图 1-72 气动换接器与操作器库

1—末端操作器库；2—操作器过渡法兰；3—位置指示器；4—换接器气路；5—连接法兰；6—过渡法兰；7—换接器；8—换接器配合端；9—末端操作器

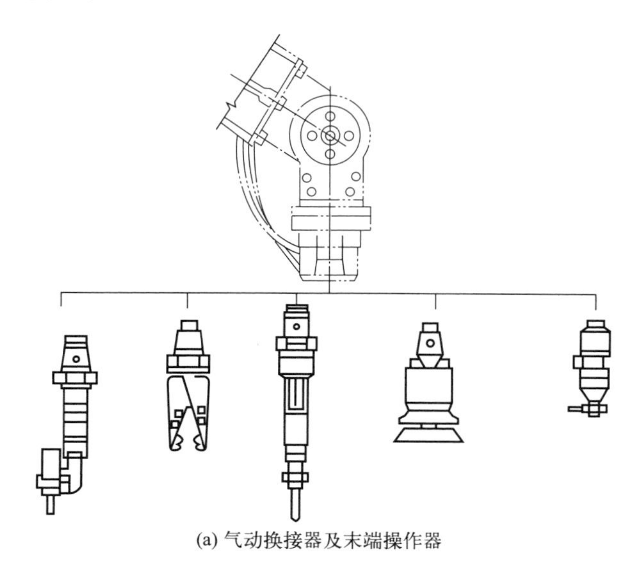

(a) 气动换接器及末端操作器

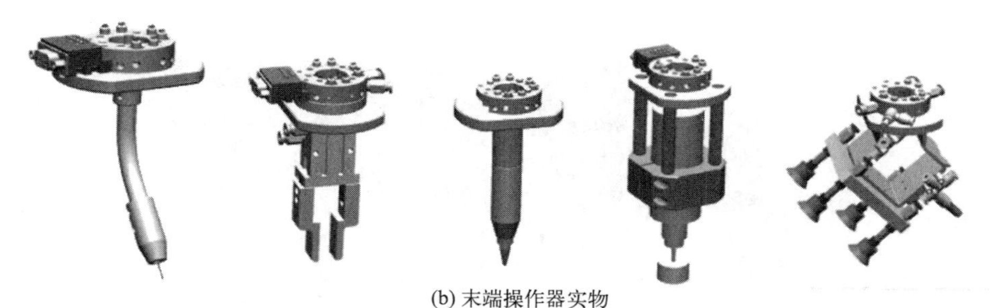

(b) 末端操作器实物

图 1-73 气动换接器和专用末端操作器

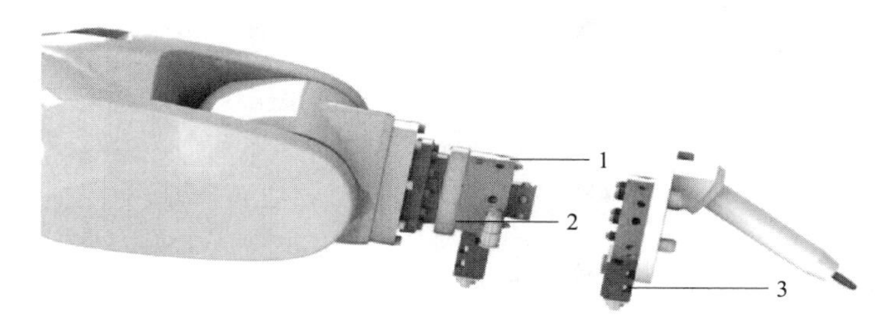

图 1-74 结构

1—快换装置公头；2—快换装置母头；3—末端法兰

2）末端执行装置的安装

① 安装快换装置的主端口，将定位销（工业机器人附带配件）安装在 IRB 120 工业机器人法兰盘对应的销孔中。安装时切勿倾斜、重击，必要时可使用橡胶锤敲击，如图 1-75 所示。

② 对准快换装置主端口上的销孔和定位销，将快换装置主端口安装在工业机器人法兰盘上，如图 1-76 所示。

图 1-75 安装定位销

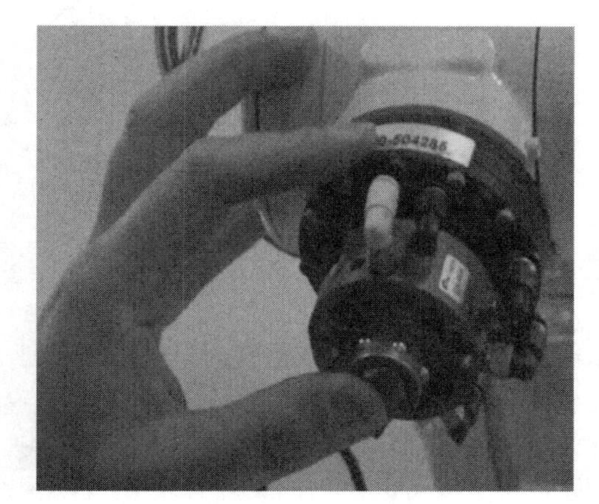

图 1-76 安装主端口

③ 安装 M5×40 规格的内六角螺钉，并使用内六角扳手工具拧紧，如图 1-77 所示。

④ 安装末端工具时，通过按压控制工具快换动作的电磁阀上的手动调试按钮，使快换

装置主端口中的活塞上移，锁紧钢珠缩回，如图 1-78 所示。

图 1-77 拧紧内六角螺钉

图 1-78 手动调试按钮

⑤ 手动安装末端工具时，需要对齐被接端口与主端口外边的 U 形口位置来实现末端工具快换装置的安装，如图 1-79 所示。

⑥ 位置对准端面贴合后，松开控制工具快换动作的电磁阀上的手动调试按钮，快换装置主端口锁紧钢珠弹出，使工具快换装置锁紧，如图 1-80 所示。

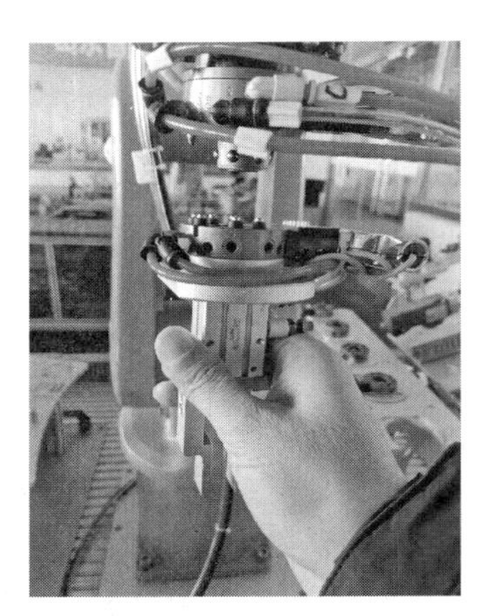

图 1-79 安装末端工具

图 1-80 锁紧快换装置

（4）臂部

常见工业机器人如图 1-81 所示，图 1-82 与图 1-83 为其手臂结构图，手臂的各种运动通常由驱动机构和各种传动机构实现。它不仅仅承受被抓取工件的重量，而且承受末端执行器、手腕和手臂自身的重量。手臂的结构、工作范围、灵活性、抓重大小（臂力）和定位精度都直接影响机器人的工作性能，所以臂部的结构形式必须根据机器人的运动形式、抓取重量、动作自由度、运动精度等因素来确定。

臂部是机器人执行机构中的重要部件，它的作用是支承腕部和手部，并将被抓取的工件运送到给定的位置上。机器人的臂部主要为臂杆以及与其运动有关的构件，包括传动机构、驱动装置、导向定位装置、支承连接和位置检测元件等。此外，还有与腕部或手臂的运动和连接支承等有关的构件。

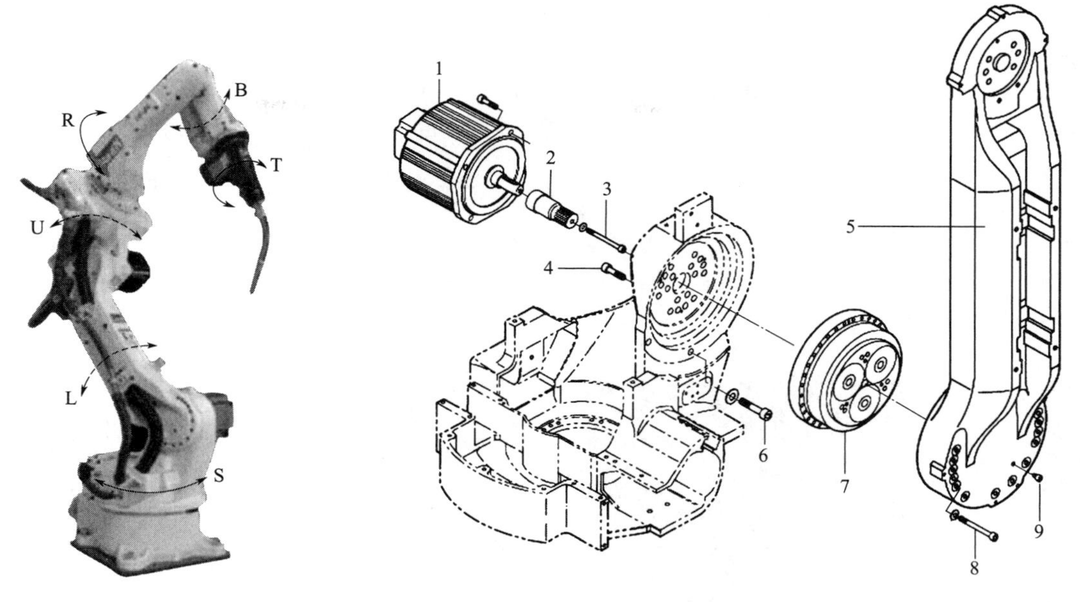

图 1-81 工业机器人

图 1-82 下臂结构图

1—驱动电机；2—减速器输入轴；5—下臂体；7—RV 减速器；3，4，6，8，9—螺钉

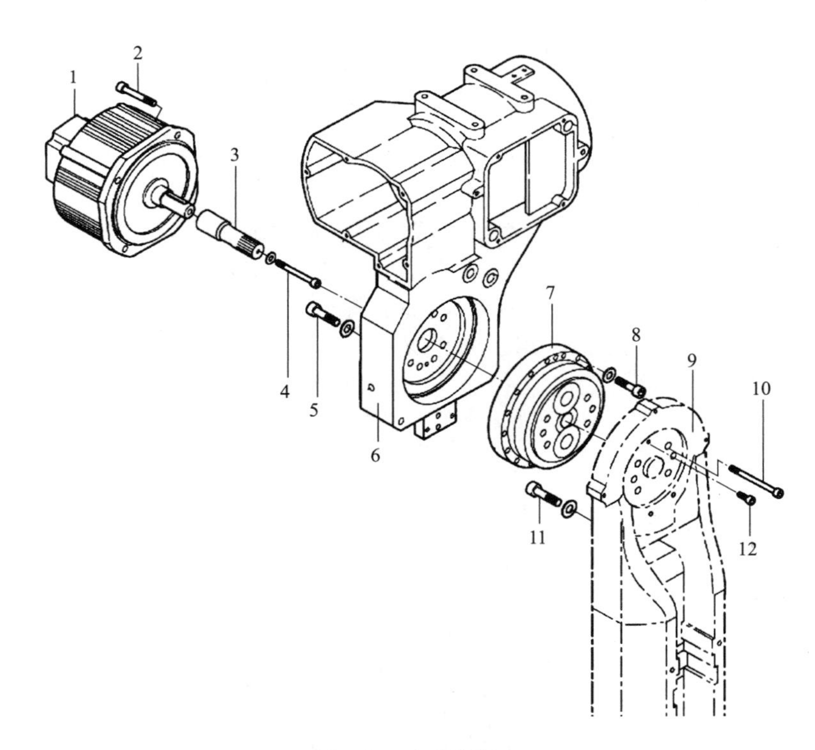

图 1-83 上臂结构图

1—驱动电机；3—减速器输入轴；6—上臂；7—RV 减速器；9—上臂体；2,4,5,8,10～12—螺钉

一般机器人手臂有 3 个自由度，即手臂的伸缩、左右回转和升降（或俯仰）运动。手臂回转

和升降运动是通过机座的立柱实现的，立柱的横向移动即为手臂的横移。手臂的各种运动通常由驱动机构和各种传动机构来实现。

(5)腰部

腰部是连接臂部和机座的部件，通常是回转部件。由于它的回转，再加上臂部的运动，就能使腕部作空间运动。腰部是执行机构的关键部件，它的制作误差、运动精度和平稳性对机器人的定位精度有较大的影响。

(6)机座

机座是整个机器人的支持部分，有固定式和移动式两类。移动式机座用来扩大机器人的活动范围，有的是专门的行走装置，有的是轨道(图 1-84)、滚轮机构(图 1-85)。机座必须有足够的刚度和稳定性。

图 1-84 桁架工业机器人

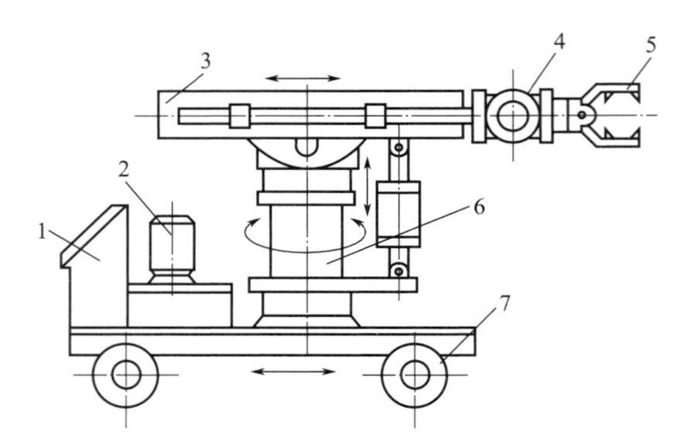

图 1-85 具有行走机构的工业机器人系统
1—控制部件；2—驱动部件；3—臂部；4—腕部；5—手部；6—机身；7—行走机构

1.2.2.2 驱动系统

工业机器人的驱动系统是向执行系统各部件提供动力的装置，包括驱动器和传动机构两部分，它们通常与执行机构连成一体。驱动器通常有电动、液压、气动装置以及把它们结合起来应用的综合系统。常用的传动机构有谐波传动、螺旋传动、链传动、带传动以及各种齿轮传动等。工业机器人驱动系统的组成如图 1-86 所示。

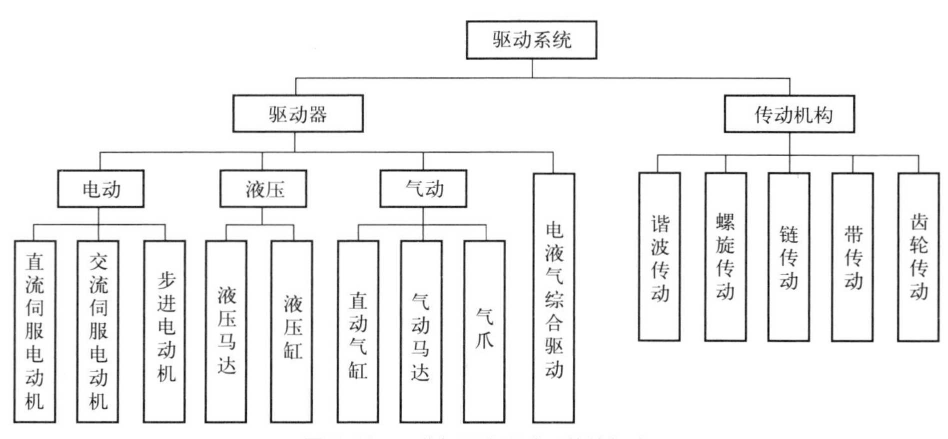

图 1-86 工业机器人驱动系统的组成

1.2.2.3 控制系统

控制系统的任务是根据机器人的作业指令程序以及从传感器反馈回来的信号，支配机器人的执行机构完成固定的运动和功能。若工业机器人不具备信息反馈特征，则为开环控制系统；若具备信息反馈特征，则为闭环控制系统。

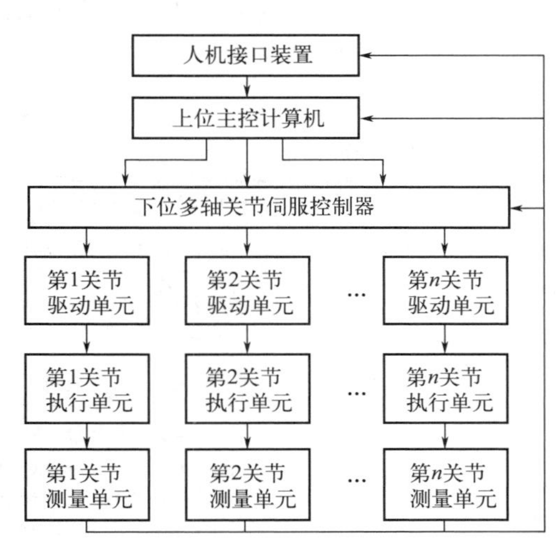

图 1-87 工业机器人控制系统一般构成

工业机器人的控制系统主要由主控计算机和关节伺服控制器组成，如图 1-87 所示。上位主控计算机主要根据作业要求完成编程，发出指令控制各伺服驱动装置使各杆件协调工作，同时还要完成环境状况、周边设备之间的信息传递和协调工作。关节伺服控制器用于实现驱动单元的伺服控制，轨迹插补计算，以及系统状态监测。不同工业机器人的控制系统是不同的，图 1-88 为 ABB 工业机器人的控制系统实物图。机器人的测量单元一般安装在执行部件的位置检测元件（如光电编码器）和速度检测元件（如测速电机）中，这些检测量反馈到控制器中或者用于闭环控制，或者用于监测，或者进行示教操作。人机接口除了一般的计算机键盘、鼠标外，通常还包括手持控制器（示教盒，图 1-88），通过手持控制器可以对机器人进行控制和示教操作。

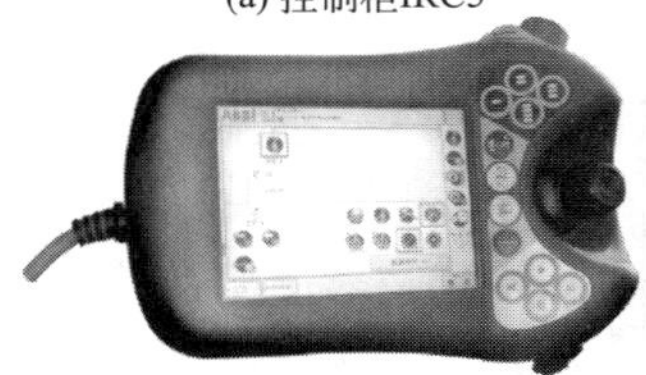

(a) 控制柜IRC5

(b) 示教盒

图 1-88 IRB 2600 工业机器人

工业机器人通常具有示教再现和位置控制两种方式。示教再现控制就是操作人员通过示教装置把作业内容编制成程序，输入到记忆装置中，在外部给出启动命令后，机器人从记忆装置中读出信息并送到控制装置，发出控制信号，由驱动机构控制机械手的运动，在一定精度范围内按照记忆装置中的内容完成给定的动作。实质上，工业机器人与一般自动化机械的最大区别就是它具有“示教再现”功能，因而表现出通用、灵活的“柔性”特点。

工业机器人的位置控制方式有点位控制和连续路径控制两种。其中，点位控制这种方式只关心机器人末端执行器的起点和终点位置，而不关心这两点之间的运动轨迹，这种控制方式可完成无障碍条件下的点焊、上下料、搬运等操作。连续路径控制方式不仅要求机器人以一定的精度到达目标点，而且对移动轨迹也有一定的精度要求，如机器人喷漆、弧焊等操作。实质上这种控制方式是以点位控制方式为基础，在每两点之间用满足精度要求的位置轨迹插补算法来实现轨迹连续化的。

1.2.2.4 传感系统

传感系统是机器人的重要组成部分，按其采集信息的位置，一般可分为内部和外部两类传感器。内部传感器是完成机器人运动控制所必需的传感器，如位置、速度传感器等，用于采集机器人内部信息，是构成机器人不可缺少的基本元件。外部传感器检测机器人所处环境、外部物体状态或机器人与外部物体的关系。常用的外部传感器有力传感器、触觉传感器、接近传感器、视觉传感器等。一些特殊领域应用的机器人还可能需具有温度、湿度、压力、滑动量、化学性质等感觉能力方面的传感器。机器人传感器的分类如表1-2所示。

传统的工业机器人仅采用内部传感器，用于对机器人运动、位置及姿态进行精确控制。使用外部传感器，使得机器人对外部环境具有一定程度的适应能力，从而表现出一定程度的智能。

表 1-2 机器人传感器的分类

内部传感器	用途	机器人的精确控制
	检测的信息	位置、角度、速度、加速度、姿态、方向等
	所用传感器	微动开关、光电开关、差动变压器、编码器、电位计、旋转变压器、测速发电机、加速度计、陀螺、倾角传感器、力(或力矩)传感器等
外部传感器	用途	了解工件、环境或机器人在环境中的状态，对工件灵活、有效地操作
	检测的信息	工件和环境：形状、位置、范围、质量、姿态、运动、速度等 机器人与环境：位置、速度、加速度、姿态等 对工件的操作：非接触(间隔、位置、姿态等)、接触(障碍检测、碰撞检测等)、触觉(接触觉、压觉、滑觉)、夹持力等
	所用传感器	视觉传感器、光学测距传感器、超声测距传感器、触觉传感器、电容传感器、电磁感应传感器、限位传感器、压敏导电橡胶、弹性体应变片等

1.2.3 机器人应用与外部关系

机器人技术是集机械工程学、计算机科学、控制工程、电子技术、传感器技术、人工智能、仿生学等学科于一体的综合技术，它是多学科科技革命的必然结果。每一台机器人，都是一个知识密集和技术密集的高科技机电一体化产品。机器人与外部的关系如图1-89所示，机器人技术涉及的研究领域有如下几个。

① 传感器技术。与人类感觉机能相似的传感器技术。

② 人工智能计算机科学。与人类智能或控制机能相似能力的人工智能或计算机科学。

③ 假肢技术。

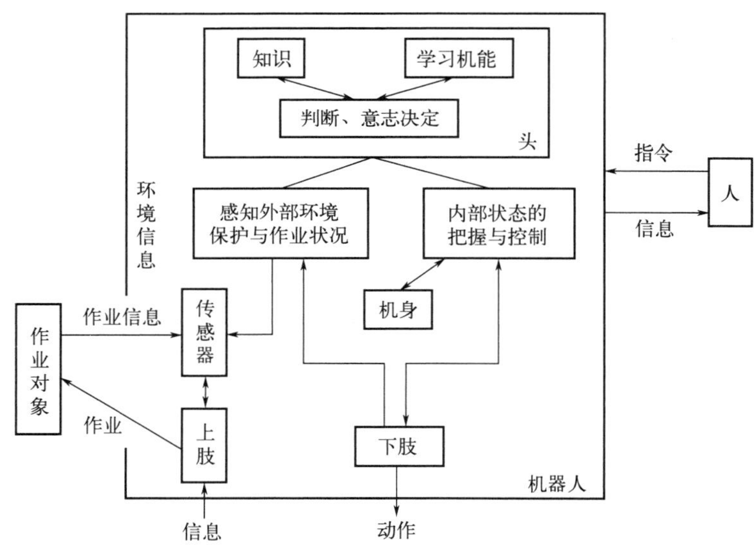

图 1-89 机器人与外部的关系

④ 工业机器人技术。把人类作业技能具体化的工业机器人技术。

⑤ 移动机械技术。实现动物行走机能的行走技术。

⑥ 生物功能。以实现生物机能为目的的生物学技术。

1.3 机器人的基本术语与图形符号

1.3.1 运动副及其分类

构件和构件之间既要相互连接（接触）在一起，又要有相对运动。而两构件之间这种可动的连接（接触）就称为运动副，即关节（joint），是允许机器人手臂各零件之间发生相对运动的机构，是两构件直接接触并能产生相对运动的活动连接，如图 1-90 所示。A、B 两部件可以做互动连接。运动副元素由两构件上直接参加接触构成运动副的部分组成，包括点、线、面元素。由于组成运动副后，限制了两构件间的相对运动，对于相对运动的这种限制称为约束。

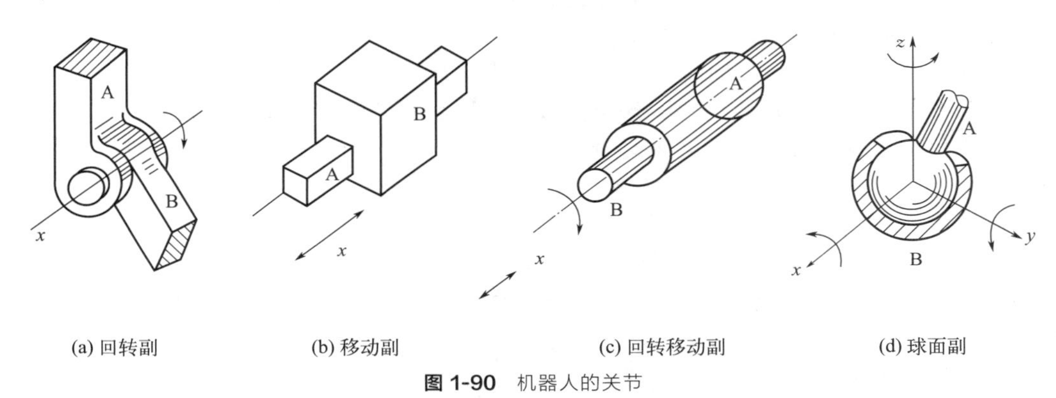

(a) 回转副　(b) 移动副　(c) 回转移动副　(d) 球面副

图 1-90 机器人的关节

1.3.1.1 按两构件接触情况分类

按两构件接触情况，常分为低副、高副两大类。

(1) 低副

两构件以面接触而形成的运动副，包括转动副和移动副。

① 转动副：只允许两构件作相对转动，如图 1-90(a) 所示。

② 移动副：组成运动副的两构件只能作相对直线移动的运动副，如活塞与气缸体所组成的运动副即为移动副，如图 1-90(b) 所示。此平面机构中的低副，可以看作是引入两个约束，仅保留 1 个自由度。

(2) 高副

两构件以点或线接触而构成的运动副，如图 1-91 所示。

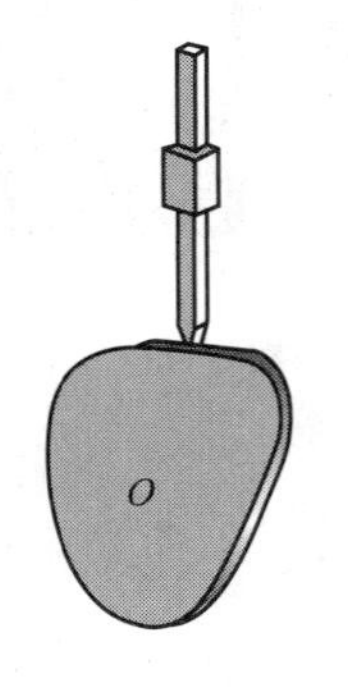

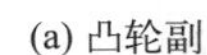

(a) 凸轮副

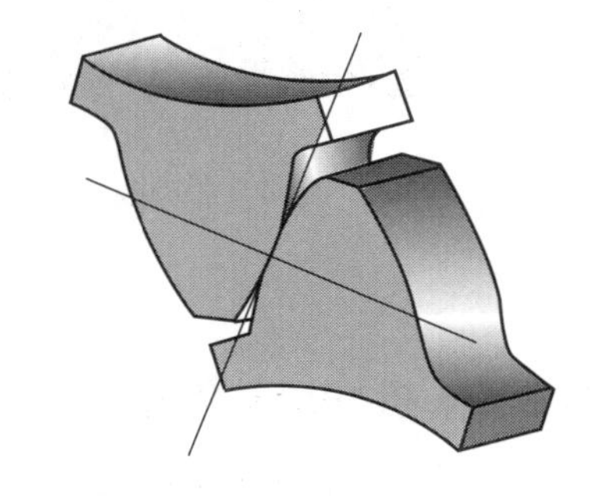

(b) 齿轮副

图 1-91 平面高副

1.3.1.2 按运动方式分类

关节是各杆件间的结合部分，是实现机器人各种运动的运动副，由于机器人的种类很多，其功能要求不同，关节的配置和传动系统的形式都不同。机器人常用的关节有移动、旋转运动副。一个关节系统包括驱动器、传动器和控制器，属于机器人的基础部件，是整个机器人伺服系统中的一个重要环节，其结构、质量、尺寸对机器人性能有直接影响。

(1) 回转关节

回转关节，又叫作回转副、旋转关节，是使连接两杆件的构件中的一件相对于另一件绕固定轴线转动的关节，两个构件之间只作相对转动的运动副，如手臂与机座、手臂与手腕。回转关节能实现相对回转或摆动的关节机构，由驱动器、回转轴和轴承组成。多数电动机能直接产生旋转运动，但常需各种齿轮、链、带传动或其他减速装置，以获取较大的转矩。

(2) 移动关节

移动关节，又叫作移动副、滑动关节、棱柱关节，是使两杆件的构件中的一件相对于另一件做直线运动的关节，两个构件之间只做相对移动。它采用直线驱动方式传递运动，包括直角坐标结构的驱动，圆柱坐标结构的径向驱动和垂直升降驱动，以及极坐标结构的径向伸缩驱动。直线运动可以直接由气缸或液压缸和活塞产生，也可以采用齿轮齿条、丝杠、螺母等传动元件把旋转运动转换成直线运动。

(3) 圆柱关节

圆柱关节，又叫作回转移动副、分布关节，是使两杆件的构件中的一件相对于另一件移动或绕一个移动轴线转动的关节，两个构件之间除了做相对转动之外，还同时可以做相对移动。

(4) 球关节

球关节，又叫作球面副，是使两杆件间的构件中的一件相对于另一件在 3 个自由度上绕一固定点转动的关节，即组成运动副的两构件能绕一球心作三个独立的相对转动的运动副。

(5) 空间运动副

若两构件之间的相对运动均为空间运动，则称为空间运动副，如图 1-90(d) 所示。图 1-92(b) 为工业机器人上所用的球齿轮，就是空间运动副。

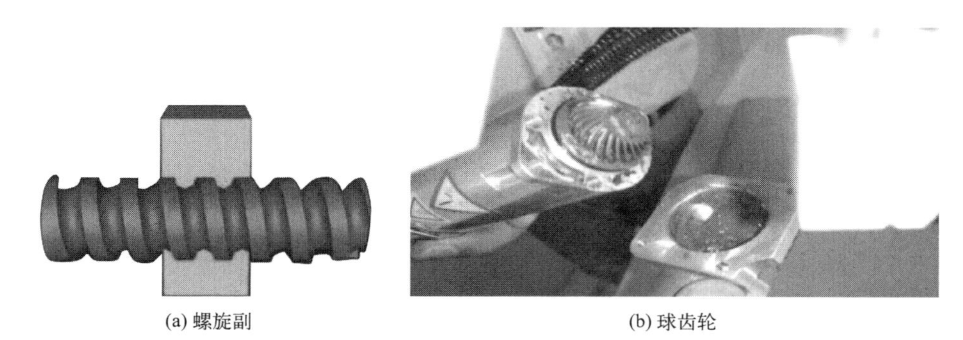

(a) 螺旋副　　(b) 球齿轮

图 1-92 空间运动副

1.3.2 机构运动简图

构件是组成机构的基本的运动单元，一个零件可以成为一个构件，但多数构件实际上是由若干零件固定连接而组成的刚性组合，图 1-93 所示为齿轮构件，就是由轴、键和齿轮连接组成。

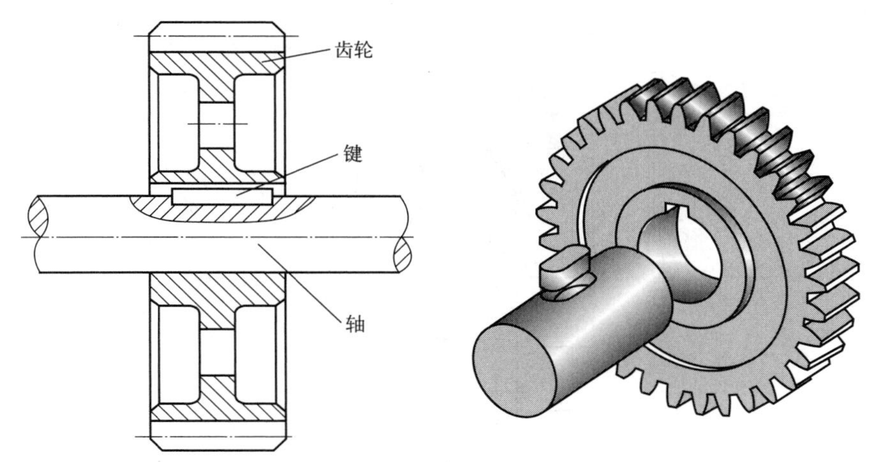

图 1-93 齿轮构件

用特定的构件和运动副符号表示机构的一种简化示意图，仅着重表示结构特征；又按一定的长度比例尺确定运动副的位置，用长度比例尺画出的机构简图称为机构运动简图。机构运动简图保持了其实际机构的运动特征，它简明地表达了实际机构的运动情况。

实际应用中有时只需要表明机构运动的传递情况和构造特征，而不要求机构的真实运动情况，因此，不必严格地按比例确定机构中各运动副的相对位置。在进行新机器设计时，常用机构简图进行方案比较。

机构运动简图所表示的主要内容有：机构类型、构件数目、运动副的类型和数目以及运动尺寸等。

1.3.2.1 机器人的图形符号体系

构件均用直线或小方块等来表示，画有斜线的表示机架。机构运动简图中构件表示方法如图 1-94 所示：图（a）、（b）表示能组成两个运动副的一个构件，其中图（a）表示能组成两个转动副的一个构件，图（b）表示能组成一个转动副和一个移动副的一个构件；图（c）、（d）表示能组成三个转动副的一个构件。

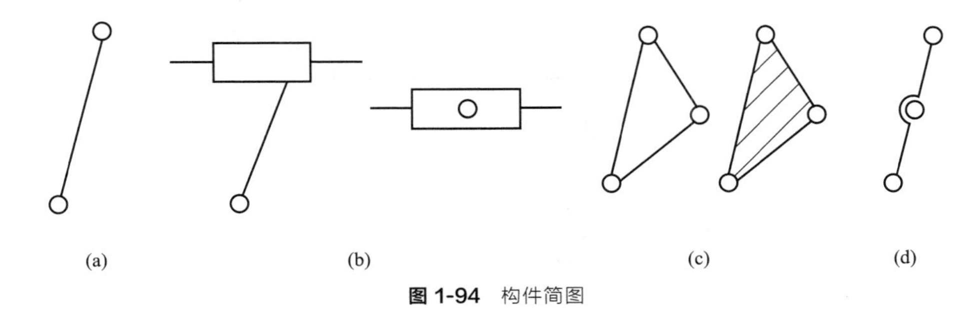

图 1-94 构件简图

（1）运动副的图形符号

机器人所用的零件和材料以及装配方法等与现有的各种机械完全相同。机器人常用的关节有移动、旋转运动副，常用的运动副图形符号如表 1-3 所示。

（2）基本运动的图形符号

机器人的基本运动与现有的各种机械表示也完全相同。常用的基本运动图形符号如表 1-4 所示。

表 1-3　常用的运动副图形符号

运动副名称		运动副符号	
	转动副	两运动构件构成的运动副	两构件之一固定时的运动副
平面运动副	转动副		
	移动副		
	平面高副		
空间运动副	螺旋副		
	球面副及球销副		

表 1-4　常用的基本运动图形符号

序号	名称	符号
1	直线运动方向	单向　双向
2	旋转运动方向	单向　双向
3	连杆、关节的轴	
4	刚性连接	
5	固定基础	
6	机械联锁	

（3）运动机能的图形符号

机器人的运动机能常用的图形符号如表 1-5 所示。

表 1-5 机器人的运动机能常用的图形符号

编号	名称	图形符号	参考运动方向	备注
1	移动(1)			
2	移动(2)			
3	回转机构			
4	旋转(1)	① ②		①一般常用的图形符号 ②表示①的侧向的图形符号
5	旋转(2)	① ②		①一般常用的图形符号 ②表示①的侧向的图形符号
6	差动齿轮			
7	球关节			
8	握持			
9	保持			包括已成为工具的装置、工业机器人的工具此处未作规定
10	机座			

(4) 运动机构的图形符号

机器人的运动机构常用的图形符号如表 1-6 所示。

表 1-6 机器人的运动机构常用的图形符号

序号	名称	自由度	符号	参考运动方向	备注
1	直线运动关节(1)	1			
2	直线运动关节(2)	1			
3	旋转运动关节(1)	1			
4	旋转运动关节(2)	1			平面
5	旋转运动关节(2)	1			立体

续表

序号	名称	自由度	符号	参考运动方向	备注
6	轴套式关节	2			
7	球关节	3			
8	末端操作器		一般型 溶接 真空吸引		用途示例

1.3.2.2 平面机构运动简图的绘制步骤

① 运转机械，搞清楚运动副的性质、数目和构件数目。

② 从原动件开始，沿着运动传递路线，分析各构件间的相对运动性质，确定运动副的种类、数目以及定各运动副的位置。

③ 测量各运动副之间的尺寸，选投影面（运动平面），绘制示意图。

④ 按比例绘制运动简图。

简图比例尺：μ_l＝实际尺寸/图上长度（实际尺寸，m；图上长度，mm）。

⑤ 从原动件开始，按机构运动传递顺序，用规定的符号和线条绘制出机构运动简图，标注出原动件、构件的编号。

⑥ 检验机构是否满足运动确定的条件。

绘制机构的运动简图时，机构的瞬时位置不同，所绘制的简图也不同。机器人的机构简图是描述机器人组成机构的直观图形表达形式，是将机器人的各个运动部件用简便的符号和图形表达出来，此图可用上述图形符号体系中的文字与代号表示。典型工业机器人的机构简图如图 1-95 所示。

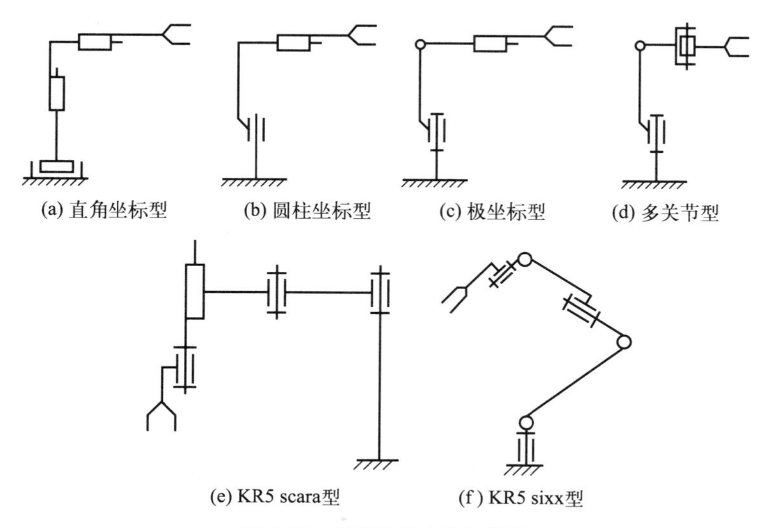

图 1-95 典型机器人机构简图

1.3.3 工业机器人技术参数

1.3.3.1 主要技术参数

技术参数是各工业机器人制造商在产品供货时所提供的技术数据。尽管各厂商所提供的技术参数项目是不完全一样的，工业机器人的结构、用途等有所不同，且用户的要求也不同，但是，工业机器人的主要技术参数一般都应有自由度、工作范围、最大工作速度、承载能力、分辨率、精度等。

(1) 自由度

把构件相对于参考系具有的独立运动参数的数目称为自由度。构件的自由度是构件可能出现的独立运动。任何一个构件在空间自由运动时皆有 6 个自由度，在平面运动时有 3 个自由度。

自由度通常作为机器人的技术指标，反映机器人动作的灵活性，可用轴的直线移动、摆动或旋转动作的数目来表示。表 1-7 为常见机器人自由度的数量，下边详细讲述各类机器人的自由度。

表 1-7 常见机器人自由度的数量

序号	机器人种类		自由度数量	移动关节数量	转动关节数量
1	直角坐标		3	3	0
2	圆柱坐标		5	2	3
3	球(极)坐标		5	1	4
4	关节	SCARA	4	1	3
		6 轴	6	0	6
5	并联机器人		需要计算		

1) 直角坐标机器人的自由度

直角坐标机器人的臂部具有 3 个自由度，如图 1-96 所示。其移动关节各轴线相互垂直，使臂部可沿 X、Y、Z3 个自由度方向移动，构成直角坐标机器人的 3 个自由度。这种形式的机器人的主要特点是结构刚度大，关节运动相互独立，操作灵活性差。

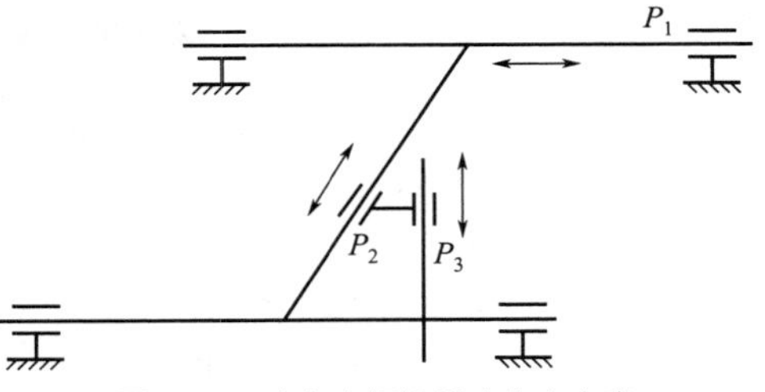

图 1-96 直角坐标机器人的自由度

2) 圆柱坐标机器人的自由度

5 轴圆柱坐标机器人有 5 个自由度，如图 1-97 所示。其臂部可沿自身轴线伸缩移动，可绕机身垂直轴线回转，并可沿机身轴线上下移动，构成 3 个自由度；另外，其臂部、腕部和末端执行器三者间采用 2 个转动关节连接，构成 2 个自由度。

3) 球（极）坐标机器人的自由度

球（极）坐标机器人具有 5 个自由度，如图 1-98 所示。其臂部可沿自身轴线伸缩移动，可绕机身垂直轴线回转，并可在垂直平面内上下摆动，构成 3 个自由度；另外，其臂部、腕部和末端执行器三者间采用 2 个转动关节连接，构成 2 个自由度。这类机器人的灵活性好、工作空间大。

4) 关节机器人的自由度

关节机器人的自由度与关节机器人的轴数和关节形式有关，现以常见的 SCARA 平面关

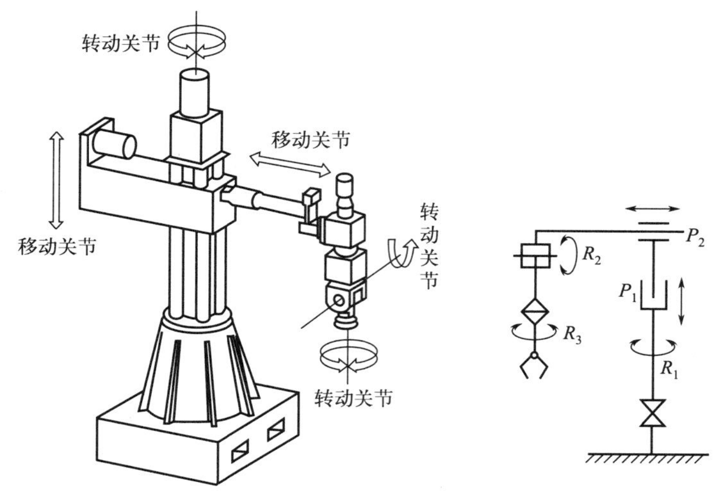

图 1-97 圆柱坐标机器人的自由度

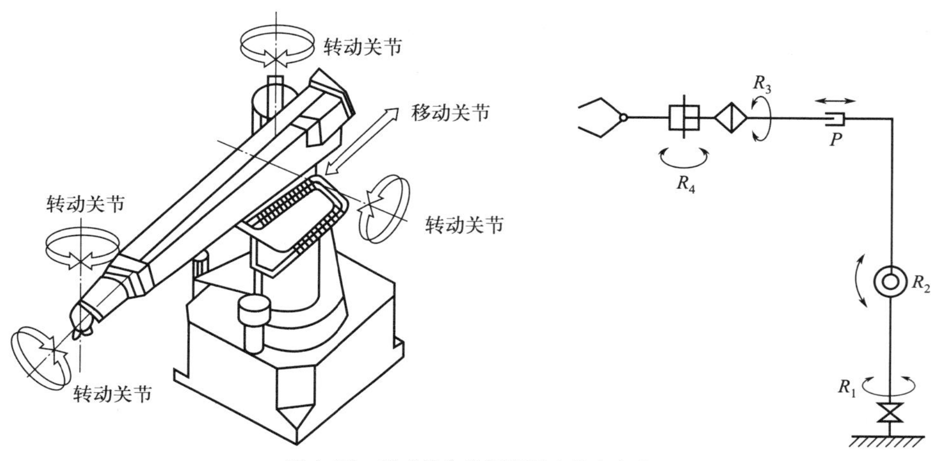

图 1-98 球（极）坐标机器人的自由度

节机器人和 6 轴关节机器人为例进行说明。

① SCARA 平面关节机器人　如图 1-99 所示的 SCARA 平面关节机器人有 4 个自由度，

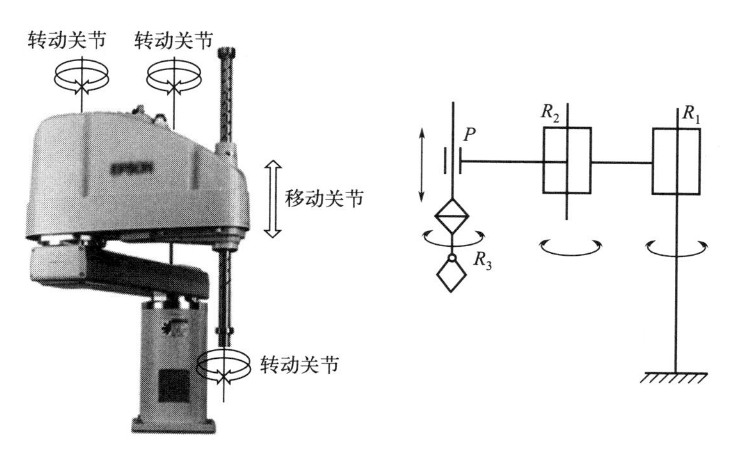

图 1-99 SCARA 平面关节机器人的自由度

SCARA 平面关节机器人的大臂与机身的关节、大小臂间的关节都为转动关节，具有 2 个自由度；小臂与腕部的关节为移动关节，具有 1 个自由度；腕部和末端执行器的关节为转动关节，具有 1 个自由度，实现末端执行器绕垂直轴线的旋转。这种机器人适用于平面定位，在垂直方向进行装配作业。

② 6 轴关节机器人　6 轴关节机器人有 6 个自由度，如图 1-100 所示。6 轴关节机器人的机身与底座处的腰关节、大臂与机身处的肩关节、大小臂间的肘关节以及小臂、腕部和手部三者间的三个腕关节，都是转动关节，因此该机器人具有 6 个自由度。这种机器人动作灵活、结构紧凑。

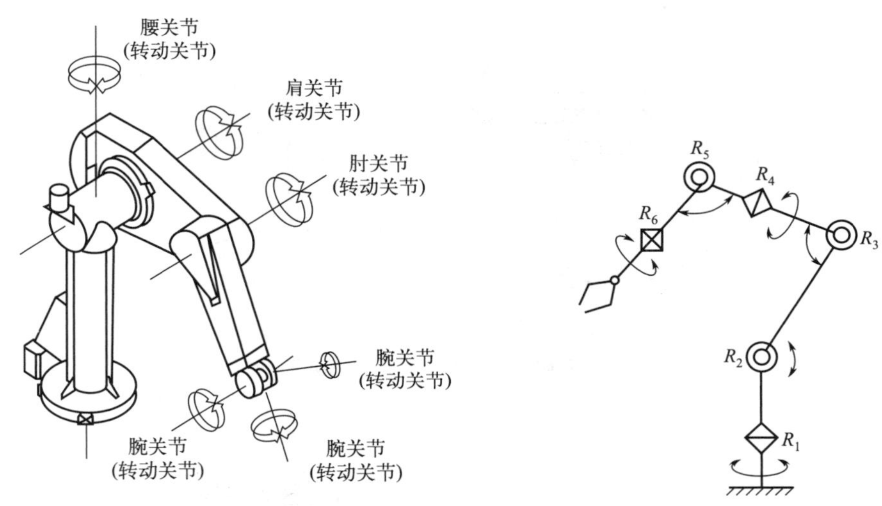

图 1-100　6 轴关节机器人的自由度

③ 并联机器人的自由度　并联机器人是由并联方式驱动的闭环机构组成的机器人。Gough-Stewart 并联机构和由此机构构成的机器人也是典型的并联机器人，如图 1-101 所示。与串联式开链结构不同，并联机器人闭环机构不能通过结构关节自由度的个数明显数出，需要经过计算得出。计算自由度的方式多样，但大多有适用条件限制或者若干“注意事项”（如需要甄别公共约束、虚约束、环数、链数、局部自由度等）。其中，用 Kutzbach-Grubler 公式计算自由度的方式如下：

$$F=6(l-n+1)+\sum_{i=1}^{n} f_i$$

式中，F 为机器人的自由度；l 为机构连杆数；n 为结构的关节总数；f_i 为第 i 个关节的自由度。

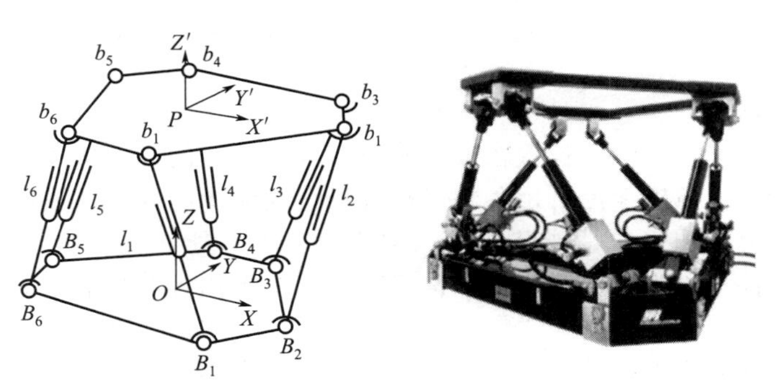

图 1-101　Gough-Stewart 并联机器人

(2) 工作范围

工作范围是指机器人手臂末端或手腕中心所能到达的所有点的集合，也叫作工作区域。因为末端操作器的形状和尺寸是多种多样的，为了真实反映机器人的特征参数，所以是指不安装末端操作器时的工作区域。工作范围的形状和大小是十分重要的，机器人在执行某作业时可能会因为存在手部不能到达的作业死区（dead zone）而不能完成任务。图 1-102 和图 1-103 所示分别为 PUMA 机器人和 A4020 装配机器人的工作范围，图 1-104 为并联工业机器人的工作范围。

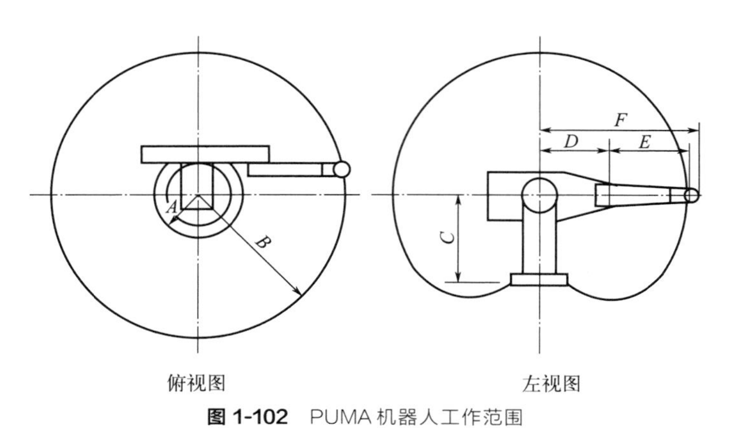

图 1-102 PUMA 机器人工作范围

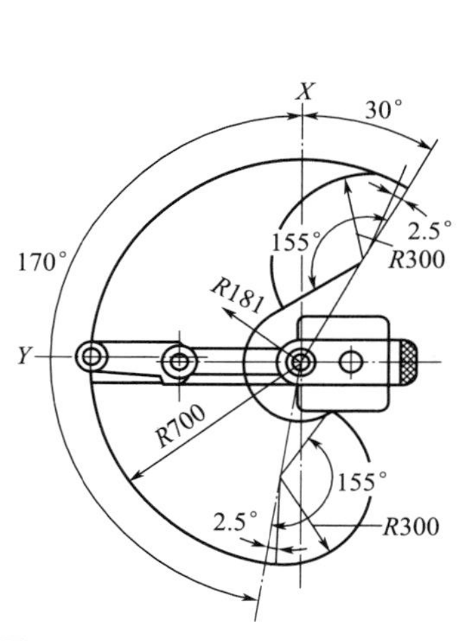

图 1-103 A4020 装配机器人工作范围

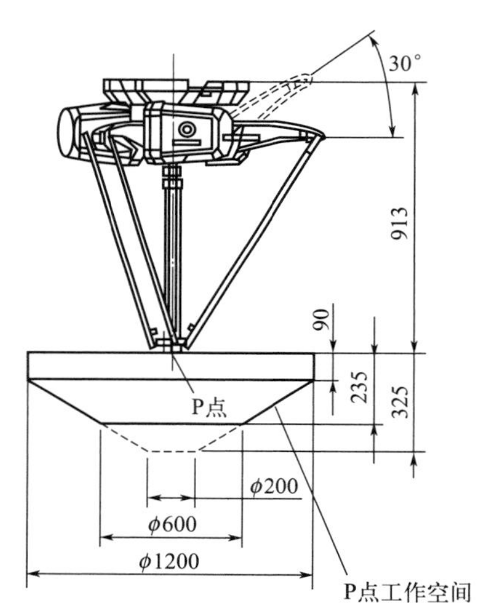

图 1-104 并联工业机器人工作范围

(3) 最大工作速度

机器人在保持运动平稳性和位置精度的前提下所能达到的最大速度称为额定速度。其某一关节运动的速度称为单轴速度，由各轴速度分量合成的速度称为合成速度。

机器人在额定速度和规定性能范围内，末端执行器所能承受负载的允许值称为额定负载。在限制作业条件下，为了保证机械结构不损坏，末端执行器所能承受负载的最大值称为极限负载。

对于结构固定的机器人，其最大行程为定值，因此额定速度越高，运动循环时间越短，工作效率也越高。而机器人每个关节的运动过程一般包括启动加速、匀速运动和减速制动三个阶段。如果机器人负载过大，则会产生较小的加速度，造成启动、制动阶段时间增长，从而影响机器人的工作效率。对此，就要根据实际工作周期来平衡机器人的额定速度。

(4) 承载能力

承载能力是指机器人在工作范围内的任何位姿上所能承受的最大重量，通常可以用质量、力矩或惯性矩来表示。承载能力不仅取决于负载的质量，而且与机器人运行时速度和加速度的大小和方向有关。一般低速运行时，承载能力强。为安全考虑，将承载能力这个指标确定为高速运行时的承载能力。通常，承载能力不仅指负载质量，还包括机器人末端操作器的质量。

(5) 分辨率

机器人的分辨率由系统设计检测参数决定，并受到位置反馈检测单元性能的影响。分辨率可分为编程分辨率与控制分辨率。编程分辨率是指程序中可以设定的最小距离单位，又称为基准分辨率。控制分辨率是位置反馈回路能检测到的最小位移量。当编程分辨率与控制分辨率相等时，系统性能达到最高。

(6) 精度

机器人的精度主要体现在定位精度和重复定位精度两个方面。

① 定位精度　是指机器人末端操作器的实际位置与目标位置之间的偏差，由机械误差、控制算法误差与系统分辨率等部分组成。

② 重复定位精度　是指在相同环境、相同条件、相同目标动作、相同命令下，机器人连续重复运动若干次时，其位置会在一个平均值附近变化，变化的幅度代表重复定位精度，是关于精度的一个统计数据。因重复定位精度不受工作载荷变化的影响，所以通常用重复定位精度这个指标作为衡量示教再现型工业机器人水平的重要指标。

如图 1-105 所示，为重复定位精度的几种典型情况：图（a）为重复定位精度的测定；图（b）为合理的定位精度，良好的重复定位精度；图（c）为良好的定位精度，很差的重复定位精度；图（d）为很差的定位精度，良好的重复定位精度。

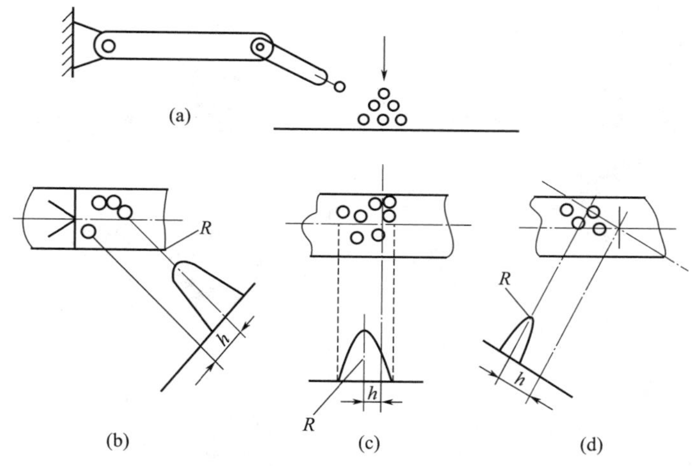

图 1-105　重复定位精度的典型情况

1.3.3.2　其他参数

此外，对于一个完整的机器人还有下列参数描述其技术规格。

(1) 控制方式

控制方式是指机器人用于控制轴的方式，是伺服还是非伺服，伺服控制方式是实现连续轨迹还是点到点的运动。

（2）驱动方式

驱动方式是指关节执行器的动力源形式。通常有气动、液压、电动等形式。

（3）安装方式

安装方式是指机器人本体安装的形式，通常有地面安装、架装、吊装等形式。

（4）动力源容量

动力源容量是指机器人动力源的规格和消耗功率的大小，比如：气压的大小，耗气量；液压高低；电压形式与大小；消耗功率等。

（5）本体质量

本体质量是指机器人在不加任何负载时本体的质量，用于估算运输、安装等。

（6）环境参数

环境参数是指机器人在运输、存储和工作时需要提供的环境条件，比如：温度、湿度、振动、防护等级和防爆等级等。

1.3.4 机器人的提示图形符号

不同的工业机器人其提示图形符号也是有区别的。例如KUKA工业机器人与ABB工业机器人就有所不同。表1-8是FANUC工业机器人的标牌，不允许将其去除或使其无法识别，必须更换无法识别的标牌。

表1-8 FANUC工业机器人的标牌

标牌	含义	标牌	含义
危险 机器人工作时，禁止进入机器人工作范围。 ROBOT OPERATING AREA DO NOT ENTER	机器人工作时，禁止进入机器人工作范围	ENTANGLEMENT HAZARD 警告:卷入危险 保持双手远离	卷入危险，保持双手远离
WARNING ROTATING HAZARD 警告 转动危险	转动危险，可导致严重伤害，维护保养前必须断开电源并锁定	PINCH POINT HAZARD 警告:夹点危险 移除护罩禁止操作	夹点危险，移除护罩，禁止操作
IMPELLER BLADE HAZARD 警告:叶轮危险 检修前必须断电	叶轮危险，检修前必须断电	SHARP BLADE HAZARD 警告:当心伤手 保持双手远离	当心伤手，保持双手远离
WARNING SCREW HAZARD 警告:螺旋危险 检修前必须断电	螺旋危险，检修前必须断电	MOVING PART HAZARD 警告:移动部件危险 保持双手远离	移动部件危险，保持双手远离
ROTATING SHAFT HAZARD 警告:旋转轴危险 保持远离，禁止触摸	旋转轴危险，保持远离，禁止触摸	ROTATING PART HAZARD 警告:旋转装置危险 保持远离，禁止触摸	旋转装置危险，保持远离，禁止触摸

续表

标牌	含义	标牌	含义
MUST BE LUBRICATED PERIODICALLY 注意：按要求定期加注机油	注意：按要求定期加注机油	注意 CAUTION 1) 必ず排脂口を開けて給脂して下さい。 Open the grease outlet at greasing. 必须在排脂口打开的状态下供脂。 2) 手動式ポンプを使用して給脂を行って下さい。 Use a hand pump at greasing. 请使用手动式供脂泵进行供脂。 3) 必ず指定グリスを使用して下さい。 Use designated grease at greasing. 必须使用指定的润滑脂。	润滑脂供脂/排脂标签
MUST BE LUBRICATED PERIODICALLY 注意：按要求定期加注润滑油	注意：按要求定期加注润滑油		
MUST BE LUBRICATED PERIODICALLY 注意：按要求定期加注润滑脂	注意：按要求定期加注润滑脂	>1000kg <500kg ×2 >1000kg >500kg ×4 >450kg ×4	搬运标签
	禁止拆解的警告标记		
	禁止踩踏的警告标记		
	防烫伤标示	注意 CAUTION アイボルトを横引しないこと Do not pull eyebolt sideways 禁止横向拉拽吊环螺钉 輸送部材に衝撃を与えないこと Do not have impact on this part 禁止撞击搬运用部件 輸送部材にチェーンなどを掛けないこと Do not chain, pry, or strap on this part 禁止在搬运用部件上使用链条等物品固定或者搬运机器人	搬运注意标签

1.4 操作规程

以焊接机器人工作站为例来介绍其操作规程。

1.4.1 焊接机器人操作规程

(1) 工作前

① 每班开始焊接前要检查焊枪吸尘管、线缆等是否有（或可能有）缠绕机械手臂或打卷情况，如果有，要及时处理后再开始焊接。

② 每天开始焊接前要检查平衡器拉索松紧情况，如果过松或过紧，应用平衡器上旋钮调整到适当松紧。

③ 仔细检查系统的水、电、气是否正常，检查焊枪导电嘴、焊机水箱、清枪液、焊丝的余量等是否满足正常使用要求，焊丝牌号是否正确，各机构确认正常后方可开始工作。

④ 焊枪内分流器和绝缘环必须完好，不得缺失，如果缺失可能造成短路，损坏焊枪系统。

⑤ 吊离时必须松开所有压紧机构，并确认其不妨碍工件吊离。

⑥ 起吊工件前查看工件工艺支承位置是否准确，确保无多余工艺支承后，将工件吊运进入非自动焊接工位，应将工件缓慢落在变位机上，尽量避免冲击。

⑦ 调整夹紧机构夹紧工件。注意夹紧机构的位置要始终与编程时的位置一致，并确认工件的夹紧情况。

(2) 设备运行中

① 机器人动作速度较快，存在危险性。操作人员应负责维护工作站正常运转秩序，严禁非工作人员进入工作区域。

② 工作人员在编程示教时，应将机器人调整到 T1 测试模式（最快运行速度 250mm/s）以确保安全。

③ 机器人开机工作中，需要有人员看守。操作人员暂时离开前，先确认系统和电弧工作正常，并且离开时间不能超过 10min。当操作人员较长时间离开时，需根据情况，暂停焊接或切断伺服。

④ 当操作者与机器人分处于不同工位区域工作时，应将机器人工作区域防护链挂好，以防止其他人员进入。

⑤ 焊接过程中通过听、看等方法来判断焊接是否正常，确认焊接电弧稳定性、焊接电流和焊接飞溅的变化，发现异常时应立即停止焊接。

⑥ 工件应在变位机上装夹牢固，防止工件在翻转时滑落，造成伤害。

⑦ 装夹工具用完后必须收回，旋转妥当，严禁留在变位机或工件上或随手乱放。

⑧ 焊接前应检查工件拼点准确性，误差超过 5mm 需要向前道工序和段长反馈质量问题，对不能达到要求的拼点工件进行修正。

⑨ 焊接之前要仔细检查工件表面有无氧化皮、铁锈和油污等影响焊缝质量的问题，务必处理完毕后才能开始焊接作业。

⑩ 在焊接起弧前，操作人员应查看起弧点位置，没有偏差时，再启动焊接。严禁用尖嘴钳等硬物按控制开关等操作按钮。

⑪ 机器人工作状态下，变位机翻转区域内严禁人员进入或放置物品。

⑫ 清枪剪丝时机器人动作较快，操作人员应避免在清枪剪丝位置附近停留。经常查看清枪剪丝效果，如果焊枪在清枪过程中与绞刀位置发生偏移或剪丝效果不好，必须及时检查程序和校正焊枪。

⑬ 机器人工作时，操作人员应注意查看焊枪线缆状况，防止其缠绕在机器人上。

⑭ 示教器和线缆不能放置在变位机上，应随手携带或挂在操作位置。

⑮ 线缆不能严重绕曲成麻花状和与硬物摩擦，以防内部线芯折断或裸露。

⑯ 如需要手动控制机器人时，应确保机器人动作范围内无任何人员或障碍物，将速度由慢到快逐渐调整，避免速度突变造成伤害或损失。

⑰ 多注意查看焊丝余量，防止因焊丝用完而发生碰枪、烧嘴等情况。

⑱ 机器人各臂载荷能力有限，禁止任何人对机器人施加较大外力。

⑲ 出现气孔时，检查保护气压力是否达到要求和分流器是否堵塞，如有异常应及时调整和清理。

⑳ 机器人运行过程中必须注意机器人与变位机、机器人与工件的相对位置，安全操作

者自身也应与机器人保持安全距离，以确保自身安全。

㉑ 对于已经编好的焊接程序，操作人员不得擅自改动任何点的位置或焊接参数。如果需要改动，先记录程序号和步骤，与相关人员商议后再进行更改和检验。

㉒ 工作站在非工作状态时，机器人和变位机需置于安全位置。

(3) 工作后

① 关闭系统的水、电、气，使设备处于停机状态。

② 进行日常维护保养。

③ 填写“交接班记录”，做好交接班工作。

1.4.2 电源水箱操作规程

① 旋开并移走水箱盖。

② 检查滤网上有没有杂物，如有需要，应清洁滤网，并装回原位。

③ 冷却液不能直接使用自来水。

④ 冷却液不能直接排放。

⑤ 加冷却液到水箱最高液面线，并盖上水箱盖。

⑥ 首次加入冷却液时，在机器打开后，至少等待 1min，让冷却管道内充满冷却液，同时排出空气或泡沫。

⑦ 如果频繁更换焊枪，或者首次调试，需要根据需要添加冷却液到最高液面。

⑧ 冷却液的液面不得低于最低液面线，添加冷却液的时候必须使用水箱滤网（标配冷却液牌号 KF 23E)。

1.4.3 除尘设备操作规程

① 要使用干净、干燥并且不含油的压缩空气，压力为 4～6bar[1]；如发现压缩空气压力不足，应调整压力后工作。

② 不要在没有滤筒的情况下使用本设备。

③ 每个月都要检查滤筒的干净程度，及时更换不合格的滤筒。

④ 每个星期都要拧一次背面的储水阀门，放出设备内的存水。

⑤ 要避免设备受潮。

⑥ 灰尘收集筒要定期清理，收集的频率视烟尘量来决定。

⑦ 打开设备控制盒时要关闭电源。

⑧ 焊接结构件表面要清理干净，不得有油污。

1.4.4 清枪剪丝站使用操作规程

① 设备运行时，千万不要将手伸向清理枪嘴的铰刀，有极大的危险性，比如，肢体的挤伤切断等。身体上佩戴的物品或衣服有可能被旋转的铰刀卷入清枪机构中。

② 坚持每周对设备进行清扫。

③ 执行维护操作时，压缩空气和机器人的供电都应该被切断，否则会有因从清枪机构中飞出部件或电击而引起的危险。切断气源以确保机构不受压缩空气的触动。

④ 每周检查一次硅油瓶中的硅油。

⑤ 气动马达每月注油一次。

---

[1] 1bar＝0.1MPa。

⑥ 清枪装置免维护，压缩空气无需加油。

⑦ 设备所使用的压缩空气压力不得超过 8bar，压缩空气不得掺有水、油污。

1.4.5 机器人焊枪使用注意事项

① 焊枪安装时一定要注意，需要使枪颈后端带外丝的接头和集成电缆带铜内丝的塑料锁母对正，然后轻柔顺畅地拧紧，以确保枪颈和电缆的导电面紧密接触。如果没有充分拧紧，枪颈和电缆的导电面间就会有间隙，由于电流较大会出现间隙放电而破坏导电面，从而使枪颈和电缆出现不可修复的故障。

② 对于水冷焊枪，由于间断焊接导致铜锁母经常冷热交替，可能会导致螺纹松动，枪颈和电缆间出现间隙而放电烧损，所以应每周定期检查并拧紧锁母，但注意不要用力过大导致滑丝。

③ 如果在电缆法兰处出现漏水现象，及时检查是否正确安装枪颈。如果枪颈电缆的接触面已经出现损坏，及时送厂家维修，切忌将水箱关闭继续使用，否则会出现不可修复的损坏。

④ 对水冷焊枪工作时要保证充分冷却，TBi 水冷焊枪要求在 2bar 压力下，水流达到 1.6L/min～2.0L/min，经常检查水箱、通水管道和水质，并每 3 个月定期更换水箱内冷却液体（专用冷却液或蒸馏水混合汽车防冻液）。

⑤ 在使用机器人焊枪前检查清枪站清枪绞刀和焊枪喷嘴、导电嘴是否匹配，如不匹配会对焊枪造成严重的损坏，从而导致整个系统无法工作。

⑥ 应严格按照额定电流和暂载率使用焊枪，超负荷使用可导致焊枪损坏。请只使用 TBi 原厂配件和耗材，否则将丧失原厂质保。

⑦ 清枪站需要定期维护：清枪站一定要使用干燥清洁的压缩空气，并每周拧开气动马达下面的胶木螺钉放水以免使转轴生锈影响转动；移动轴每月注油一次；每周对设备进行清扫；每周检查 1 次硅油瓶中的硅油。

⑧ 每次使用焊枪前后，应检查喷嘴、导电嘴、导电嘴座、气体分流器、绝缘垫片、送丝管、导丝管等耗材是否正确安装及完好，有问题应及时更换。更换导电嘴时应用扳手固定住导电嘴座，以免导电嘴座连同导电嘴一起卸下，这样可以延长焊枪使用寿命。只有当导电嘴的螺纹磨平后再更换下导电嘴座。

⑨ 更换清理焊枪部件时需要用专用工具完成，不得采用硬物敲击、偏口钳夹持等严重影响焊枪使用的方法。

⑩ 使用焊枪后，应用压缩空气吹扫送丝管和焊枪，防止焊屑影响送丝、损坏焊枪。

⑪ 如遇送丝不畅，应更换送丝管、导丝管、导电嘴等，并检查送丝机的送丝轮，压力过小会影响送丝，压力过大会伤害焊丝表面，影响引弧稳定。

1.5 工业机器人的维护

1.5.1 日常维护和定期维护

1.5.1.1 日常维护

(1) 日常维护项目

在每天运转系统时，应就表 1-9 所示项目随时进行维护。

表 1-9 日常维护

维护项目	维护要领和处置
渗油的确认	检查是否有油分从轴承中渗出来。有油分渗出时，应将其擦拭干净
空气 3 点套件，气压单元的确认	见表 1-10
振动、异常声音的确认	确认是否发生振动、异常声音
定位精度的确认	检查是否与上次再生位置偏离，停止位置是否出现离差等
外围设备的动作确认	确认是否基于机器人、外围设备发出的指令切实动作
控制装置通气口的清洁	确认断开电源末端执行器安装面的落下量是否在 0.5mm 以内
警告的确认	确认在示教器的警告画面上是否发生出乎意料的警告

表 1-10 空气 3 点套件及气压单元的维护

项目	检修项目		检修要领
1	带有空气 3 点套件时	气压的确认	通过图 1-106(a)所示的空气 3 点套件的压力表进行确认。若压力没有处在 0.49～0.69MPa 这样的规定压力范围内，则通过调节器压力设定手轮进行调节
2		油雾量的确认	启动气压系统检查滴下量。在没有滴下规定量(10～20s 1 滴)的情况下，通过润滑器调节旋钮进行调节。在正常运转下，通过润滑器调节旋钮进行调节。在正常运转下，油将会在 10～20 天内用尽
3		油量的确认	检查空气 3 点套件的油量是否在规定液面内
4		配管有无泄漏	检查接头、软管等是否泄漏。有故障时，拧紧接头，或更换部件
5		泄水的确认	检查泄水，并将其排出。泄水量显著的情况下，应在空气供应源一侧设置空气干燥器
6	带有气压单元时	确认供应压力	通过图 1-106(b)所示的气压单元的压力表确认供应压力。若压力没有处在 10kPa 这样的规定压力下，则通过调节器压力设定手轮进行调节
7		确认干燥器	确认露点检验器的颜色是否为蓝色。露点检验器的颜色发生变化时，应弄清原因并采取对策，同时更换干燥器。有关气压单元的维修，参阅气压单元上随附的操作说明书
8		泄水的确认	检查泄水。泄水量显著的情况下，应在空气供应源一侧设置空气干燥器

(2) 振动及异常响声的确认

① 螺栓松动时，使用防松胶，以适当的力矩切实拧紧。改变地装底板的平面度，使其落在公差范围内。确认是否夹杂异物，如有异物，将其去除掉。

② 加固架台、地板面，提高其刚性。难以加固架台、地板面时，通过改变动作程序，可以缓和振动。

③ 确认机器人的负载允许值。超过允许值时，减少负载，或者改变动作程序。可通过降低速度、降低加速度等做法，将总体循环时间带来的影响控制在最低限度，通过改变动作程序，来缓和特定部分的振动。

④ 使机器人每个轴单独动作，确认哪个轴产生振动。需要拆下电机，更换齿轮、轴承、减速机等部件。不在过载状态下使用，可以避免驱动系统的故障。按照规定的时间间隔补充指定的润滑脂，可以预防故障的发生。

⑤ 有关控制装置、放大器的常见问题处理方法，可参阅控制装置维修说明书。更换振动轴的电机，确认是否还振动。机器人仅在特定姿势下振动时，可能是机构内部电缆断线。

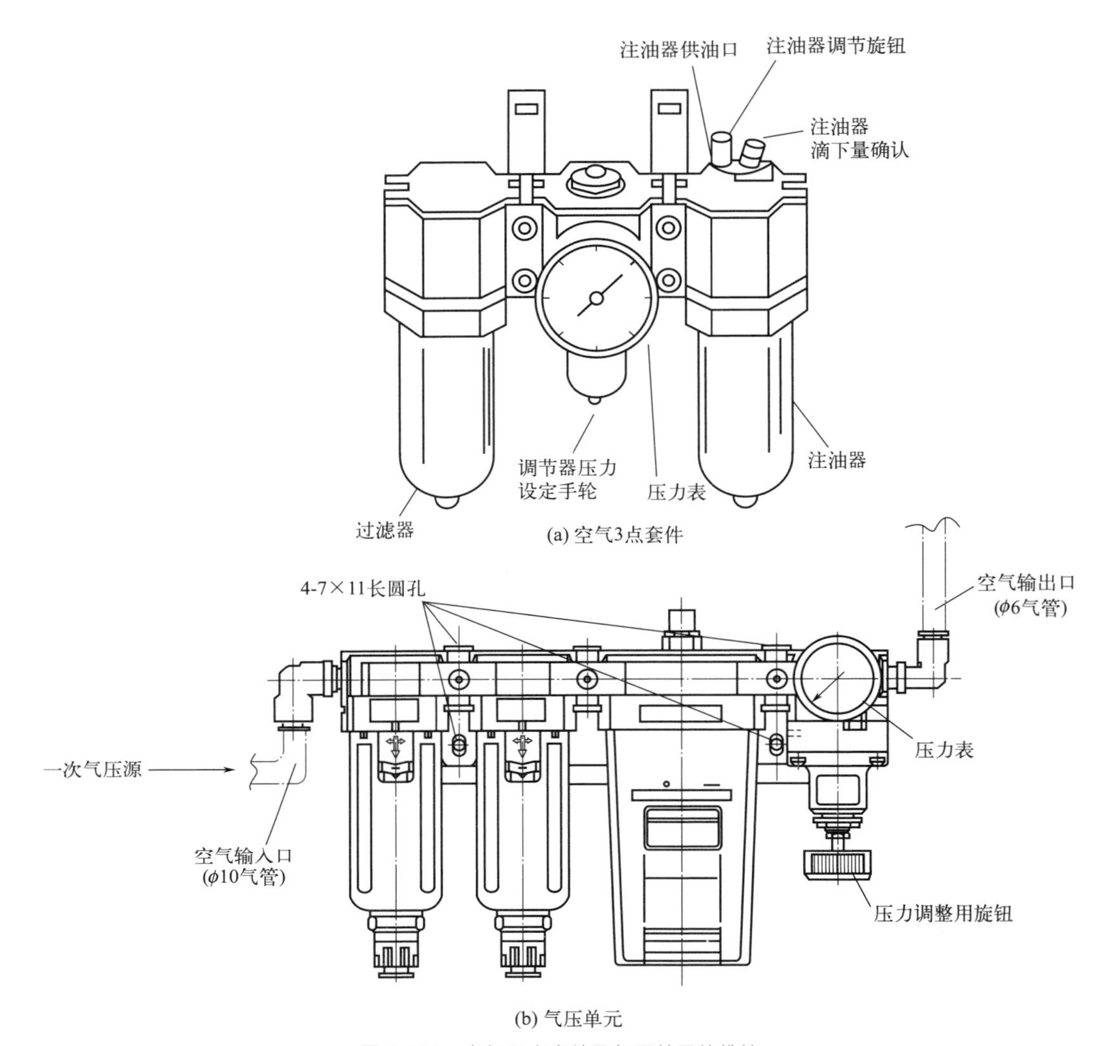

图 1-106 空气 3 点套件及气压单元的维护

确认机构部和控制装置连接电缆上是否有外伤，有外伤时，更换连接电缆，确认是否还振动。确认电源电缆上是否有外伤，有外伤时，更换电源电缆，确认是否还振动。确认已经提供规定电压。作为动作控制用变量，确认已经输入正确的变量，如果有错误，重新输入变量。

⑥ 切实连接地线，以避免接地碰撞，防止电气噪声从别处混入。

(3) 控制柜日常维护

如图 1-107 所示，控制柜的日常维护如下。

① 检查示教器电缆有无破损，电缆与示教器的接头是否连接牢固，示教器电缆是否过度扭曲。

② 检查控制柜风口是否积聚大量灰尘，造成通风不良。

③ 检查控制柜内风扇是否正常转动。

④ 检查控制柜本体连接电缆是否有损伤，行线槽中是否有杂物。

⑤ 检查急停按钮动作信号是否有效可靠。

⑥ 检查供电电压是否为 220V。

⑦ 检查确认控制柜现场环境整洁。

图 1-107 控制柜的日常维护

(4) 日常安全检查

安全机构是保证人身安全的前提，安全机构检查应纳入日常点检范围。机器人安全使用要遵循的原则有：不随意短接、不随意改造控制柜、急停按钮不随意拆除、操作规范。机器人急停按钮的检查包括控制柜急停按钮和手持示教盒急停按钮，如图 1-108 所示。

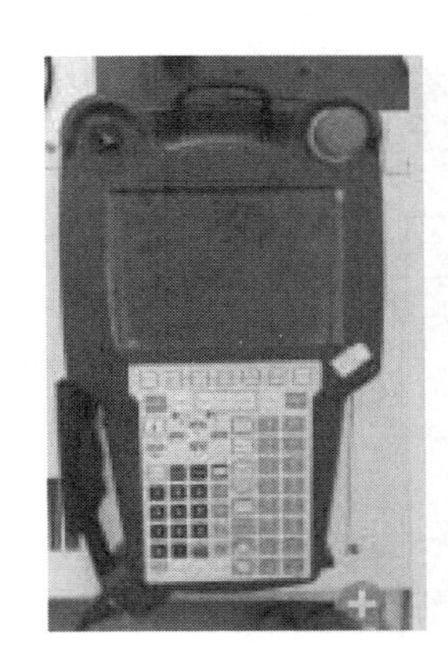
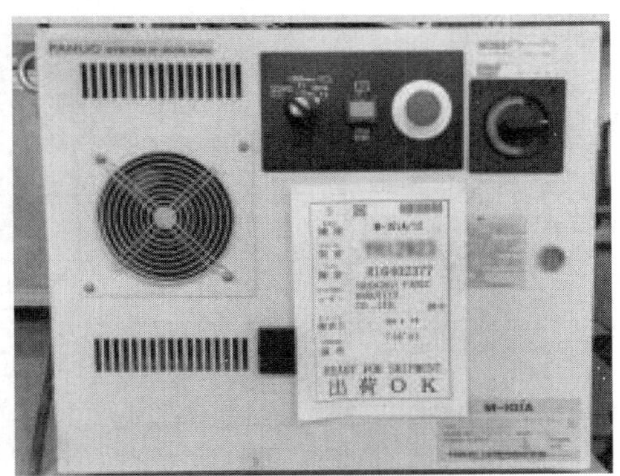

图 1-108 急停按钮

1.5.1.2 定期维护

(1) 维护项目

对于这些项目，以规定时间或者运转累计时间中较短一方为大致标准。对于具体时间，不同的工业机器人是不同的，应根据其规定时间进行如表 1-11 所示项目的维护。

表 1-11 维护项目

维护项目	维护要领
控制装置通气口的清洁	确认控制装置的通气口上是否黏附大量灰尘，如有应将其清除掉
外伤、油漆脱落的确认	确认机器人是否有由于跟外围设备发生干涉而产生外伤或者油漆脱落。如果有发生干涉的情况，要排除原因。另外，如果由于干涉产生的外伤比较大以至于影响使用的时候，需要对相应部件进行更换
沾水的确认	检查机器人上是否溅上水或者切削油液体。溅上水或者切削油时，要排除原因，擦掉液体

续表

维护项目	维护要领
示教器、操作箱连接电缆、机器人连接电缆有无损坏的确认	检查示教器、操作箱连接电缆、机器人连接电缆是否过度扭曲，有无损伤。有损坏的时候，对该电缆进行更换
机构内部电缆（可动部）的损坏的确认	观察机构部电缆的可动部，检查电缆的包覆有无损伤，是否发生局部弯曲或扭曲
各轴电机的连接器，其他的外露连接器是否松动	检查各轴电机的连接器和其他的外露的连接器是否松动
末端执行器安装螺栓的紧固	应拧紧末端执行器安装螺栓
外部主要螺栓的紧固	应紧固机器人安装螺栓，检修松脱的螺栓和露出在机器人外部的螺栓。有的螺栓上涂敷有防松接合剂，在用建议拧紧力矩以上的力矩紧固时，恐会导致防松接合剂剥落，所以务必使用建议拧紧力矩加以紧固
机械式固定制动器、机械式可变制动器的确认	确认机械式固定制动器，机械式可变制动器是否有外伤、变形等碰撞的痕迹，制动器固定螺栓是否有松动
飞溅、切削屑、灰尘等的清洁	检查机器人本体是否有飞溅、切削屑、灰尘等的附着或者堆积，有堆积物的时候需清洁。机器人的可动部（各关节、焊炬周围、手腕法兰盘周围、导线管、手腕轴中空部周围、手腕部的氟树脂环、电缆保护套各关节）特别注意清洁。 焊炬周围、手腕法兰盘周围积存飞溅物时，会出现绝缘不良，有可能会因焊接电流而损坏机器人机构部
末端执行器（机械手）电缆损坏的确认	检查末端执行器电缆是否过度扭曲，有无损伤。有损坏的时候，对该电缆进行更换
冷却用风扇的动作确认	确认冷却用风扇是否正常工作。冷却用风扇不动作的时候进行更换
机构部电池的更换	对机构部电池进行更换
减速机及齿轮箱润滑脂及润滑油的更换	对各轴的润滑脂和润滑油进行更换
机构内部电缆的更换	对机构内部电缆进行更换
控制装置电池的更换	对控制装置电池进行更换

（2）控制柜定期维护

① 如图 1-109 所示，清理控制柜柜门风扇，清理风扇灰尘，清理再生电阻灰尘。

图 1-109 清理风扇

② 如图 1-109 所示，清理柜门外风扇灰尘。

③ 控制柜的清洁：控制柜的干净清洁有利于控制柜的稳定运行，能够保证控制柜的正常散热。

④ 控制柜线缆的状态检查：如图 1-110 所示，控制柜线缆的状态检查，能够保证控制柜内各控制板间的通信和功能正常。

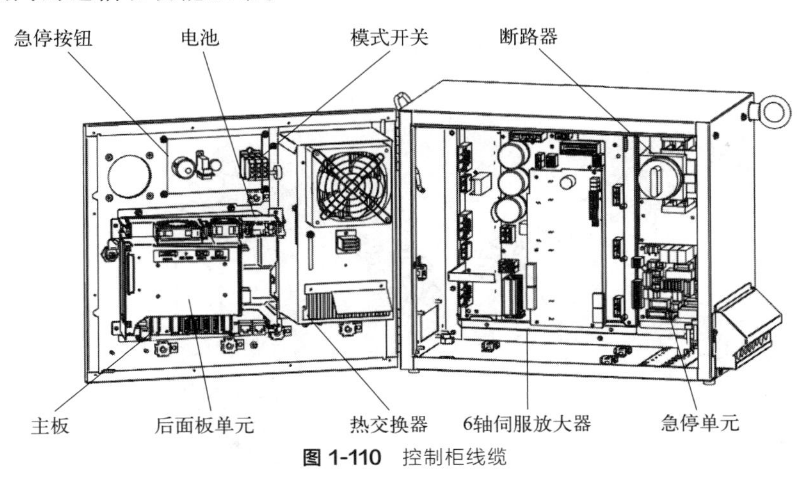

图 1-110 控制柜线缆

1.5.2 检查

1.5.2.1 开机检查

① 按下控制柜上的急停按钮，确认界面是否显示报警诊断信息。

② 旋出急停按钮，按下复位按键，检查报警信息是否清除。

③ 使用示教器操作机器人，观察机器人运行过程中各轴有无异常抖动现象。

④ 在机器人手动状态下检查电动机温度是否异常。

⑤ 手动示教工业机器人位置，重复运行后查看其点位是否正确，并做好记录。

⑥ 观察每个运动关节的连接处是否有油渍渗出，并做好记录。

1.5.2.2 渗油检查

① 把布块等插入到各关节部的间隙，检查是否有油分从密封各关节部的油封中渗出来，如图 1-111 所示。有油分渗出时，将其擦拭干净。

② 根据动作条件和周围环境，油封的油唇外侧可能有油分渗出（微量附着）。该油分累积成为水滴状时，根据动作情况恐会滴下。在运转前通过清扫如图油封部下侧的油分，就可以防止油分的累积。

③ 漏出大量油分的情形，更换润滑脂或者润滑油，有可能改善。

④ 如果驱动部变成高温，润滑脂槽内压可能会上升。在这种情况下，在运转刚刚结束后，打开一次排脂口和排油口，就可以恢复内压。打开排脂口的时候，高温的润滑脂有可能

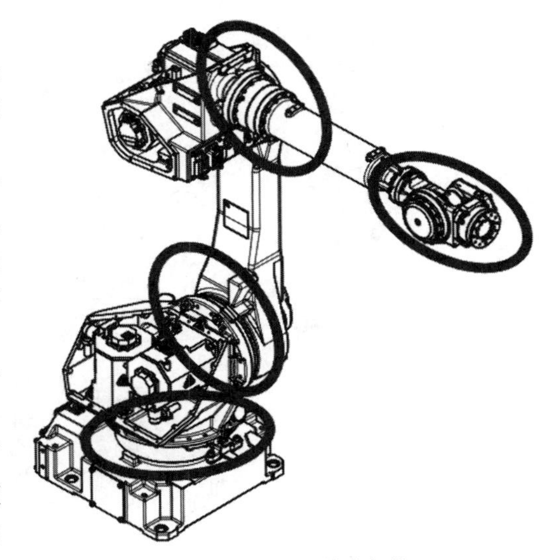

图 1-111 渗油的检查部位

猛烈流出，事先用塑料袋等铺在排脂口下。另外，根据需要，使用耐热手套、防护眼镜、面具、防护服。

⑤ 如果擦拭油分的频率很高，开放排脂口来恢复润滑脂槽的内压也得不到改善时，那么铸件上很可能发生了龟裂等情况，润滑脂疑似泄漏，作为应急措施，可用密封剂封住裂缝防止润滑脂泄漏。但是，因为裂缝有可能会进一步扩展，所以必须尽快更换部件。

1.5.2.3 机构内部电缆以及连接器检查

机构内部电缆检修部位，如图 1-112 所示，检查步骤如下。

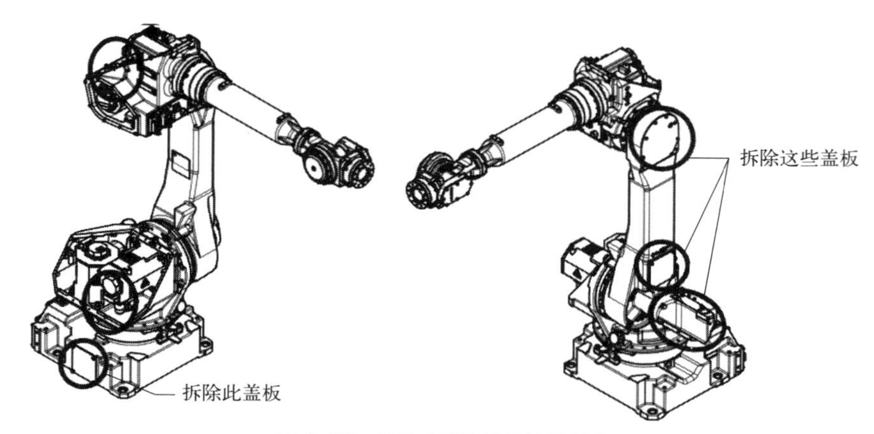

图 1-112 机构内部电缆的检修部位

(1) 坐标轴检查

① J1 轴检查，自 J2 机座上方进行检修，并拆除 J1 机座侧面的金属板，从侧面对电缆进行检修。附带有 J2 机座盖板的情况下，应拆除盖板进行确认。

② J2 轴检查，应在拆除 J2 机座侧面的盖板后进行检修。

③ J3 轴检查，应在拆除 J3 外壳的盖板后进行检修。

另外，防尘防滴强化可选购项中，盖板上附带有垫圈。拆除盖板后，换上新的密封垫。附带有电缆盖板的电缆，应打开电缆盖板进行确认，检查包覆的龟裂、磨损的有无。若能看得见内部的线材，则予以更换。

(2) 连接器检查部位

如图 1-113 所示，露在外部的动力电机、制动连接器、机器人连接电缆、接地端子、用

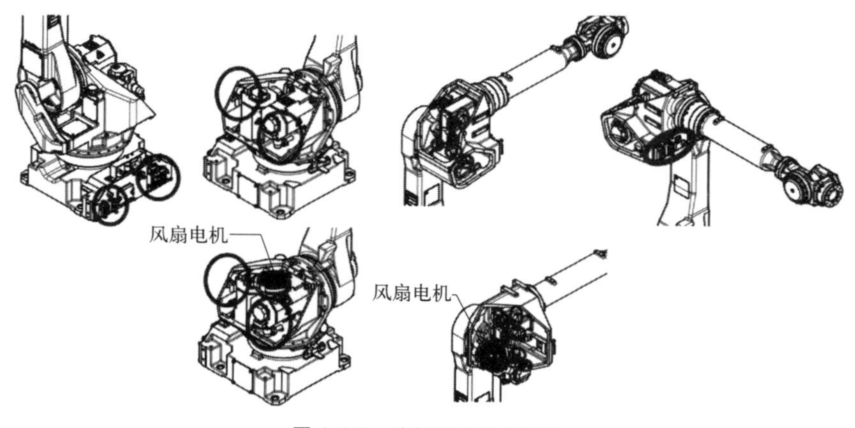

图 1-113 连接器的检修部位

户电缆。

① 圆形连接器，用手转动看看，确认是否松动。

② 方形连接器，确认控制杆是否脱落。

③ 接地端子，确认其是否松脱。

1.5.2.4 机械式制动器检查

① 如图 1-114 所示，确认各制动器是否有碰撞的痕迹。如果有碰撞的痕迹，应更换该部件。

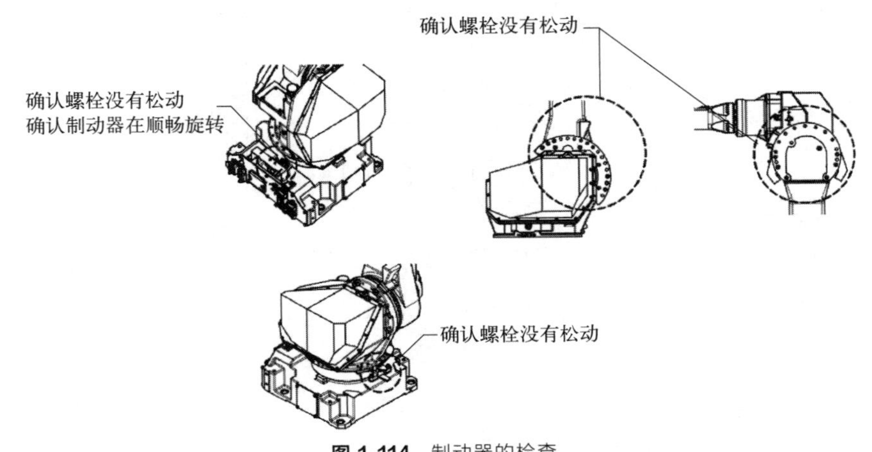

图 1-114 制动器的检查

② 有关 J1 轴，确认振子制动器的旋转是否顺畅。

③ 检查制动器固定螺栓是否松动，如果松动则予以紧固。

1.5.3 更换

1.5.3.1 更换电池

机器人电池的失电会导致零点数据、脉冲编码器数据的丢失，系统报错，机器人只能在关节坐标下移动，不能在世界坐标下移动和执行程序。机器人的电池包括机柜电池和机座电池，机柜（主板）电池两年换一次，工业机器人本体电池一年换一次。

(1) 机器人本体电池的更换

机器人各轴的位置数据，通过后备用电池保存。电池每过一年半应进行更换。此外，后备用电池的电压下降报警显示时，也应更换电池，电池更换步骤如下。

① 为预防危险，应按下急停按钮。务须将电源置于 ON 状态，若在电源处于 OFF 状态下更换电池，将会导致当前位置信息丢失，这样就需要进行调校。

② 拆下电池盒的盖子，如图 1-115 所示。

③ 从电池盒中取出用旧的电池。

④ 将新电池装入电池盒中。注意不要弄错电池的正负极性。

⑤ 安装电池盒盖。

若是带有防尘防液强化可选购项的机器人，如图 1-116 所示，应打开覆盖电池盒的盖罩更换电池。电池更换完后，装回电池盒盖板。此时，出于防尘防液性保护目的，应更换上新的电池盖板密封垫。

(2) 更换控制器主板上的电池

程序和系统变量存储在主板上的 SRAM 中，由一节位于主板上的锂电池供电，以保存

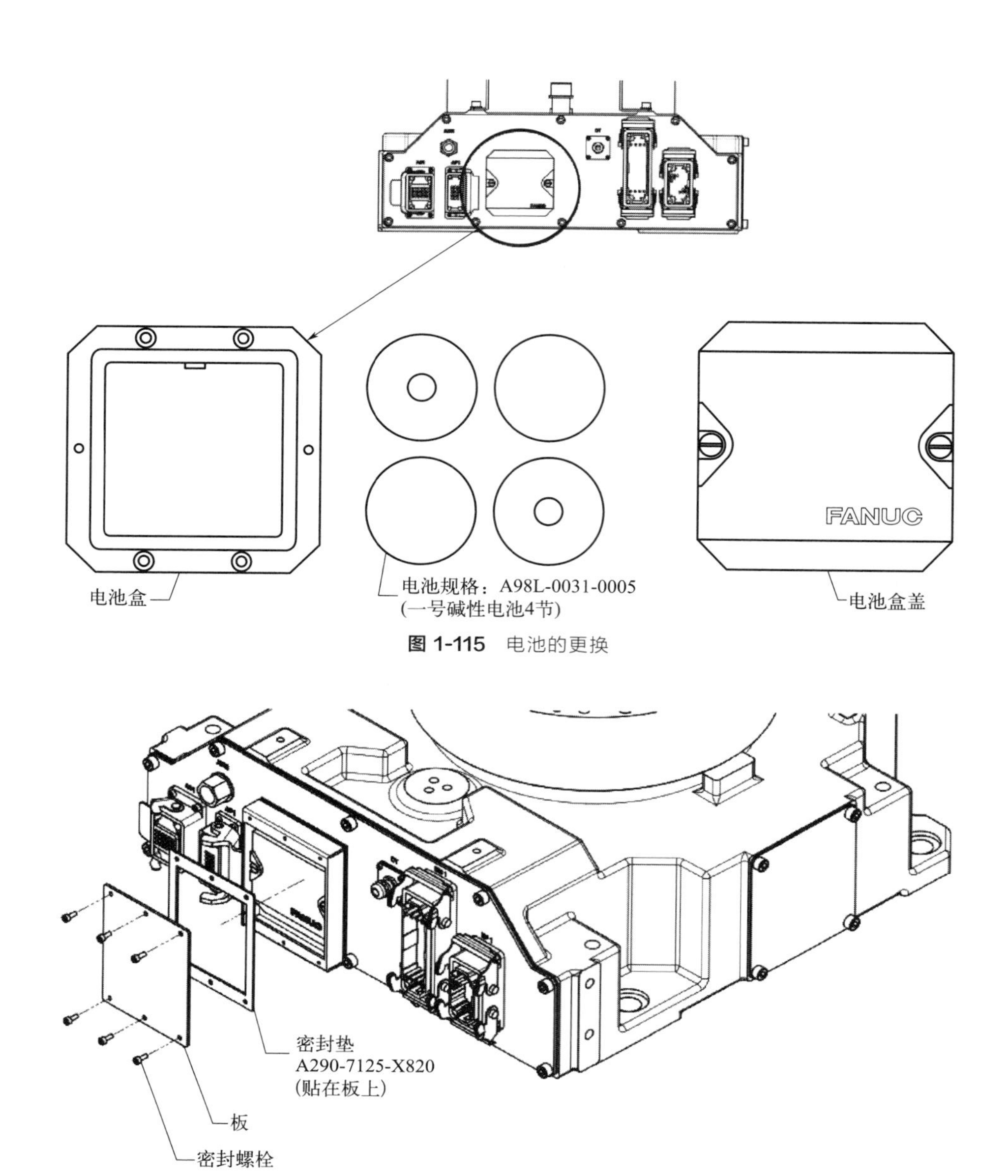

图 1-115 电池的更换

图 1-116 电池盖板的拆除（指定防尘防液强化可选购项时）

数据。当这节电池的电压不足时，则会在 TP 上显示报警（SYST-035 Low or No Battery Power in PSU）。当电压变得更低时，SRAM 中的内容将不能备份，这时需要更换旧电池，并将原先备份的数据重新加载。因此，平时注意用存储卡或软盘定期备份数据，如图 1-117 所示，具体步骤如下。

① 准备一节新的 3V 锂电池，推荐使用 FANUC 原装电池，如图 1-118 所示。

② 机器人通电开机正常后，等待 30s。

③ 机器人关电，打开控制器柜子，拔下接头取下主板上的旧电池。

④ 装上新电池，插好接头。

1.5.3.2 更换保险丝

保险丝熔断必定是发生了电路故障或更换保险丝时使用了比原额定值小的熔芯。常见的保险丝销毁有：输入 CRMA15/CRMA16 端子的 17(0V)-49（24V）短接；EE 端子 24V-0V 短接；安全门链信号串联。

各类保险熔断的情况，TP 会有相应的报警代码，如图 1-119 所示，此时更换相应位置的保险丝，解除系统报警即可。但更换保险丝前必须看清原来熔断器的电流大小，排除问题所在才能更换。

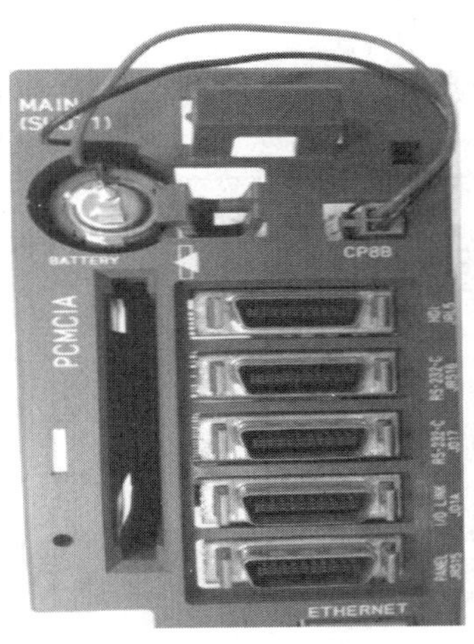

图 1-117 控制器主板上的电池

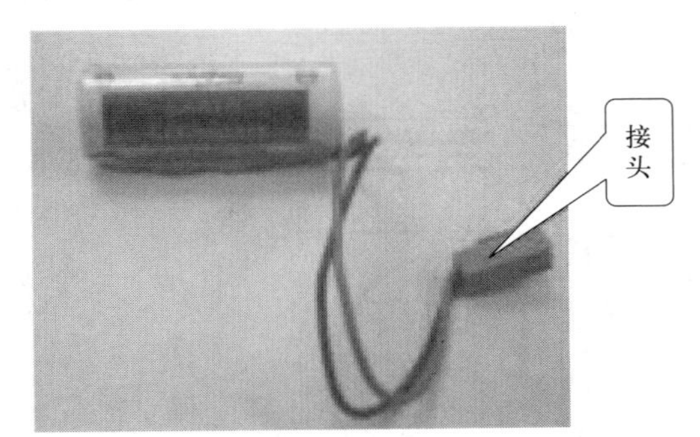

图 1-118 3V 锂电池

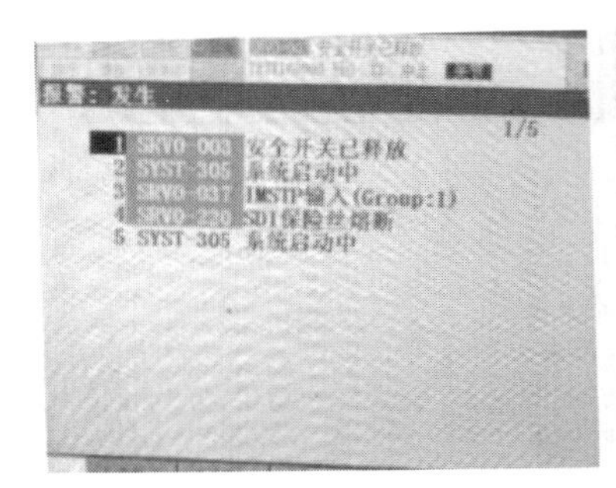

(a) 输入信号短路

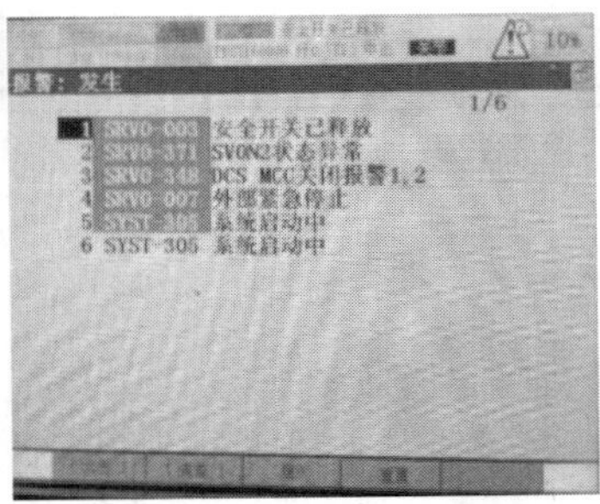

(b) 门链回路短路

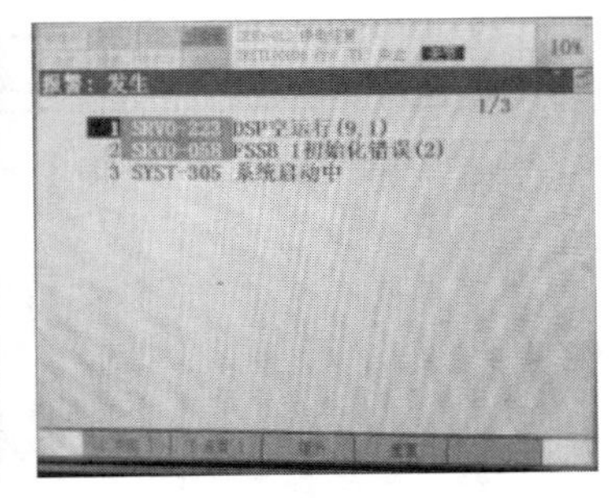

(c) EE端子短路

图 1-119 相应的报警代码

（1）更换伺服放大器的保险丝

伺服放大器内有如图 1-120 所示的保险丝。

① FS1：用于生成放大器控制电路的电源；

② FS2：用于对末端执行器 XROT、XHBK 的 24V 输出保护；

③ FS3：用于对再生电阻、附加轴放大器的 24V 输出保护。

（2）更换电源单元的保险丝

电源单元内有如图 1-121 所示的保险丝。

① F1：AC 输入用；

② F3：24E 输出保护用；

③ F4：+24V 输出保护用。

（3）更换主板的保险丝

主板的保险丝如图 1-122 所示。FU1：用于视觉用+12V 输出保护。

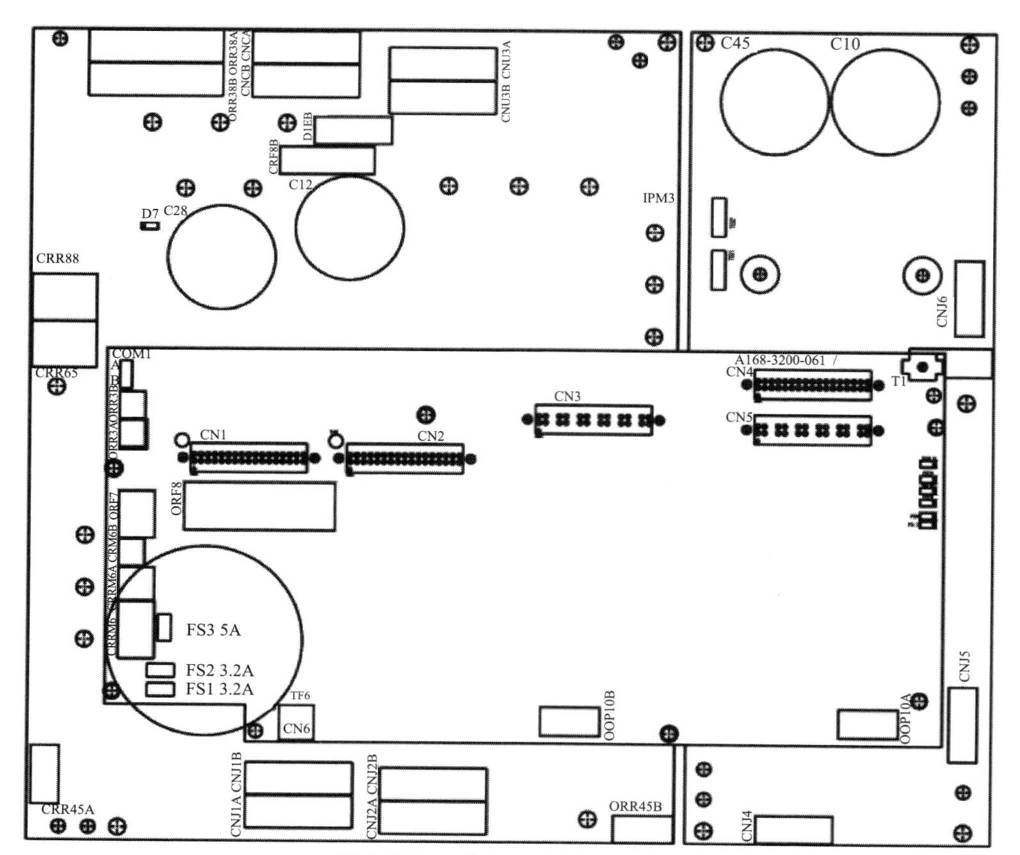

图 1-120 更换伺服放大器的保险丝

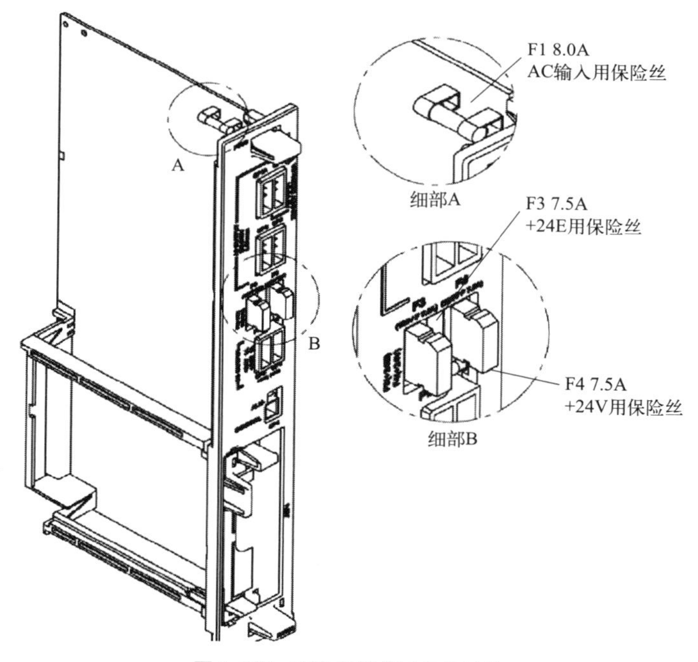

图 1-121 更换电源单元的保险丝

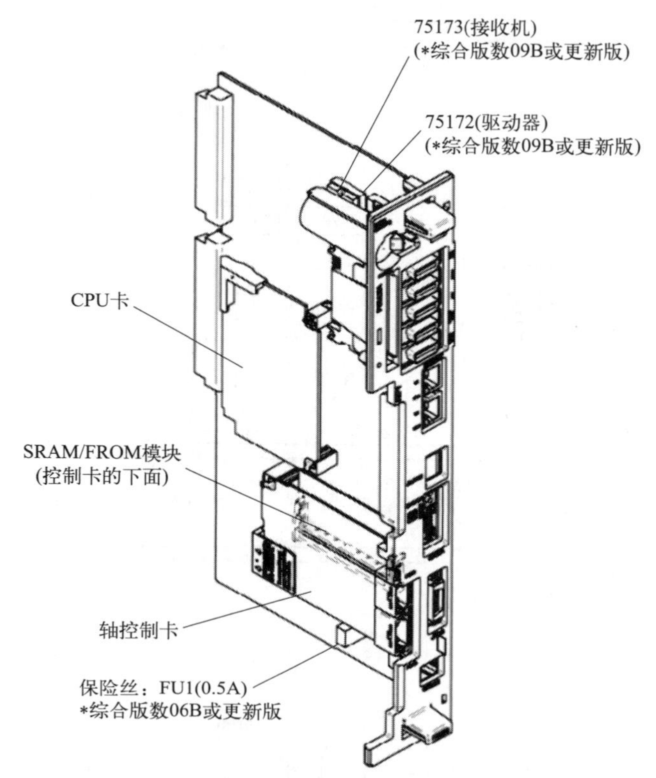

图 1-122 更换主板的保险丝

(4) 更换 I/O 板的保险丝

I/O 板上备有如图 1-123 所示的保险丝。FUSE1：用于保护外围设备接口＋24V 输出。

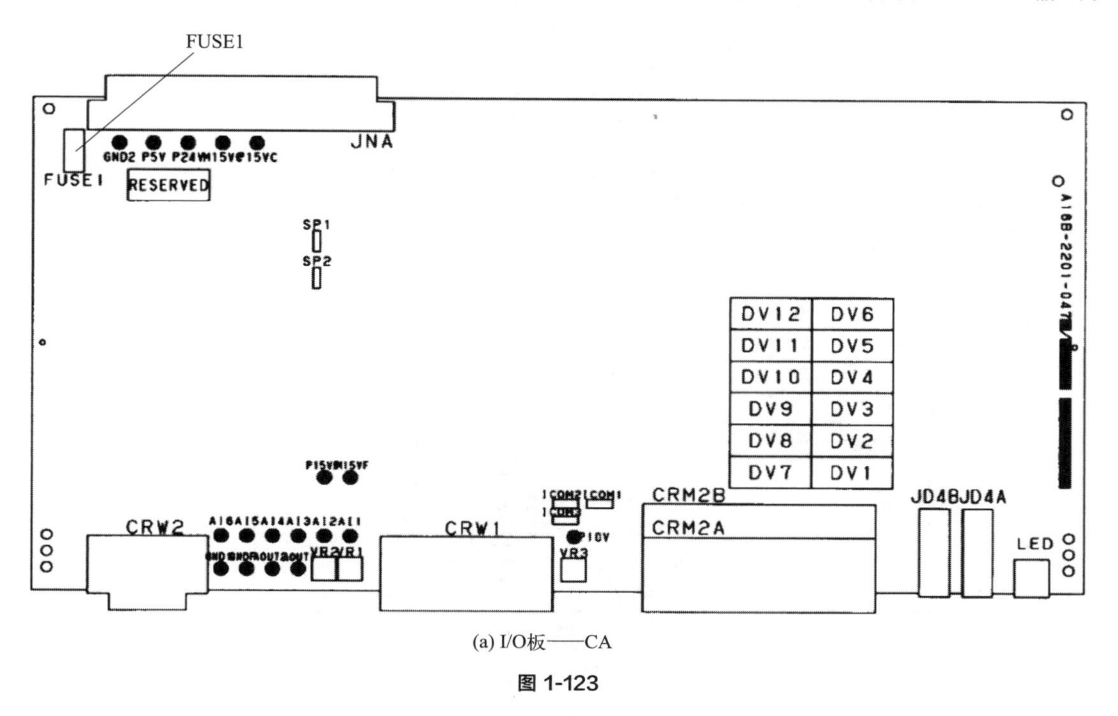

(a) I/O板——CA

图 1-123

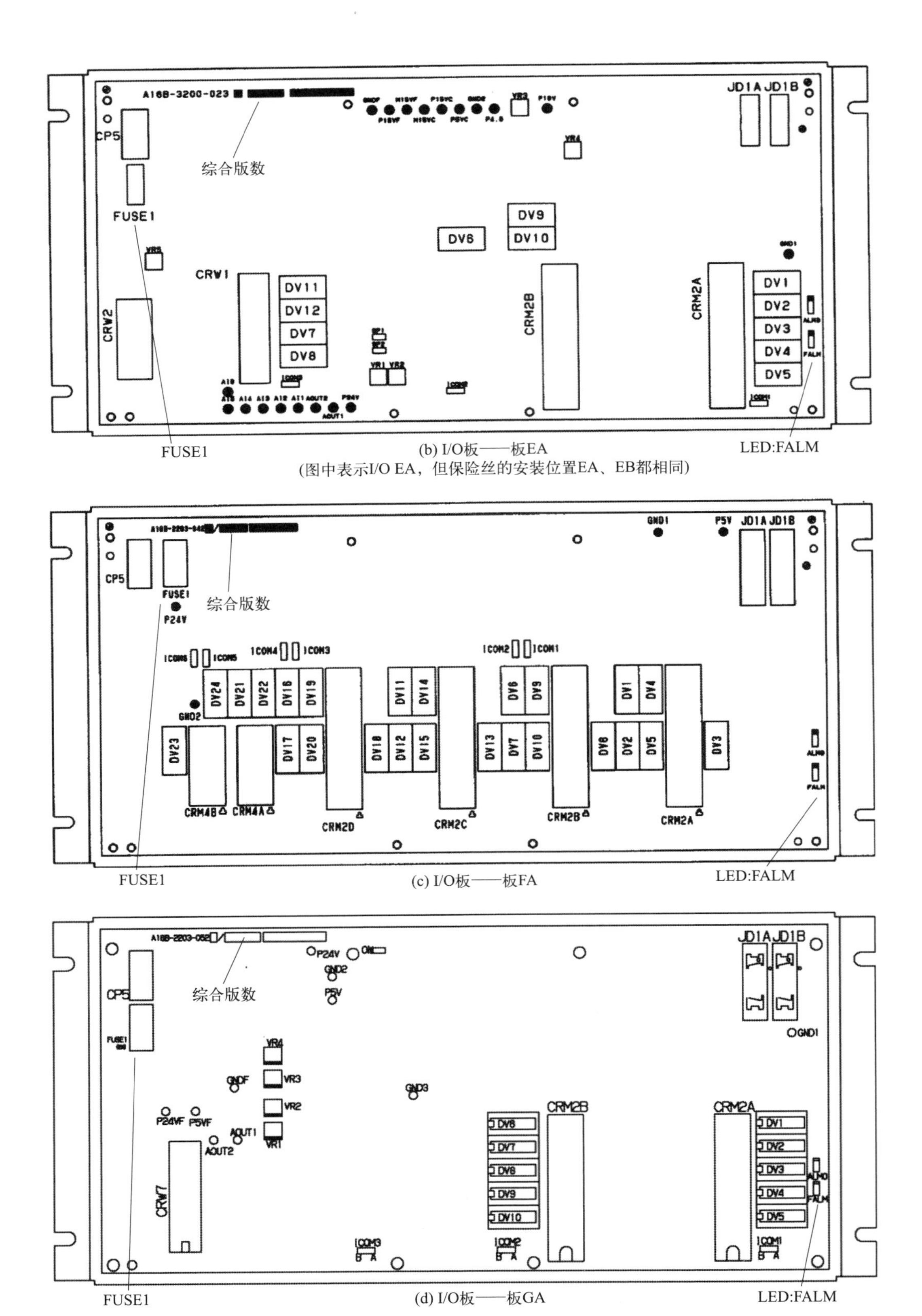

(b) I/O板——板EA
(图中表示I/O EA，但保险丝的安装位置EA、EB都相同)

(c) I/O板——板FA

(d) I/O板——板GA

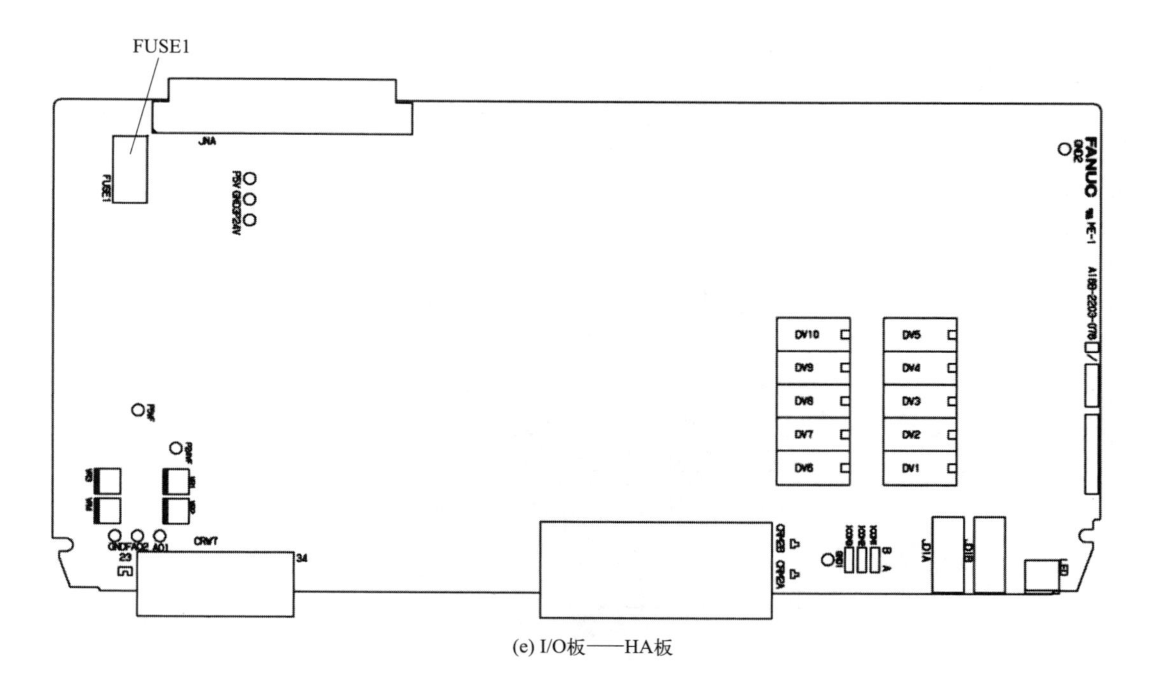

(e) I/O板——HA板

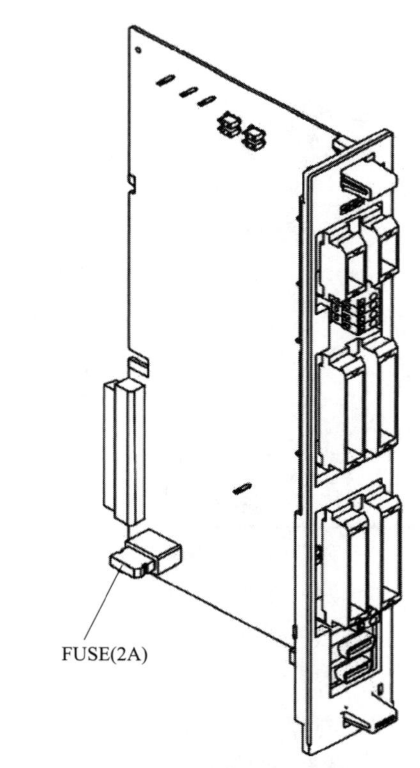

(f) 更换I/O板——JA板的保险丝
(图中表示处理I/O JA，但保险丝的安装位置JA、JB都相同)

图 1-123

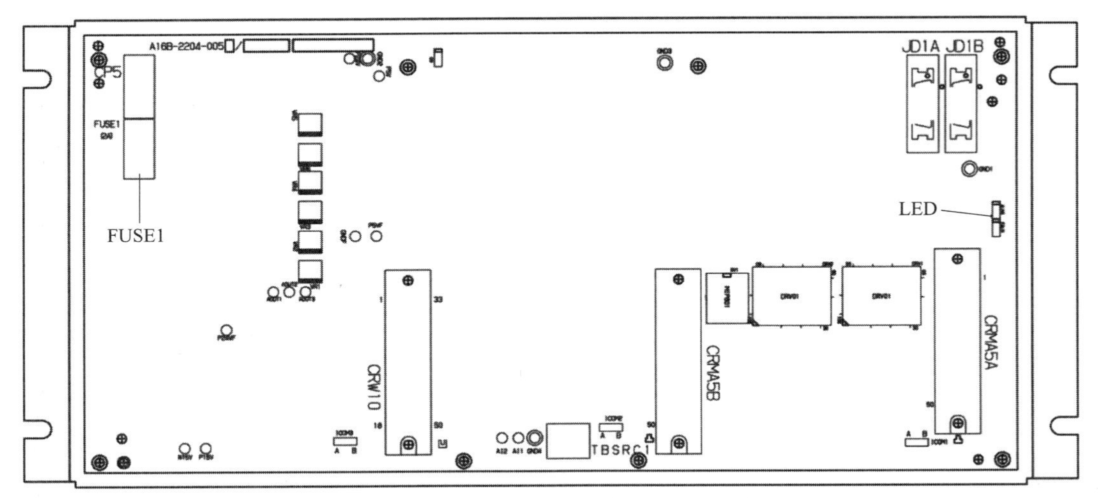

(g) 处理I/O板——板KA(保险丝位置KA、KB和KC都相同)

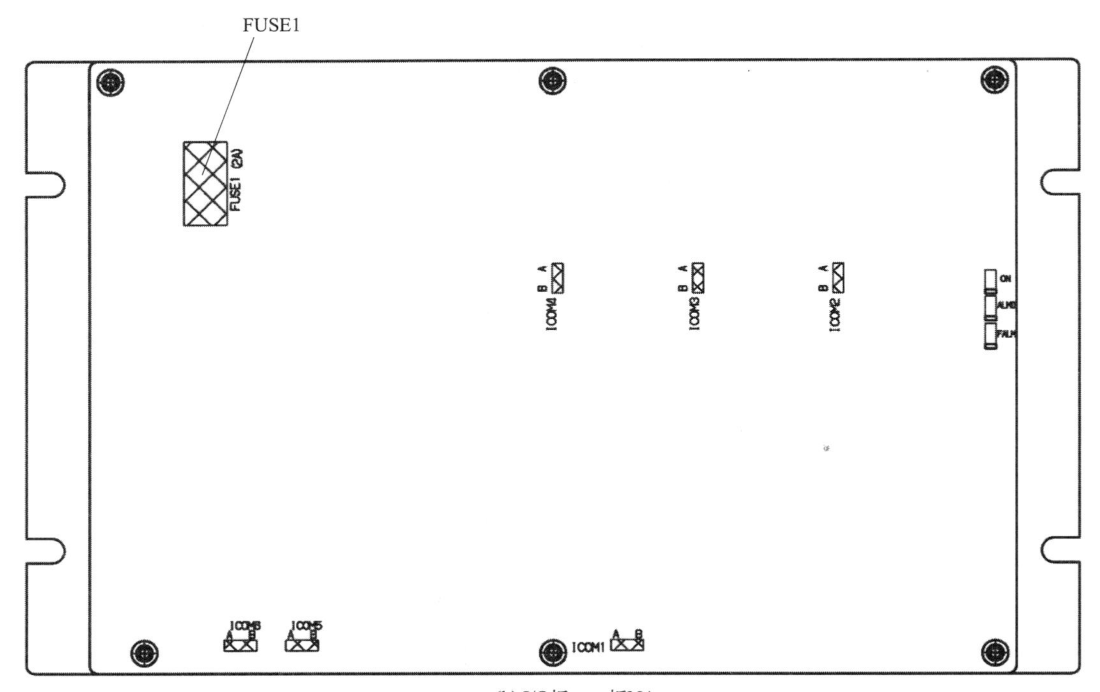

(h) I/O板——板NA

图 1-123 更换 I/O 板保险丝

(5) 更换配电盘的保险丝

配电盘内有如图 1-124 的保险丝。

① FUSE1：用于+24EXT 线路（急停线路）的保护；

② FUSE2：用于示教操作盘急停线路保护。

1.5.3.3 更换润滑脂

(1) 注意事项

J1、J2、J3 轴的减速机，J4/J5/J6 轴齿轮箱（J4/J5 轴齿轮箱），手腕的润滑脂，应每 3

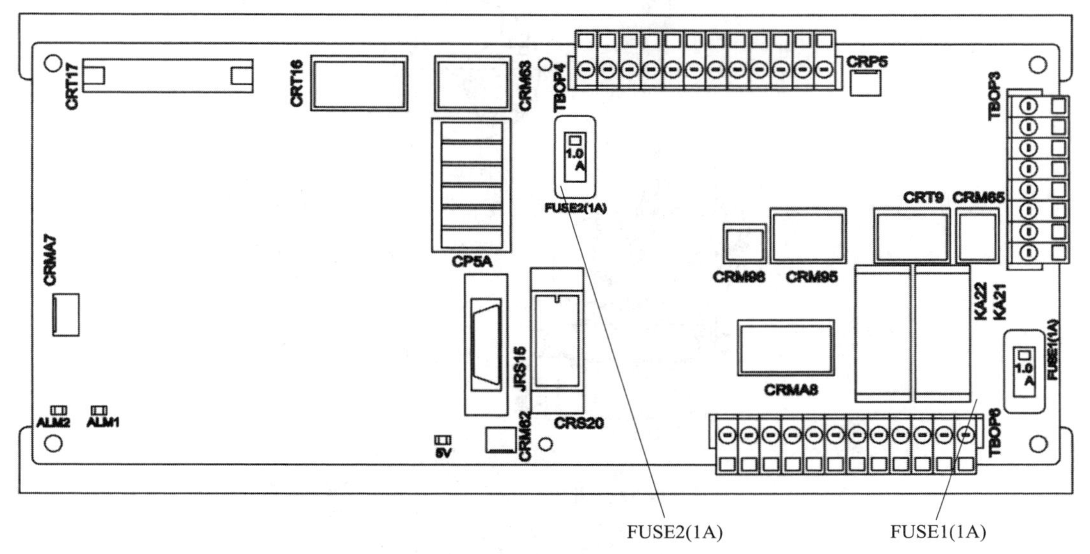

图 1-124 更换配电盘上的保险丝

年或者运转累计时间每达 11520h 中较短一方为大致标准进行更换。用手按压泵供脂时，以每 2s 按压泵 1 次作为大致标准，更换润滑脂时的姿态见表 1-12。如果供脂作业操作错误，会由于为润滑脂室内的压力急剧上升等原因造成油封破损，进而有可能导致润滑脂泄漏或机器人动作不良。进行供脂作业时，务必遵守下列注意事项。

表 1-12 供脂时的姿态

<table>
<tr><th rowspan="2">供脂部位</th><th colspan="6">位姿</th></tr>
<tr><th>J1</th><th>J2</th><th>J3</th><th>J4</th><th>J5</th><th>J6</th></tr>
<tr><td>J1 轴减速机</td><td rowspan="5">任意</td><td>任意</td><td rowspan="2">任意</td><td rowspan="4">任意</td><td rowspan="4">任意</td><td rowspan="4">任意</td></tr>
<tr><td>J2 轴减速机</td><td>0°</td></tr>
<tr><td>J3 轴减速机</td><td>0°</td><td>0°</td></tr>
<tr><td>J4/J5/J6 轴齿轮箱
(J4/J5 轴齿轮箱)</td><td rowspan="2">任意</td><td>0°</td></tr>
<tr><td>手腕</td><td>0°</td><td>0°</td><td>0°</td><td>0°</td></tr>
</table>

① 供脂前，为了排出陈旧的润滑脂，务必拆下封住排脂口的密封螺栓。

② 有的可选购项，已在供脂口安装嵌入栓。这种情况下，应将其换装到随附的滑脂枪喷嘴上再进行供脂。

③ 使用手动泵缓慢供脂。

④ 尽量不要使用工厂压缩空气的空气泵。在某些情况下不得不使用空气泵供脂时，务必保持注油枪前端压力在要求之下。

⑤ 务必使用指定的润滑脂。如使用指定外的润滑脂，恐会导致减速机损坏等故障。

⑥ 供脂后，先释放润滑脂室内的残余压力再用孔塞塞好排脂口。

⑦ 彻底擦掉沾在地面和机器人上的润滑脂，以避免滑倒和引火。

(2) J1/J2/J3 轴减速机的润滑脂更换

① 移动机器人，使其成为图 1-125 所示的供脂姿势。

② 切断控制装置的电源。

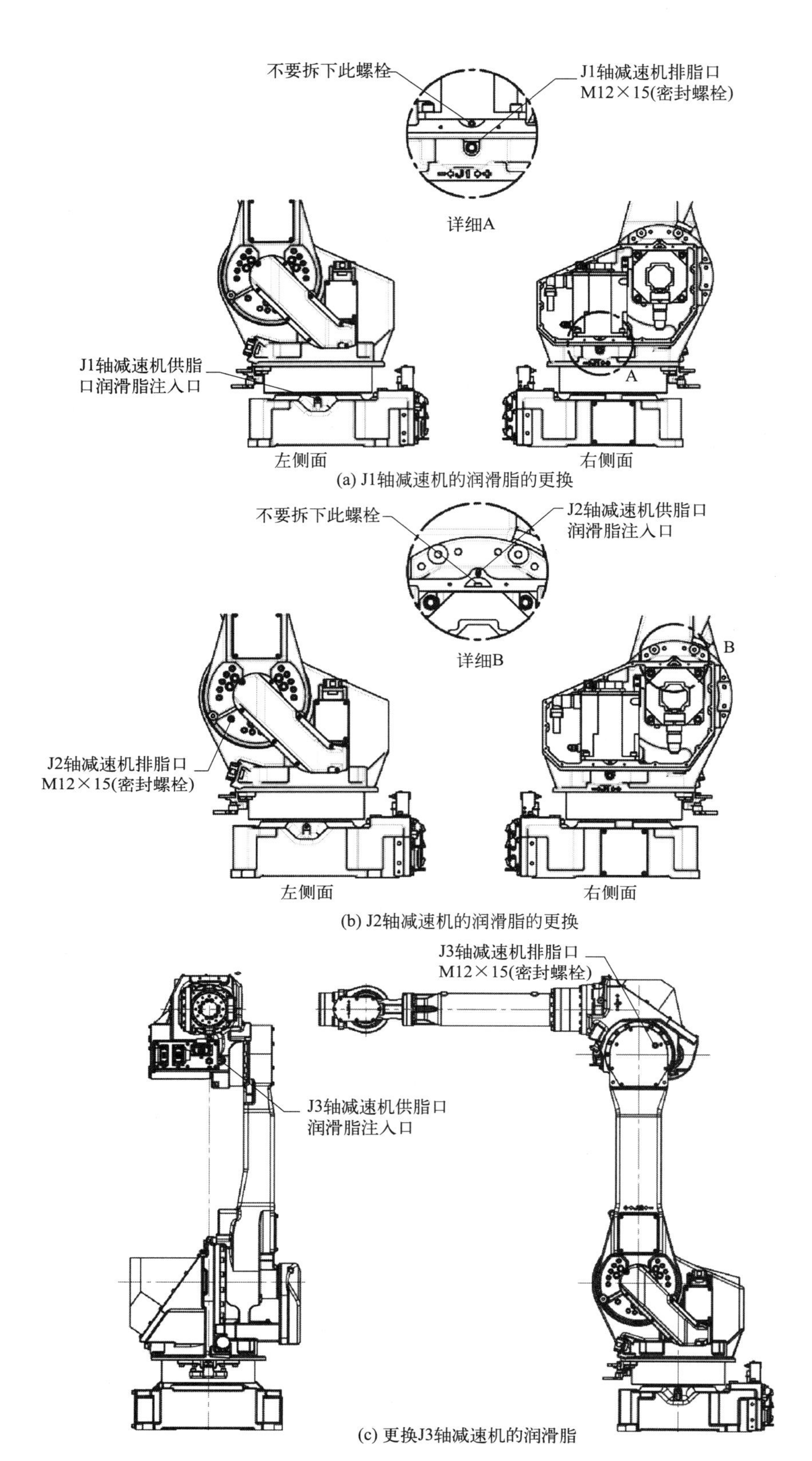

图 1-125 更换 J1/J2/J3 轴减速器润滑脂

③ 如图 1-125 所示，卸下排脂口的密封螺栓。
④ 从供脂口供脂，直到新的润滑脂也从排脂口排出为止。
⑤ 释放残留压力。

(3) 更换 J4/J5/J6 轴齿轮箱（J4/J5 轴齿轮箱）润滑脂

① 移动机器人，使其成为图 1-126 所示的供脂姿势。
② 切断控制装置的电源。
③ 如图 1-126 所示，拆除排脂口的密封螺栓或者锥形螺塞。
④ 从供脂口供脂，直到新的润滑脂也从排脂口排出为止。
⑤ 释放残留压力。

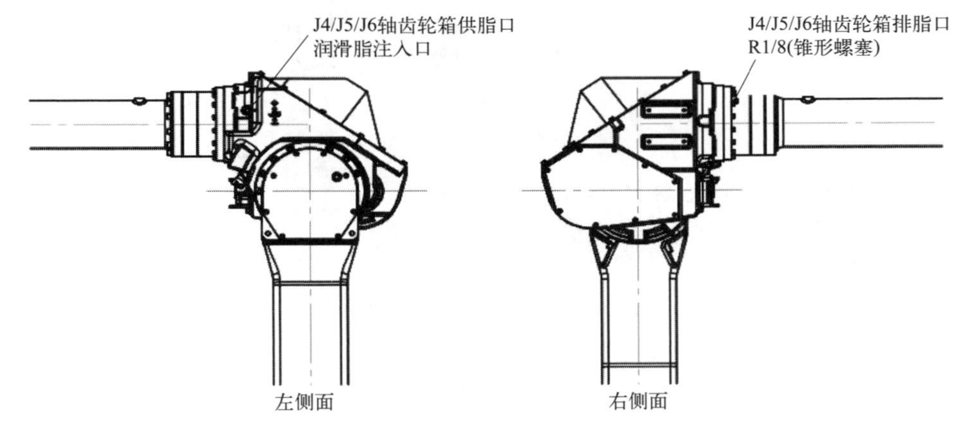

(a) 更换J4/J5/J6轴齿轮箱的润滑脂

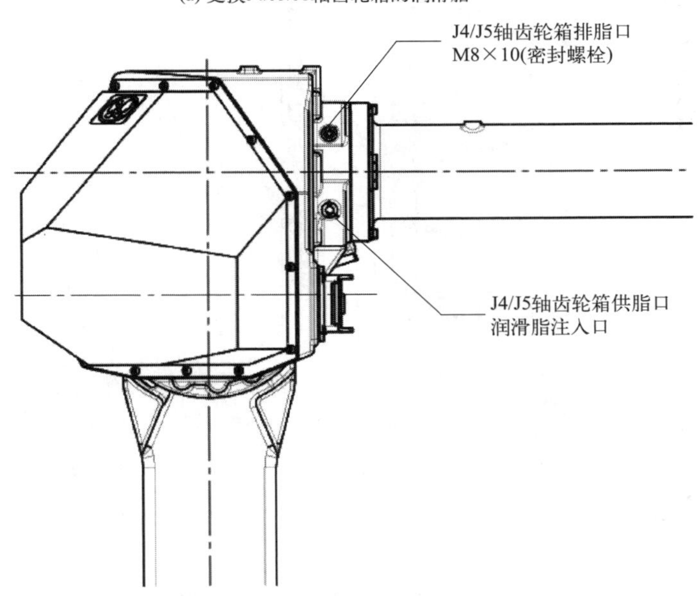

(b) 更换J4/J5轴齿轮箱的润滑脂

图 1-126 更换 J4/J5/J6 轴齿轮箱（J4/J5 轴齿轮箱）润滑脂

(4) 手腕润滑脂更换（M-710iC/50/70/50H/50S/45M）

① 将机器人移动到相应的供脂姿势。
② 切断控制装置的电源。

③ 如图 1-127 所示，拧下手腕供脂口以及排脂口的密封螺栓或者锥形螺塞，在供脂口上安装机器人随附的润滑脂注入口。

④ 从手腕供脂口供脂，到新的润滑脂也从手腕排脂口排出为止。

⑤ 供脂后，释放残留压力。

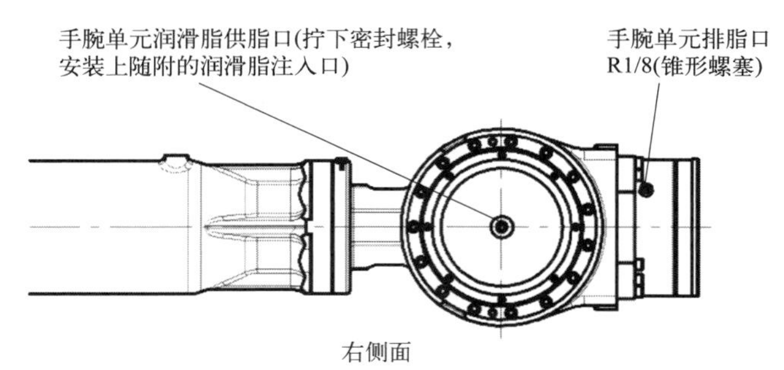

图 1-127 更换手腕的润滑脂

(5) 手腕的润滑脂更换步骤（M-710iC/50E）

① 将机器人移动到相应的供脂姿势。

② 切断控制装置的电源。

③ 如图 1-128 所示，取下手腕排脂口 1 的密封螺栓。

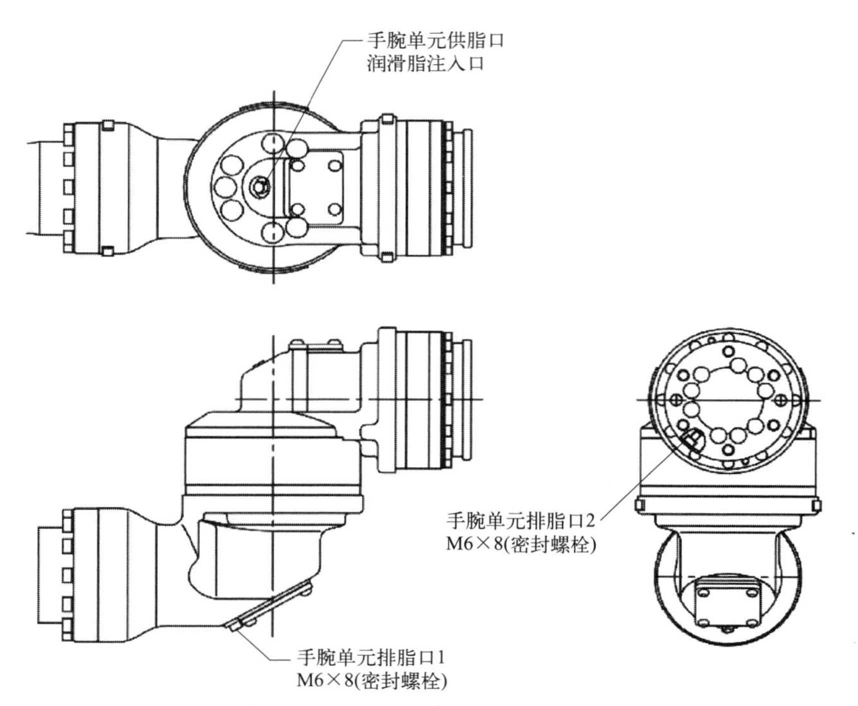

图 1-128 更换手腕的润滑脂（M-710iC/50E）

④ 从手腕单元供脂口供脂，直到新的润滑脂也从手腕排脂口 1 排出。

⑤ 把密封螺栓装到手腕排脂口 1 上。

⑥ 取下手腕排脂口 2 的密封螺栓。

⑦ 从手腕单元供脂口供脂，直到新的润滑脂也从手腕排脂口 2 排出。

⑧ 供脂后，释放残留压力。

(6) 释放润滑脂槽内残留压力

供脂后，为释放润滑脂槽内的残留压力，在拆除供脂口的润滑脂注入口和排脂口的密封螺栓的状态下，按照表 1-13 使机器人运转 20min 以上。此时，在供脂口、排脂口下安装回收袋，以避免流出来的润滑脂飞散。

由于周围的情况而不能执行上述动作时，应使机器人运转同等次数（轴角度只能取 30°的情况下，应使机器人运转 40min 以上）。同时向多个轴供脂时，可以使多个轴同时运行。结束后应在供脂口和排脂口上分别安装润滑脂注入口和密封螺栓。重新利用密封螺栓和润滑脂注入口时，应用密封胶带予以密封。

表 1-13　释放润滑脂槽内残留压力位姿

供脂部位	J1	J2	J3	J4	J5	J6
J1 轴减速机	轴角度 60°或以上 OVR80%					
J2 轴减速机		轴角度 60°或以上 OVR100%				
J3 轴减速机	任意		轴角度 60°或以上 OVR100%	任意		
J4/J5/J6 轴齿轮箱（J4/J5 轴齿轮箱）	任意			轴角度 60°或以上 OVR100%		
手腕轴	任意			轴角度 60°或以上 OVR100%		

1.5.3.4　更换平衡块轴承润滑油

某些型号机器人如 S-430、R-2000 等每半年或工作 1920h 还需更换平衡块轴承的润滑油。直接从加油嘴处加入润滑油，每次无须太多（约 10mL），如图 1-129 所示。

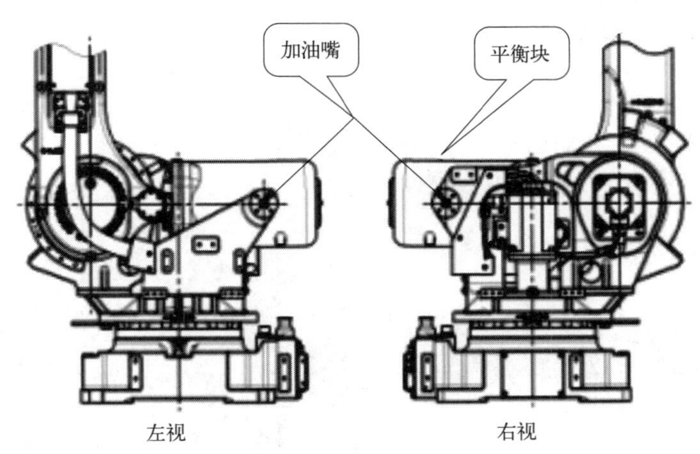

图 1-129　更换平衡块轴承润滑油

1.5.4　手腕的绝缘

对于有些工业机器人，比如弧焊工业机器人，应注意手腕的绝缘。

如图 1-130 所示，应在末端执行器安装面进行切实的绝缘。对于夹在末端执行器安装面和焊炬支架之间的绝缘构件，焊炬支架与绝缘构件之间的紧固螺栓和绝缘构件与机器人手腕之间的紧固螺栓不能共用，不可一起紧固。在焊炬和焊炬支架之间也插入绝缘构件，将其设计为双重绝缘结构。此时，应错开焊炬保持器和绝缘构件的缝隙部进行安装。考虑到飞溅物的堆积，应充分确保绝缘所需的距离（5mm 以上）。即使加强绝缘措施，也可能会由于飞溅物的大量堆积而失去绝缘性能。要定期进行飞溅物的清除作业。

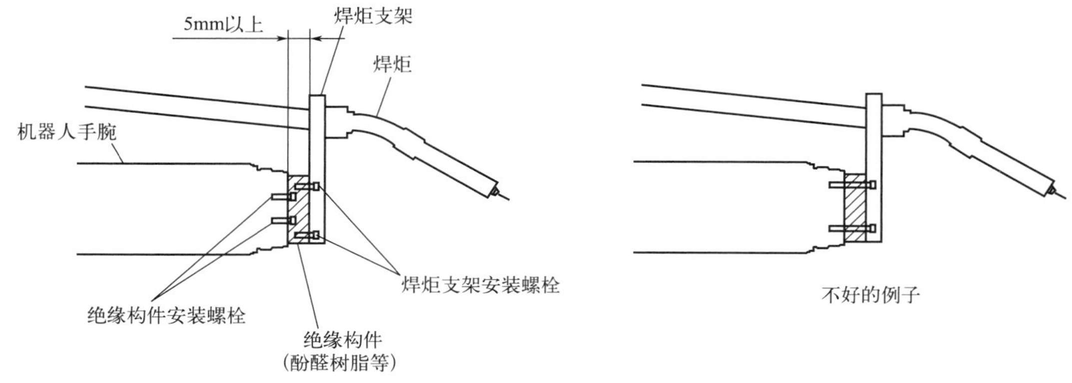

图 1-130 手腕的绝缘

1.6 工业机器人调试与网络管理

1.6.1 工业机器人调试

1.6.1.1 调整

（1）功能部件的运行调整

功能部件的运行调整在安装完工业机器人之后，需要对工业机器人整体功能部件的性能做一个初步的试运行测试，首先在低速（25%的运行速度）状态下手动操纵工业机器人做单轴运动，测试工业机器人 6 个关节轴，如图 1-131 所示。观察工业机器人各个关节轴的运行是否顺畅、运行过程中是否有异响、各个轴是否能够达到工业机器人工作范围的极限位置附近，为后续工业机器人编程示教做好预检和准备。

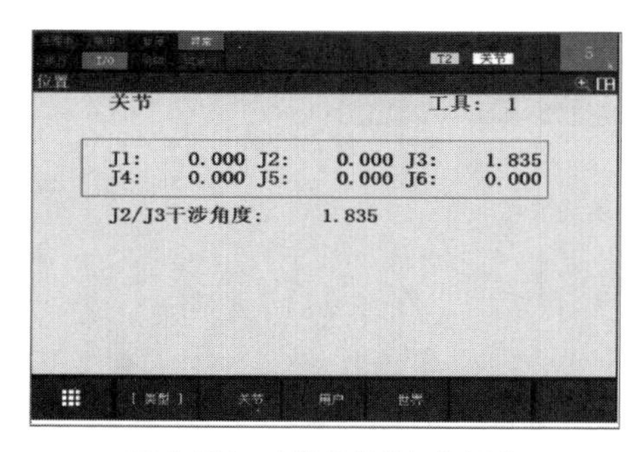

图 1-131 功能部件的运行调整

图 1-132 自动运行

(2) 工业机器人运行参数调整

机器人运行一般分为低速、中速和高速，机器人速度的大小通常由速度的百分比（1%～100%）决定，在机器人手动运行模式下，一般运行速度设定为10%；第一次自动运行自动程序，一般速度设定为30%；待自动运行两遍程序确认无误后，方可增加机器人运行速度，如图1-132所示。

1.6.1.2 查看

(1) 工业机器人常见运行参数

① 工业机器人运行电流：工业机器人的控制面板一般可检测工业机器人的运行电流，通过运行电流前后的变化，可反映出机器人运行状态的变化，如图1-133所示。

② 电机转矩百分比：工业机器人的控制面板一般可检测每个轴电机的转矩百分比，通过转矩的变化可观察每个轴的负载，合理分配每个轴的转矩负载，可使得机器人的运行更加流畅，如图1-134所示。

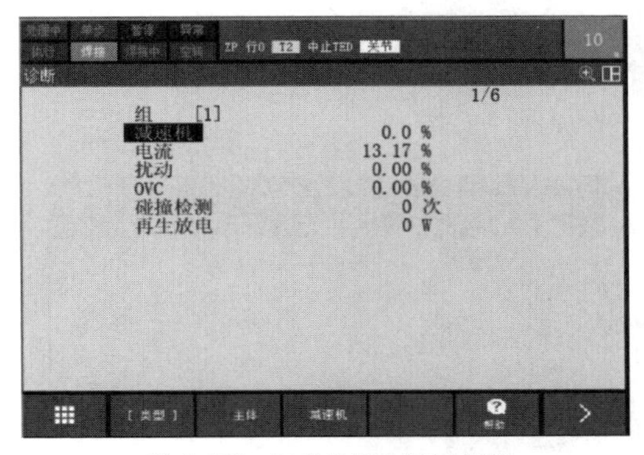

图1-133 工业机器人运行电流

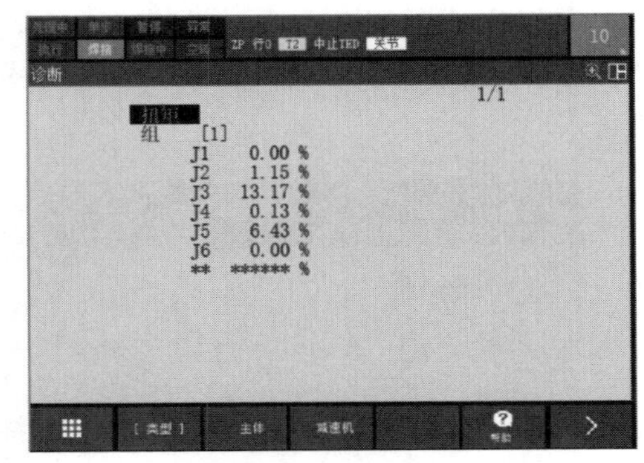

图1-134 电机转矩百分比

③ 碰撞检测信息：每次机器人意外碰撞停止后，控制面板都将留下报警记录，这些报警记录将会及时提醒我们进行相关的维护工作，如图1-135所示。

(2) 机器人维护周期设定及查看

FANUC机器人具有机器人常规维护提醒功能，根据常规维护周期进行时间设定，既可以提醒用户按时维护，也可以查看机器人当前状态，如图1-136所示。

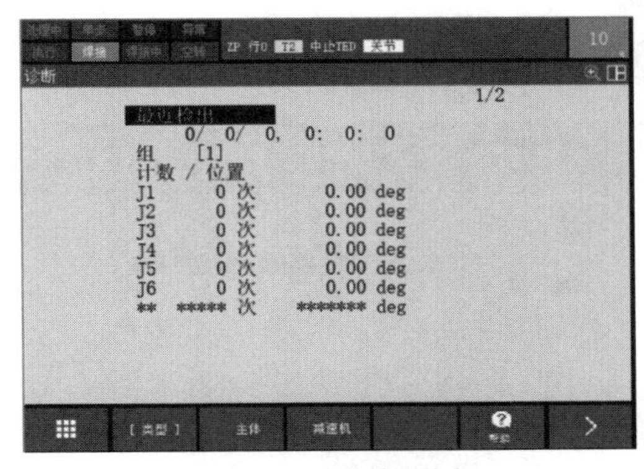

图1-135 碰撞检测信息

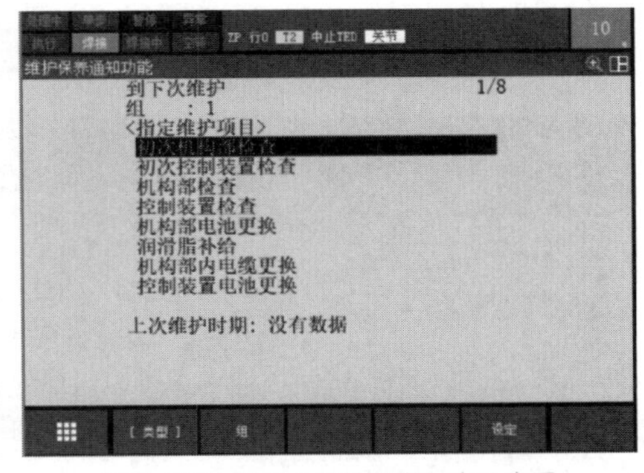

图1-136 机器人维护周期设定及查看

(3) 机器人运行参数及状态检测查看

① 依次按键操作："MENU"—"状态"，选择"轴"，进入轴状态显示界面，如图1-137所示。

② 在轴状态界面，按下“诊断”，进入轴诊断界面，如图 1-138 所示。

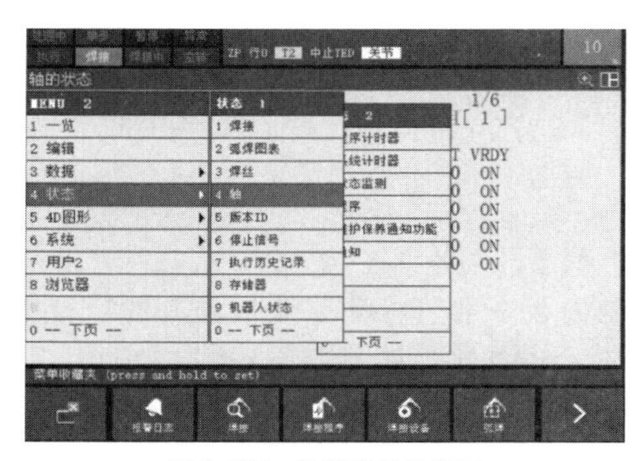

图 1-137 轴状态显示界面

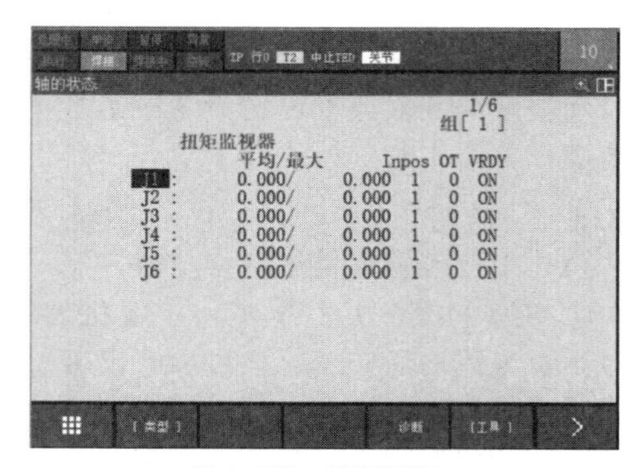

图 1-138 轴诊断界面

③ 在诊断界面，可以选择“减速机”“主体”运行信息，如图 1-139 所示。

④ 选择减速机，查看机器人减速机转矩、碰撞检测等运行信息，并做好记录，如图 1-140 所示。

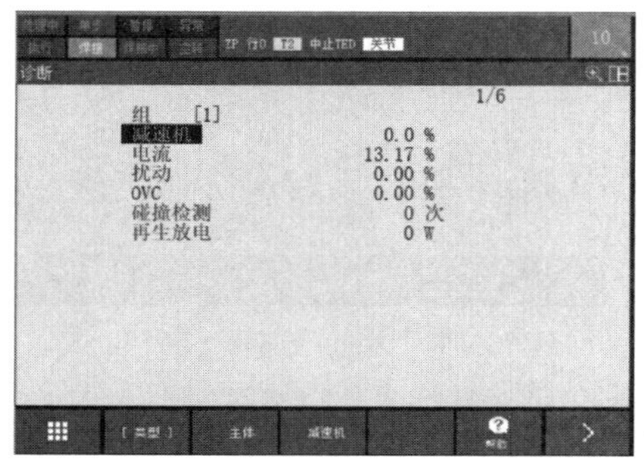

图 1-139 选择“减速机”

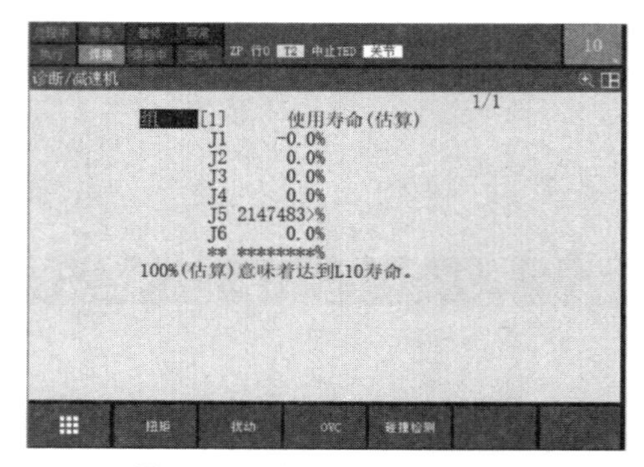

图 1-140 查看机器人运行信息

（4）机器人机构部电池更换

① 依次按键操作：“MENU”—“状态”，选择“维护保养通知功能”，进入维护保养显示界面，如图 1-141 所示。

② 在示教器的维护保养界面下，查看机器人维护保养项目，如图 1-142 所示。

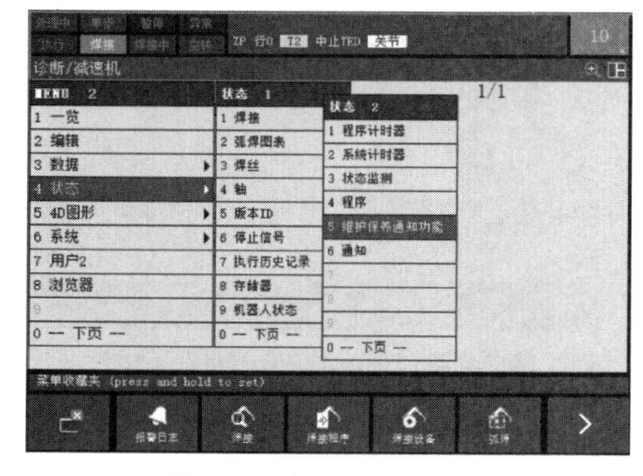

图 1-141 维护保养显示界面

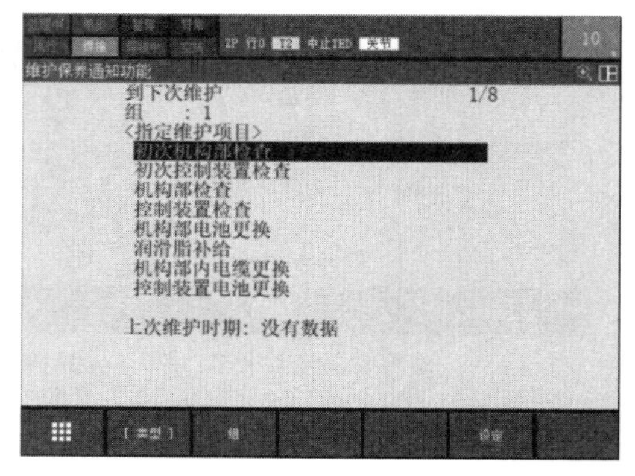

图 1-142 维护保养项目

③ 在示教器的维护保养界面下，查看机器人“机构部电池更换”信息，并做好记录，如图 1-143 所示。

1.6.2 网络管理

(1) 步骤

① 选择通信协议如图 1-144 所示，功能说明见表 1-14。

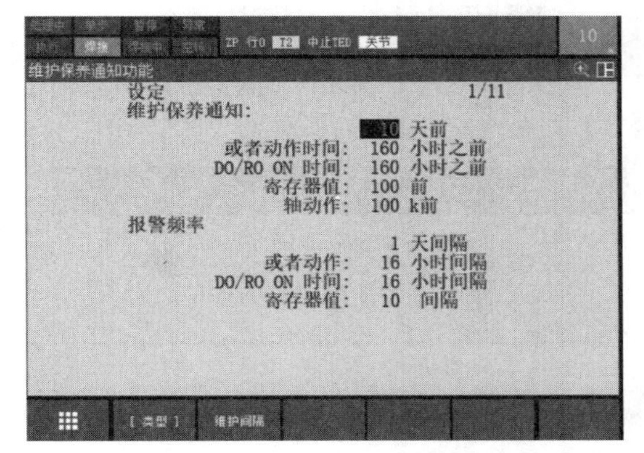

图 1-143 查看机器人“电池更换”信息

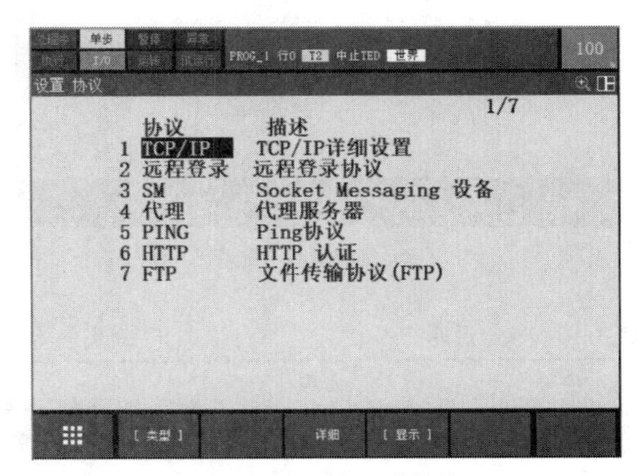

图 1-144 选择通信协议

表 1-14 功能说明

序号	协议名称	功能说明
1	TCP/IP	设置机器人名称、IP 及 MAC 地址等内容
2	远程登录	设置 TELNET 服务器参数
3	SM	配置 Socket Message 参数，该配置不可修改
4	代理	配置代理服务器参数，可通过 iPendant 访问网络
5	PING	用于检测网络是否可通信
6	HTTP	设置 WEB Server 参数以访问工业机器人文件存储区
7	FTP	用于配置 FTP 客户端参数

② IP 设置如图 1-145 所示，功能说明见表 1-15。

表 1-15 功能说明

序号	名称	说明
1	机器人名称	工业机器人控制柜的名称，名字只能由字母、数字和减号(—)组成，并且首字符必须为字母，不能以减号结束
2	端口#1 IP 地址	以太网接口 IPv4 地址，单击 F3[端口]切换端口配置，其中 CD38A 为端口 1，CD38B 为端口 2，支持视觉系统的 CD38C 则为端口 3
3	子网掩码	用于屏蔽 IP 地址的部分区域以区别网络标识和主机标识
4	板地址	当前以太网接口 MAC 地址，不可修改
5	路由器 IP 地址	设置缺省网关，若无网关可设置为空
6	主机	主机访问表的输入序号
	名称(本地)	主机名称
	因特网地址	主机名称对应的 IP 地址

③ 标签配置如图 1-146 所示，功能说明见表 1-16。

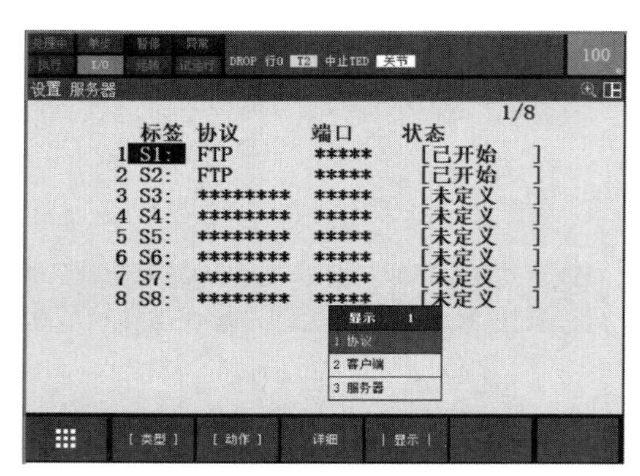

图 1-145 IP 设置

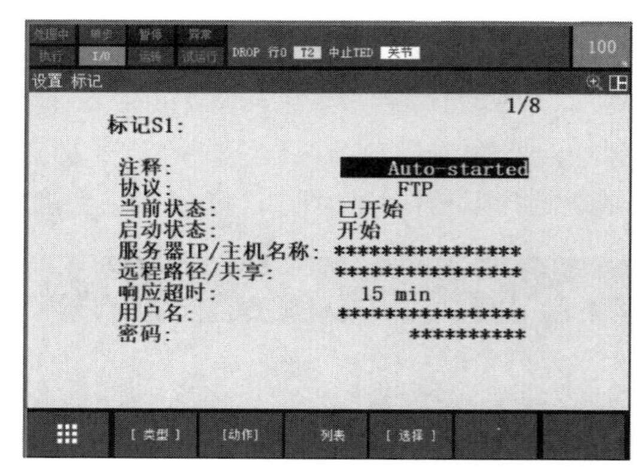

图 1-146 标签配置

表 1-16 标签说明

序号	名称	说明
1	标记 Tag	指定服务器的标签序号，有效范围为 S1—S8
2	注释	最多 16 个字母，用于标注设备的应用
3	协议	设定当前标签的协议，可选择 FTP 或 SM 默认端口号为 21，若协议为 SM，则需设置端口(PORT)号
4	当前状态	显示当前标签服务器的工作状态，切换协议类型时，需单击 F2[动作]→[2 未定义]才能切换协议
5	启动状态	设置 Mate 控制柜上电后状态，可设置下述三种状态： 未定义：当前设备未定义 定义：当前设备已定义 开始：当前设备定义并上电后自动运行，默认为该模式
6	服务器 IP/主机名称	FTP Server 模式下无效
7	远程路径/共享：	FTP Server 模式下无效
8	响应超时	设置连接超时时间： 设置为 0 时，该功能无效 设置为非 0 时，当连接超过设定值时间无通信则关闭该连接，默认值为 15min
9	用户名	FTP Server 模式下无效
10	密码	FTP Server 模式下无效

④ FTP 服务器配置如图 1-147 所示，其页面如图 1-148 所示。

(2) Simulation 功能

① 打开 Simulation 功能（图 1-149）。

② 设置控制器网络参数（图 1-150）。

③ FTP 程序文件管理（图 1-151）。

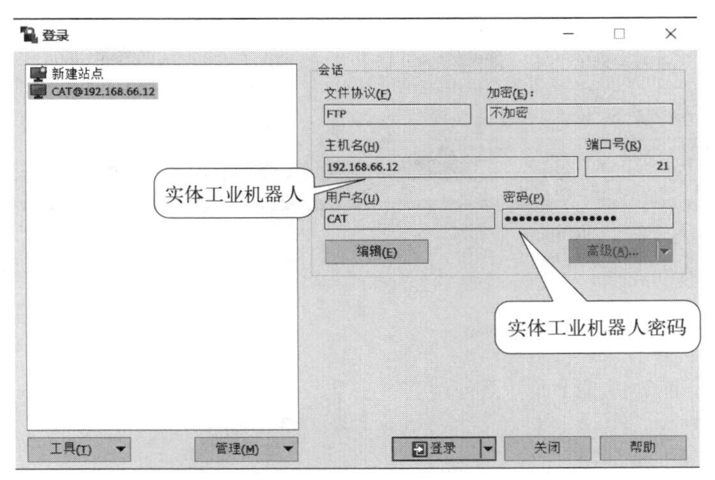

图 1-147 FTP 服务器配置

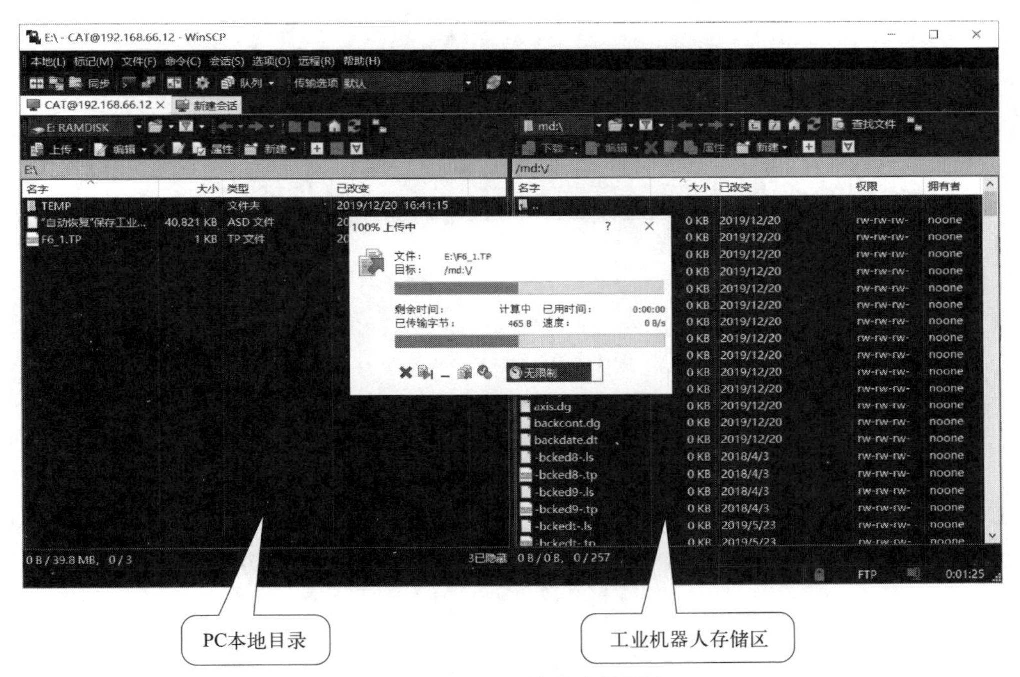

图 1-148 FTP 服务器配置显示

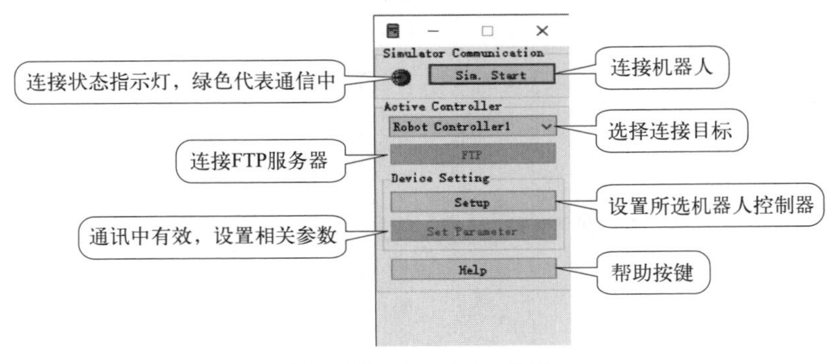

图 1-149 Simulation 功能

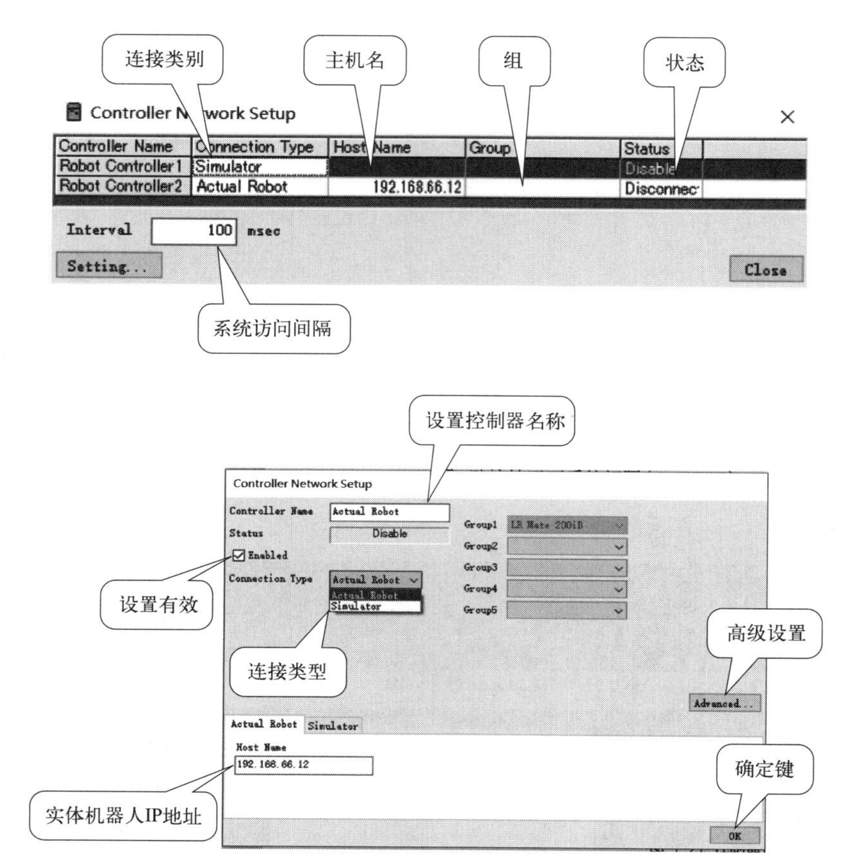

图 1-150　网络参数设置

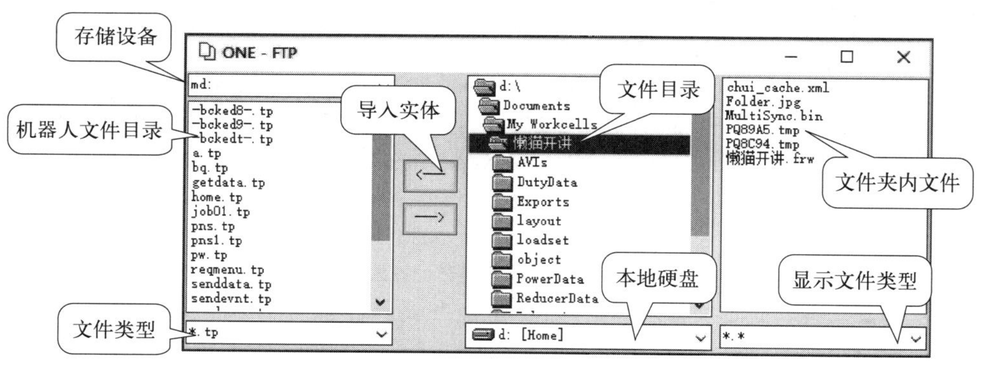

图 1-151　文件管理

第2章 工业机器人的操作

2.1 示教器的应用

示教器（简称TP）是应用工具软件与用户之间接口的操作装置。示教器经电缆与控制装置内部的CPU和机器人控制装置相连接。可进行机器人的JOG进给，程序创建，程序的测试执行、操作执行，状态确认等操作。示教器有单色与彩色两种，如图2-1所示。

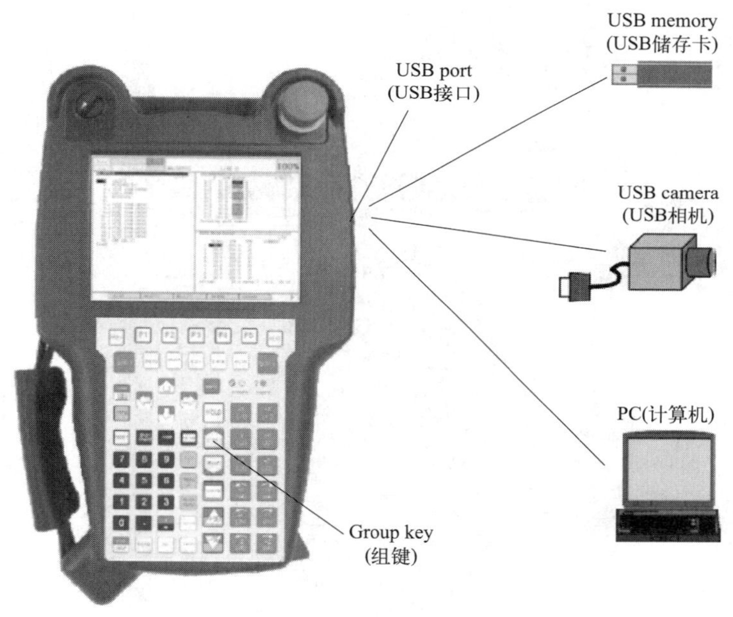

图2-1 示教器及按键接口介绍

单色示教器及其按键功能如图2-2所示，示教器包括横向40字符、纵向16行的液晶屏幕；11个LED；61个按键开关（其中4个专用于各应用工具）。有的按键有子菜单，如图2-2中，MENU菜单键的子菜单见表2-1，示教操作盘LED的功能构成如图2-3所示。

表2-1 MENU菜单键的子菜单

项目	功能	项目	功能
Utilities	显示提示	Soft Panel	执行经常使用的功能
Test Cycle	为测试操作指定数据	User	显示用户信息
Manual FCTNS	执行宏指令	Select	列出和创新程序

续表

项目	功能	项目	功能
Alarm	显示报警历史和详细信息	Edit	编辑和执行程序
I/O	显示和手动设置输出，仿真输入/输出，分配信号	Data	显示寄存器、位置寄存器和堆栈寄存器的值
SETP	设置系统	Status	显示系统和弧焊状态
FILE	读取或存储文件	Position	显示机器人当前位置
Browser	浏览网页，只对 iPendant 有效	System	设置系统变量，Mastering
		User2	显示 KAREL 程序输出信息

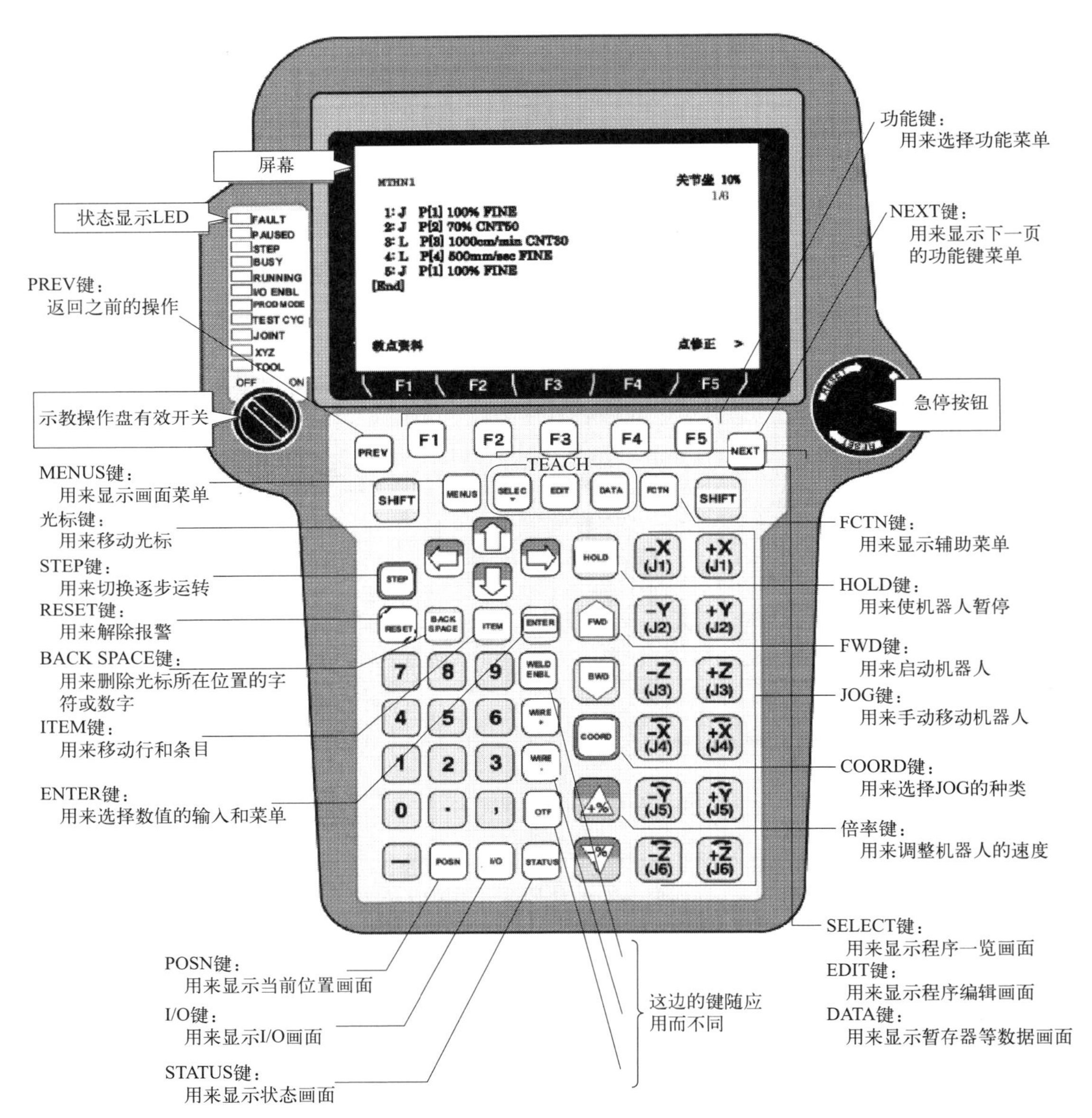

图 2-2 示教操作盘

LED指示灯	功能
FAULT	显示一个报警出现
HOLD	显示暂停键被按下
STEP	显示机器人处在单步操作模式下
BUSY	显示机器人正在工作，或者程序被执行，或者打印机和软盘驱动器正在被操作
RUNNING	显示程序正在被执行
I/O ENBL	显示信号被允许
PROD MODE	显示系统正处于生产模式，当接收到自动运行启动信号时，程序开始运行
TEST CYCLE	显示REMOTE/LOCAL设置为LOCAL，程序正在测试执行
JOINT	显示示教坐标系是关节坐标系
XYZ	显示示教坐标系是通用坐标系或用户坐标系
TOOL	显示示教坐标系是工具坐标系

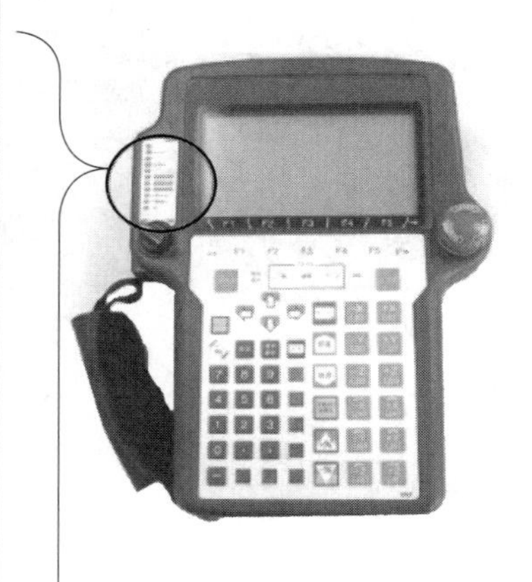

图 2-3 示教操作盘 LED 功能构成

2.1.1 示教器的操作

(1) 通断电源

1）通电

给系统上电前，应检查电源、电压属性是否与机器人控制柜标识一致，如图 2-4 所示。若一致将控制柜面板上的断路器置于 ON。

2）关电

① 通过操作者面板上的暂停按钮关停机器人。

② 操作者面板上的断路器置于 OFF。

注意：如果有外部设备如打印机、软盘驱动器、视觉系统等和机器人相连，在关电前，要首先将这些外部设备关掉，以免损坏外部设备。

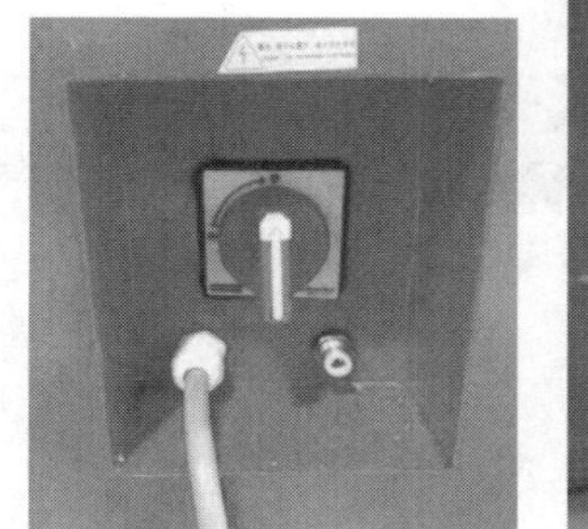

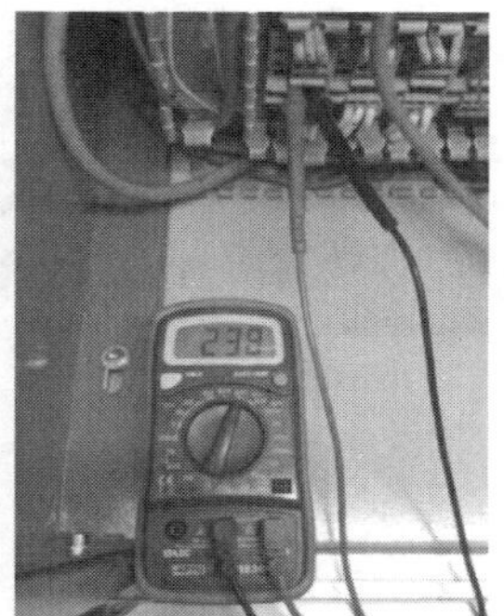

图 2-4 检查电源

(2) 运行模式设置

控制柜操作面板上附带有按钮、开关、连接器等，用来进行程序启动、报警解除、机器人运行模式切换等操作，如图 2-5 所示。

① 急停按钮　此按钮同示教器上的急停按钮开关作用是一样的，通过切断伺服开关立刻停止机器人和外部轴操作。出现突发紧急情况，及时按下红色按钮，机器人将锁住停止运动；待危险或报警解除后，顺时针旋转按钮，将自动弹起，释放该开关。

② 启动按钮　在采用外部自动模式时，按下此键才可启动自动执行程序，在执行程序时此开关为绿灯亮。

③ 模式选择开关　选择对应机器人动作条件、使用状况的适当操作方式。

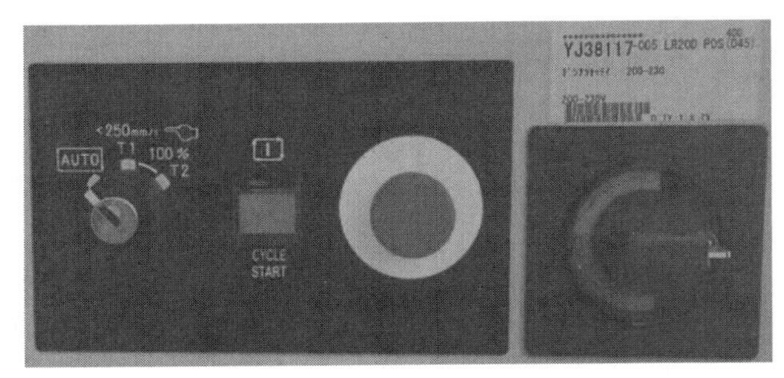

图 2-5 运行模式设置

(3) 语言设置

① 机器人系统启动完成后，一般默认为英语显示界面，按下“MENU”，进入主菜单栏。

② 依次选择“SETUP”—“General”，进入语言选择界面，将光标移动至设置语言行，如图 2-6 所示。

③ 按下“F4”按键，进入语言选择，选择“CHINESE”，如图 2-7 所示，按下“ENTER”键，机器人语言更改结束，当前语言设置为中文。

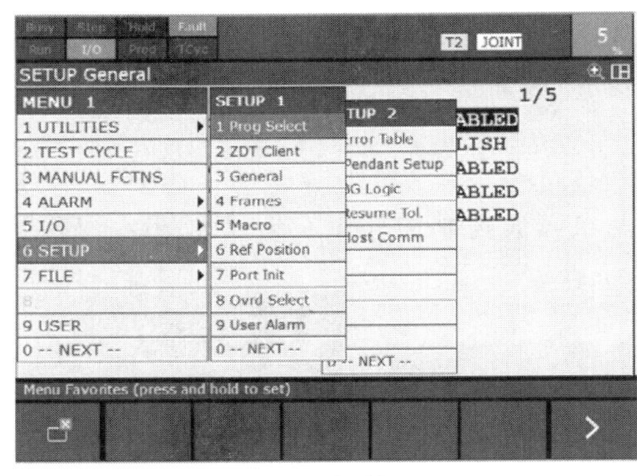

图 2-6 语言选择界面

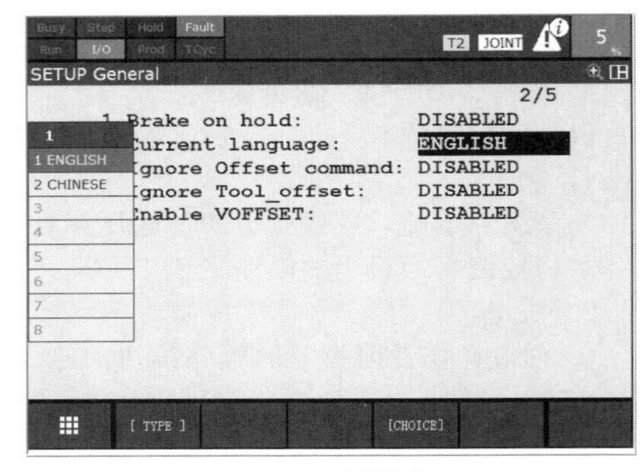

图 2-7 选择语言

(4) 时间设置

① 按下“MENU”，进入主菜单栏，选择“系统”—“时间”，如图 2-8 所示。

② 按下“调整”，输入需要调整的时间，更新时间后按下“完成”，时间修改完成，如图 2-9 所示。

(5) 运行速度设置

机器人的速度一般分为低速、中速、高速，机器人速度的大小一般由速度的百分比（1%～100%）决定。在机器人手动运行模式下，一般运行速度设定为 10%，第一次自动运行程序，一般速度设定为 30%，待自动运行两遍程序确认无误后，方可增加机器人运行速度。示教模式下，手动修改机器人 JOG 运动速度。

① 单击“+%”“-%”键时，依次进行如下切换：“VFINE”（微速）—“FINE”（低速）—“1%—2%—3%—4%—5%—10%—15%……100%”，如图 2-10 所示。

② 同时按下“+%”“-%+SHIFT”时，依次进行如下切换：“VFINE”（微速）—“FINE”（低速）—“5%—25%—50%—100%”，如图 2-11 所示。

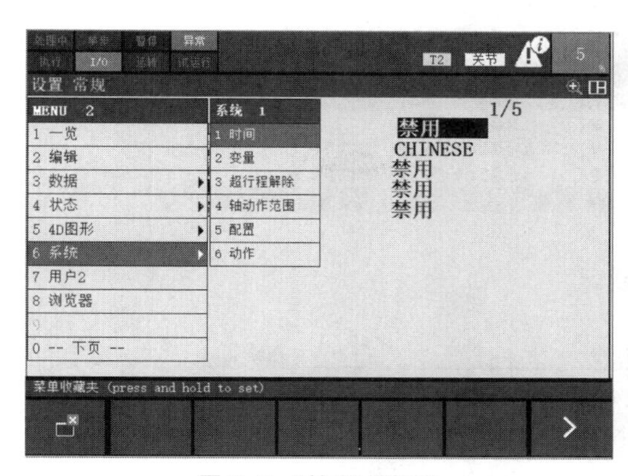

图 2-8　时间设置页面

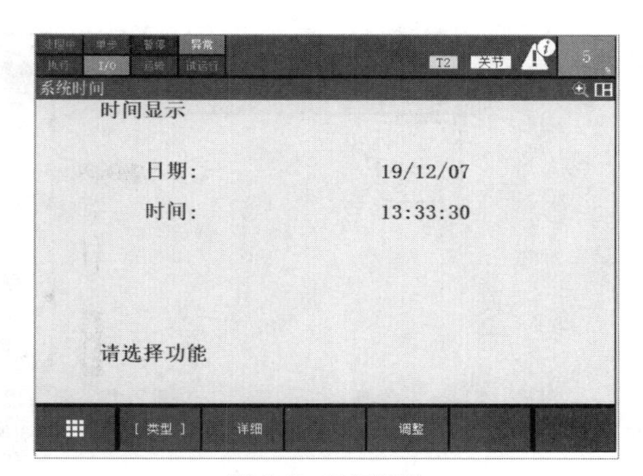

图 2-9　时间设置

微速—低速—1%—2%—3%—4%—5%—10%—15% …… 100%

图 2-10　精调整

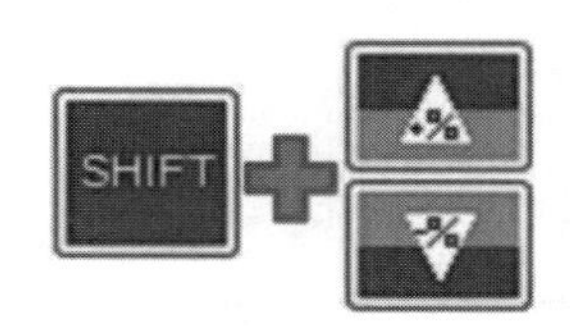

微速—低速—5%—25%—50%—100%

图 2-11　粗调整

2.1.2　程序示教

程序示教是以指定的移动速度和移动方法使机器人向作业空间内的指定位置移动的指令。动作指令的示教，是对构成动作指令的指令要素和位置资料同时进行示教。要示教动作指令，在创建标准指令语句后予以选择。按下“F1”键，显示出所记录的标准指令语句一览，从中选择适当的指令语句后进行示教；按下“SHIFT”键＋“F1”键，反复示教上次示教的标准指令语句。

（1）示教动作指令

① 使机器人 JOG 进给到希望对动作指令进行示教的工件场所。

② 将光标指向“End”（结束）。

③ 按下“F1 教点资料”，显示出标准动作指令一览，如图 2-12 所示。

④ 选择希望示教的标准动作指令，按下“ENTER”键，对动作指令进行示教。同时，对现在位置进行示教，如图 2-13 所示。

⑤ 希望在程序中进行示教的动作指令，反复执行步骤②到步骤④的操作。

⑥ 反复示教相同的标准动作指令时，按住“SHIFT”键的同时按下“F1 教点资料”，追加上次所示教的动作指令。

（2）示教动作附加指令

动作附加指令，是基于动作指令的机器人动作，使其执行特定作业的指令。动作附加指

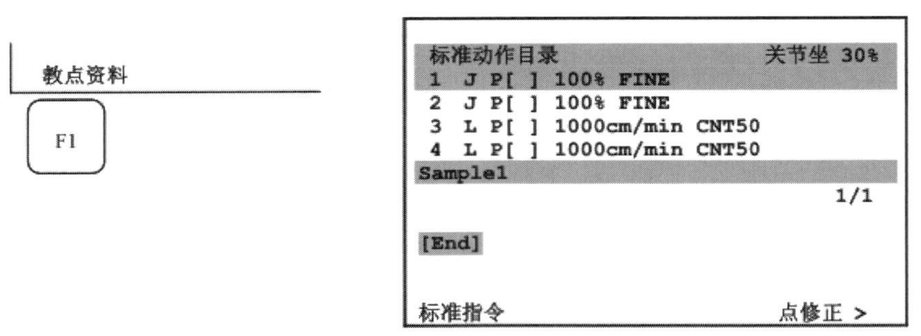

图 2-12 示教点资料标准动作指令

标准动作目录
1 J P[ ] 100% FINE
2 J P[ ] 100% FINE
3 L P[ ] 1000cm/min
4 L P[ ] 1000cm/min

Sample1 关节坐 30%
2/2
1:J P [1] 100% FINE
[End]
现在位置记录到 P[1]
教点资料 点修正>

图 2-13 示教

令有手腕关节动作指令、加减速倍率指令、跳过指令、位置补偿指令、直接位置补偿指令、工具补偿指令、直接工具补偿指令、增量指令、路径指令、外力追踪、非同步附加速度、同步附加速度、先执行、后执行等。

① 将光标指向动作语句结尾的空白处，如图 2-14 所示。

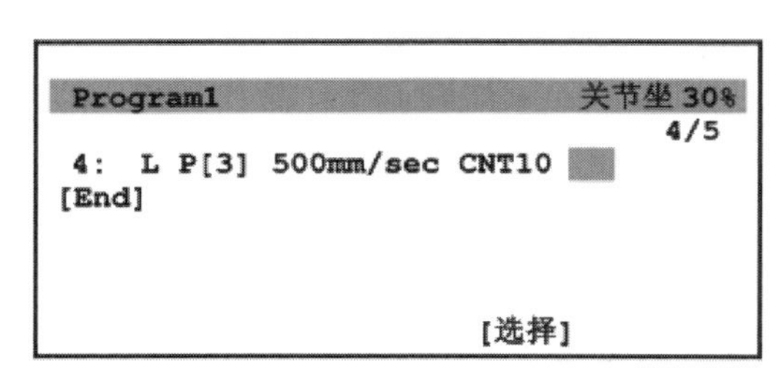

图 2-14 光标移至动作语句结尾

② 按下“F4［选择］”。显示出动作附加指令的一览，如图 2-15 所示。

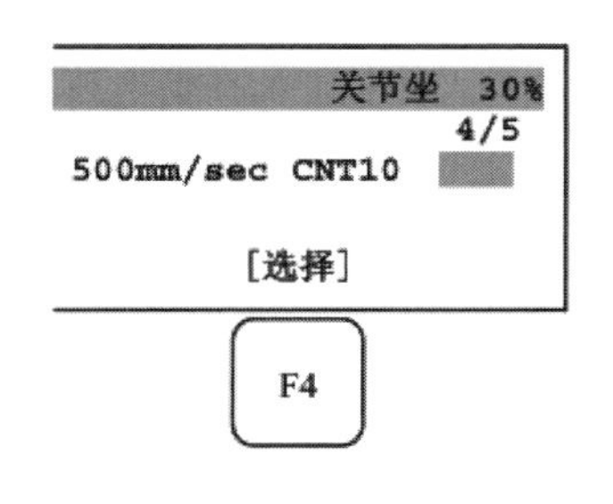

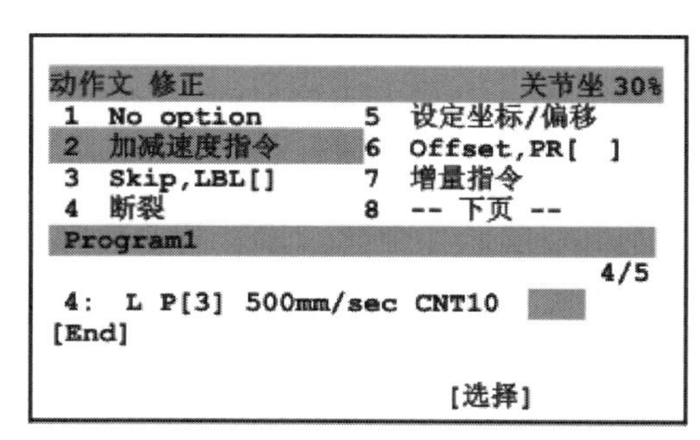

图 2-15 动作附加指令一览

③ 对加减速倍率指令进行示教，如图 2-16 所示。

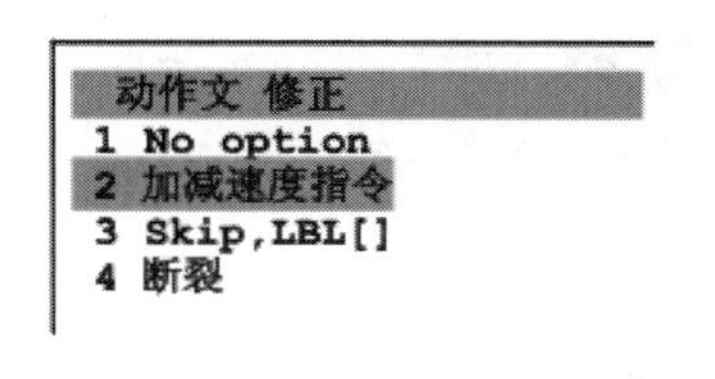

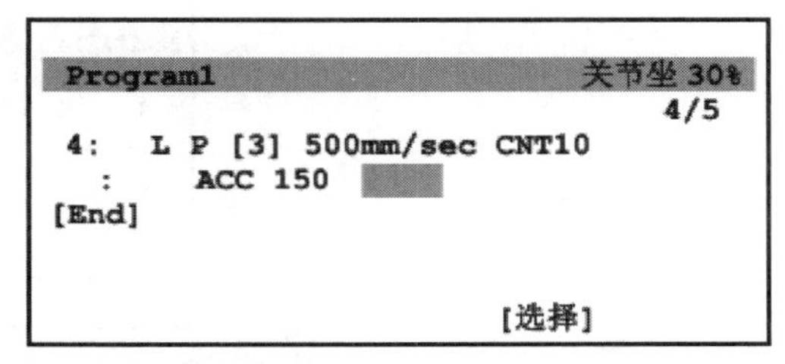

图 2-16 加减速倍率指令示教

(3) 示教增量指令

① 将光标指向动作语句结尾的空白处。图 2-17 所示画面为对增量指令进行示教。增量指令的示教，会导致位置资料成为未示教状态，应在位置资料中输入增量值。

② 图 2-18 所示画面为直接在位置资料中输入增量值。

③ 图 2-19 所示画面为直接输入增量值。

④ 输入位置资料后，按下“F4 完成”，如图 2-20 所示。

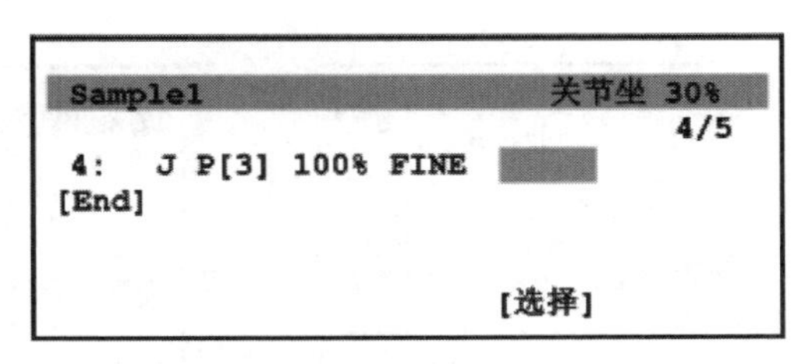

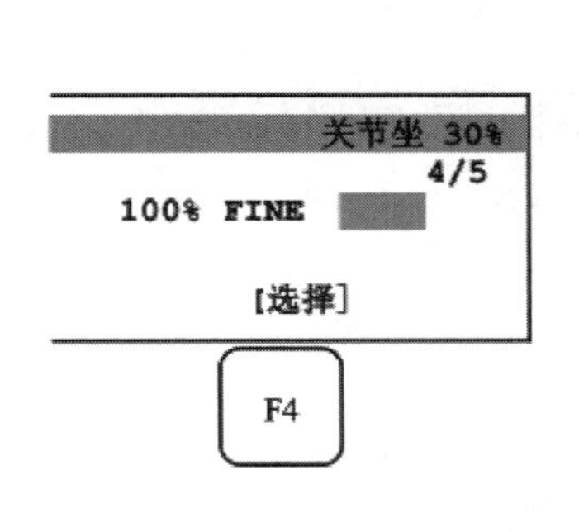

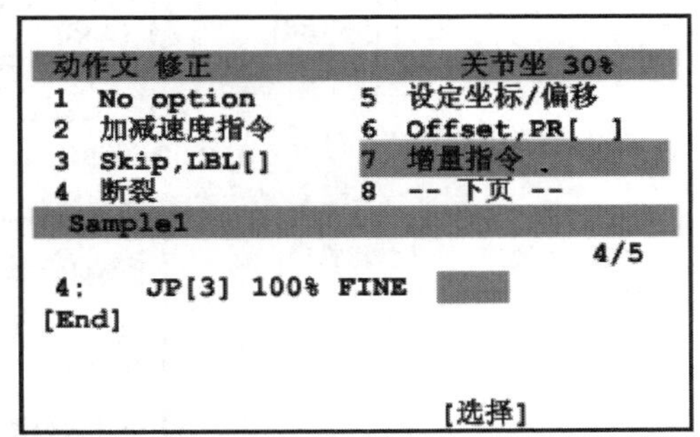

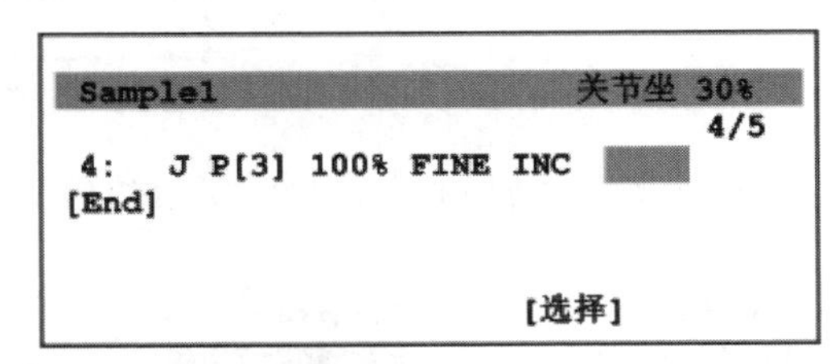

图 2-17 对增量指令进行示教

2.1.3 工业机器人数据备份与恢复

(1) 文件类型

可以用 Memory Card、USB、PC 等设备进行文件的备份/还原，文件的类型有以下四类。

1) 程序文件（.TP）

程序文件被自动存储于控制器的 CMOS 中，通过 TP 上的“SELECT”键可以显示程

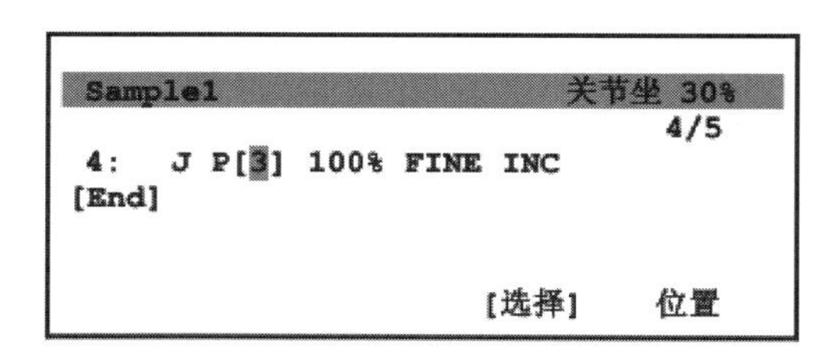

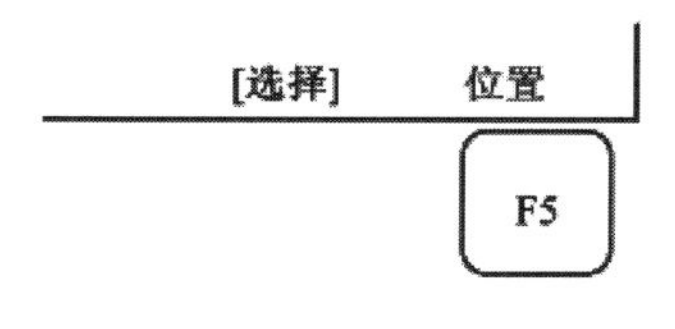

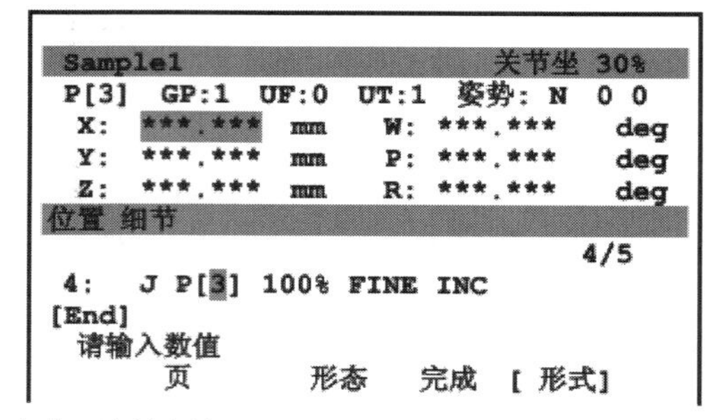

图 2-18 在位置资料中输入增量值

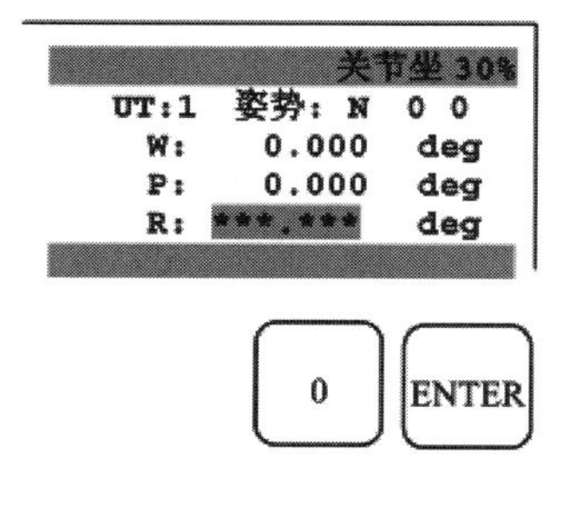

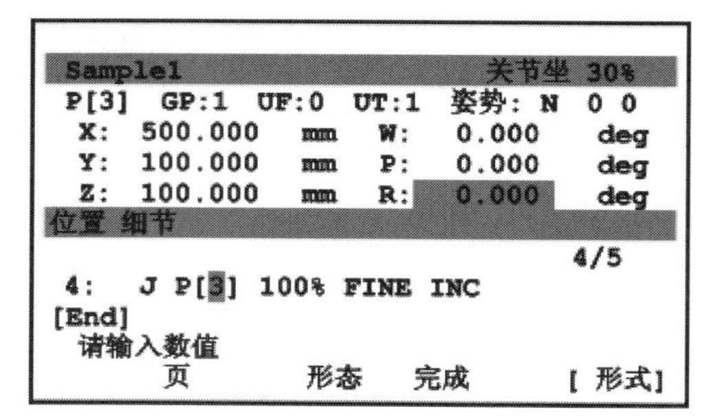

图 2-19 直接输入增量值

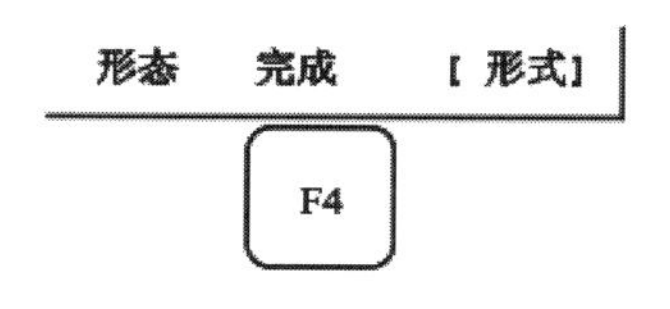

图 2-20 完成

序文件目录。一个程序文件包括图 2-21 所示的信息。

```
Creation Date:                13-Mar-2008
Modification Date:            13-Mar-2008
Copy Source:           [                 ]
Positions: FALSE   Size:       118 Byte

 1  Program name:           [TEST5       ]
 2  Sub Type:        [None               ]
 3  Comment:         [                   ]
 4  Group Mask:         [1,*,*,*,*,*,*,*]
 5  Write protect:          [OFF         ]
 6  Ignore pause:           [OFF         ]
```

图 2-21 程序文件信息

2）默认逻辑文件（.DF）

默认逻辑文件包括在程序编辑画面中，各个功能键（F1 到 F4）所对应的默认逻辑结构的设置为 DEF _ MOTN0.DF：“F1”键；DEF _ LOGI1.DF：“F2”键；DF _ LOGI2.DF：“F3”键；DF _ LOGI3.DF：“F4”键。

3）系统文件（.SV）

① SYSVARS.SV：用来保存坐标、参考点、关节运动范围、抱闸控制等相关变量的设置。

② SYSSERVO. SV：用来保存伺服参数。
③ SYSMAST. SV：用来保存 Mastering 数据。
④ SYSMACRO. SV：用来保存宏命令设置。
⑤ FRAMEVAR. SV：用来保存坐标参考点的设置。
4）I/O 配置文件与数据文件
① NUNREG_VR：用来保存寄存器数据。
② POSREG. VR：用来保存位置寄存器数据。
③ PALREG. VG：用来保存码垛寄存器数据。
④ DIOCFGSV. IO：用来保存 I/O 配置数据。

（2）文件的备份/加载

文件的备份/加载方法见表 2-2。

表 2-2　文件的备份/加载方法

模式	备份	加载
一般模式	1. 文件的一种类型或全部备份(Backup) 2. Image 备份	单个文件还原(load) (注:写保护文件不能被还原) 处于编辑状态的文件不能被还原 部分系统文件不能被还原
Controlled Start	1. 文件的一种类型或全部备份(Backup) 2. Image 备份	1. 单个文件还原(load) 2. 一种类型或全部文件还原(Restore) (注:写保护文件不能被还原) 处于编辑状态的文件不能被还原
Image	文件及应用系统的备份(Backup)	文件及应用系统的还原(Restore)

1）全部备份的保存方法
① 在控制器上插入存储卡，如将 U 盘插入示教器 USB 中，见图 2-22。
② 依次按键操作：“MENU”—“文件”，进入文件界面，见图 2-23。

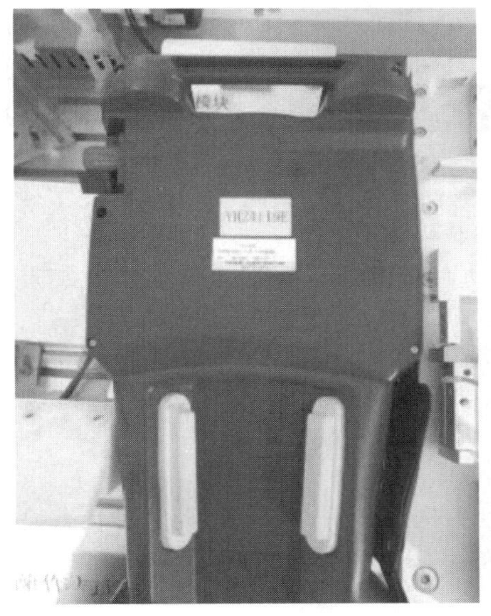

图 2-22　插入存储卡

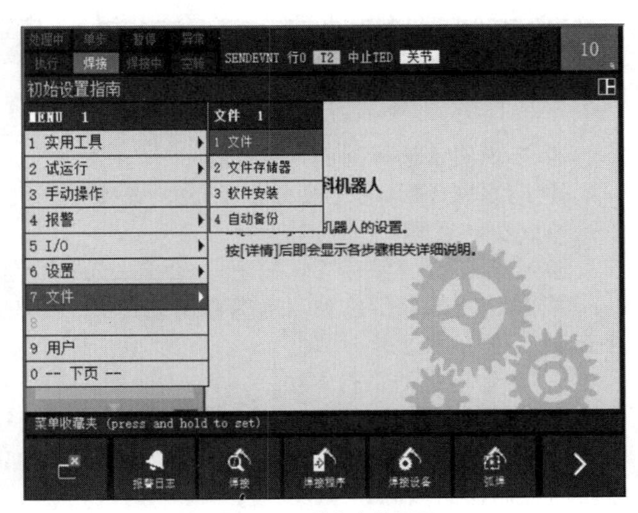

图 2-23　进入文件界面

③ 按“F2 目录”，显示屏上方出现存储设备中有的文件种类目录，见图 2-24。

④ 按“F5 工具”，选择“切换设备”，进入存储设备选择画面，见图 2-25。

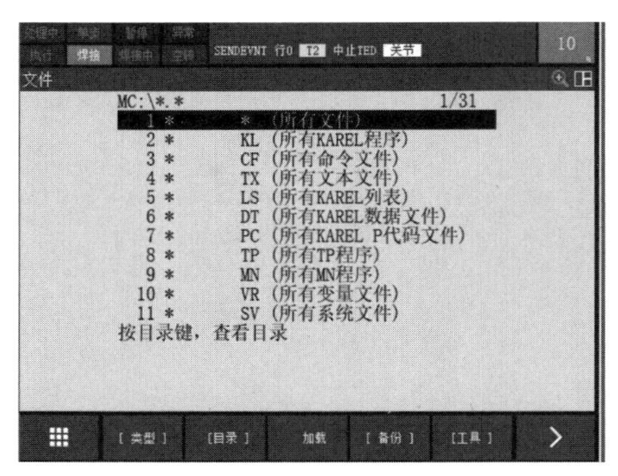

图 2-24 文件种类目录

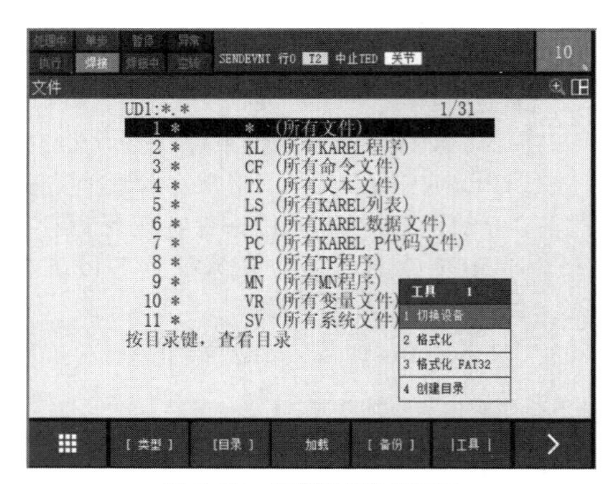

图 2-25 存储设备选择画面

⑤ 在存储设备选择画面，选择“TP 上的 USB”，见图 2-26。

⑥ 在 UT1 文件显示界面，显示当前 U 盘文件，将光标移至所有文件一行，按下“F3”加载，见图 2-27。

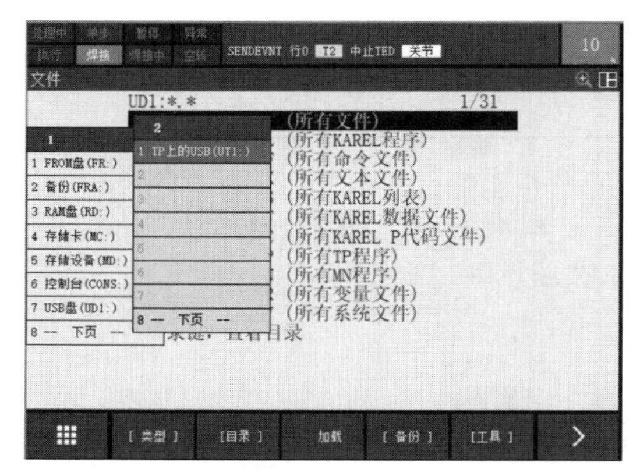

图 2-26 选择存储设备

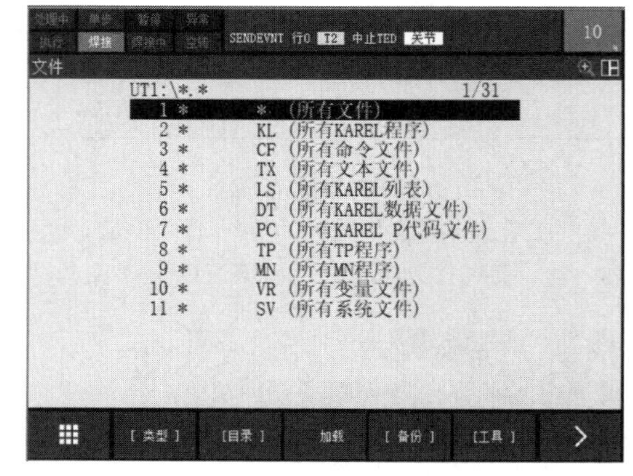

图 2-27 显示存储设备文件

⑦ 出现确认选择画面，选择是“F4”，文件自动加载，见图 2-28。

⑧ 还原完成后，按“FCNT”键，选择冷开机启动，并拔出 U 盘，查看程序及数据导入是否成功，见图 2-29。

⑨ 全部备份的保存后，按下“F2［一览］”键，选择“*.*”，见图 2-30。

⑩ 确认全部备份已被正确保存，见图 2-31（只要已显示几个文件，即判断备份已被保存起来）。

2）图像备份的执行方法

在保存异常时状态记录后，执行图像备份。通过执行图像备份，即可将异常时状态记录数据保存在存储卡等中。图像备份需进行控制器电源的 OFF/ON 操作，需事先确认是否可以切断控制器的电源。

① 将调查用存储卡连接到控制器上。

② 将示教操作盘有效开关置于“ON”。

③ 选择“MENUS”（画面选择）→“文件”→“F4[备份]”→“Image 备份”（图像备份），见图 2-32。

④ 显示“外部装置”的菜单，选择“记忆卡”（MC:），见图 2-33。

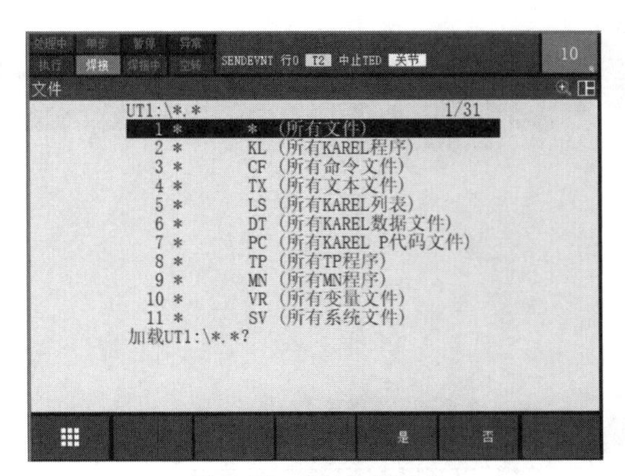

图 2-28　确认选择画面

图 2-29　选择冷开机启动

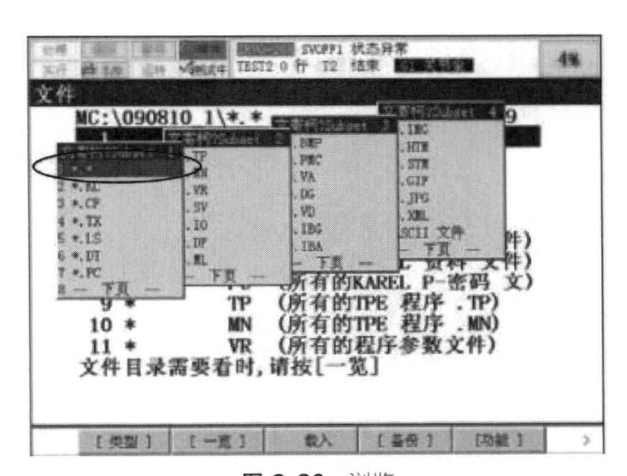

图 2-30　浏览

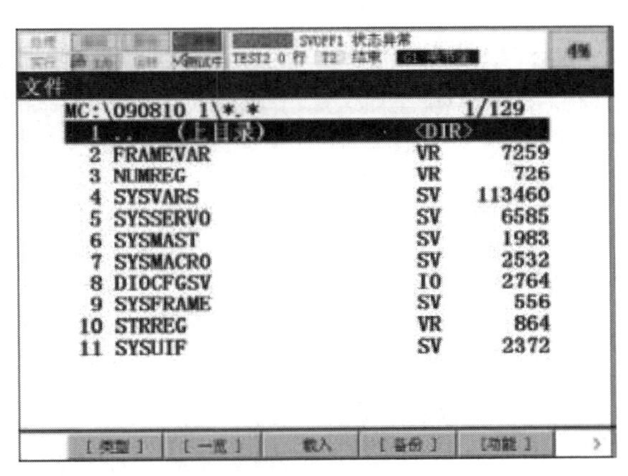

图 2-31　备份确认

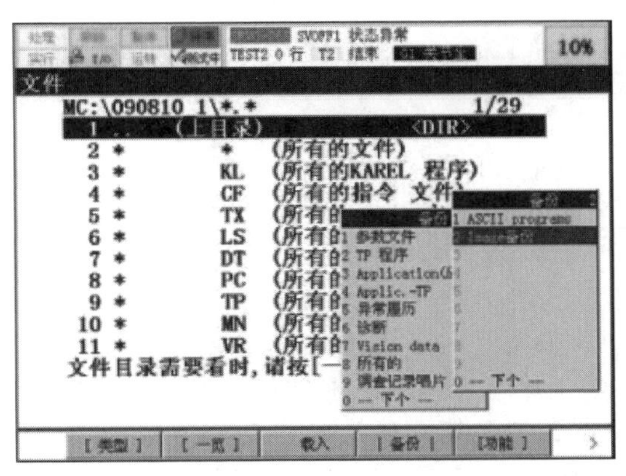

图 2-32　图像备份

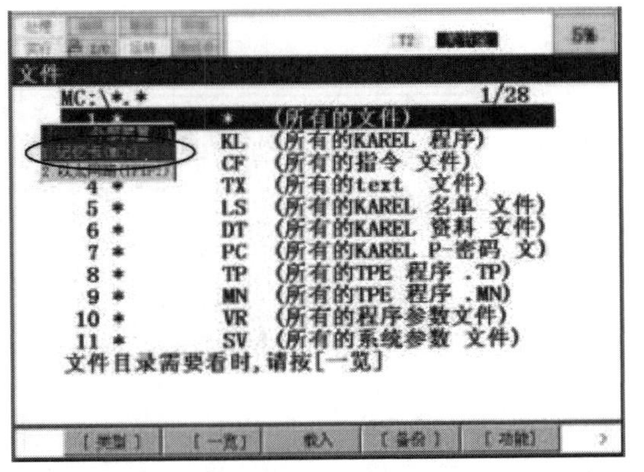

图 2-33　外部装置菜单

⑤ 显示“再度启动?”的确认消息，选择“F4OK”，见图 2-34。

⑥ 进行再启动，开始图像备份。在图像备份完成之前，勿切断电源，或者进行示教操作盘上的按键操作。

⑦ 图像备份完成时，显示“Image 备份正常地结束了”（图像备份成功）的信息，按下“F4 执行”，见图 2-35。

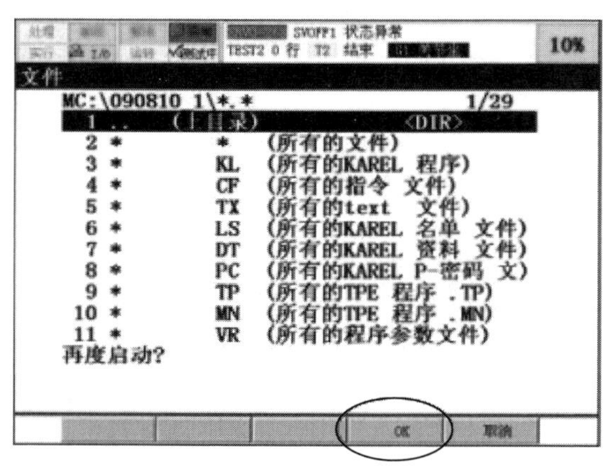

图 2-34 再度启动

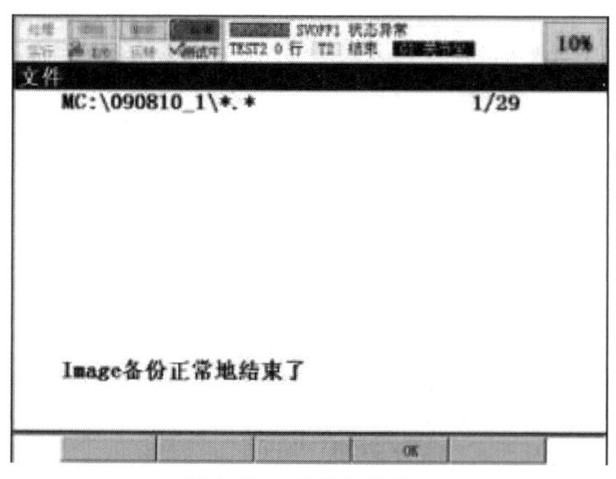

图 2-35 图像备份成功

⑧ 在存储卡内分别保存 FROM＊＊.IMG、SRAM＊＊.IMG（＊＊为数值）。例如，FROM32MB、SRAM2MB。

⑨ 选择“MENUS”(画面选择)→“7 文件”→“F2[一览]”→“＊.＊”。确认已经分别保存了 FROM＊＊.IMG、SRAM＊＊.IMG（＊＊为数值）。

2.2 程序编辑与执行

2.2.1 程序编辑

程序编辑页面如图 2-36 所示，程序编辑主要是对程序进行创建与修改，修改程序主要包括选择程序、修改标准指令语句、修改动作指令、程序指令的编辑（插入空白行、删除程序语句、复制程序语句、检索程序指令的要素、替换程序指令的要素、重新赋予位置号码）等。

(1) 创建程序

示教器应处在有效状态，其步骤如下。

① 按下“MENUS”（画面选择）键，显示出画面菜单。

② 选择“程序一览”。代之以上述 1—2 步，也可通过按下“SELECT”键来进行选择，如图 2-37 所示。

③ 按下“F2 新建”。出现程序记录画面，如图 2-38 所示。

④ 通过“↑、↓”键选择程序名称的输入方法（字、字母）。

⑤ 按下表示在程序名称中使用字符的功能键。所显示的功能键菜单按照步骤④中所选择的输入方法予以显示。譬如，字母输入的情况下，按住希望输入的字符所表示的功能键，直到该字符显示在程序名称栏。按下“→”键，使光标向右移动。反复执行该步骤，输入程序名称。

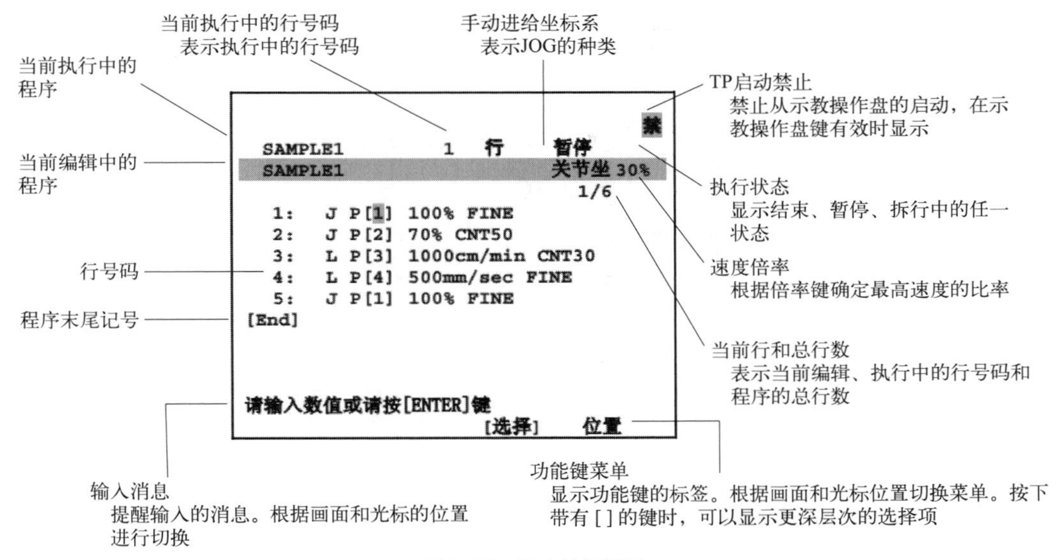

图 2-36 程序编辑页面

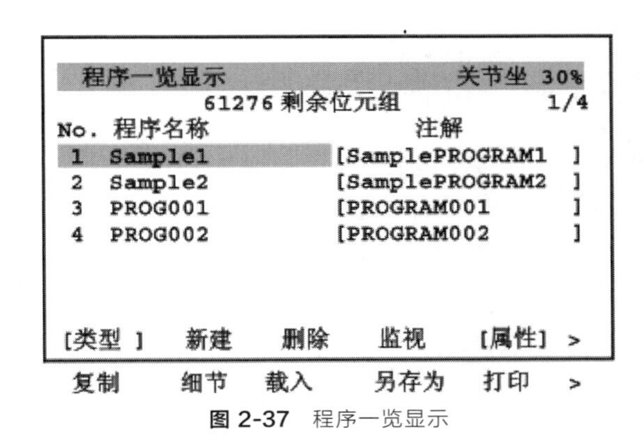

图 2-37 程序一览显示

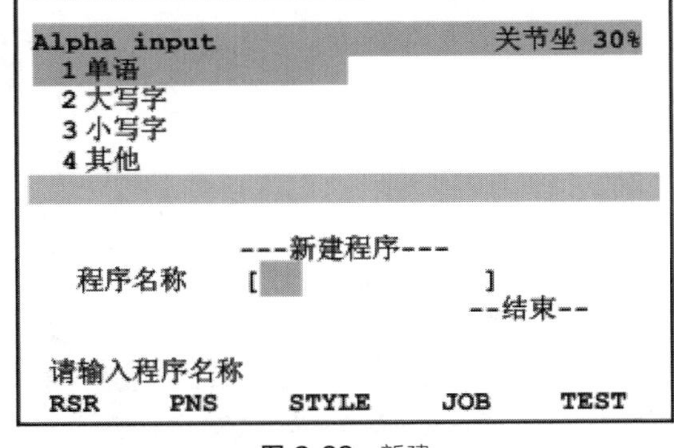

图 2-38 新建

在使用 RSR 或 PNS 用于自动运转的程序情况下，应按照如下方式进行。否则，程序就不会运行。使用 RSR 的程序必须取名为“RSRnnnn”，其中，“nnnn”表示 4 位数。例如，RSR0001。使用 PNS 的程序必须取名为“PNSnnnn”，其中，“nnnn”表示 4 位数。例如 PNS0001。

⑥ 程序名称的输入结束后，按下“ENTER”键，如图 2-39 所示。

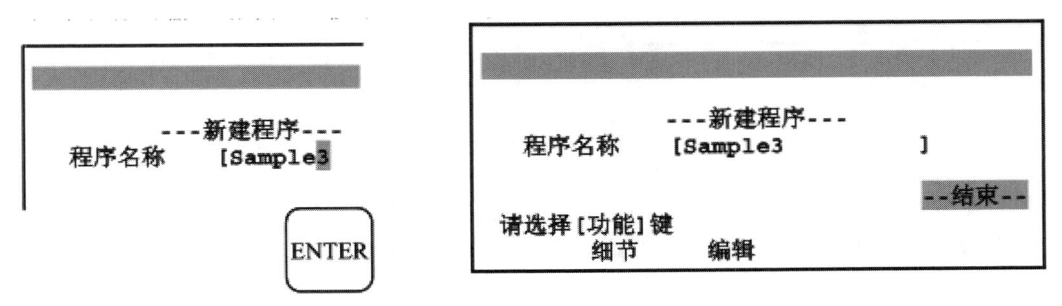

图 2-39 输入程序名称

⑦ 要对所记录的程序进行编辑时，按下“F3 编辑”（或者“ENTER”键）。出现所记录程序的程序编辑画面，如图 2-40 所示。

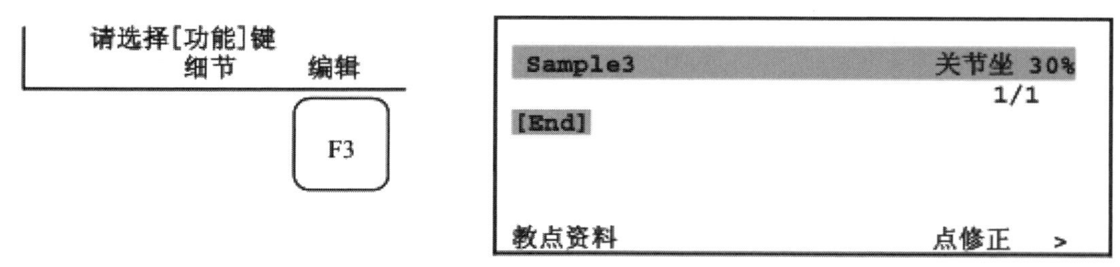

图 2-40 编辑记录程序

⑧ 输入程序细节信息时，在第⑥步中的画面上按下“F2 细节”，显示程序细节画面，如图 2-41 所示。

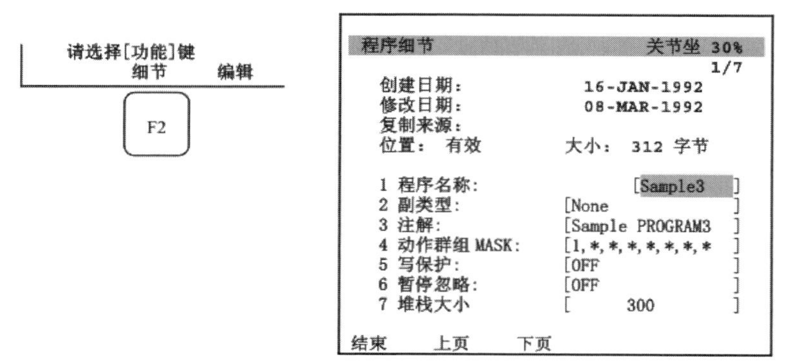

图 2-41 程序细节信息

⑨ 如图 2-42 所示设定各条目。要改变程序名称，将光标指向设定栏，按下“ENTER”键。改变副类型，按下“F4 选择”，显示出副类型菜单。选择“None”（无指定）、“Job”（任务）、“Process”（处理）或者“Macro”（宏）。但是，有关“Job”或“Process”，只有在系统参数 $JOBPROC _ ENB=1 时可以选择。输入注解时，将光标指向设定栏，按下“ENTER”键。设定动作群组 MASK 时，将光标指向设定栏，选择“1”“*”。进行所设定动作群组的控制。不包含动作指令的程序中，为确保安全而设定（*，*，*，*，*，*，*，*）。已对动作指令进行示教的程序，不可改变动作群组的设定。所使用的系统尚未设定在多组中时，只可将最初的组设定为 1，或者作为没有组而设定星号（*）。要设定写保护，将光标指向设定栏，选择“ON”或“OFF”。要设定暂停忽略，将光标指向设定栏，选择功能键“ON”或“OFF”；宏指令和自动启动程序等不希望因报警而被中断的程序，将其设定为“ON”。

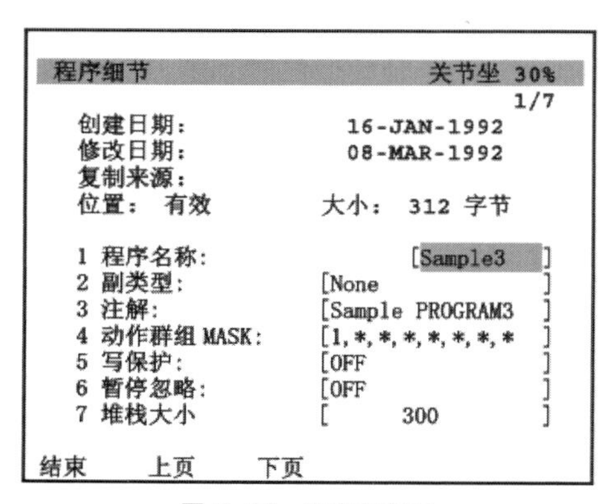

图 2-42 设定各条目

⑩ 程序细节信息的输入完成后，按下“F1 结束”。出现所记录程序的程序编辑画面，如图 2-43 所示。

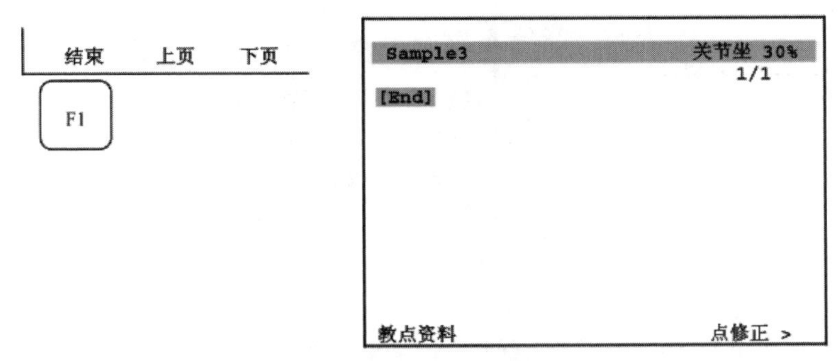

图 2-43　程序编辑画面

(2) 修改位置资料

① 先选定要修改的程序并使示教器处在有效状态。

② 将光标指向希望修改的动作指令所显示行的行号码。

③ 将机器人 JOG 进给到新的位置，按住“SHIFT”键的同时按下“F5 点修正”。记录新的位置，如图 2-44 所示。

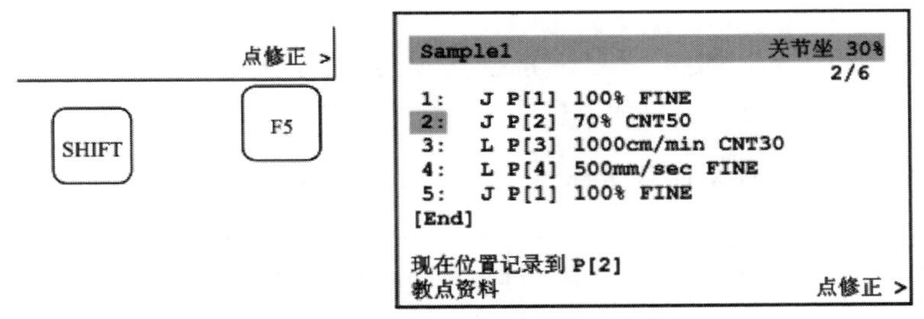

图 2-44　记录新位置

④ 对附加有增量指令的动作指令，在对位置资料重新进行示教的情况下，删除增量指令，如图 2-45 所示。

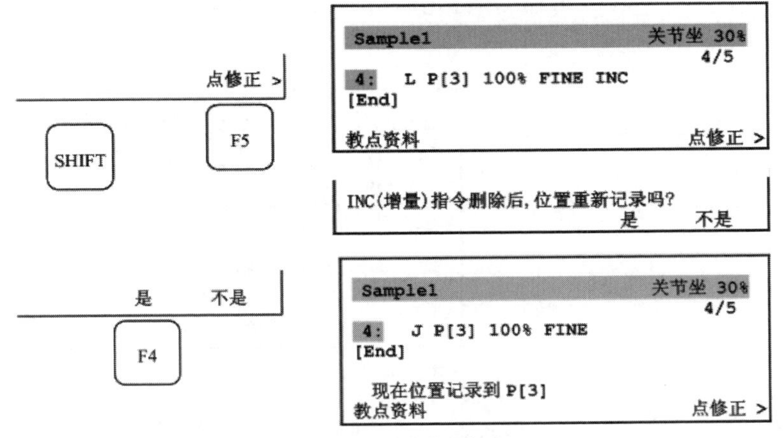

图 2-45　删除增量指令

⑤ 在已通过位置暂存器对位置变量进行了示教的情况下，通过修改位置来修改位置暂存器的位置资料，如图 2-46 所示。

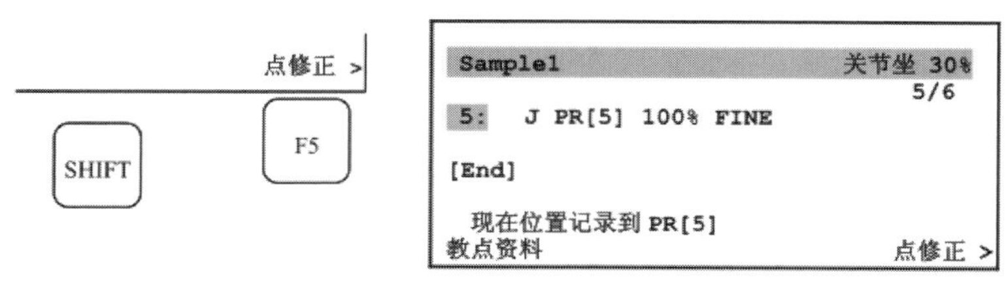

图 2-46 修改位置

(3) 更改位置详细数据

① 显示位置详细数据时，将光标指向位置变量，按下“F5 位置”。出现位置细节数据画面，如图 2-47 所示。

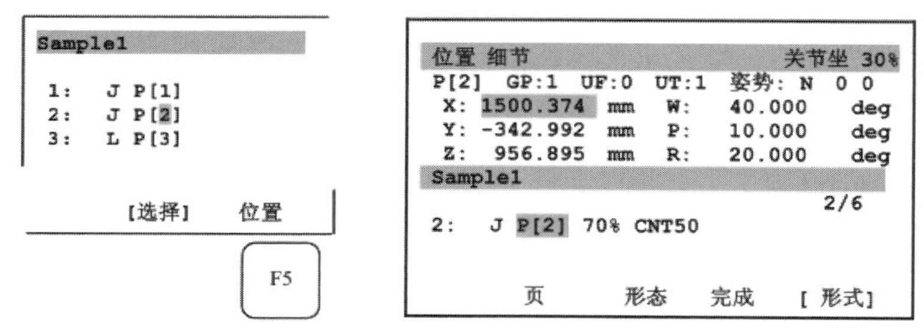

图 2-47 显示位置详细数据

② 更改位置时，将光标指向各坐标值，输入新的数值，如图 2-48 所示。

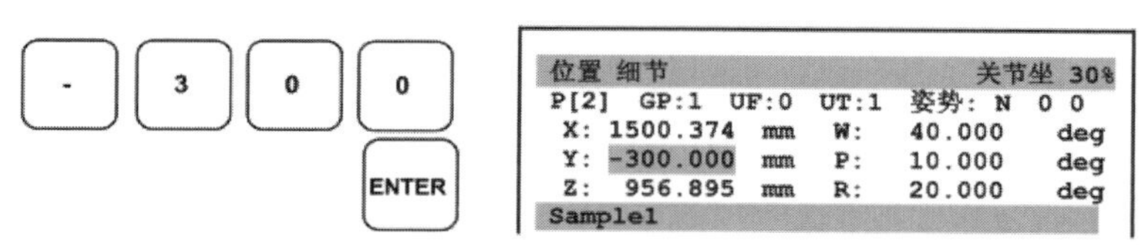

图 2-48 输入新的数值

③ 更改形态时，按下“F3 形态”，将光标指向形态，使用“↑”、“↓”键输入新的形态值，如图 2-49 所示。

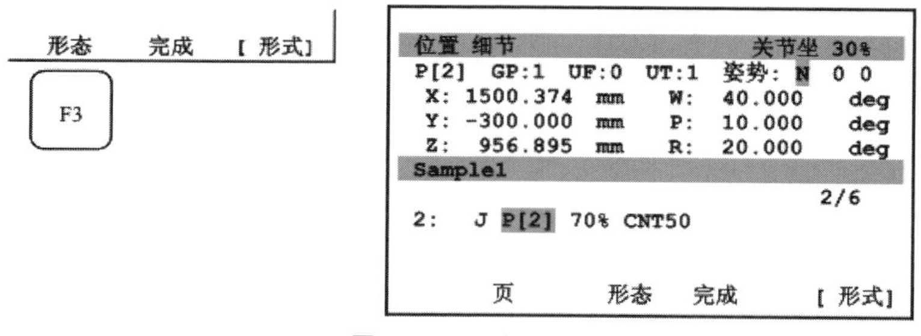

图 2-49 更改形态

④ 更改坐标系时，按下“F5［形式］”，选择要更改的坐标系，如图 2-50 所示。

⑤ 完成位置详细数据的更改后，按下“F4 完成”。

(4) 修改动作指令

① 将光标指向希望修改的动作指令的指令要素。

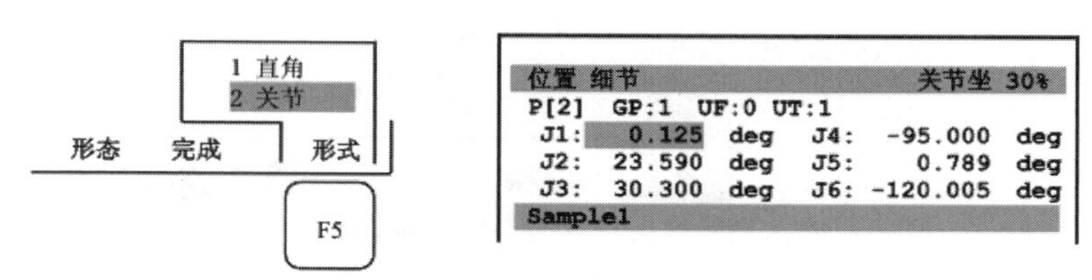

图 2-50 更改坐标系

② 按下“F4［选择］”，将指令要素的选择项一栏显示于辅助菜单，选择希望更改的条目。比如将圆弧动作更改为直线动作，如图 2-51 所示。

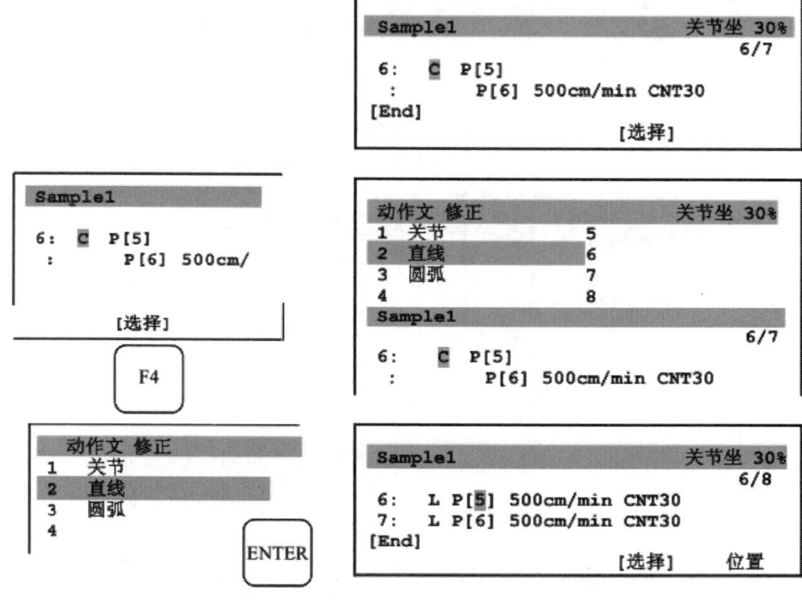

图 2-51 将圆弧动作更改为直线动作

③ 更改位置变量，如图 2-52 所示。

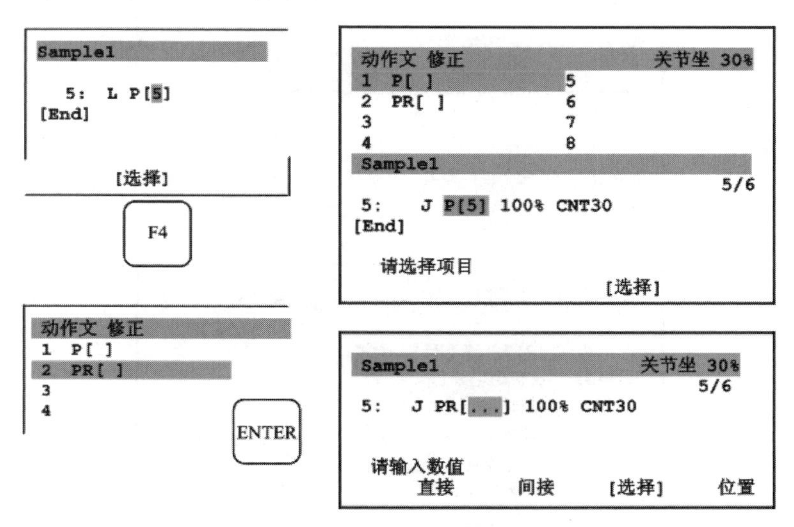

图 2-52 更改位置变量

④ 追加动作附加指令，将光标指向动作附加指令，如图 2-53 表示追加位置补偿指令（Offset）。

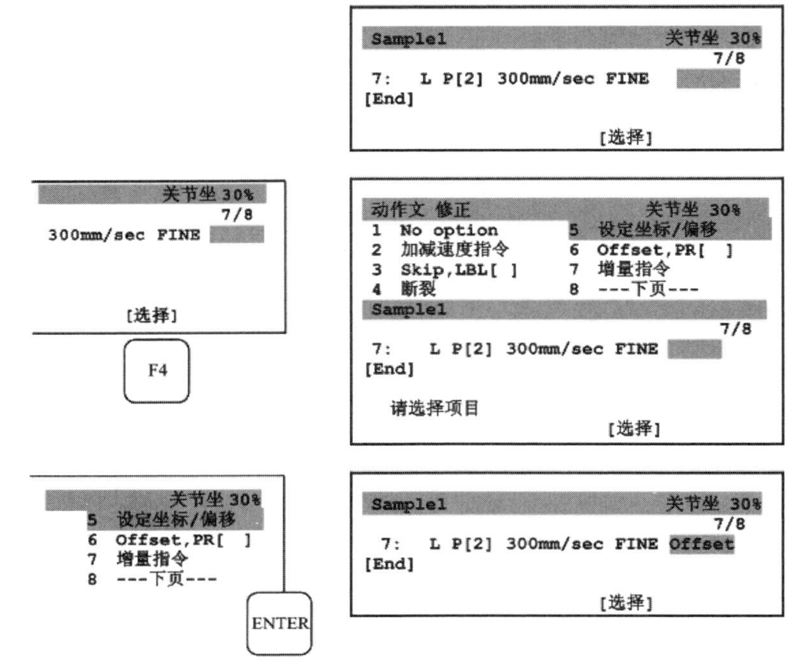

图 2-53 追加位置补偿指令

⑤ 更改移动速度（在数值指定和暂存器指定之间），将动作指令的移动速度从数值指定更改为暂存器指定的操作。

a. 将光标移动到速度值，按下功能键“F1 暂存器”，如图 2-54 所示。

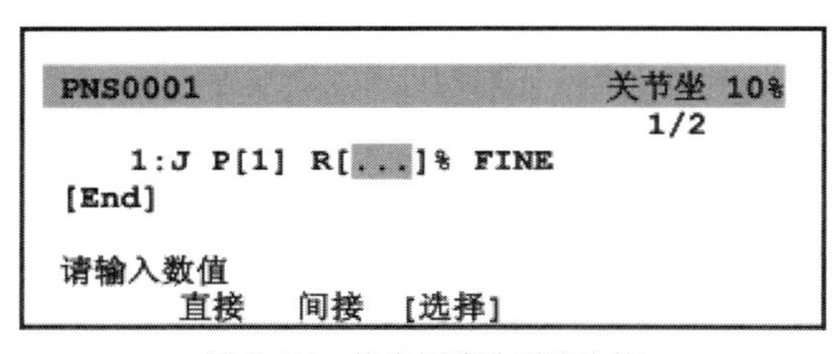

图 2-54 将光标移动到速度值

b. 输入暂存器号码（例如：2)。间接指定的情况下按下“F3 间接”，如图 2-55 所示。返回的情况下按下“F2 直接”。

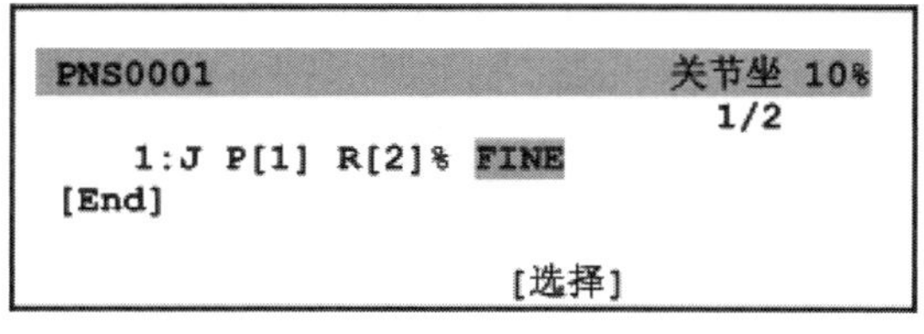

图 2-55 输入暂存器号码

⑥ 修改控制指令。

a. 将光标指向指令要素，如图 2-56 所示。

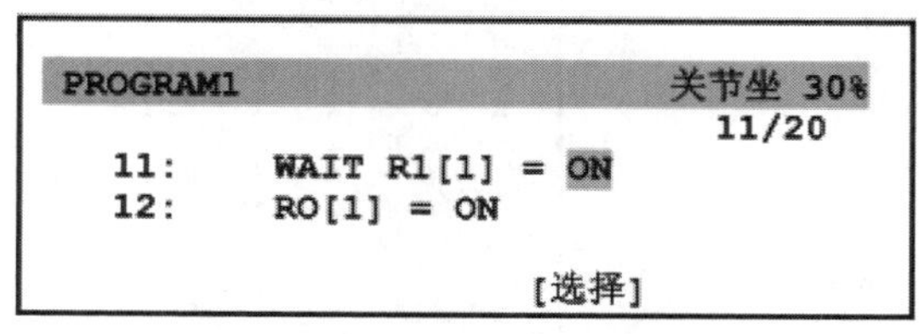

图 2-56 将光标指向指令要素

b. 按下“F4［选择］”，显示选择的指令一览，选择希望更改的条目，图 2-57 的画面表示更改等待指令。

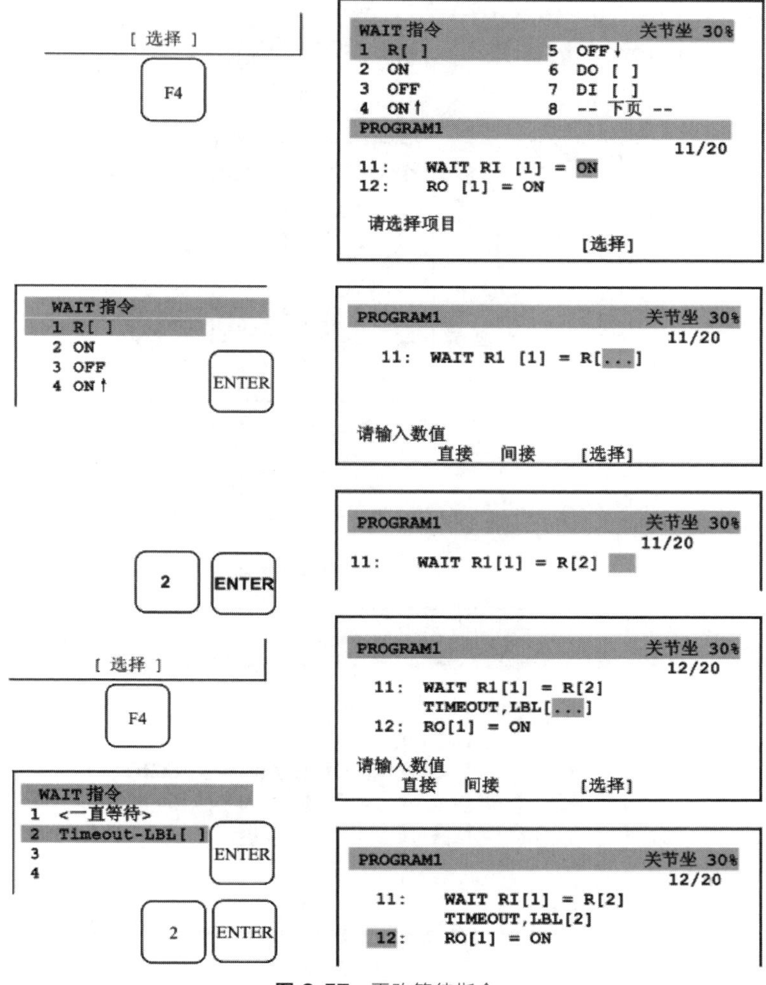

图 2-57 更改等待指令

(5) 语句操作

1）插入空白行

① 按下“F5 编辑”，显示编辑指令菜单。

② 选择“插入”，如图 2-58 所示。

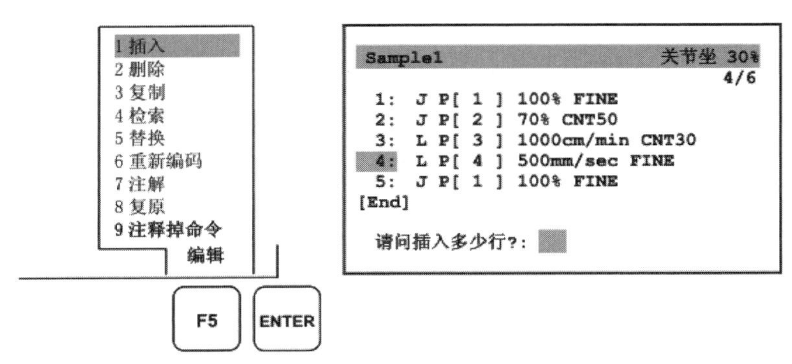

图 2-58 选择“插入”

③ 将光标指向希望插入程序语句的行。目前，光标指向第 4 行。

④ 输入希望插入的行数，如插入 2 行，按下“ENTER”键。指定行数的空白行被插入程序中。此时，重新赋予程序的行号码，如图 2-59 所示。

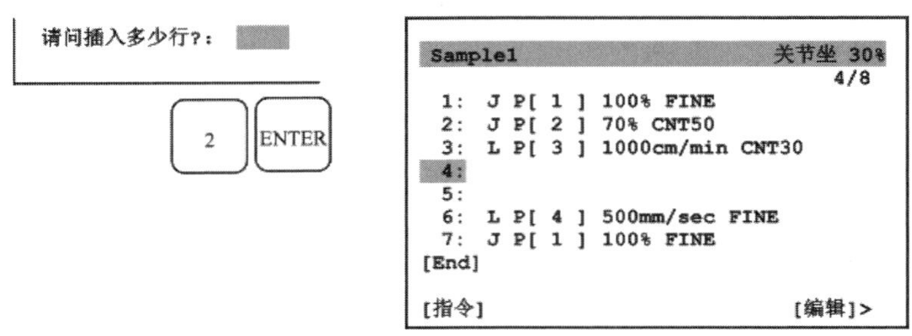

图 2-59 插入空行

2）删除程序语句

① 将光标指向包含希望删除的指令在内行的开头位置（使光标指向要删除的行），如图 2-60 所示。

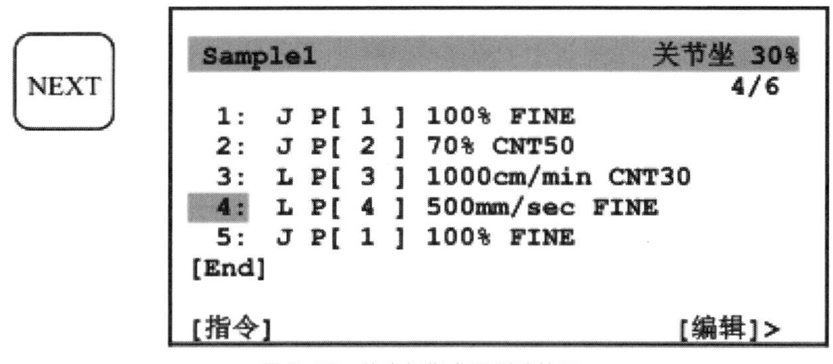

图 2-60 使光标指向要删除的行

② 按下“NEXT”（下一页），显示“F5［编辑］”。

③ 按下“F5［编辑］”，显示编辑指令菜单。

④ 选择“删除”，如图 2-61 所示。

⑤ 用“↑”、“↓”键来指定希望删除行的范围，如图 2-62 所示。

⑥ 不希望删除所选的行时，按下“F5 不是”。要删除所选行的情况下，按下“F4 是”。

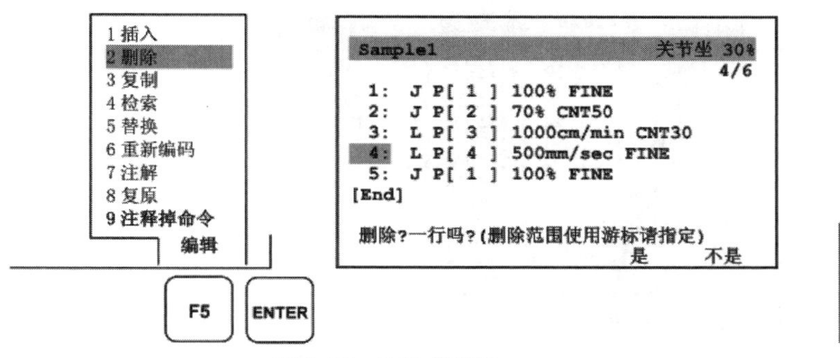

图 2-61 选择“删除”

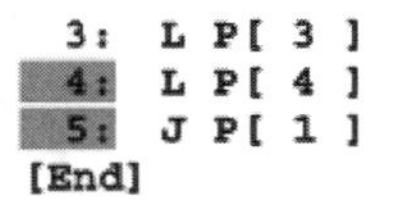

图 2-62 指定删除行的范围

3）复制程序语句

① 按下“F5［编辑］”，显示编辑指令菜单。选择“3 复制”，选择要复制的行范围。图 2-63 所示的画面表示将第 2～4 行复制到第 5～7 行。

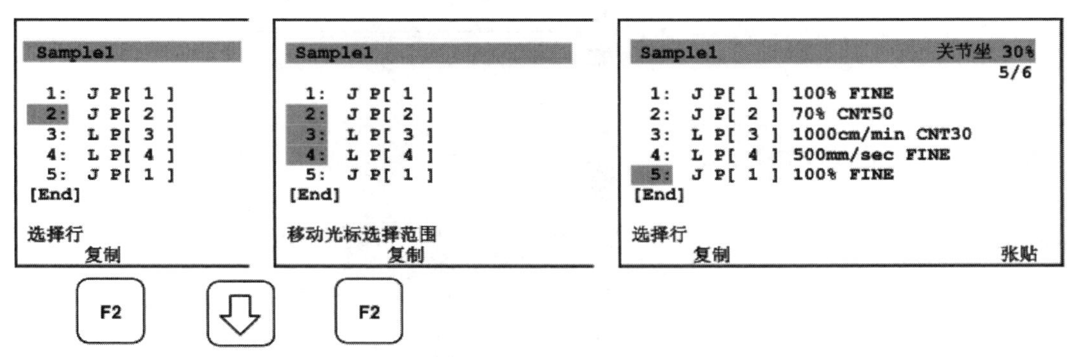

图 2-63 复制程序语句

② 选择要插入已复制的行，如图 2-64 所示。

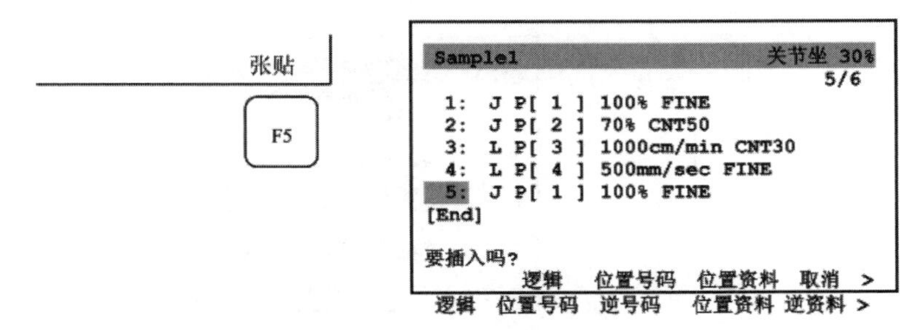

图 2-64 选择插入位置

③ 选择插入的方法，复制的指令即被插入，如图 2-65 所示。

④ 反复执行第⑤～⑥步的操作，可以在多处插入相同的指令。

⑤ 要结束操作时，按下“PREV”（返回）键。

（6）程序操作

1）删除程序

① 选择“程序一览”。出现程序一览画面，如图 2-37 所示。

② 将光标指向希望删除的程序，按下“F3 删除”。

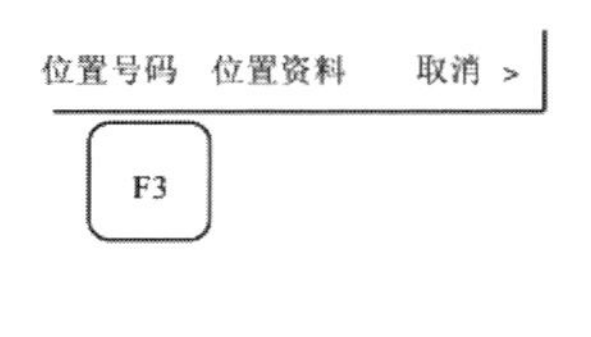

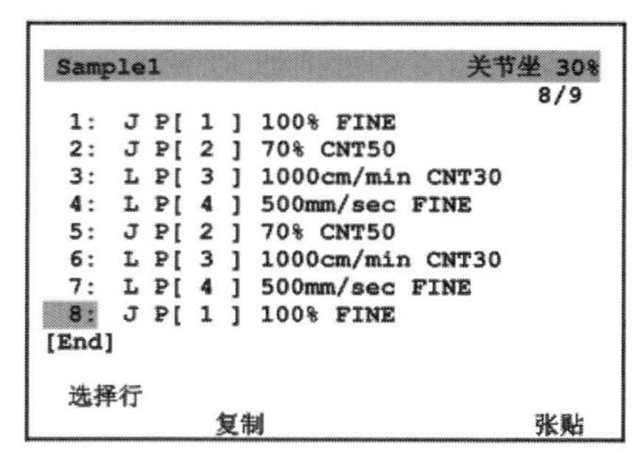

图 2-65　插入复制语句

③ 选择“F4 是”，所指定的程序即被删除，如图 2-66 所示。

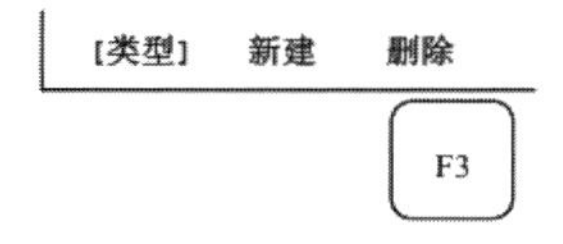

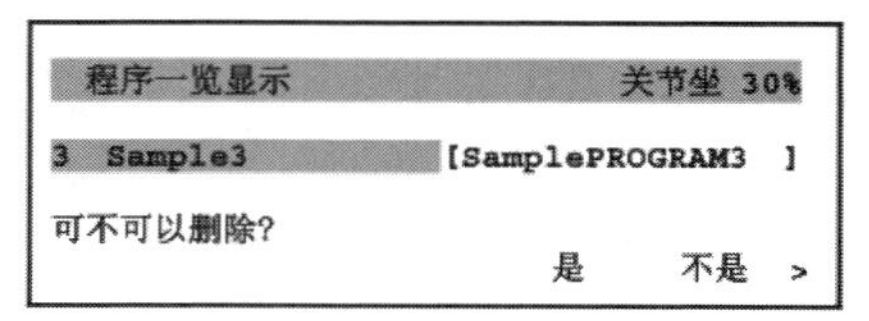

图 2-66　删除

Alpha input 1
1 单语
2 大写字
3 小写字
4 其他
程序一览显示
--- 程序复制 ---
来源: Sample3
到: Sample3
原来的数值
RSR PNS STYLE JOB TEST

图 2-67　复制程序操作

2）复制程序

① 选择“程序一览”。出现程序一览画面。

② 按下“F1 复制”，出现程序复制画面，如图 2-67 所示。

③ 输入复制目的地的程序名称，并按下 ENTER 键，选择“F4 是”，如图 2-68 所示。

④ 复制程序，并创建“PROGRAM”（程序 1）。

3）显示程序属性

① 选择“程序一览”。出现程序一览画面。

② 按下“F5 属性”。

③ 选择“容量”，如图 2-69 所示。

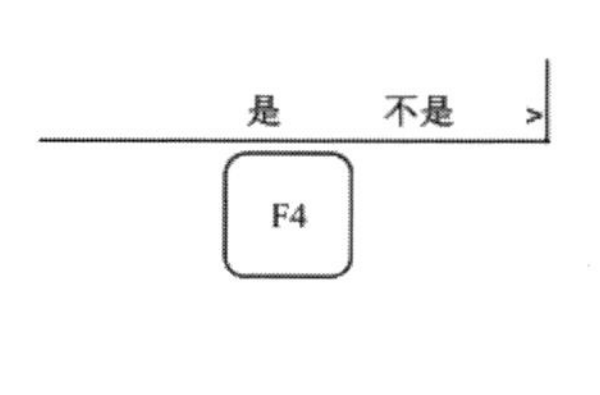

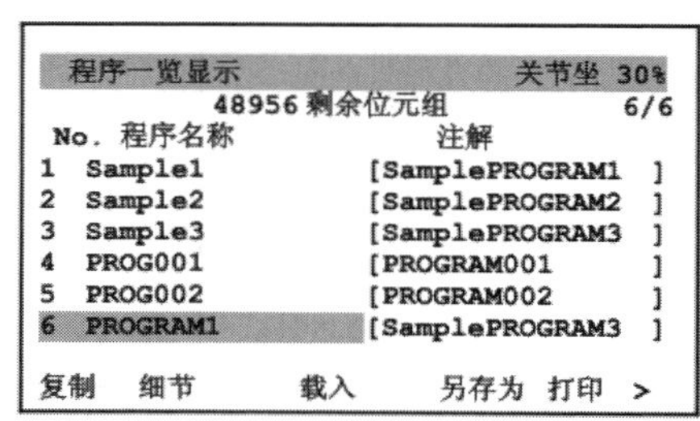

图 2-68　复制程序

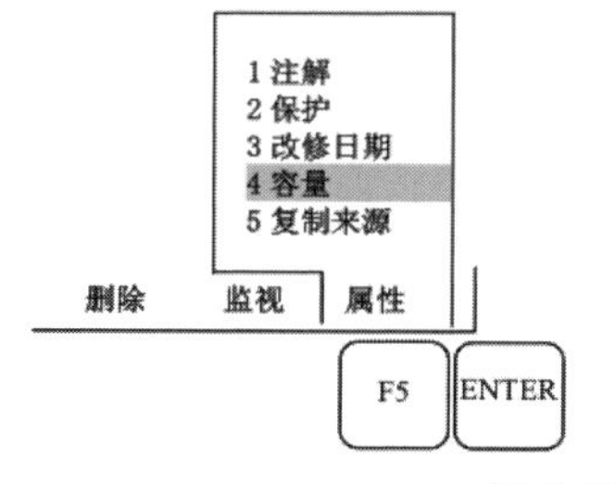

程序一览显示　关节坐 30%
61276 剩余位元组　1/4
No. 程序名称　大小
1 Sample1 [10/ 1000]
2 Sample2 [10/ 1000]
3 PROG001 [10/ 1000]
4 PROG002 [10/ 1000]
[类型]　新建　删除　监视　[属性]　>

图 2-69　显示程序属性

④ 显示出程序的行数/大小。

⑤ 要显示其他条目时，选择所需条目。

4）即时位置修改

已经存在，要修改的程序，操作步骤如下。

① 按下“MENUS”（画面选择）键，显示出画面菜单。

② 选择“1 共用程序/功能”。

③ 按下“F1 类型”，显示出画面切换菜单。

④ 选择“即时位置修改”。出现位置修改条件一览画面，如图 2-70 所示。

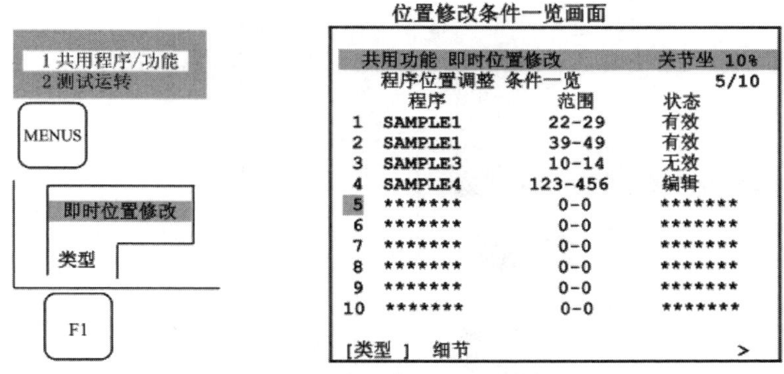

图 2-70 选择“即时位置修改”

⑤ 将光标指向要修改的程序的行号码。没有要修改的程序时，选择“＊＊＊”，如图 2-71 所示。

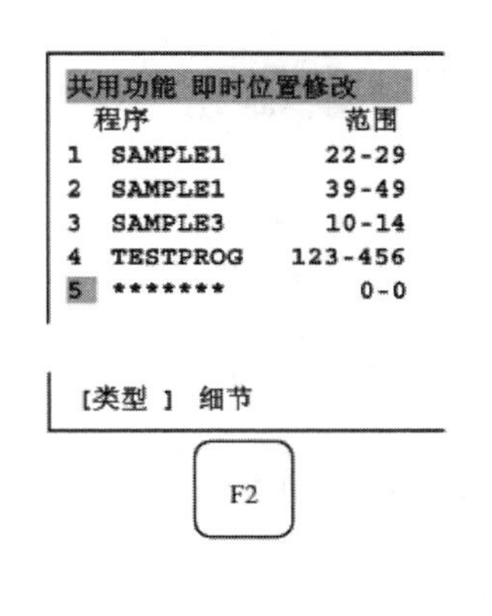

位置修改条件细节画面

共用功能 即时位置修改 关节坐 100%

条件号：5 状态：编辑

1 程序名称： SAMPLE2

2 开始行号： 0

3 结束行号： 0

4 偏移基准坐标： 用户

5 X 补正量： 0.000 mm

6 Y 补正量： 0.000 mm

7 Z 补正量： 0.000 mm

8 W 补正量： 0.000 deg

9 P 补正量： 0.000 deg

10 R 补正量： 0.000 deg

11 直线/圆弧速度： 0 mm/s

12 关节速度： 10 %

13 动作群组： 全部

14 补正： Y 对象 机器人

[类型] 单位 条件 选择 >

图 2-71 没有修改程序选项

⑥ 按下“F2 细节”。出现位置修改条件细节画面。选择了“＊＊＊”的情况下，状态成为“编辑”。

⑦ 设定条目。要修改的程序行只有 1 行时，在开始行和结束行都输入相同的值，如图 2-72 所示为设定修改程序条目。

⑧ 修改条件的设定完成后，按下“F4 有效”，按下“F5 无效”，使位置修改反映于目标程序。将状态置于“有效”，若当前正在执行程序，则被立即反映到该程序中。在更改曾经设定为有效的位置修改条件时，应在将条件暂时设定为无效后再予以更改。动作指令包含位置寄存器或增量指令的情况下，不会反映修改结果。一旦变更，移动坐标即使按下“无

效”，也不会返回原先的状态。

⑨ 要设定其他条件号码的位置修改条件时，按下“F3 条件”。

⑩ 按下“PREV”（返回）键返回位置修改一览画面。

⑪ 希望将所设定的修改条件复制为别的修改条件号码时，将光标指向复制来源的条件号码，按下页的“F1 复制”。输入复制目的地的条件号码。刚刚复制完之后，状态成为“编辑”，重新设定所需条目。

⑫ 要删除已设定的修改条件，按下页的“F2 删除”。

(7) 目录功能

目录是文件输入输出装置中对创建的文件进行分类、整理的保管场所。可对目录赋予任意的名称。在目录中，还可以进一步创建目录。路径名（下例中为 MC:\RC11\）必须在 28 个字符以内，文件输入输出装置处在可输出状态。按下“MENUS”（画面选择）键，显示画面菜单，选择“7 文件”。出现文件图 2-73 所示的画面。

共用功能 即时位置修改　关节坐 10%

条件号：5　状态：编辑

1	程序名称：	SAMPLE2	
2	开始行号：	1	
3	结束行号：	30	
4	X 补正量：	5.000	mm
5	Y 补正量：	0.000	mm
6	Z 补正量：	-2.500	mm
7	W 补正量：	0.000	deg
8	P 补正量：	0.000	deg
9	R 补正量：	0.000	deg
10	直线/圆弧速度：	0	mm/s
11	关节速度：	0	%

[类型]　单位　条件　有效　>

图 2-72 设定修改程序条目

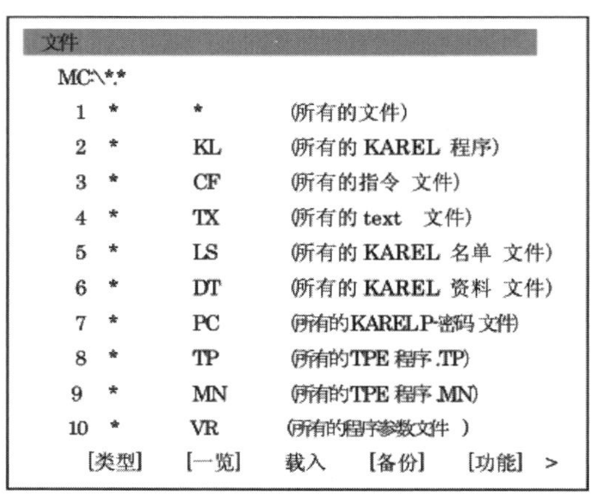

图 2-73 选择“7 文件”

1）创建目录

① 按下“F5［功能］”，选择“［制作目录］”。

② 输入目录名，按下“ENTER”键（示例中，表示输入了“RC11”）。如图 2-74 所示。

③ 创建所输入的目录。标准路径即被变更为目录，如图 2-75 所示。

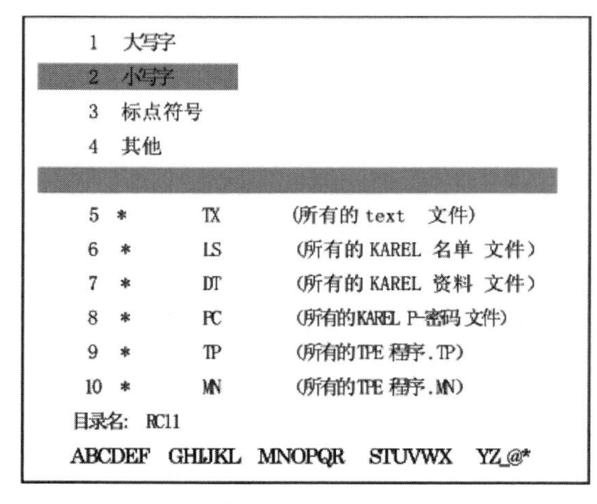

图 2-74 输入目录名

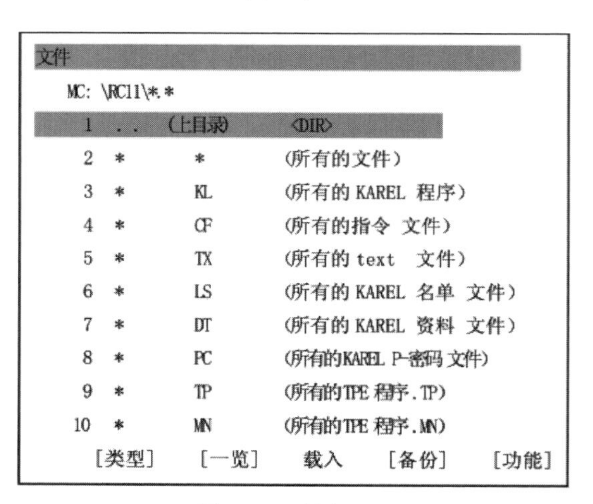

图 2-75 创建目录

2）使用目录

① 在文件画面上选择“F2［一览］”，选择＊．＊的项目。目录显示<DIR>作为文件的扩展名，如图 2-73 所示。

② 光标显示在目录上时按下“ENTER”键，标准路径即被变更为此目录，自动显示出目录内的文件一览。

③ 最初行的“..”，表示位于其上一层的母目录。将光标指向“..”并按下“ENTER”键时，标准路径就变为母目录。根目录中不显示“..”。

3）删除目录

① 文件画面。在文件画面上选择“F2［一览］”，选择＊．＊的项目。目录显示<DIR>作为文件扩展名。

② 将光标指向要删除的目录，按下“NEXT”，按下“F1［删除］”。

③ 针对“可不可以删除?”的提问，按下“F4［执行］”时，删除目录。要删除的目录内容不是空的情况下，该目录不会被删除。删除目录内的文件后，再度尝试删除目录。

2.2.2 程序的调试与运行

以工业机器人工作站装配程序运行为例介绍。

(1) FANUC 机器人装配夹具负载设定

① 按下“MENU”（菜单）键，显示画面菜单。

② 选择下一页的“6 系统”。

③ 按下“F1”（类型），显示画面切换菜单。

④ 选择“动作”。显示负载信息的一览画面［显示一览画面以外的画面时，按“PREV”（上一步）键数次，即可显示一览画面］。此外，若采用多组系统，按下“F2 组”，即可移动到其他组的一览画面，如图 2-76 所示。

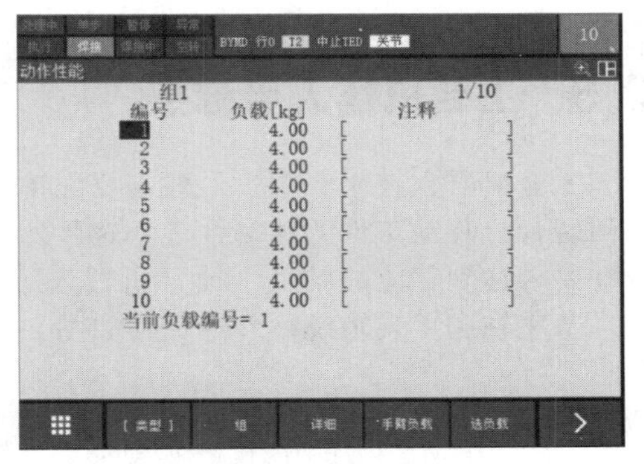

图 2-76 多组系统一览画面

⑤ 将光标指向任一编号的行，按下“F3 详细”，即进入负载设定画面，如图 2-77 所示。

⑥ 按下“F3 编号”，修改机器人的负载编号，完成机器人负载数据设定，如图 2-78 所示。

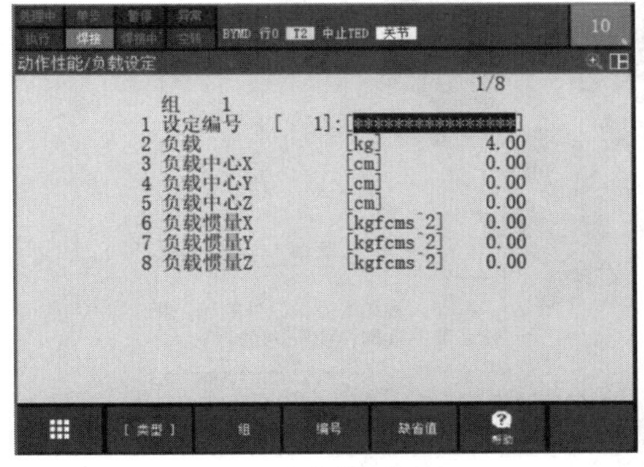

图 2-77 负载设定画面

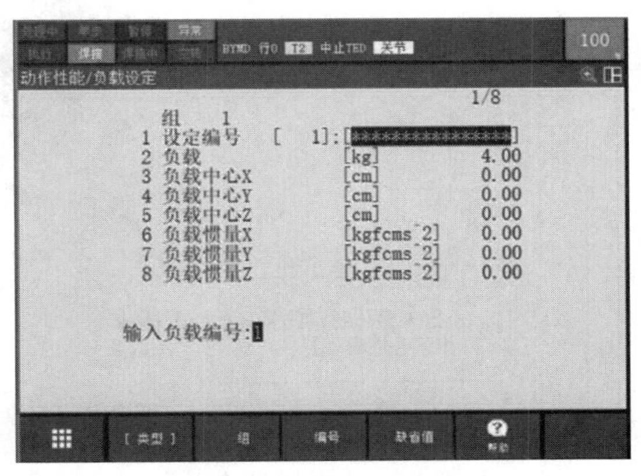

图 2-78 修改机器人的负载编号

(2) 运行程序

① 按下“SELECT”显示程序界面，选择装配运行程序，手动运行装配程序，查看机器人运行轨迹及运行状态，如图 2-79 所示。

② 手动确认机器人运行轨迹无误后，将示教器模式旋钮旋转为自动模式，控制柜钥匙开关切换成 AUTO 模式，运行模式切换为自动模式，按下复位按钮，待报警清除后，按下启动按钮，机器人自动运行装配程序，如图 2-80 所示。

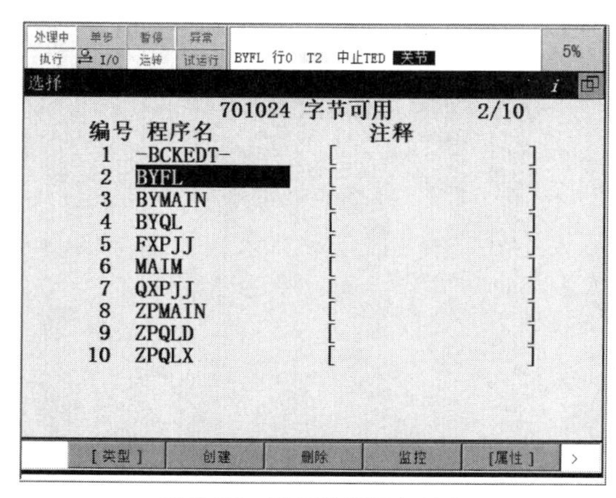

图 2-79 选择装配运行程序

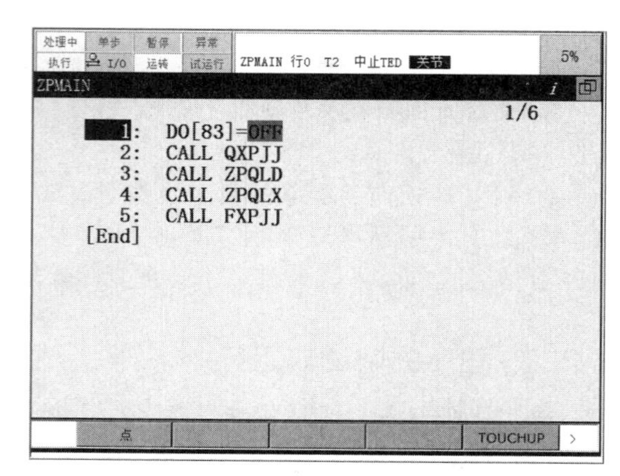

图 2-80 自动运行装配程序

2.3 工业机器人坐标系

工业机器人在生产中，一般需要配备自身性能特点要求作业外的外围设备，如转动工件的回转台、移动工件的移动台等。这些外围设备的运动和位置控制都需要与工业机器人相配合并要求达到相应的精度。通常机器人运动轴按其功能可划分为机器人轴、基座轴和工装轴，基座轴和工装轴统称外部轴，如图 2-81 所示。

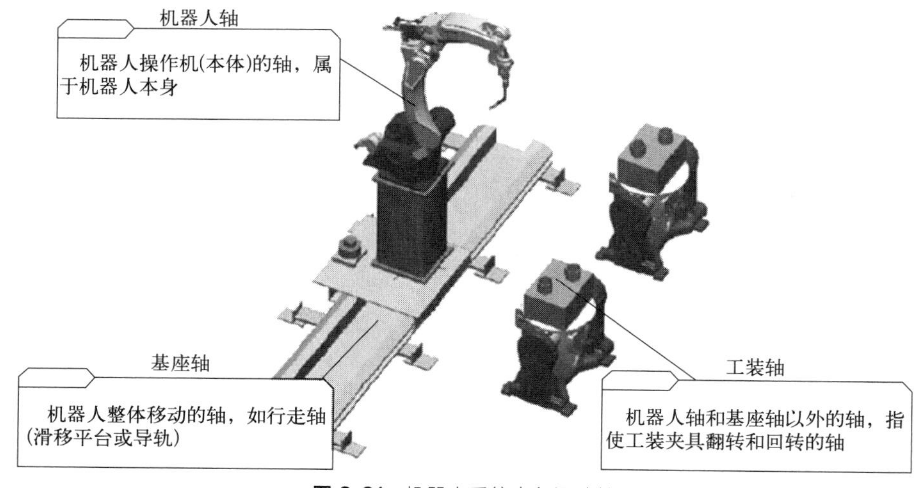

图 2-81 机器人系统中各运动轴

工业机器人轴是指操作本体的轴，属于机器人本身，目前商用的工业机器人大多以 8 轴为主。基座轴是使机器人移动的轴的总称，主要指行走轴（移动滑台或导轨）。工装轴是除机器人轴、基座轴以外轴的总称，指使工件、工装夹具翻转和回转的轴，如回转台、翻转台等。实际生产中常用的是6关节工业机器人，6轴关节性机器人操作机有6个可活动的关节（轴）。不同的工业机器人本体运动轴的定义是不同的，图2-82为FANUC工业机器人本体运动轴的定义。

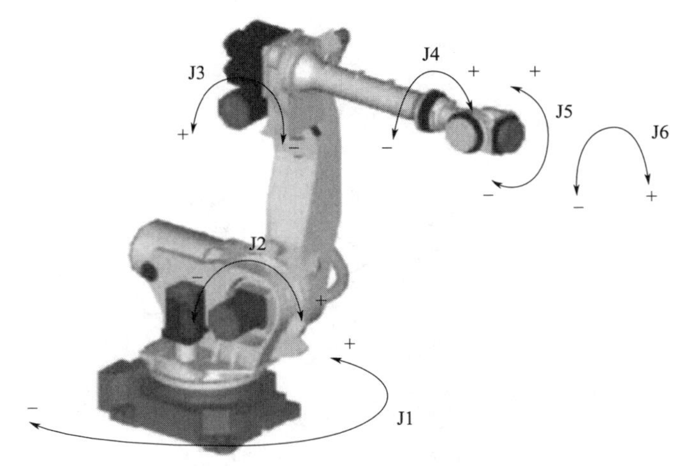

图 2-82 FANUC 工业机器人各运动轴

2.3.1 机器人坐标系

(1) 机器人坐标系的确定原则

机器人程序中所有点的位置都是和一个坐标系相联系的，同时，这个坐标系也可能和另外一个坐标系有联系。

机器人的各种坐标系都由正交右手定则来决定，如图2-83所示。当围绕平行于X、Y、Z轴线的各轴旋转时，分别定义为A、B、C。A、B、C的正方向分别以X、Y、Z的正方向上右手螺旋前进的方向为正方向（如图2-84所示）。

常用的坐标系是绝对坐标系、机座坐标系、机械接口坐标系和工具坐标系，如图2-85所示。

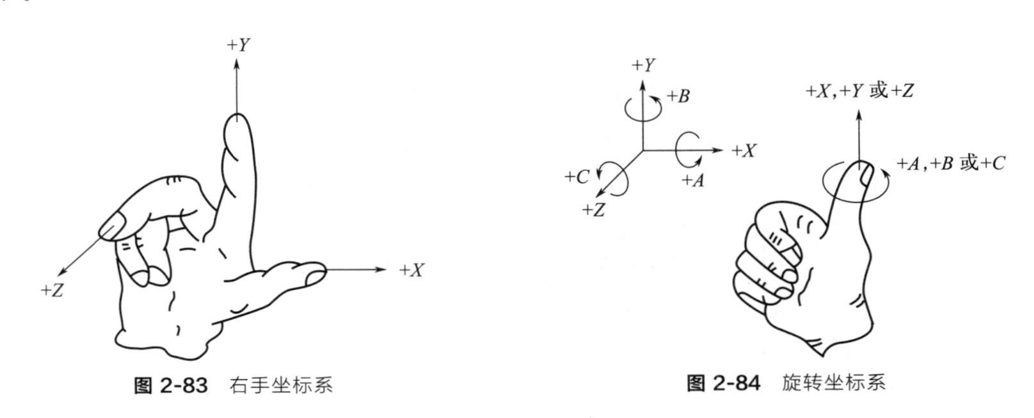

图 2-83 右手坐标系

图 2-84 旋转坐标系

(2) 绝对坐标系

绝对坐标系是与机器人运动无关，以地球为参照系的固定坐标系。其符号：$O_0—X_0—Y_0—Z_0$。

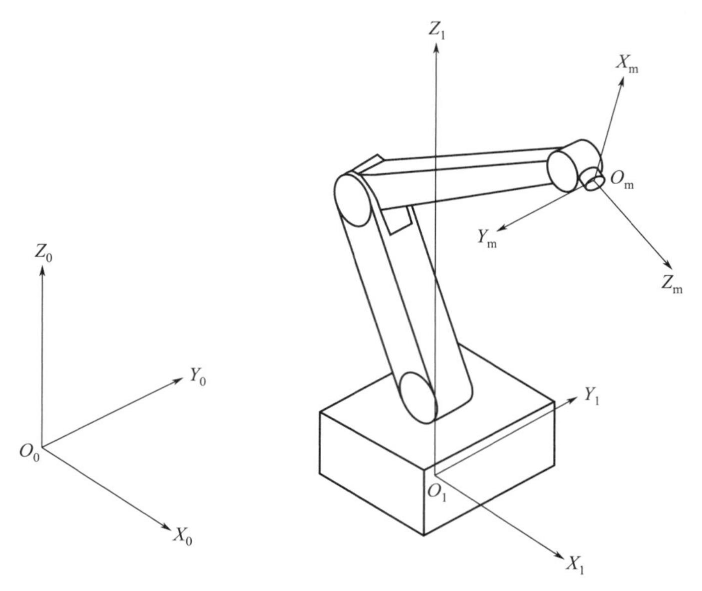

图 2-85 坐标系示例

① 原点 O_0　绝对坐标系的原点 O_0 是由用户根据需要来确定。

② $+Z_0$ 轴　$+Z_0$ 轴与重力加速度的矢量共线，但其方向相反。

③ $+X_0$ 轴　$+X_0$ 轴是根据用户的使用要求来确定。

(3) 机座坐标系的确定

机座坐标系是以机器人机座安装平面为参照系的坐标系。其符号：$O_1—X_1—Y_1—Z_1$。

① 原点 O_1　机座坐标系的原点由机器人制造厂规定。

② $+Z_1$ 轴　$+Z_1$ 轴垂直于机器人机座安装面，指向机器人机体。

③ X_1 轴　X_1 轴的方向是由原点指向机器人工作空间中心点 C_w（见 GB/T 12644—2001)，在机座安装面上的投影为 X_1 轴（见图 2-86)。当由于机器人的构造不能实现此约定时，X_1 轴的方向可由制造厂规定。

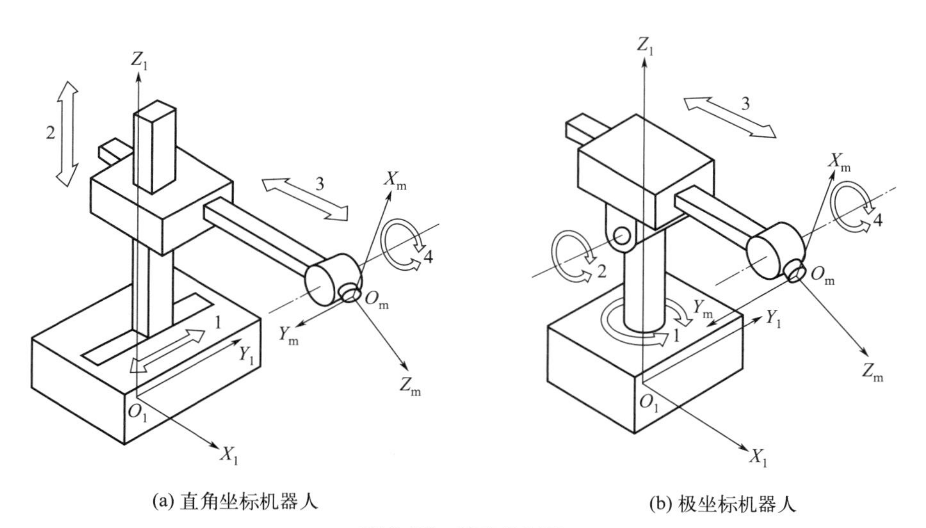

图 2-86 机座坐标系

(4) 机械接口坐标系

如图 2-87 所示，机械接口坐标系是以机械接口为参照系的坐标系。其符号：O_m—X_m—Y_m—Z_m。

① 原点 O_m　机械接口坐标系的原点 O_m 是机械接口的中心。

② $+Z_m$ 轴　$+Z_m$ 轴的方向，垂直于机械接口中心，并由此指向末端执行器。

③ $+X_m$ 轴　$+X_m$ 轴是由机械接口平面和 X_1、Z_1 平面（或平行于 X_1、Z_1 的平面）的交线来定义的。同时机器人的主、副关节轴处于运动范围的中间位置。当机器人的构造不能实现此约定时，应由制造厂规定主关节轴的位置。$+X_m$ 轴的指向远离 Z_1 轴。

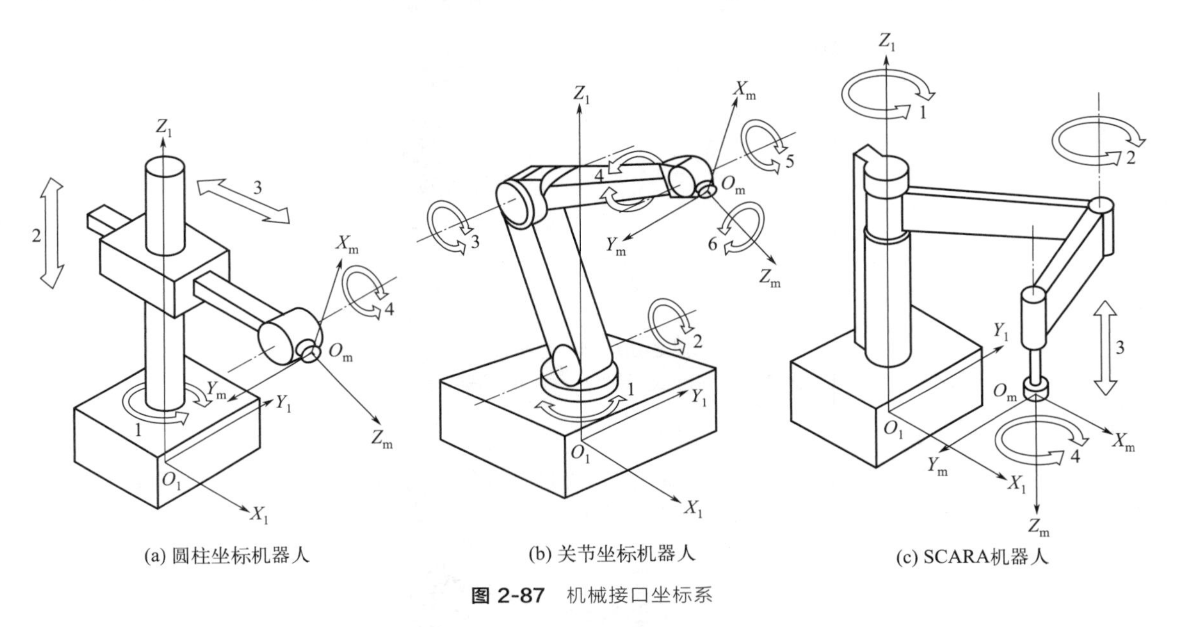

图 2-87　机械接口坐标系

(5) 工具坐标系

工具坐标系是以安装在机械接口上的末端执行器为参照系的坐标系。其符号：O_t—X_t—Y_t—Z_t。

① 原点 O_t　原点 O_t 是工具中心点（TCP），见图 2-88。

② $+Z_t$ 轴　$+Z_t$ 轴与工具位置有关，通常是工具的指向。

③ $+Y_t$ 轴　在平板式夹爪型夹持器夹持时，$+Y_t$ 在手指运动平面的方向。

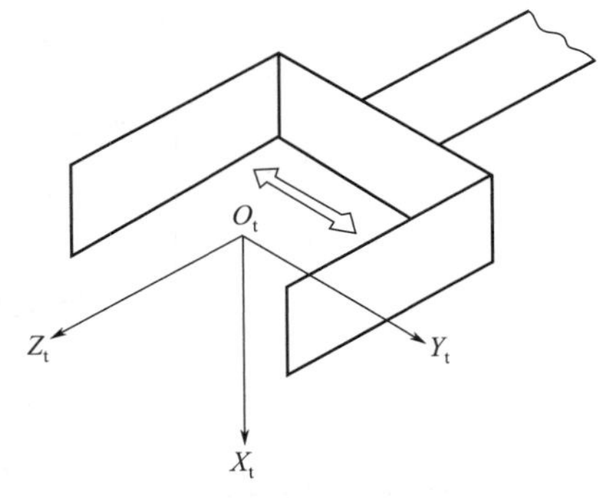

图 2-88　工具坐标系

(6) 用户坐标系

机器人可以和不同的工作台或夹具配合工作，在每个工作台上建立一个用户坐标系。机器人大部分采用示教编程的方式，步骤烦琐，对于相同的工件，放置在不同的工作台上，在一个工作台上完成工件加工的示教编程后，如果用户的工作台发生变化，不必重新编程，只需相应地变换到当前的用户坐标系下。用户坐标系是在基坐标系或者世界坐标系下建立的。如图 2-89 所示，用两个用户坐标系来表示不同的工作平台。

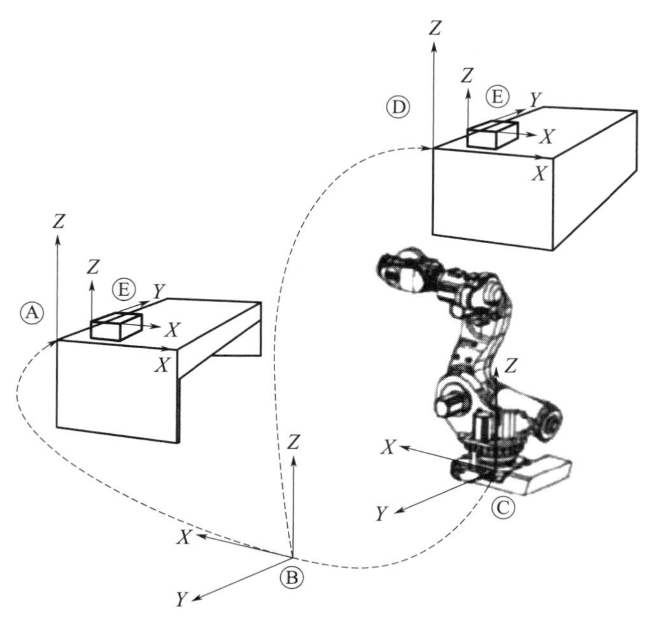

图 2-89 用户坐标系

Ⓐ—用户坐标系；Ⓑ—大地坐标系；Ⓒ—基坐标系；Ⓓ—移动用户坐标系；Ⓔ—工件坐标系

（7）工件坐标系

工件坐标系与工件相关，通常是最适于对机器人进行编程的坐标系。工件坐标系对应工件，它定义工件相对于大地坐标系（或其他坐标系）的位置，如图 2-90 所示。

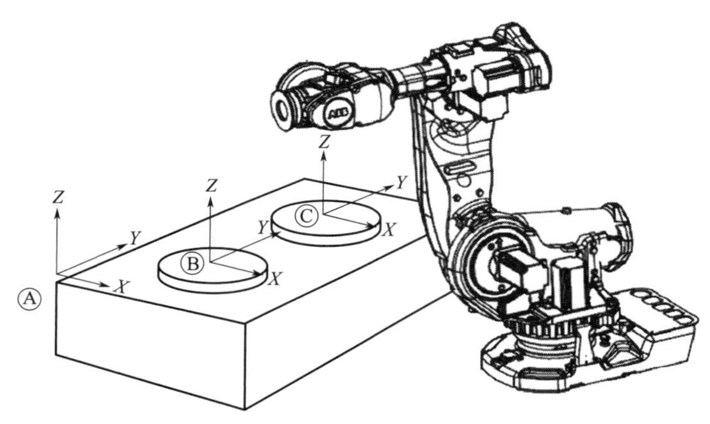

图 2-90 工件坐标系

Ⓐ—大地坐标系；Ⓑ—工件坐标系 1；Ⓒ—工件坐标系 2

工件坐标系是拥有特定附加属性的坐标系。它主要用于简化编程，工件坐标系拥有两个框架：用户框架（与大地基座相关）和工件框架（与用户框架相关）。机器人可以拥有若干工件坐标系，或者表示不同工件，或者表示同一工件在不同位置的若干副本。对机器人进行编程时就是在工件坐标系中创建目标和路径，这带来很多优点：重新定位工作站中的工件时，只需更改工件坐标系的位置，所有路径将即刻随之更新；允许操作其他轴或传送导轨移动的工件，因为整个工件可连同其路径一起移动。

(8) 关节坐标系

关节坐标系用来描述机器人每个独立关节的运动，如图 2-91 所示。关节类型可能不同。(如移动关节、转动关节等）假设将机器人末端移动到期望的位置，如果在关节坐标系下操作，可以依次驱动各关节运动，从而引导机器人末端到达指定的位置。

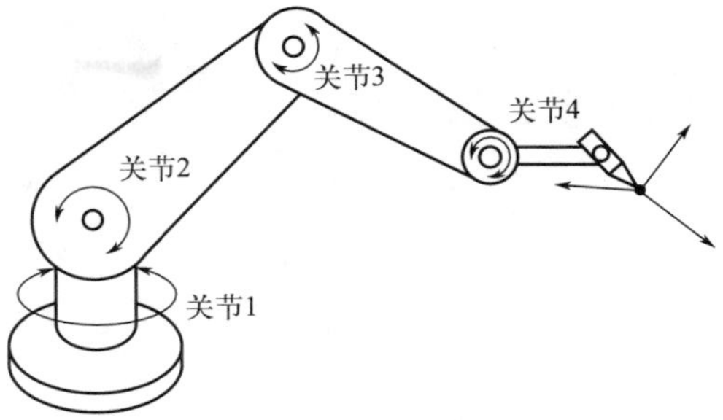

关节3
关节4
关节2
关节1

图 2-91 关节坐标系

2.3.2 工业机器人工具坐标系的确定

工具坐标系的标定有多点标定法（三点法、六点法、直接示教法）和外部基准法。多点标定法包括工具中心点 TCP 多点标定和工具坐标系 TCP 姿态多点标定。外部基准法只要工具对准某一测定好的外部基准点即可，但会过于依赖机器人外部基准。

(1) 三点法

设定工具前端点（工具坐标系的 X、Y、Z）进行示教，使参照点 1、2、3 在不同的姿势下指向 1 点。由此，自动计算 TCP 的位置。要进行正确设定，应尽量使三个趋近方向各不相同。三点示教法中，只可以设定工具前端点（x、y、z），工具姿势（w、p、r）中输入标准值（0、0、0）无需变更。

① TCP 设置，将触针安装在机器人的机械手上，对任意的工具坐标系编号设定 TCP，如图 2-92 所示，触针要选用前端尖锐的。将触针切实固定在机器人的末端，以免在机器人的动作中位置偏离。可使用定位用的销针等，每次将触针安装在相同的位置。此外，独立将前端尖锐的销针设置在固定支架上，固定支架的销针位置可任选。通过安装在机器人的末端触针和安装在固定支架上的销针前端对合的方式设定 TCP，如图 2-93 所示。该 TCP 设置的精度较低时，机器人的精度也将会下降，因而要进行正确设定。

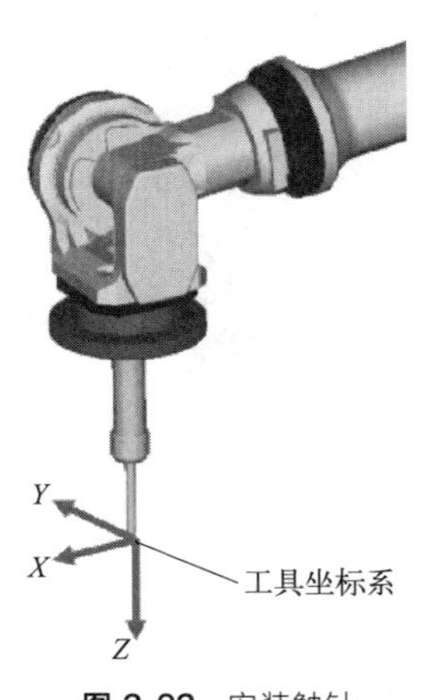

图 2-92 安装触针

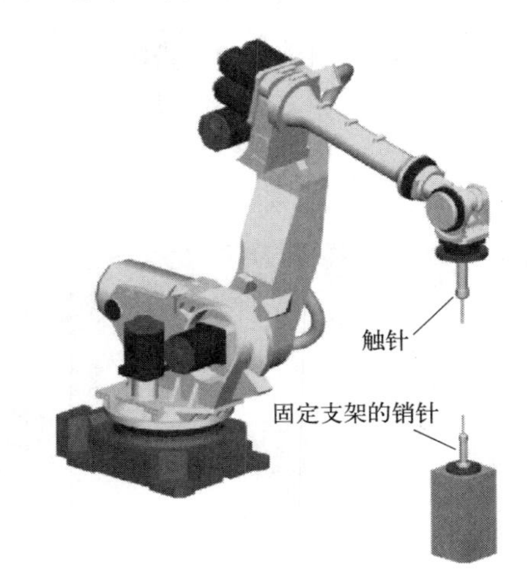

图 2-93 通过对合方式设定 TCP

② 按下“MENU”打开主菜单，依次选择“系统”—“坐标系”，打开机器人工具坐标系设置界面，如图 2-94 所示。

③ 按“F3[坐标]”，选择“工具坐标系”，将光标移至工具坐标系 1，按“F2[详细]”，进入工具坐标系详细设置画面，如图 2-95 所示。

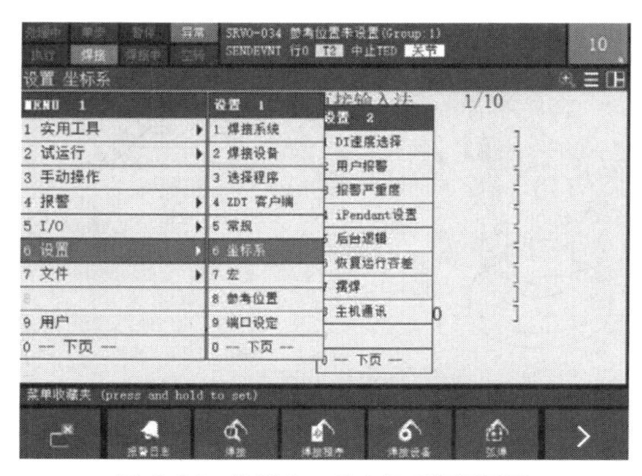

图 2-94　机器人工具坐标系设置界面

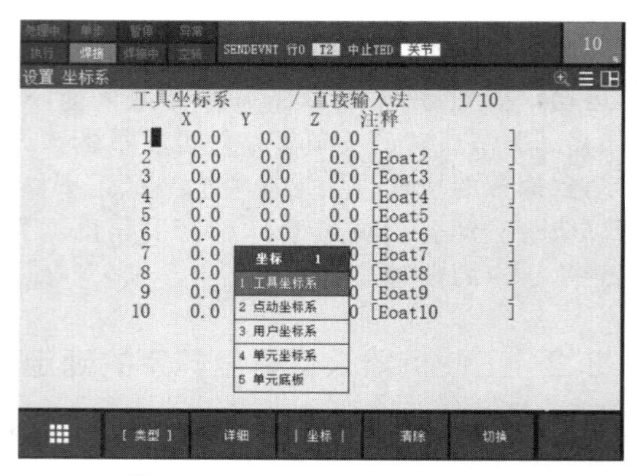

图 2-95　工具坐标系详细设置画面

④ 按“F2[方法]”，选择三点法确定机器人坐标系；修改坐标系注释，将光标移至“注释”处，使用键盘方式，修改注释名，命名为“坐标系 1”，如图 2-96 所示。

⑤ 以点动方式移动机器人，用触针碰触固定在支架的销针，如图 2-97 所示。

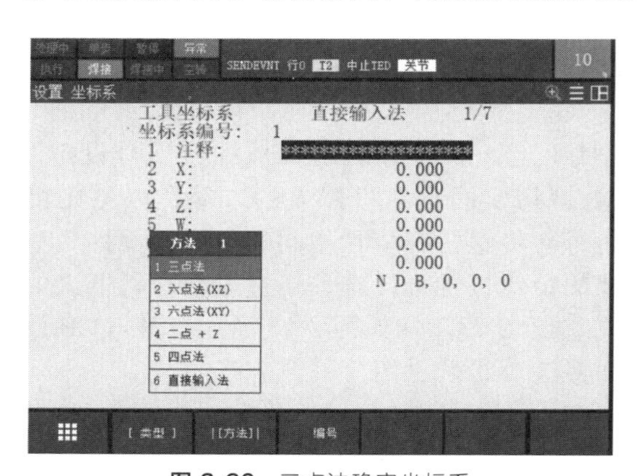

图 2-96　三点法确定坐标系

图 2-97　点动方式碰触销针

⑥ 同时按下“SHIFT”+“F5”按键，记录第一个接近点，如图 2-98 所示。

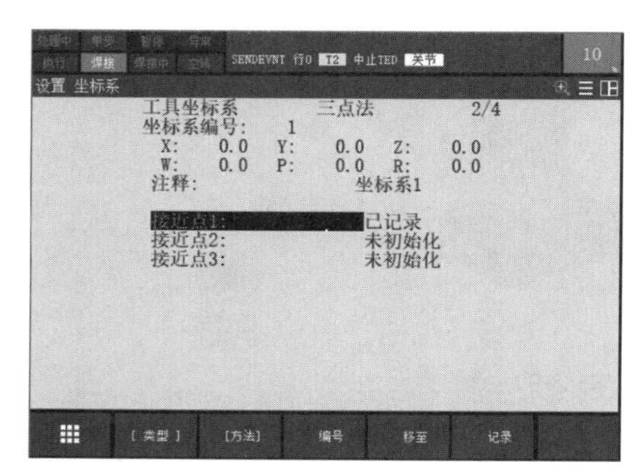

图 2-98　记录第一个接近点

⑦ 将机器人末端执行器末端更换姿态并移动到 TCP 点，同时按下“SHIFT”+“F5”按键，记录第二个接近点，如图 2-99 所示。

⑧ 将机器人末端执行器末端更换姿态并移动到 TCP 点，同时按下“SHIFT”+“F5”按键，记录第三个接近点，如图 2-100 所示。对所有参照点都进行示教后，显示“设定完成”，工具坐标系即被设定。验证机器人工具坐标系准确性。

⑨ 按下返回键，显示工具坐标系一览画面。

⑩ 确认是否已正确设定 TCP，将已设定的工具坐标系设定为有效。将已设定的工具坐标系作为当前有效的工具坐标系来使用，按下“F5”设定号码，并输入坐标系编号。

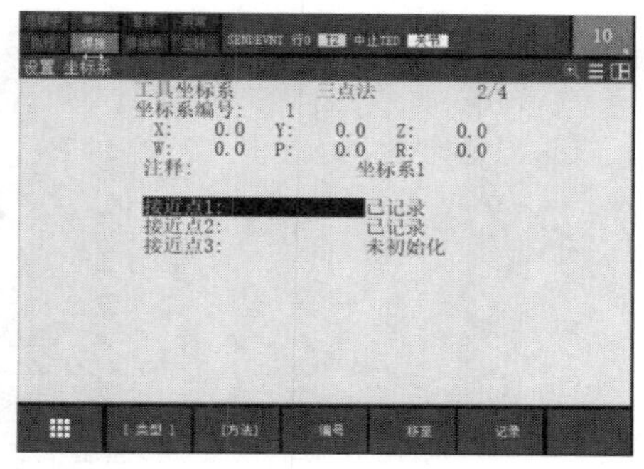

图 2-99 记录第二个接近点

设置 坐标系　　关节 30%
工具 坐标系　3 点记录　　4/4
坐标系：1
X：100.0　Y：0.0　Z：120.0
W：0.0　P：0.0　R：0.0
注释：　Tool1
参照点 1：　设定完成
参照点 2：　设定完成
参照点 3：　设定完成
选择完成的工具坐标号码[G:1]=1
[类型][方法]　坐标号码　位置移动　位置记录

图 2-100 记录第三个接近点

⑪ 以点动方式移动机器人，如图 2-101 所示使得触针靠近固定支架的销针前端。

⑫ 以点动方式移动机器人至工具坐标系周围，改变工具的姿势（w、p、r）。如果 TCP 正确，则触针前端始终会指向固定支架的销针前端。

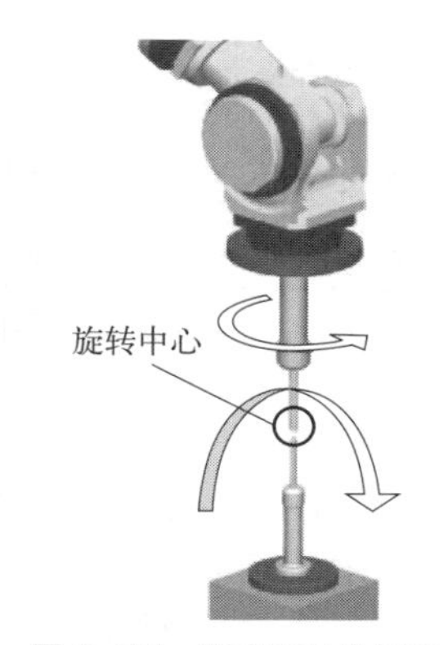

图 2-101 测定工具坐标系

（2）六点法

① 找一个固定的点作为参考点，如图 2-93 所示。

② 在工具上确定一个参考点，最好是工具中心点 TCP，如图 2-92 所示。

③ 移动工具参考点，以四种不同的工具姿态尽可能与固定点刚好触碰，如图 2-102 所示。

④ 根据前 4 个点位置数据算出 TCP 的位置，根据后 2 个点确定 TCP 的姿态，如图 2-102 所示。

(a) 位置点1

(b) 位置点2

(c) 位置点3

图 2-102

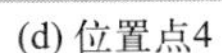

(d) 位置点4

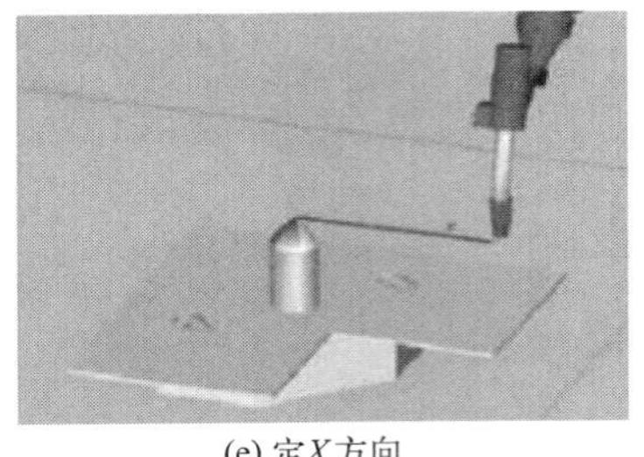

(e) 定X方向

(f) 定Y方向

图 2-102 不同工具姿态设定

⑤ 对所有参照点都进行示教后，显示“设定完成”，刀具坐标系即被设定，如图 2-103 所示。

(3) 设定刀具坐标系（直接示教法）

① 显示刀具坐标系一览画面。

② 将光标指向刀具坐标系号码，如图 2-104 所示。

设定 坐标系　　关节坐 30%
工具 坐标系　　6 点记录　　7/7
坐标系： 2
X: 200.0　Y: 0.0　Z: 255.5
W: -90.0　P: 0.0　R: 180.0
注解：　Tool2
参照点 1：　设定完成
参照点 2：　设定完成
参照点 3：　设定完成
坐标原点：　设定完成
X 轴方向：　设定完成
Z 轴方向：　设定完成
[类型] [方法]　坐标号码

图 2-103 设定完成

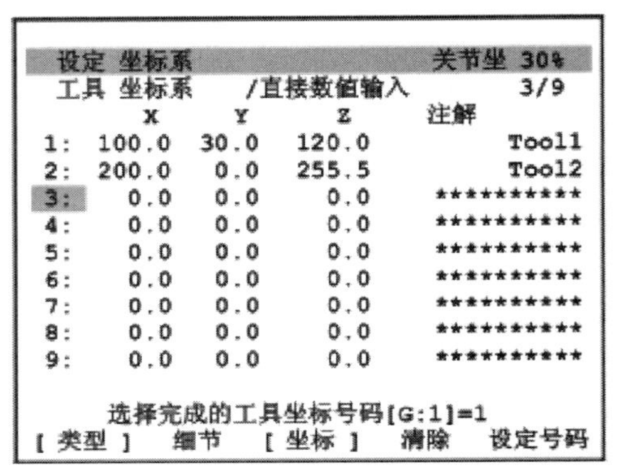

图 2-104 指向刀具坐标系号码

③ 按下“F2 细节”。或者按下“ENTER”（输入）键。出现所选号码对应的刀具坐标系设定画面，如图 2-105 所示。

④ 按下“F2 方法”。

⑤ 选择“直接数值输入”，如图 2-106 所示，出现基于直接示教法的刀具坐标系设定画面。

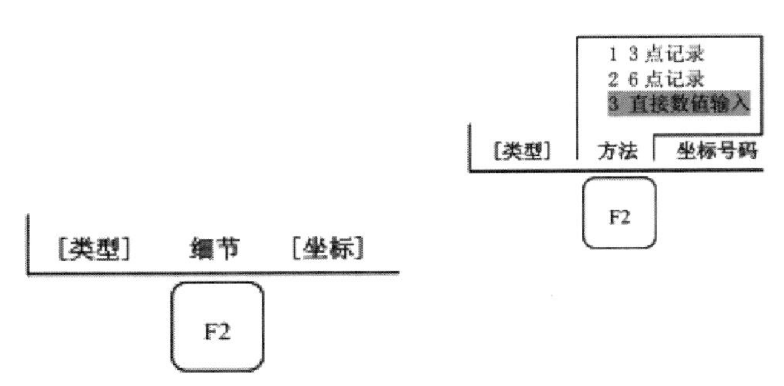

图 2-105 刀具坐标系设定画面

刀具坐标系设定画面（直接示教法）

设定 坐标系　　关节坐 30%
工具 坐标系　　/直接数值输入　　1/7
坐标系： 3
1: 注解：
2: X: 0.0
3: Y: 0.0
4: Z: 0.0
5: W: 0.0
6: P: 0.0
7: R: 0.0
8: 形态： NDB,0,0,0
选择完成的工具坐标号码[G:1]=1
[类型] [方法] 坐标号码

图2-106 直接数值输入

⑥ 输入注解。

⑦ 输入刀具坐标系的坐标值。将光标移动到各条目，通过数值键设定新的数值，按下“ENTER”键，输入新的数值，如图 2-107 所示。

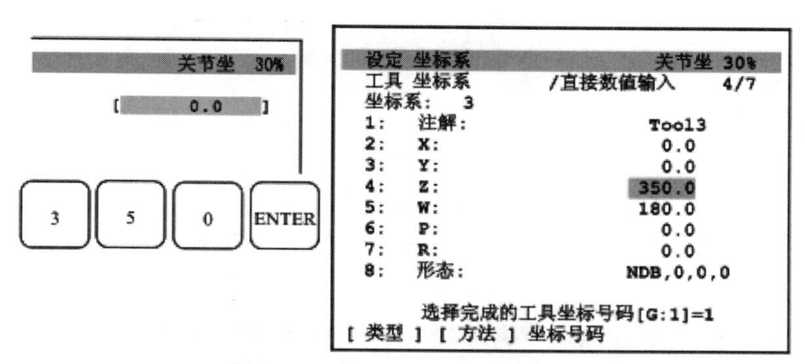

图 2-107 输入刀具坐标系的坐标值

⑧ 按下“PREV”(返回）键，显示刀具坐标系一览画面。可以确认所有刀具坐标系的设定值。

⑨ 要将所设定的刀具坐标系作为当前有效的刀具坐标系来使用，按下“F5 设定号码”，并输入坐标系号码，如图 2-108 所示。若不按下“F5 设定号码”，所设定的坐标系就不会有效。等坐标系的所有设定都结束后，将信息存储在外部存储装置中，以便在需要时重新加载设定信息。否则，在改变设定后，以前的设定信息将会丢失。要删除所设定的坐标系的数据，按下“F4 清除”。

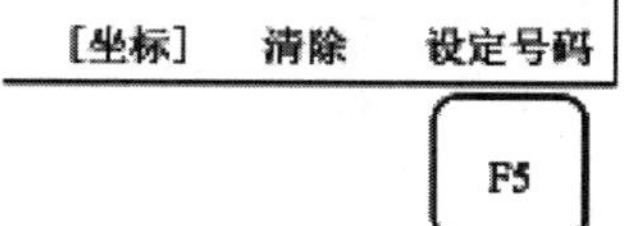

图 2-108 设定有效刀具坐标系

(4) 外部基准法

将点阵板夹具安装在机器人上，在点阵板夹具上设定工具坐标系的方法如图 2-109 所

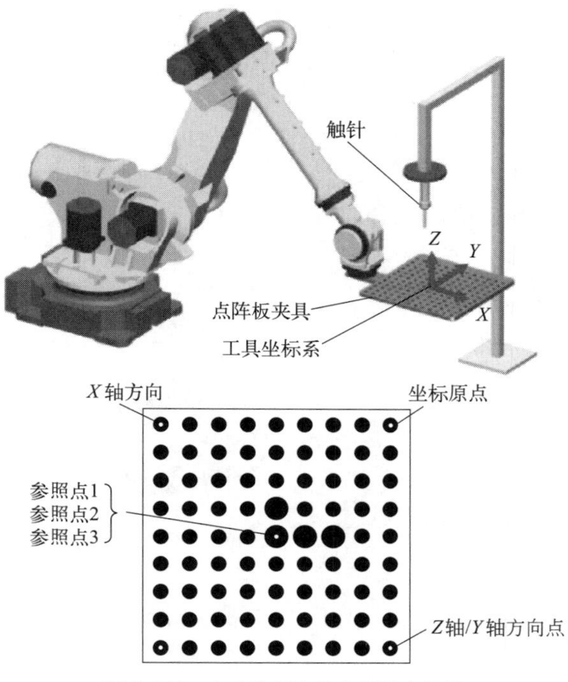

图 2-109 在点阵板上设定工具坐标系

示。将外部基准——碰触用的销针固定在固定支架上，固定支架的销针位置可任选。使用定位用的销针，每次将点阵板夹具安装在相同的位置。

① 按下“MENU”键，显示画面菜单。

② 选择“6 设定”。

③ 按下“F1［类型］”，显示画面切换菜单。

④ 选择“坐标系”。

⑤ 按下 F3［坐标］。

⑥ 选择“工具坐标”，显示工具坐标系一览画面，如图 2-110 所示。

⑦ 将光标指向将要设定工具坐标系编号的所在行。

⑧ 按下“F2 细节”。显示所选坐标系编号的工具坐标系设定画面，如图 2-111 所示。

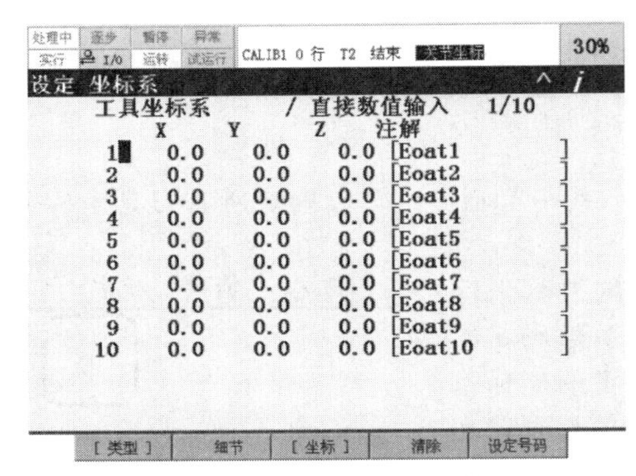

图 2-110 选择“工具坐标”

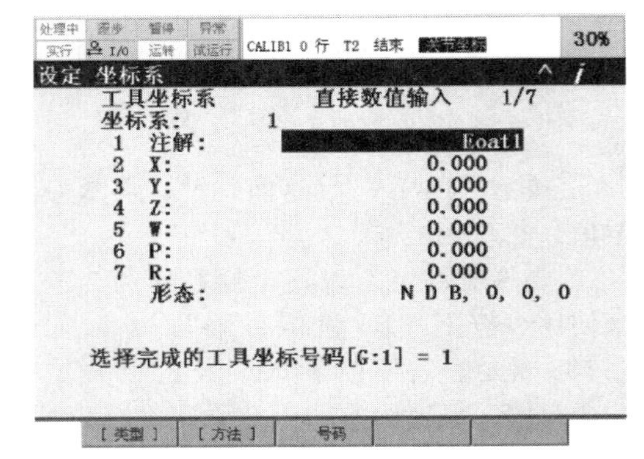

图 2-111 工具坐标系设定画面

⑨ 按下“F2［方法］”。

⑩ 按下“6 点记录（XY）”，如图 2-112 所示。

⑪ 为了便于与其他工具坐标系编号加以区分，建议用户输入注解。

⑫ 将光标移动到参照点 1。

⑬ 以点动方式移动机器人，用触针碰触参照点 1，如图 2-113 所示。

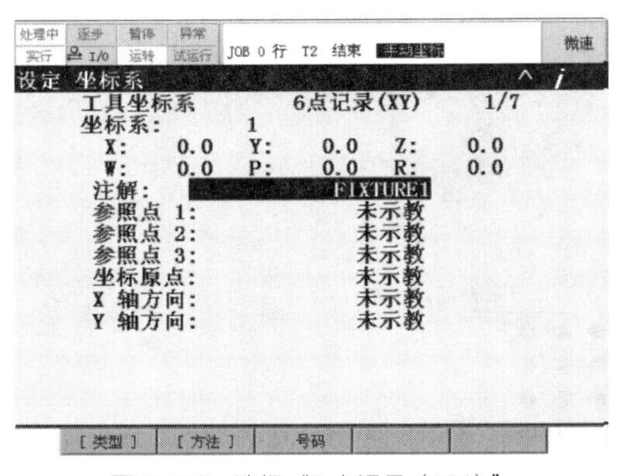

图 2-112 选择“6 点记录（XY）”

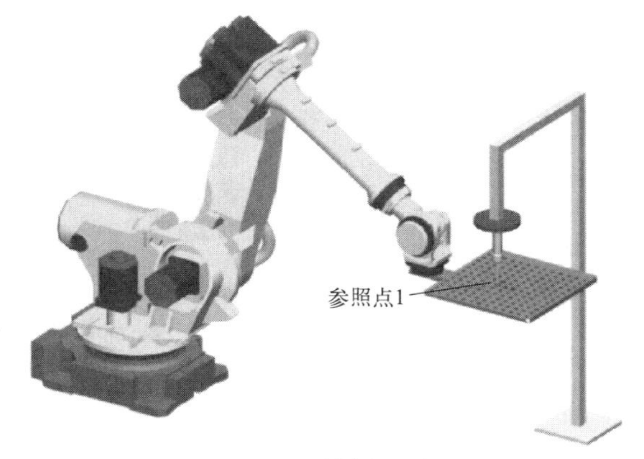

图 2-113 碰触参照点 1

⑭ 在按住“SHIFT”键的同时，按下“F5 位置记录”，将当前数据作为参照点输入。已示教的参照点，显示“记录完成”，如图 2-114 所示。

⑮ 将光标移动到参照点 2。

⑯ 以点动方式移动机器人，用触针碰触参照点 2。若碰触与参照点 1 相同的点，机器人的姿势要设定为与参照点 1 不同的姿势，如图 2-115 所示。

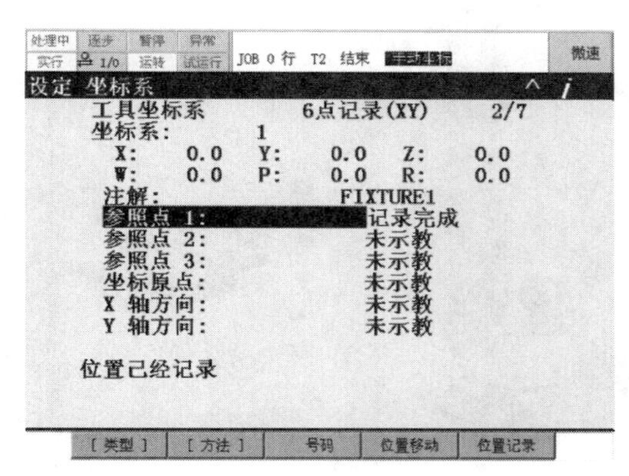

图 2-114 记录参照点 1

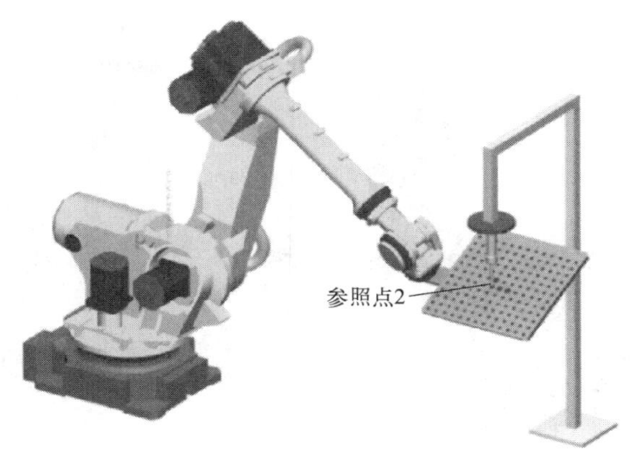

图 2-115 碰触参照点 2

⑰ 在按住“SHIFT”键的同时，按下“F5 位置记录”，将当前数据作为参照点输入。已示教的参照点，显示“记录完成”。

⑱ 将光标移动到参照点 3。

⑲ 以点动方式移动机器人，用触针碰触参照点 3。若碰触与参照点 1、参照点 2 相同的点，机器人的姿势要设定为与参照点 1、参照点 2 不同的姿势，如图 2-116 所示。

⑳ 在按住“SHIFT”键的同时，按下“F5 位置记录”，将当前数据作为参照点输入。已示教的参照点，显示“记录完成”。

㉑ 将光标移动到坐标原点。

㉒ 以点动方式移动机器人，用触针碰触坐标原点，如图 2-117 所示。

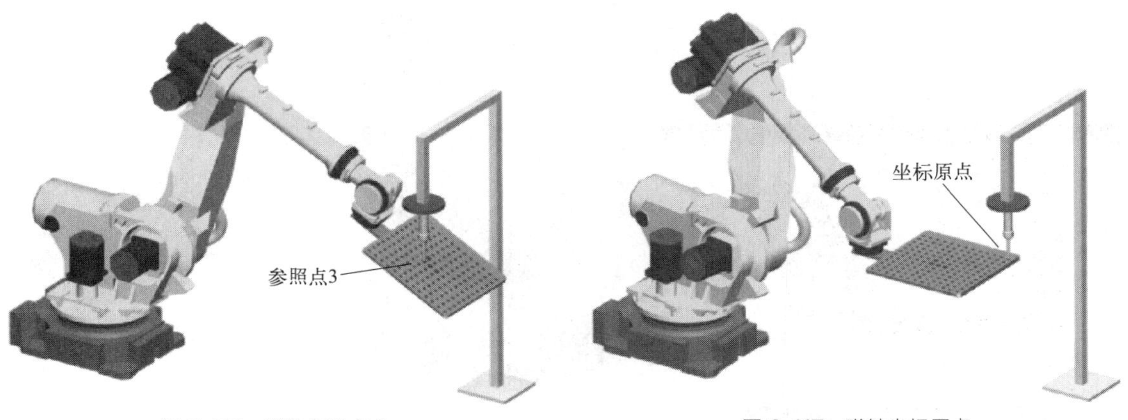

图 2-116 碰触参照点 3

图 2-117 碰触坐标原点

㉓ 在按住“SHIFT”键的同时，按下“F5 位置记录”，将当前数据作为参照点输入。已示教的“坐标原点”，显示“记录完成”。

㉔ 将光标移动到“*X* 轴方向”。

㉕ 以点动方式移动机器人，用触针碰触“*X* 轴方向”，如图 2-118 所示。

㉖ 在按住“SHIFT”键的同时，按下“F5 位置记录”，将当前数据作为“*X* 轴方向”输入。已示教的“*X* 轴方向”显示“记录完成”。

㉗ 将光标移动到“Y 轴方向”。

㉘ 以点动方式移动机器人，用触针碰触“Y 轴方向”，如图 2-119 所示。

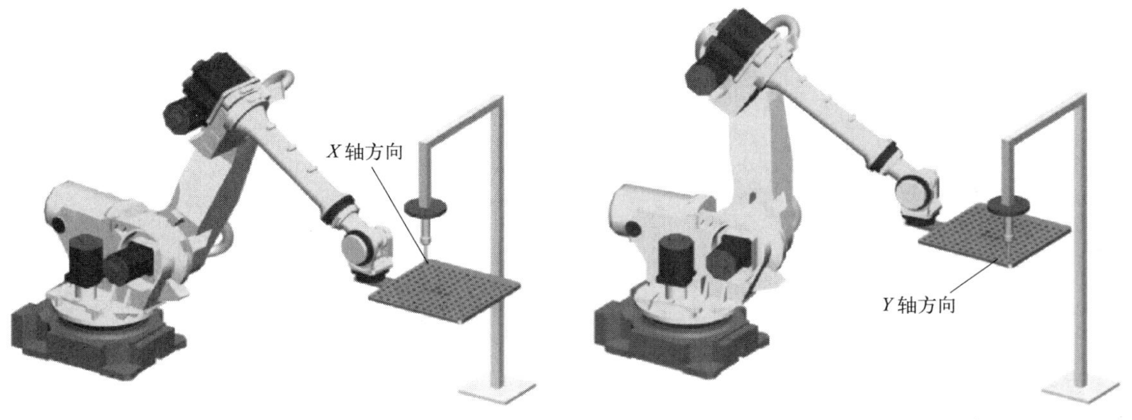

图 2-118 碰触“X 轴方向”　　图 2-119 碰触“Y 轴方向”

㉙ 在按住“SHIFT”键的同时，按下“F5 位置记录”，将当前数据作为“Y 轴方向”输入，如图 2-120 所示，工具坐标系即被设定。

㉚ 按下返回键，显示工具坐标系一览画面。

㉛ 确认是否已正确设定 TCP，将设定的工具坐标系设定为有效。将已设定的工具坐标系作为当前有效的工具坐标系来使用，按下“F5 设定号码”，并输入坐标系编号。

㉜ 以点动方式移动机器人，使得标定夹具的原点靠近固定支架的销针前端。

㉝ 以点动方式移动机器人至工具坐标系周围，改变标定夹具的姿势（w、p、r）。旋转中心若在点阵板夹具的中心，则意味着 TCP 已正确设定，如图 2-121 所示。

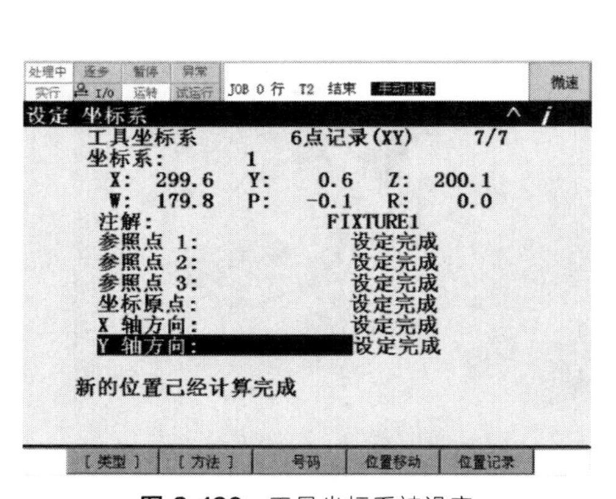

图 2-120 工具坐标系被设定

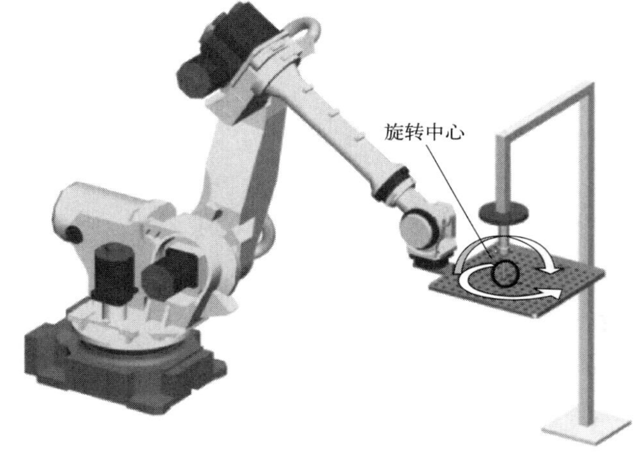

图 2-121 测试工具坐标系

2.3.3 FANUC 机器人用户坐标系的确定

标定用户坐标系可以实现任何方位的坐标系设定，如图 2-122 所示。最多可以设置 9 个用户坐标系，存储于系统变量 $MNUFRAME 中，设置方法有三点示教法、四点示教法、直接示教法。

(1) 三点示教法

对 3 点，即坐标系的原点、X 轴方向的 1 点、XY 平面上的 1 点进行示教。如图 2-123 所示为设定与工作台面平行的用户坐标系的示例。

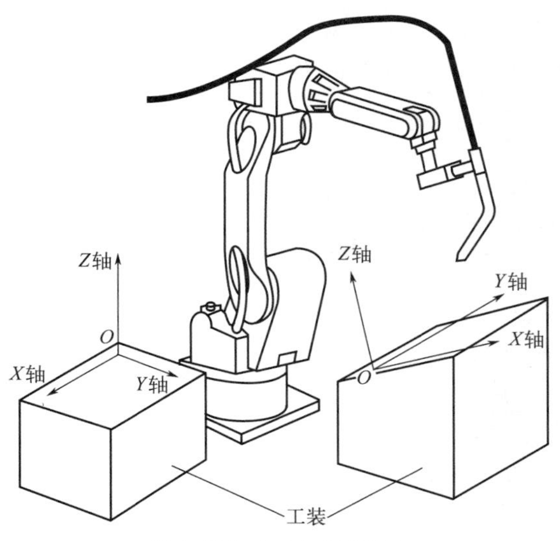

图 2-122 用户坐标系确定

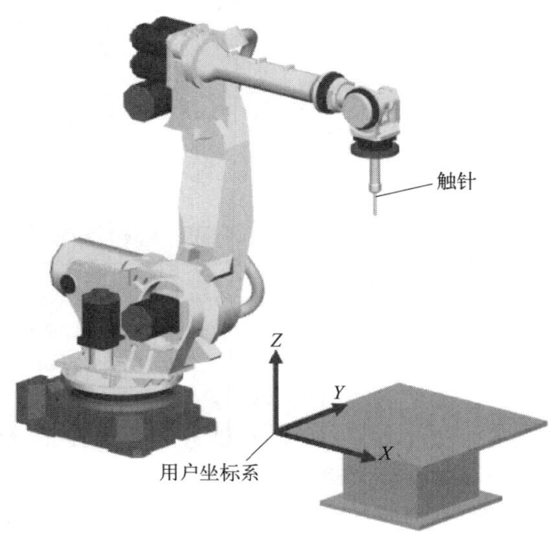

图 2-123 用户坐标系的设定

① 按下“MENU”键，显示画面菜单。

② 选择“6 设定”。

③ 按下“F1［类型］”，显示画面切换菜单。

④ 选择“坐标系”。

⑤ 按下“F3［坐标］”。

⑥ 选择“用户坐标”，显示用户坐标系一览画面，如图 2-124 所示。

⑦ 将光标指向将要设定的用户坐标系编号所在行。

⑧ 按下“F2 细节”。显示所选坐标系编号的用户坐标系设定画面，如图 2-125 所示。

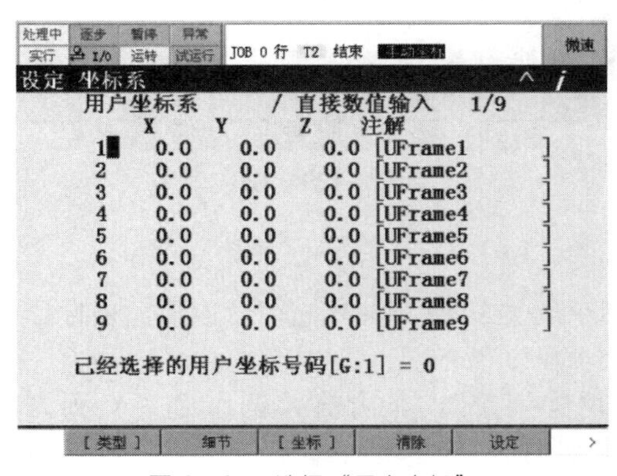

图 2-124 选择“用户坐标”

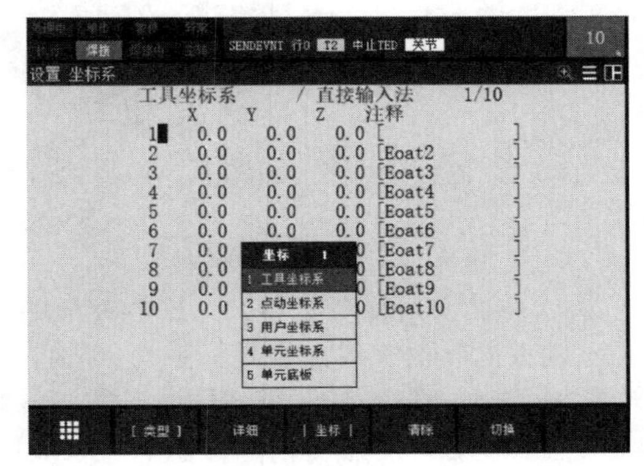

图 2-125 坐标系编号的用户坐标系设定画面

⑨ 按下“F2［方法］”，如图 2-126 所示。

⑩ 按下“3 点记录”，如图 2-127 所示。

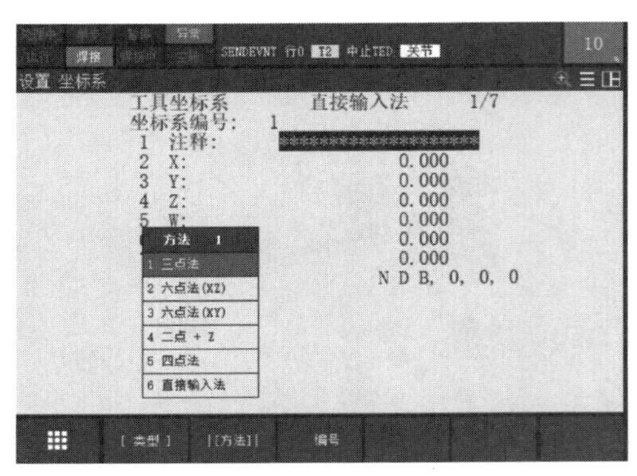

图 2-126 方法设定画面

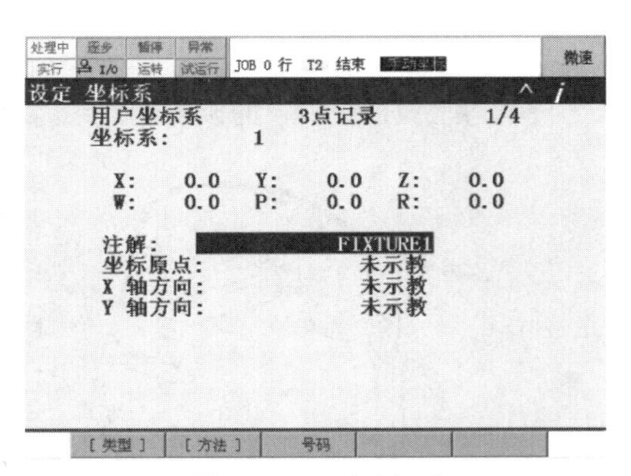

图 2-127 用户坐标系

⑪ 为了便于与其他用户坐标系编号加以区分，建议用户输入注解。

⑫ 将光标移动到坐标原点。

⑬ 以点动方式移动机器人，用触针碰触坐标原点，如图 2-128 所示。

⑭ 在按住“SHIFT”键的同时，按下“F5 位置记录”，将当前数据作为坐标原点输入。已示教的坐标原点，显示“记录完成”，如图 2-129 所示。

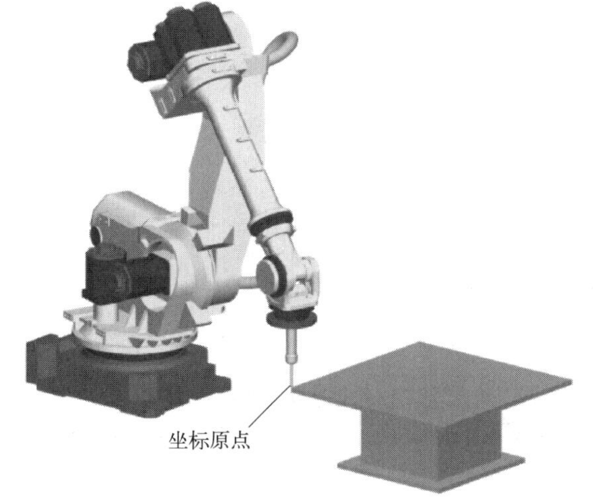

图 2-128 碰触坐标原点

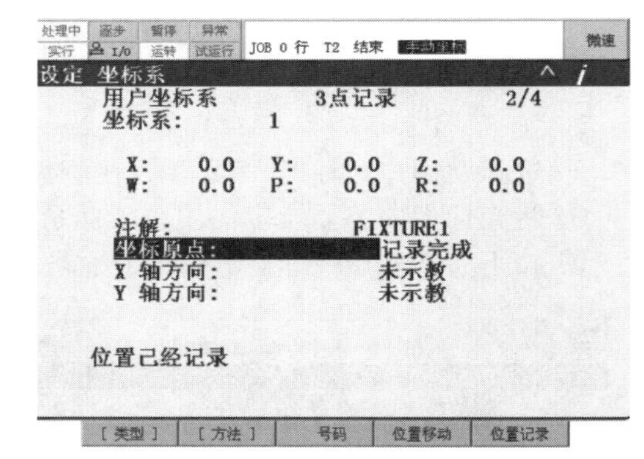

图 2-129 记录完成

⑮ 将光标移动到“*X* 轴方向”。

⑯ 以点动方式移动机器人，用触针碰触坐标系的“*X* 轴方向”的点。连接“坐标原点”和“*X* 轴方向”的直线即为坐标系的 *X* 轴，如图 2-130 所示。

⑰ 在按住“SHIFT”键的同时，按下“F5 位置记录”，将当前数据作为“*X* 轴方向”输入。已示教的“*X* 轴方向”显示“记录完成”，如图 2-131 所示。

⑱ 将光标移动到“*Y* 轴方向”。

⑲ 以点动方式移动机器人，用触针碰触坐标系的“*Y* 轴方向”的点。碰触“*Y* 轴方向”时，坐标系的 *XY* 平面即被确定，如图 2-132 所示。

⑳ 在按住“SHIFT”键的同时，按下“F5 位置记录”，将当前数据作为“*Y* 轴方向”输入。

㉑ 对所有参照点都进行示教后，显示“设定完成”。用户坐标系即被设定，如图 2-133 所示。

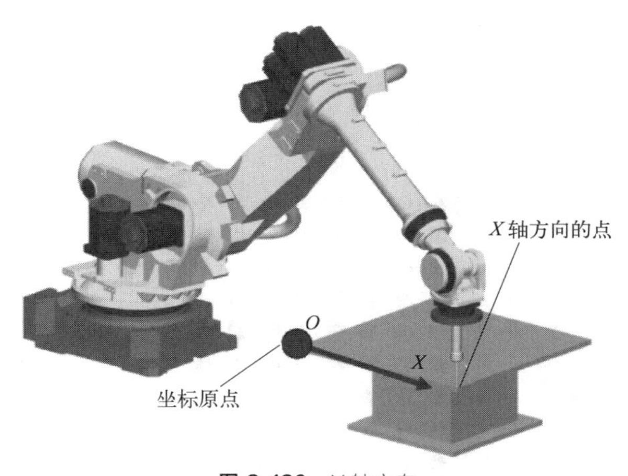

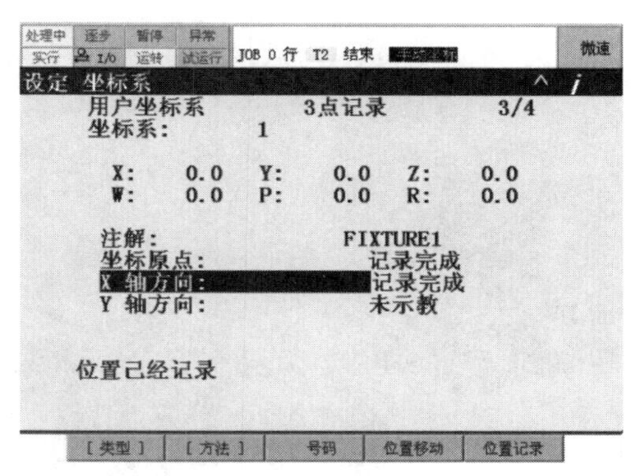

图 2-130 X 轴方向

图 2-131 X 轴方向记录

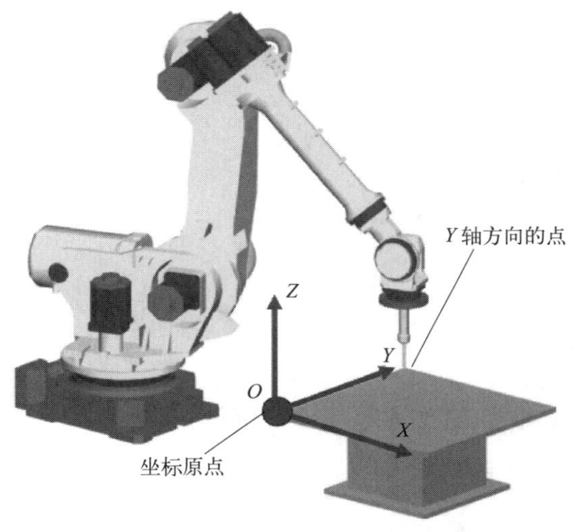

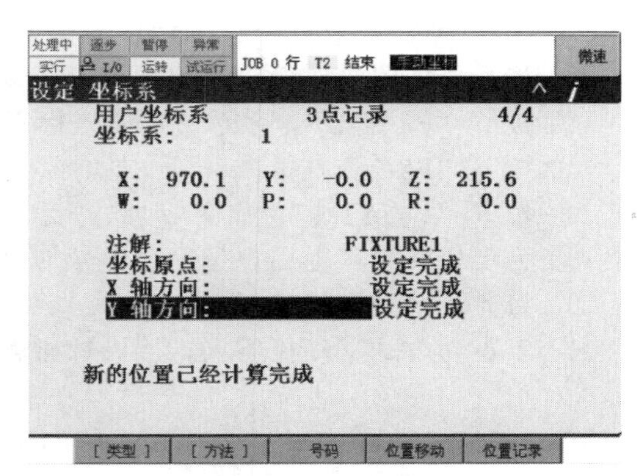

图 2-132 Y 轴方向

图 2-133 用户坐标系设定完成

㉒ 按下返回键，显示用户坐标系一览画面。

㉓ 若将已设定的用户坐标系作为当前有效的用户坐标系来使用，按下“F5 设定号码”，并输入坐标系编号。

（2）四点示教法

对 4 点，即平行于坐标系的 X 轴的始点、X 轴方向的 1 点、XY 平面上的 1 点、坐标系的原点进行示教。图 2-134 为在固定设置的点阵板夹具上设定用户坐标系的示例。

图 2-135 所示，在点阵板夹具设定坐标系时，由于需要将“坐标原点”设定为点阵板夹具的中心，因而“3 点示教法”中，“坐标原点”和“X 轴方向”“Y 轴方向”之间的距离缩短。通过使用“4 点示教法”，就可以在整个点阵板夹具上设定坐标系，坐标系的设定精度将得到改善。

① 按下“MENU”键，显示画面菜单。

② 选择“6 设定”。

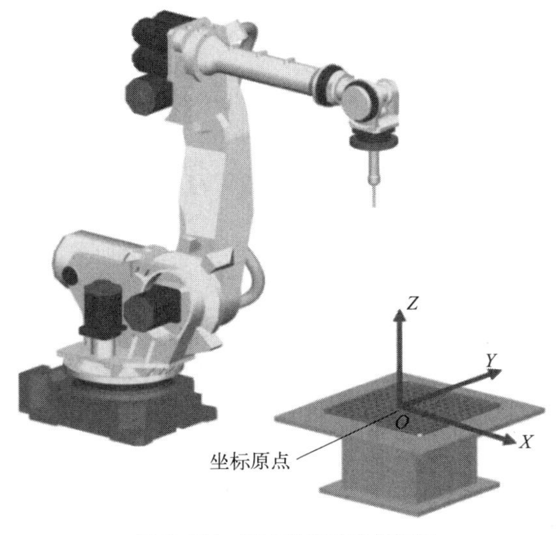

图 2-134 四点设定用户坐标系

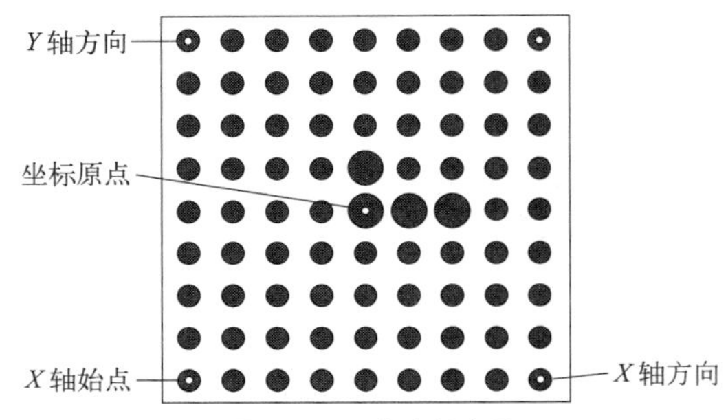

图 2-135 点阵板夹具

③ 按下“F1［类型］”，显示画面切换菜单。

④ 选择“坐标系”。

⑤ 按下“F3［坐标］”。

⑥ 选择“用户坐标”。显示用户坐标系一览画面，如图 2-124 所示。

⑦ 将光标指向将要设定的用户坐标系编号所在行。

⑧ 按下“F2 细节”，显示所选的坐标系编号的用户坐标系设定画面。

⑨ 按下“F2［方法］”。

⑩ 按下“4 点记录”，如图 2-136 所示。

⑪ 为了便于与其他用户坐标系编号加以区分，建议用户输入注解。

⑫ 将光标移动到“X 轴始点”。

⑬ 以点动方式移动机器人，用触针碰触“X 轴始点”，如图 2-137 所示。

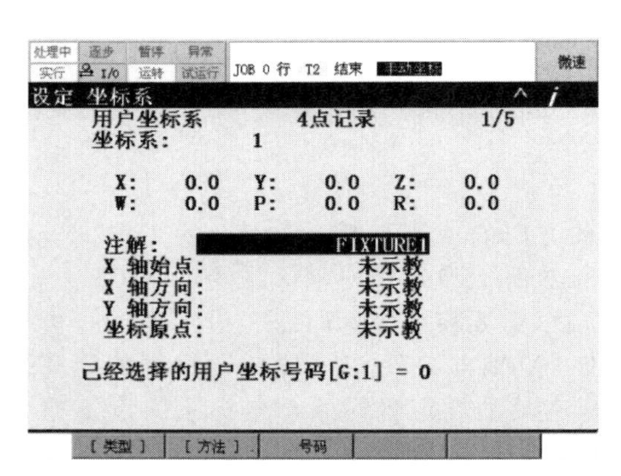

图 2-136 四点法设定用户坐标系

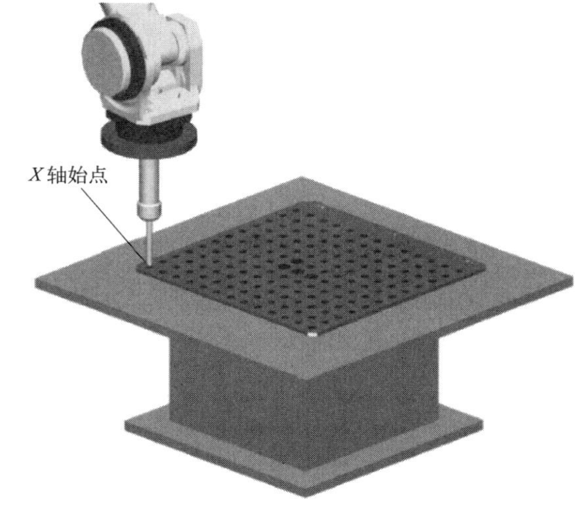

图 2-137 碰触“X 轴始点”

⑭ 在按住“SHIFT”键的同时，按下“F5 位置记录”，将当前数据作为“*X* 轴始点”输入。已示教的“*X* 轴始点”显示“记录完成”，如图 2-138 所示。

⑮ 将光标移动到“*X* 轴方向”。

⑯ 以点动方式移动机器人，用触针碰触坐标系的“*X* 轴方向”的点。连接“*X* 轴始点”和“*X* 轴方向”点的直线即为坐标系的 *X* 轴，如图 2-139 所示。

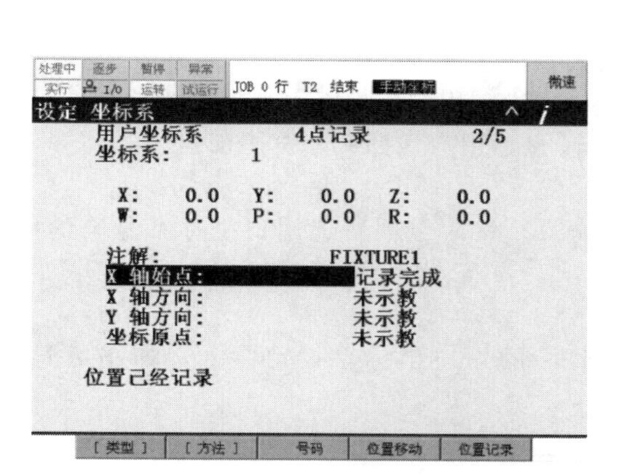

图 2-138 记录“X 轴始点”

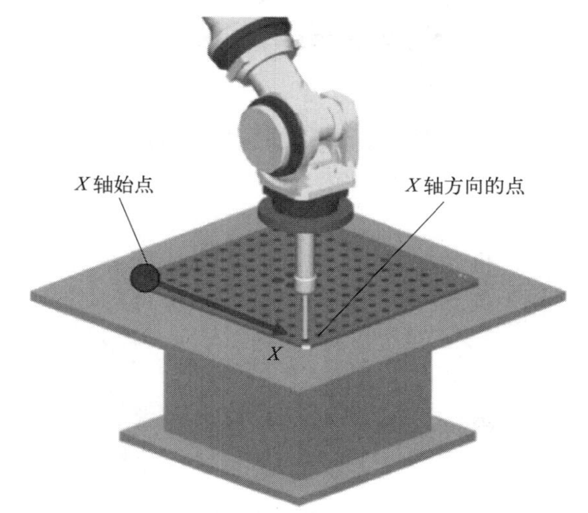

图 2-139 碰触“X 轴方向点”

⑰ 在按住“SHIFT”键的同时，按下“F5 位置记录”，将当前数据作为“*X* 轴方向”输入。已示教的“*X* 轴方向”显示“记录完成”。

⑱ 将光标移动到“*Y* 轴方向”。

⑲ 以点动方式移动机器人，用触针碰触坐标系的“*Y* 轴方向”的点。碰触“*Y* 轴方向”点时，坐标系的 *XY* 平面即被确定，如图 2-140 所示。

⑳ 在按住“SHIFT”键的同时，按下“F5 位置记录”，将当前数据作为“*Y* 轴方向”输入。已示教的“*Y* 轴方向”显示“记录完成”。

㉑ 以点动方式移动机器人，用触针碰触坐标系的“坐标原点”，如图 2-141 所示。

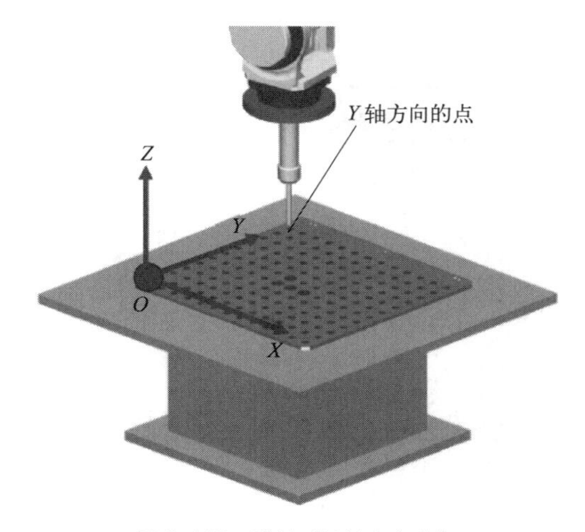

图 2-140 碰触“Y 轴方向点”

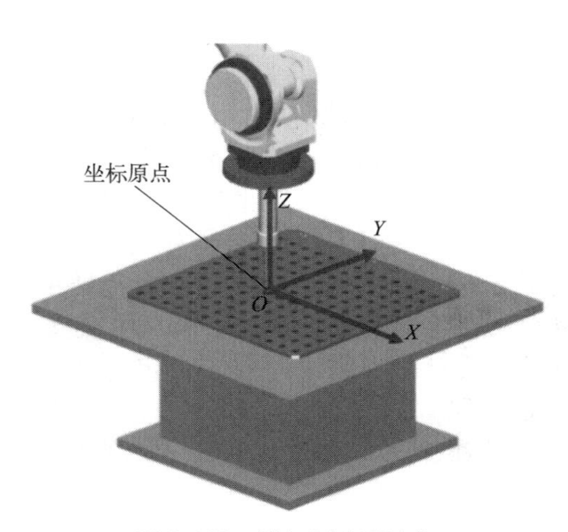

图 2-141 碰触“坐标原点”

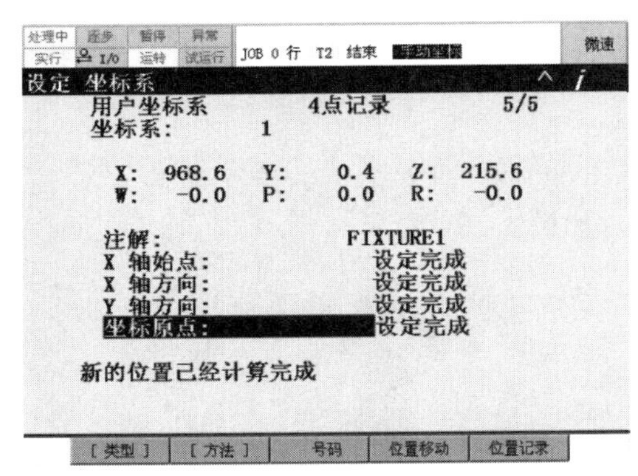

图 2-142 用户坐标系设定完成

㉒ 在按住“SHIFT”键的同时，按下“F5 位置记录”，将当前数据作为“坐标原点”输入。对所有参照点都进行示教后，显示“设定完成”，用户坐标系即被设定，如图 2-142 所示。

㉓ 按下返回键，显示用户坐标系一览画面。

㉔ 若将已设定的用户坐标系作为当前有效的用户坐标系来使用，按下“F5 设定号码”，并输入坐标系编号。

(3) 设定用户坐标系（直接示教法）

① 显示用户坐标系一览画面。

② 将光标指向用户坐标系号码。

③ 按下“F2 细节”，或者按下“ENTER”（输入）键，出现所选用户坐标系号码的用户坐标系设定画面。

④ 按下“F2 方法”。

⑤ 选择“直接数值输入”，出现基于直接示教法的用户坐标系设定画面，如图 2-143 所示。

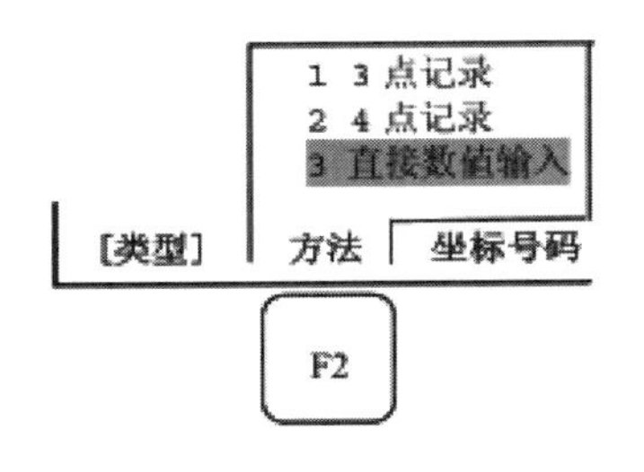

设定 坐标系 关节坐 30%
用户 坐标系 直接数值输入 1/7
坐标系: 3
1: 注解: **********
2: X: 0.0
3: Y: 0.0
4: Z: 0.0
5: W: 0.0
6: P: 0.0
7: R: 0.0
形态: NDB,0,0,0
己经选择的用户坐标号码[G:1]=1
[类型] [方法] 坐标号码 位置移动 位置记录

图 2-143 直接数值输入

⑥ 输入注解和坐标值，如图 2-144 所示。

⑦ 按下“PREV”（返回）键，显示用户坐标系一览画面，可以确认所有用户坐标系的设定值。

⑧ 若将所设定的用户坐标系作为当前有效的用户坐标系来使用，按下“F5 设定”，并输入坐标系号码。若不按下“F5 设定”，所设定的坐标系就不会有效。坐标系的所有设定都结束后，将信息存储在外部存储装置中，以便在需要时重新加载设定信息。否则，改变了设定，以前的设定信息将会丢失。

⑨ 要删除所设定的坐标系的数据，按下“F4 清除”。

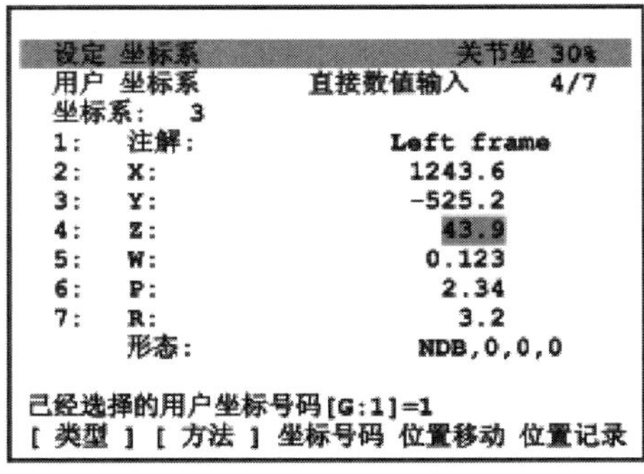

图 2-144 输入注解和坐标值

2.3.4 变更用户坐标系号码

① 显示用户坐标系一览画面。

② 按下“NEXT”软键，如图 2-145 所示。

图 2-145 按下“NEXT”键

③ 按下“F2 清除号码”，用户坐标系号码被设定为 0，如图 2-146 所示。

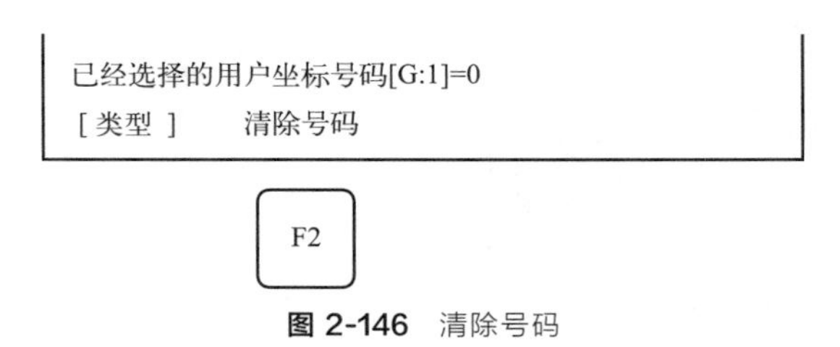

图 2-146 清除号码

2.3.5 设定 JOG 坐标系

JOG 坐标系，是在作业区域中为有效地进行 JOG 而由用户在作业空间进行定义的直角坐标系。只有在作为手动进给坐标系且选择了 JOG 坐标系时才使用该坐标系，因此 JOG 坐标系的原点没有特殊的含义。

JOG 坐标系，通过相对全局坐标系的坐标系原点位置（x，y，z）、和 X 轴、Y 轴、Z 轴周围的回转角（w，p，r）来定义。其不受程序的执行、用户坐标系的切换等影响。

可设定 5 个 JOG 坐标系，并可根据情况进行切换。未设定 JOG 坐标系时，将由全局坐标系来替代该坐标系，如图 2-147 所示。

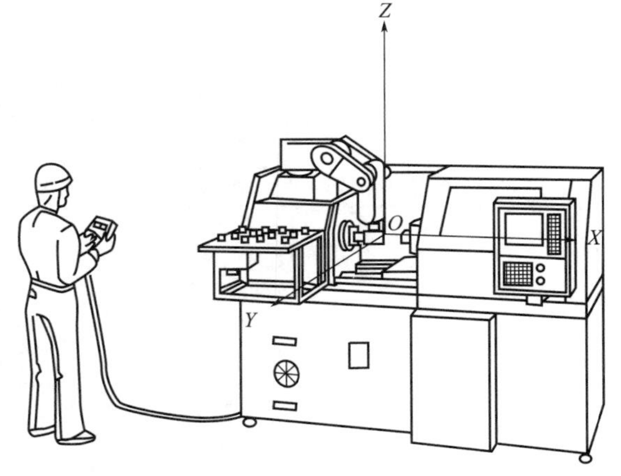

图 2-147 JOG 坐标系

(1) 3 点示教法设定 JOG 坐标系

对 3 点，即坐标原点、X 轴方向的 1 点、XY 平面上的 1 点进行示教。X 轴的始点作为坐标系的原点使用。

① 按下“MENUS”（画面选择）键，显示出画面菜单。

② 选择“6 设定”。

③ 按下“F1 类型”，显示出画面切换菜单。

④ 选择“坐标系”。

⑤ 按下“F3 坐标”。

⑥ 选择“Jog Frame”（JOG 坐标），出现 JOG 坐标系一览画面，如图 2-148 所示。

⑦ 将光标指向将要设定的 JOG 坐标系号码所在行。

⑧ 按下“F2 细节”。出现所选的坐标系号码的 JOG 坐标系设定画面。

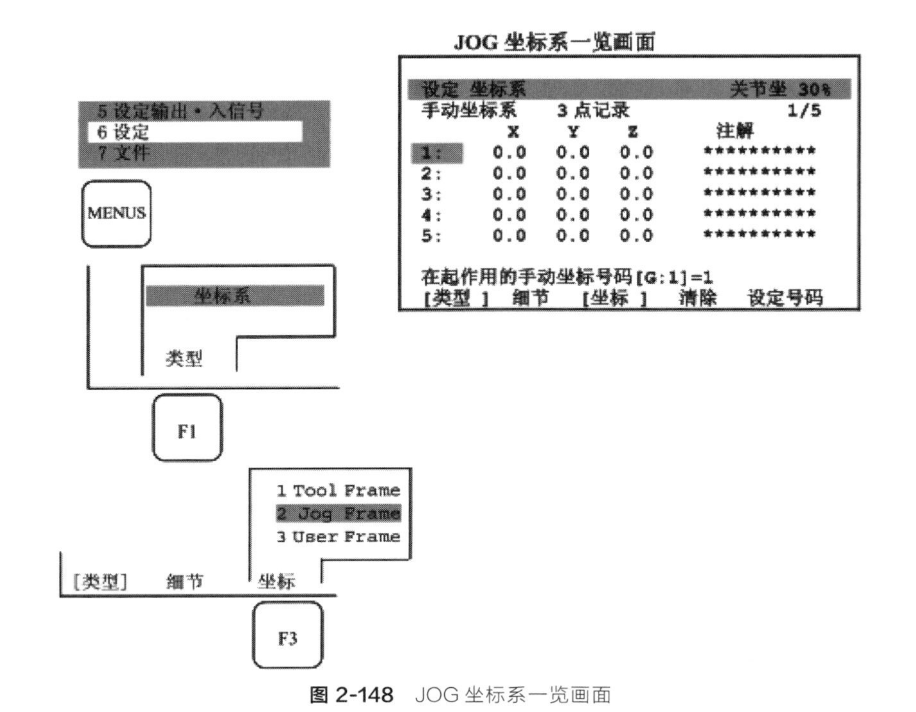

图 2-148 JOG 坐标系一览画面

⑨ 按下“F2 方法”。

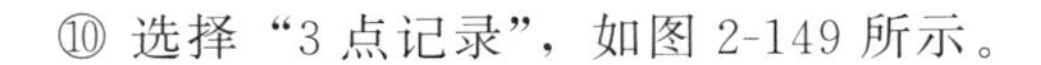

⑩ 选择“3 点记录”，如图 2-149 所示。

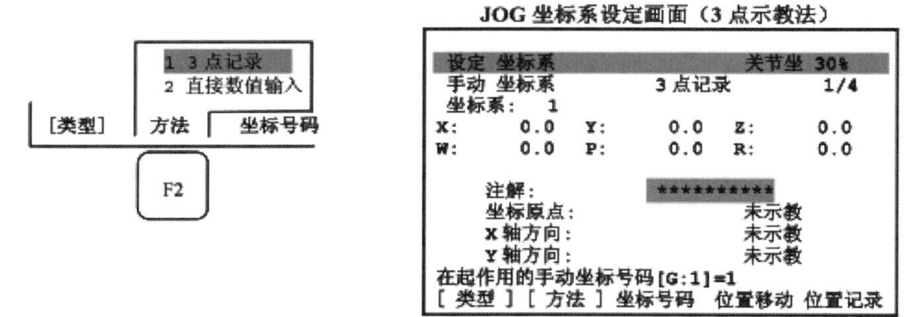

图 2-149 3 点记录 JOG 坐标系设定画面

⑪ 输入注解和参考点，如图 2-150 所示。

```
设定 坐标系                          关节坐 30%
 手动 坐标系          3 点记录          4/4
 坐标系:  1
X:   1243.6  Y:      0.0  Z:     10.0
W:    0.123  P:     2.34  R:      3.2

     注解:                    Work Area1
     坐标原点:                  记录完成
     X 轴方向:                  记录完成
     Y 轴方向:                  未示教
在起作用的手动坐标号码[G:1]=1
[ 类型 ] [ 方法 ] 坐标号码 位置移动 位置记录
```

图 2-150 注解和参考点

⑫ 按下“PREV”（返回）键，显示 JOG 坐标系一览画面。可以确认所有 JOG 坐标系的设定值。

⑬ 若将所设定的 JOG 坐标系作为当前有效的 JOG 坐标系来使用，按下“F5 设定号码”，并输入坐标系号码。若不按下“F5 设定号码”，所设定的坐标系就不会有效。坐标系的所有设定都结束后，将信息存储在外部存储装置中，以便在需要时重新加载设定信息。否则，在改变了设定时，以前的设定

信息将会丢失。

⑭ 要删除所设定的坐标系的数据，按下“F4 清除”。

(2) 直接示教法设定 JOG 坐标系

直接输入相对全局坐标系的坐标系原点位置（x，y，z）和 X 轴、Y 轴、Z 轴周围的回转角（w，p，r）的值。

① 显示 JOG 坐标系一览画面。

② 将光标指向 JOG 坐标系号码。

③ 按下“F2 细节”。或者按下“ENTER”（输入）键。出现所选的 JOG 坐标系号码的 JOG 坐标系设定画面。

④ 按下“F2 方法”。

⑤ 选择“直接数值输入”，如图 2-151 所示。

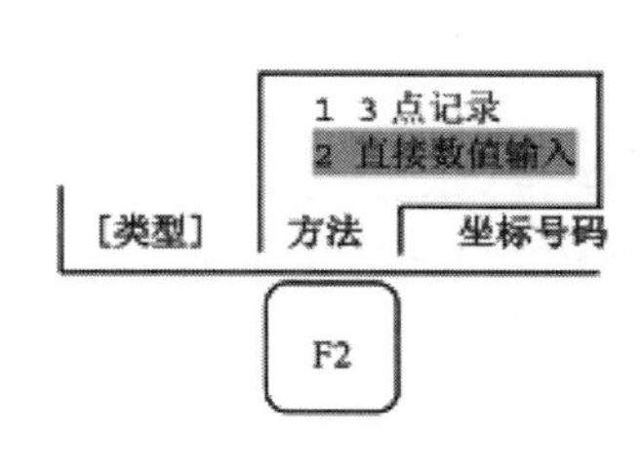

JOG 坐标系设定画面（直接示教法）

设定 坐标系 关节坐 30%
手动 坐标系 直接数值输入 1/7
坐标系： 2
1: 注解: **********
2: X: 0.0
3: Y: 0.0
4: Z: 0.0
5: W: 0.0
6: P: 0.0
7: R: 0.0
8: 形态: NDB,0,0,0
在起作用的手动坐标号码[G:1]=1
[类型] [方法] 坐标号码

图 2-151 直接数值输入

⑥ 输入注解和坐标值，如图 2-152 所示。

⑦ 按下“PREV”（返回）键，显示 JOG 坐标系一览画面。可以确认所有 JOG 坐标系的设定值，如图 2-153 所示。

设定 坐标系 关节坐 30%
手动 坐标系 直接数值输入 4/7
坐标系： 2
1: 注解: Work Area2
2: X: 1003.0
3: Y: -236.0
4: Z: 90.0
5: W: 0.0
6: P: 0.0
7: R: 0.0
8: 形态: NDB,0,0,0
在起作用的手动坐标号码[G:1]=1
[类型] [方法] 坐标号码

PREV

图 2-152 输入注解和坐标值

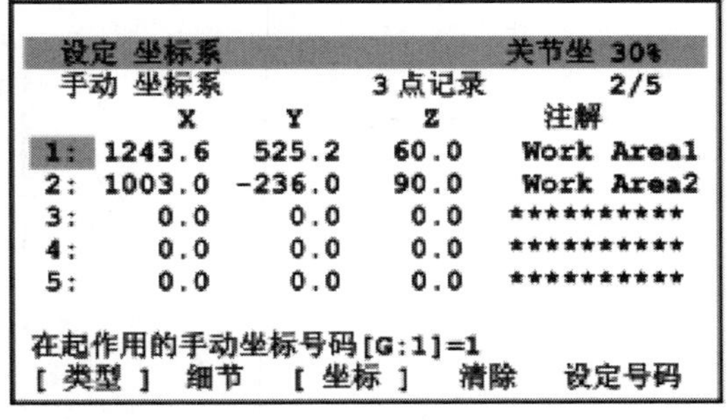

图 2-153 确认 JOG 坐标系的设定值

⑧ 若将所设定的 JOG 坐标系作为当前有效的刀具坐标系来使用，按下“F5 设定号码”，并输入坐标系号码。

⑨ 要删除所设定的坐标系的数据，按下“F4 清除”。

2.3.6 设定基准点

基准点是在程序中或 JOG 中频繁使用的固定位置（预先设定的位置）之一，如图 2-154 所示。基准点通常是离开外围设备可动区域的安全位置。可以设定 3 个基准点。

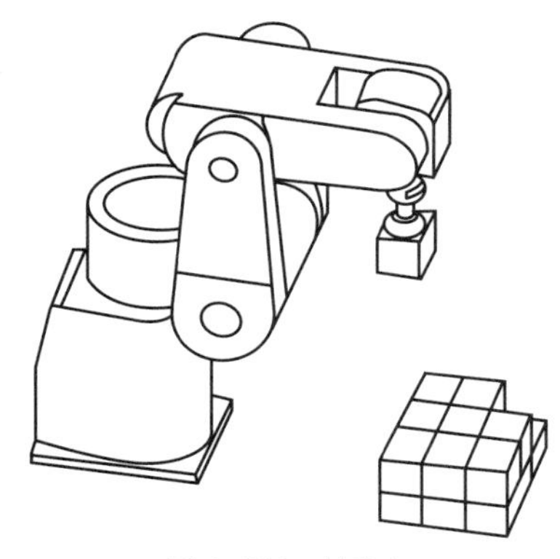

图 2-154 基准点

机器人位于基准点时，输出预先设定的数字信号 DO。特别是当机器人位于基准点 1 时，输出外围设备 I/O 的基准点输出信号（ATPERCH）。该功能通过将参考点的设定置于无效，即可设定为不输出信号。要使机器人返回基准点时，创建一个指定返回路径的程序，并调用该程序。此时，有关轴的返回顺序，也通过程序来指定。

① 按下“MENUS”（画面选择）键，显示出画面菜单。

② 选择“6 设定”。

③ 按下“F1 类型”，显示出画面切换菜单。

④ 选择“设定基准点”。出现基准点一览画面，如图 2-155 所示。

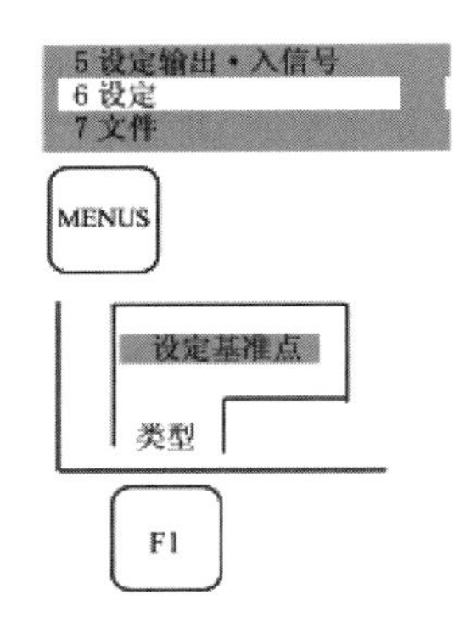

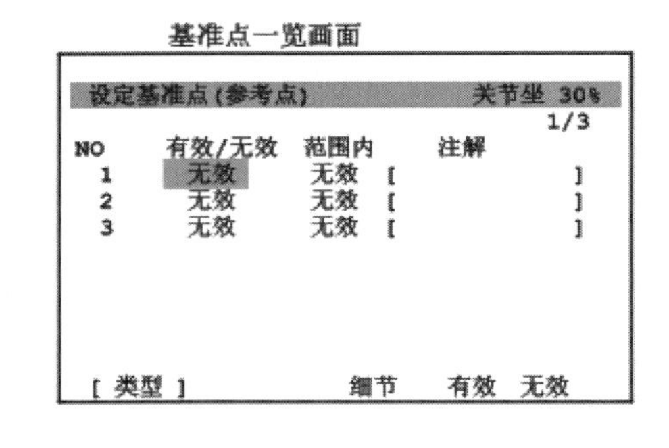

图 2-155 设定基准点

⑤ 按下“F3 细节”。出现基准点详细画面，如图 2-156 所示。

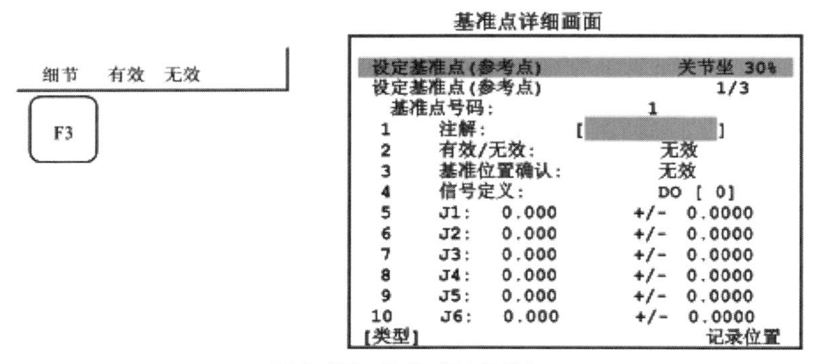

图 2-156 按下“F3 细节”

⑥ 输入注解，如图 2-157 所示。将光标移动到注解行，按下“ENTER”（输入）键；选择

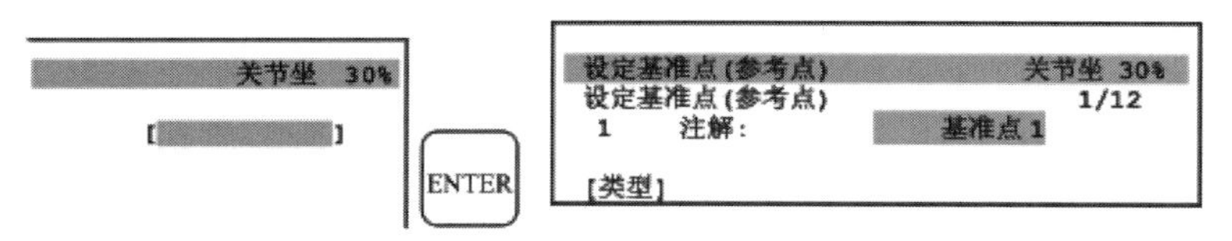

图 2-157 输入注解

使用单词、英文字母中的哪一类来输入注解，按下对应的功能键，输入注解；注解输入完后，按下“ENTER”键。

⑦ 在信号形式，设定位于基准点时输出的数字输出信号，如图 2-158 所示。

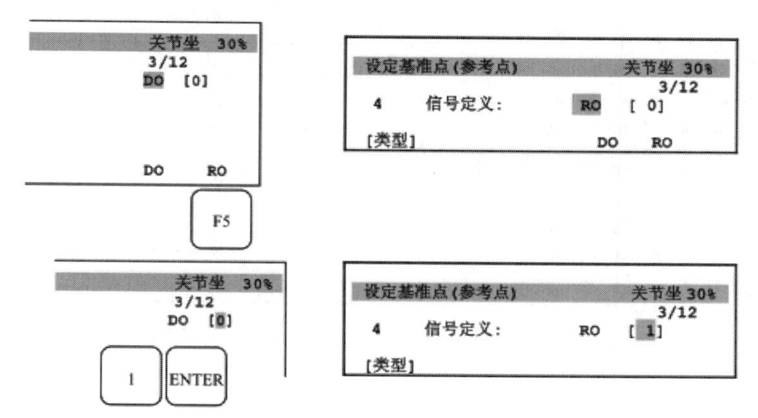

图 2-158 设定数字输出信号

⑧ 进行基准点位置的示教，将光标指向 J1—J9 的设定栏，在按住“SHIFT”键的同时按下“F5 记录位置”，对当前位置进行示教。

⑨ 直接输入基准点位置数值的情况下，将光标指向 J1—J9 的设定栏，分别输入基准点位置的坐标值。在左侧输入坐标值，在右侧输入允许误差范围。此外，忽略输入不存在的轴中的值［单位为（°）或 mm］。勿将允许误差设定为 0，应将其设定为 0.1 以上。此外，附加轴中的允许值与齿轮比等相关联，设定完后应在多挡速度（低中高）下进行动作确认，设定一个必定会输出基准点信号的允许值，如图 2-159 所示。

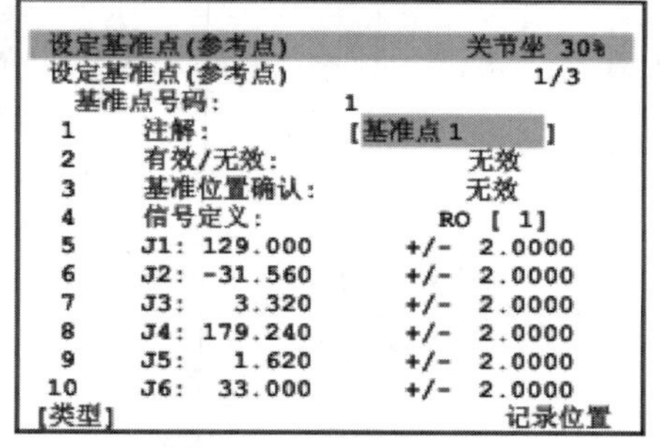

图 2-159 设定允许值

⑩ 完成设定后按下“PREV”（返回）键。返回基准点一览画面。

⑪ 要使基准点输出信号的有效/无效，将光标指向有效/无效条目，按下相应的功能键，如图 2-160 所示。

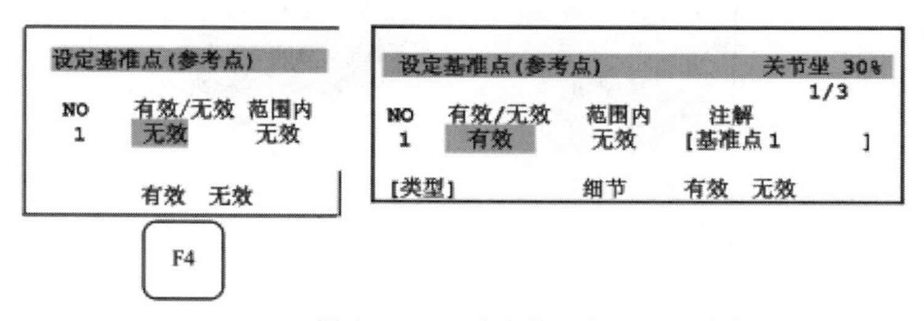

图 2-160 设定有效/无效

2.3.7 设定具有视觉功能的坐标系

具有视觉功能的工业机器人在设定坐标系时，可实现非接触半自动的操作，是通过改变相机和夹具（点阵板）的相对位置而实现的。在点阵板上设定图 2-161 所示的坐标系，设定步骤如图 2-162 所示。

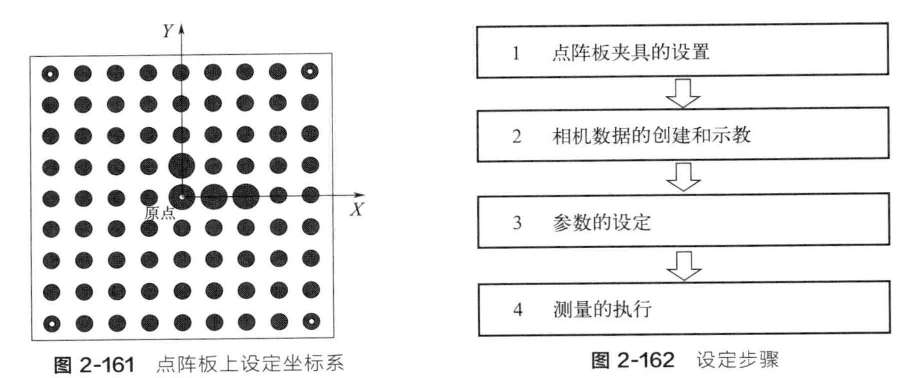

图 2-161　点阵板上设定坐标系　　**图 2-162**　设定步骤

(1) 点阵板夹具的设置

将夹具固定设置在工作台，在机器人上安装相机，一边移动相机一侧，一边测量固定设置在工作台等上的点阵板夹具。可用该相机来测量点阵板的设置位置，识别从机器人的基准坐标系到点阵板夹具的位置，并将结果写入到用户坐标系中。如图 2-163 所示。

将夹具安装在机器人上，在固定相机的前方，一边移动安装在机器人机械手上的点阵板夹具，一边进行测量。识别从机器人的机械接口坐标系（手腕法兰盘）到点阵板夹具的位置，并将结果写入到工具坐标系中，如图 2-164 所示，应避免测量中点阵板夹具移动。

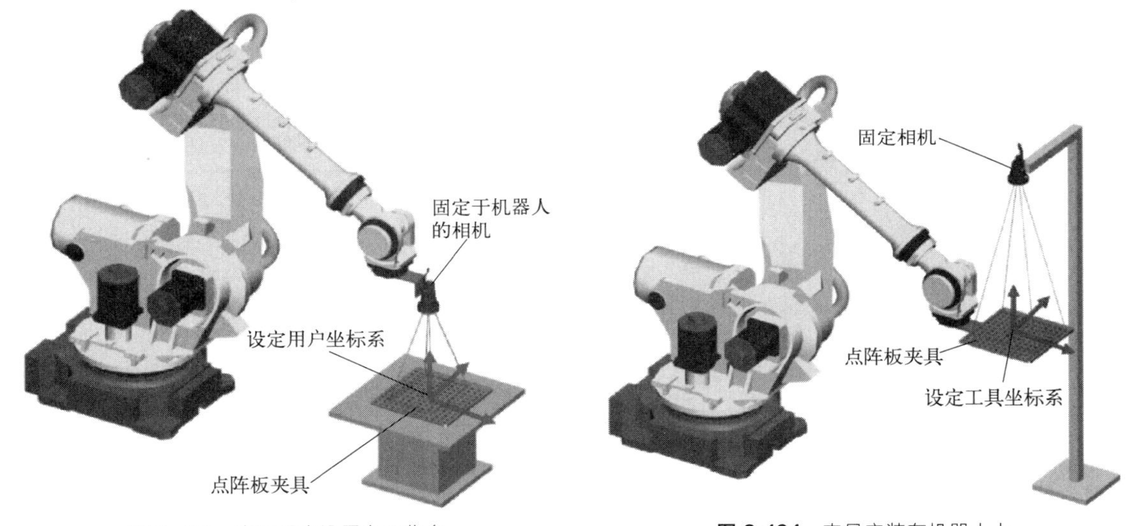

图 2-163　夹具固定设置在工作台　　**图 2-164**　夹具安装在机器人上

为了避免错误检出多余的圆点，应确认点阵板夹具上没有污痕和划伤。在背景部分铺上一层素色的薄片将会提升检测效果。

(2) 相机数据的创建和示教

应用 iRVision 进行相机数据中相机的种类、相机的设置方法等设定。使用固定相机，不予勾选“[固定于机器人的相机]”；使用固定于机器人的相机，应勾选“[固定于机器人的相机]”，如图 2-165 所示。调整镜头的光圈和焦点，在按下“F2 实时”的状态下，一边观看实时图像一边进行调整。

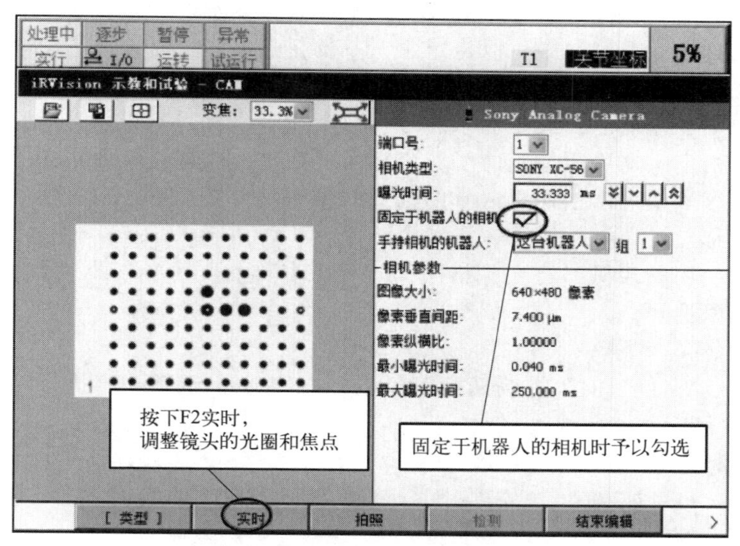

图 2-165 相机数据的创建和示教

(3) 参数的设定

通过如下步骤打开 iRVision 视觉应用画面。

① 按下示教器的“［MENU］”(菜单)，选择“［8 iRVision］”。

② 从“F1［类型］”选择“［5 视觉应用］”，显示如图 2-166 所示的画面。

③ 选择“［网格坐标系自动设置］”，显示如图 2-167 所示的菜单画面。

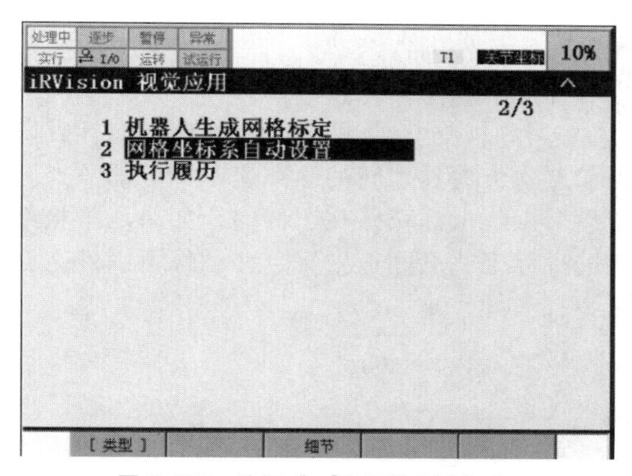

图 2-166 选择“［5 视觉应用］”

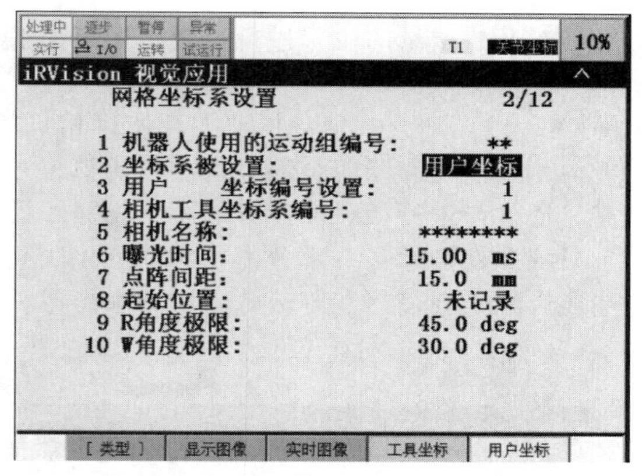

图 2-167 选择“［网格坐标系设置］”

(4) 坐标系的设置

选择通过“［网格坐标系设置］”而设定的坐标是用户坐标系还是工具坐标系。将点阵板夹具固定在机器人机械手上而设定工具坐标时，选择“F4 工具坐标”；将点阵板夹具固定在工作台上而设定用户坐标时，选择“F5 用户坐标”。

(5) 用户坐标系编号设置

指定要设定的用户坐标系编号。只有在“坐标系被设置”中选择了“［用户坐标］”时才予以指定。用户坐标系编号中可以指定 1～9 的任意编号。

(6) 工具坐标系编号

指定要设定的工具坐标系编号。只有在“坐标系被设置”中选择了“[工具坐标]”时才予以指定。工具坐标系编号中可以指定1～10的任意编号。

(7) 相机工具坐标系编号

指定计算中用于作业的工具坐标系编号。只有在“坐标系被设置”中选择了“[用户坐标]”时才予以指定。这里所指定的工具坐标系，在“[网格坐标系设置]”测量中将被改写。工具坐标系编号中可以指定1～10的任意编号。

(8) 相机名称

指定测量中使用的相机。将光标指向“[相机名称]”行，按下“F4［选择］”，从所显示的菜单中予以选择。

(9) 显示图像

按下“F2 显示图像”时，分为两画面显示，右侧显示iRVision执行时的监视（相机图像），如图2-168所示。

(10) F3 实时图像

按下“F3 实时图像”时，显示在执行监视中所选相机的实时图像。按下“F3 停止实时”，实时图像即被停止。

(11) F4 检出

进行点阵板的检出，在执行时监视中显示检出结果。

(12) 曝光时间

指定读入图像时的曝光时间并进行调整，使得点阵板夹具的黑色圆圈清晰可见。

(13) 点阵间距

设定使用中点阵板夹具的点阵间距。

(14) 起始位置

对开始测量的位置进行示教。按照如下步骤对起始位置进行示教。

① 将光标移动到“[起始位置]”。

② 以点动方式移动机器人，使得相机的光轴与点阵板夹具的平板面大致垂直，且点阵板的4个黑色大圆圈全部进入相机的视野。相机和点阵板夹具之间的距离应是调好的焦点距离，通常与进行相机标定时的距离相同。无需使整个点阵板都映照在图像内。如果点阵板处于只映照在图像某一部分的状态，就无法高精度进行标定。点阵板中有点在图像范围外不会造成影响，要使得点阵板分布在整个图像，如图2-169所示。

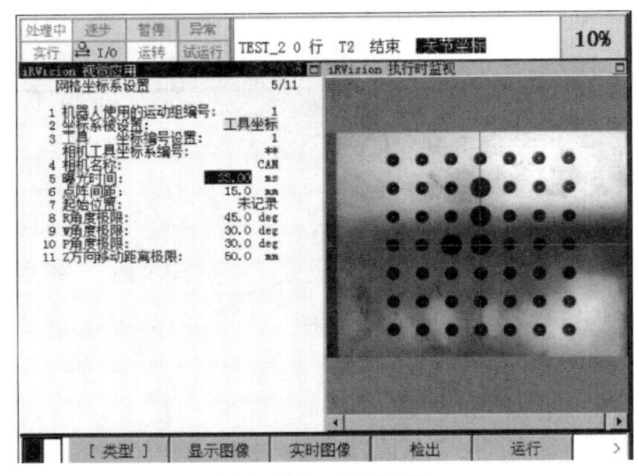

图 2-168 显示图像

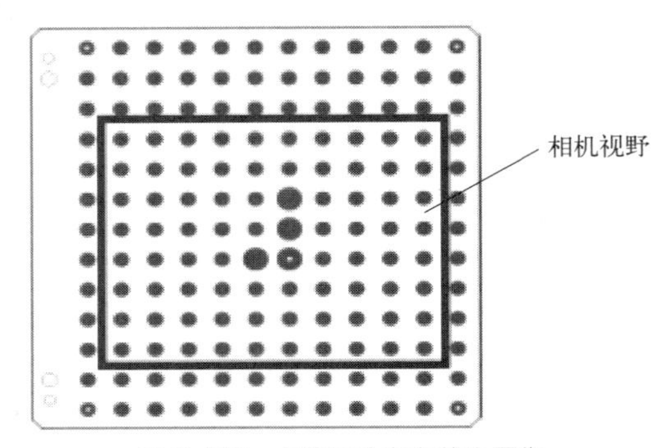

图 2-169 点阵板分布在整个图像

③ 同时按下“SHIFT”键和“F4 位置记录”来记录起始位置。位置记录后，显示变为“[已记录]”。确认已被示教的起始位置时，按下“F3 位置”。如图 2-170 所示显示起始位置的各轴位置。若从此画面返回到之前的画面，按下返回键。希望将机器人移动到已示教的起始位置时，在按住“SHIFT”键的同时按下“F5 移至”。

(15) 动作范围的设定

执行测量时，机器人自动移动到由参数确定的区域内。为了避免机器人与外围设备发生干涉，要在测量区域的周围确保有充分的动作范围。机器人在设定了标准值的状态下会执行如下所示的动作。

① 向 XYZ 平行移动±100mm。

② 绕着相机光轴旋转±45°。

③ 绕着机器人开始位置的相机光轴倾斜旋转±30°。

④ 绕着与点阵板夹具正对的相机光轴倾斜旋转±30°。

在无法确保由标准值确定的动作范围时，可以变更“[R 角度极限]”“[W 角度极限]”“[P 角度极限]”等来缩小动作范围。但是，被设定的坐标系的精度依赖于测量时的动作量。缩小动作范围时，有可能会导致测量精度降低，因而建议用户在可能的范围内尽量在初期设定的动作范围中执行测量。

(16) 设定值的初始化

按下“F7 默认值”时，已设定的值将被初始化。相机名称、起始位置将会成为未初始化的状态，因而要重新进行设定。

(17) 测量

在按住“SHIFT”键的同时按下“F5 运行”，开始测量，机器人开始动作，如图 2-171 所示。测量时的注意事项如下。

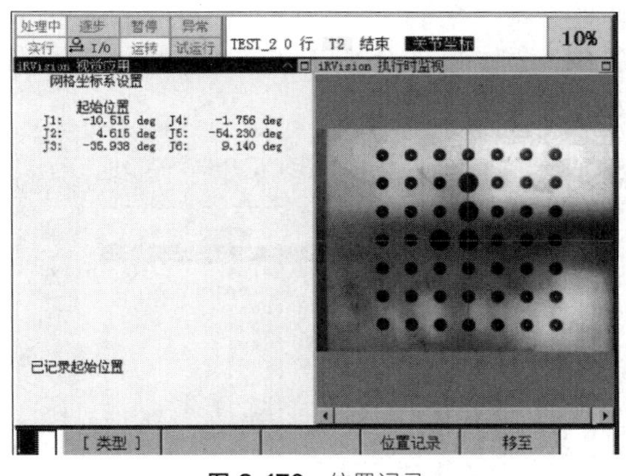

图 2-170 位置记录

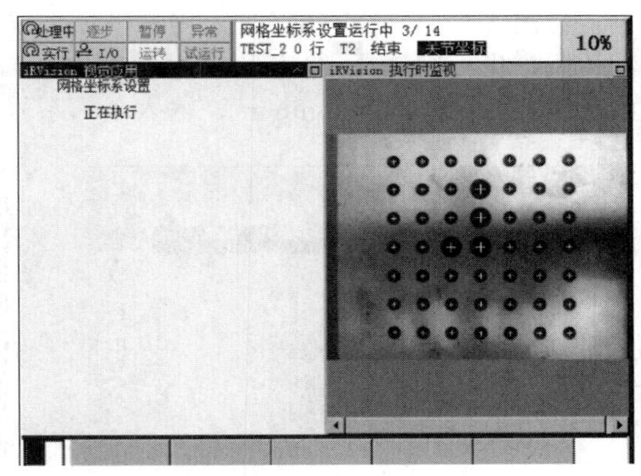

图 2-171 测量

① 测量中按下“SHIFT”键，测量结束。这种情况下，需重新测量。

② 测量中按下“SELECT”键，执行移动到其他画面的操作，测量结束。这种情况下，需打开“[网格坐标系设置]”画面，重新进行测量。

③ 机器人根据已被设定的参数会执行规定的动作，但是有的设定则会使机器人移动到动作范围之外。在执行“[网格坐标系设置]”时，要确认参数的设定是否正确，调低倍率，以免机器人与外围设备干涉。

④ 其他程序处于暂停状态时，有的情况下机器人无法动作。这种情况下，可通过

"FCTN"键结束程序。

(18) 测量结束

测量正常结束时，会显示如图 2-172 所示的画面。机器人会移动到相机与点阵板夹具正对且点阵板的原点落在图像中心的位置而停止。测量失败时，会显示如图 2-173 所示的画面。这种情况下，按下"F4 确定"而返回原先的画面，在变更参数后重新开始测量。变更参数后，在按住"SHIFT"键的同时按下"F5 运行"，从头开始重新进行测量。

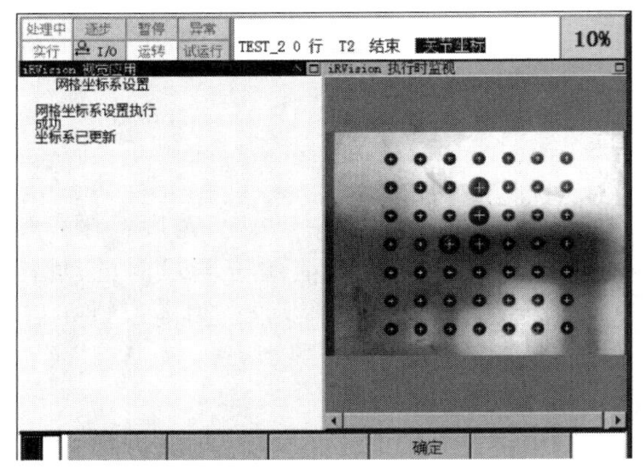

图 2-172 测量正常结束

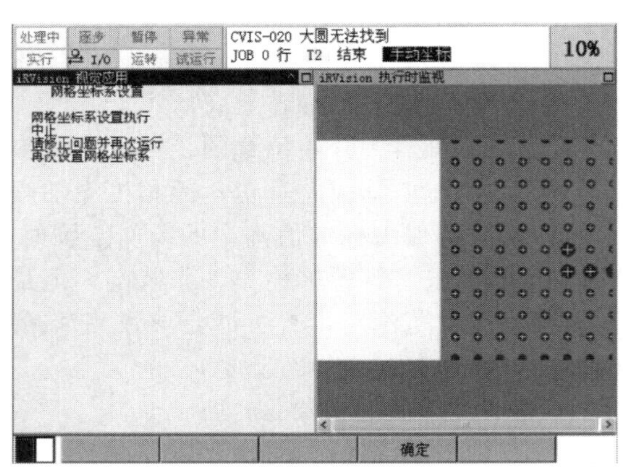

图 2-173 测量失败

2.3.8 激活坐标系

(1) 方法一

在图 2-174(a) 中选择进入用户坐标系或工具坐标系（激活工具坐标则选择"TOOL"，激活用户坐标则选择"USER"），在图 2-174(b) 中，按"F5"(SETING 设定号码)，屏幕出现"Enter Frame number"，输入坐标系号，本次输入"1"。

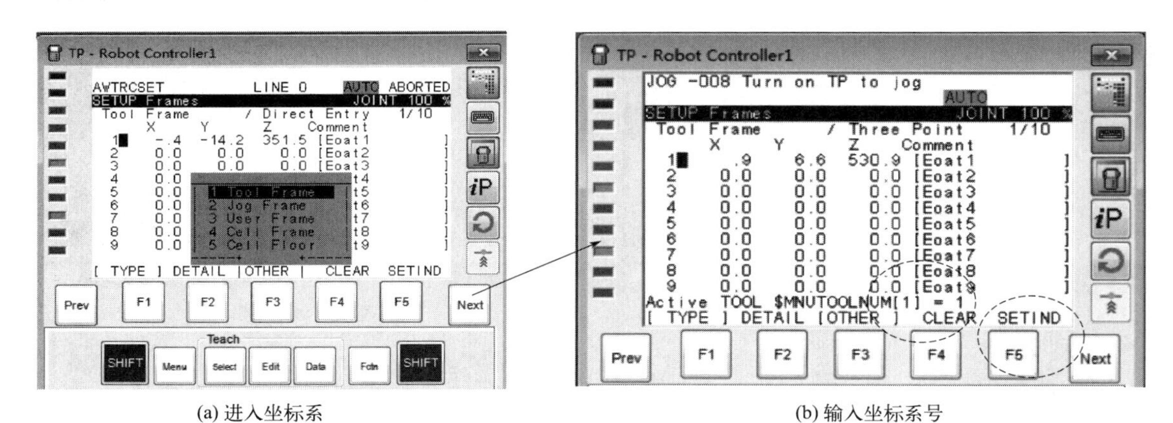

(a) 进入坐标系 (b) 输入坐标系号

图 2-174 激活坐标系（一）

(2) 方法二

"SHIFT+COORD"键，在出现图 2-175 所示的黄色框中选择坐标系（激活工具坐标则选择"TOOL"，激活用户坐标则选择"USER"），再输入数字编号。

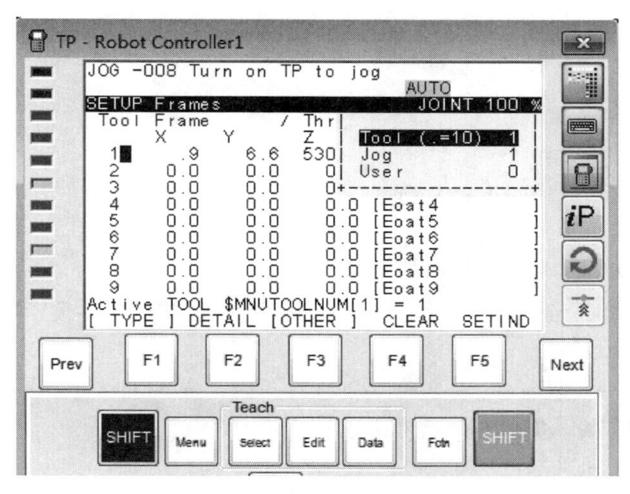

图 2-175 激活坐标系（二）

2.4 其他设置

2.4.1 外部倍率选择

① 按下“MENUS”（画面选择）键来选择“6 设定”。

② 从画面切换菜单选择“选择速度功能”，如图 2-176 所示。

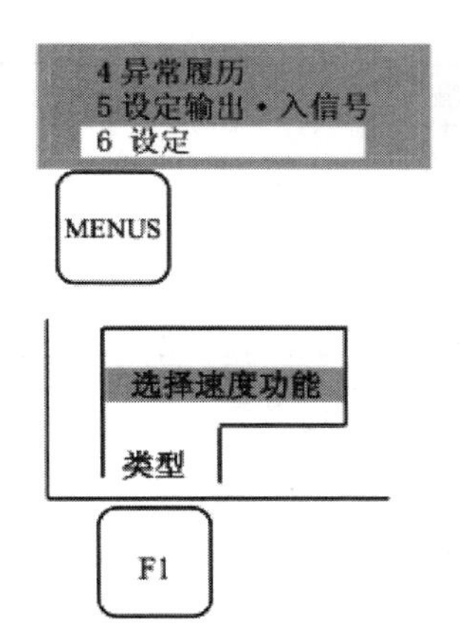

外部倍率选择设定画面

OVERRIDE 选择:选择指定速度功能

1/7

1 选择 DI 速度功能: 有效

2 信号 1: DI[1] [ON]

3 信号 2: DI[32] [OFF]

	信号 1	信号 2	Override
4	OFF	OFF	15%
5	OFF	ON	30%
6	ON	OFF	65%
7	ON	ON	100%

[类型] 有效 无效

图 2-176 选择“选择速度功能”

③ 设定条目，确定本功能有效/无效；信号分配，显示 DI 信号的状态。显示有“[* * *] ”时，无法进行有效/无效的更改，如图 2-177 所示。可通过信号的 ON/OFF 操作进行

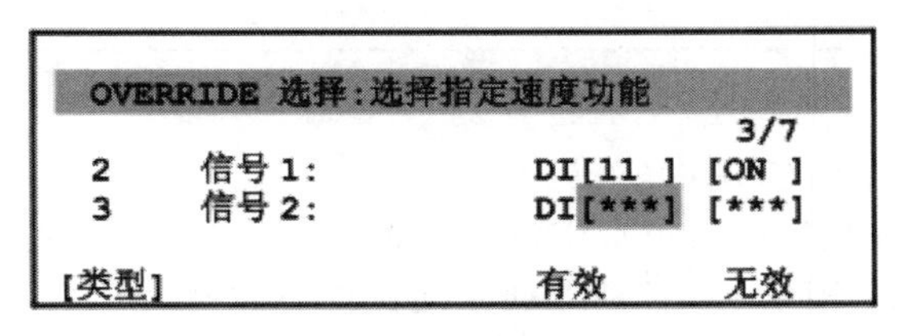

图 2-177 信号分配

切换，调整速度倍率值，如图 2-178 所示。

2.4.2 碰撞保护设置

(1) 设定方式

① 按下“MENUS”(画面选择) 键，显示画面菜单。

② 选择“6 设定”。

③ 按下“F1”(类型)，显示画面切换菜单。

④ 选择“碰撞保护”，显示图 2-179 所示的画面。表 2-3 为碰撞保护设置画面的各条目。

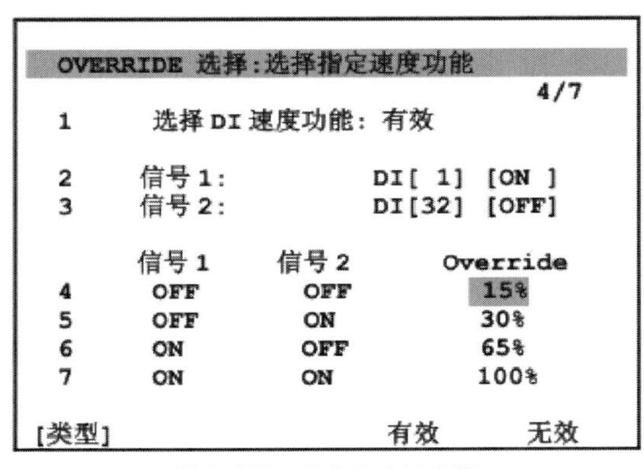

图 2-178 切换速度倍率值

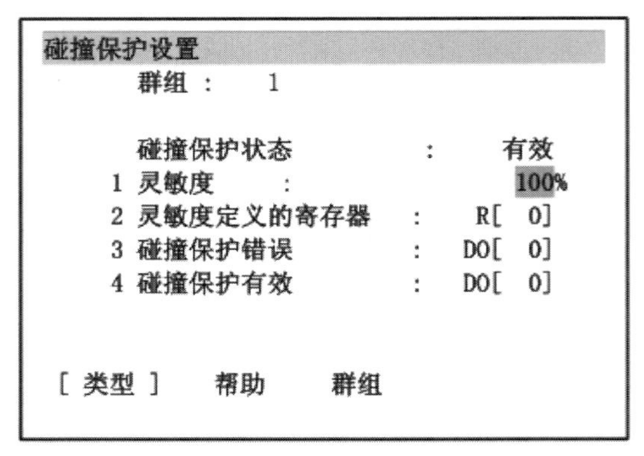

图 2-179 碰撞保护设置画面

表 2-3 碰撞保护设置画面的设定条目

条目	初期值	说明
群组	1	显示当前所选的群组号码。变更群组号码时，按下“F3”(群组)键，输入希望变更的群组号码
碰撞保护状态	有效	显示选择中的群组、碰撞保护的状态(有效/无效)。本项目无法在本设定画面上进行变更
灵敏度	100%	表示选择中群组的碰撞保护灵敏度 最小值为 1%，最大值为 200%。值越小，灵敏度越低(迟钝)；值越大，灵敏度越高(敏感)
灵敏度定义的寄存器	0	利用 COL GUARD ADJUST(碰撞保护灵敏度)指令(无自变量的情形)设定要使用的暂存器号码，暂存器的值成为灵敏度。不使用无自变量的 COL GUARD ADJUST 指令时，设定 0
碰撞保护错误	0	设定发生碰撞保护时输出信号 DO 的号码。错误检测时成为 ON，没有错误时成为 OFF。不使用 DO 输出时设定 0
碰撞保护有效	0	设定进行碰撞保护状态的输出信号 DO 的号码。碰撞保护有效时成为 ON，无效时成为 OFF。不使用 DO 输出时设定 0

(2) 程序

1) COL DETECT ON/COL DETECT OFF

通过本指令，即可在程序执行过程中切换碰撞保护的有效/无效。初期状态下，碰撞保护有效，程序结束或者被中断时，自动返回碰撞保护有效状态。“COL DETECT OFF”指令和“COL DETECT ON”指令，只对被调用的程序包含群组 MASK 的动作群组有效。例如，群组 MASK 只在群组 2 设定的程序中，执行“COL DETECT OFF”指令时，只有群组 2 碰撞保护无效，其他群组保持碰撞保护有效状态。

```
10:J P[1] 100% FINE
11:COL DETECT OFF
12:L P[2] 2000mm/sec CNT100
13:L P[3] 2000mm/sec CNT100
14:L P[4] 2000mm/sec CNT100
15:COL DETECT ON
16:J P[5] 50% FINE
```

该程序中，第 12～14 行碰撞保护无效。

2）COL GUARD ADJUST

可通过本指令，在程序执行中变更碰撞保护的灵敏度。通过本指令设定的碰撞保护灵敏度，与在碰撞保护灵敏度设定画面中设定相比，会被优先使用。可在表 2-4 所示的 3 种方法中使用。

表 2-4 COL GUARD ADJUST 指令

自变量	作为碰撞保护灵敏度设定的值
无	在碰撞保护设置画面上指定的暂存器的值
1 个(直接指定)	指定的值
1 个(间接指定)	指定的暂存器的值

“COL GUARD ADJUST”指令，只对被调用的程序包含群组 MASK 的动作群组有效。例如，群组 MASK 只在群组 2 设定的程序中，执行“COL GUARD ADJUST”指令时，只变更群组 2 的碰撞保护灵敏度，其他群组的碰撞保护灵敏度不会被变更。

使用“COL GUARD ADJUST”指令程序的群组 MASK 包含不支持灵敏度碰撞保护功能的群组时，发出警告：“MOTN-404 Group n does not support HSCD”（群组 n 不支持 HSCD)。“n”为表示群组号码的数字。该警告，表示对于相应群组未进行任何变更。

灵敏度暂存器号码存在 0 的群组时，系统会发出“MOTN-400”（尚未设定灵敏度暂存器）报警。

虽然已经设定灵敏度暂存器号码，但是相应暂存器的值为 1 以上 200 以下的非整数值时，系统会发出“MOTN-401”(灵敏度暂存器数据错误）报警。

例 2-1

假设群组只有 1 个程序，相应群组的暂存器已被设定在 R[11] 中。

```
10:J P[1] 100% FINE
11:R[11] =80
12:COL GUARD ADJUST
13:L P[2] 2000mm/sec CNT100
14:L P[3] 2000mm/sec CNT100
15:L P[4] 2000mm/sec CNT100
16:R[11] =100
17:COL GUARD ADJUST
18:J P[5] 50% FINE
```

本程序中，在第 13～15 行碰撞保护灵敏度为 80%，在第 18 行碰撞保护灵敏度为 100%。

例 2-2

```
10:J P[1] 100% FINE
11:COL GUARD ADJUST 80
12:L P[2] 2000mm/sec CNT100
13:L P[3] 2000mm/sec CNT100
14:L P[4] 2000mm/sec CNT100
15:R[1] =100
16:COL GUARD ADJUST R[1]
17:J P[5] 50% FINE
```

本程序中，在第 12～14 行碰撞保护灵敏度为 80%，在第 17 行碰撞保护灵敏度为 100%。要对“COL GUARD ADJUST”指令赋予自变量，将光标移动到本指令的右侧。直接指定的情况下，原样输入数值。间接指定的情况下，按下“F3”（间接）后，输入暂存器号码。“COL GUARD ADJUST”指令应用于相应程序的群组 MASK，即可限制调整灵敏度的群组。

2.4.3 防干涉区域功能设置

① 按下“MENUS”（画面选择）键，显示出画面菜单。

② 选择“6 设定”。

③ 按下“F1 类型”，显示出画面切换菜单。

④ 选择“防止干涉功能”，出现区域一览画面，如图 2-180 所示。

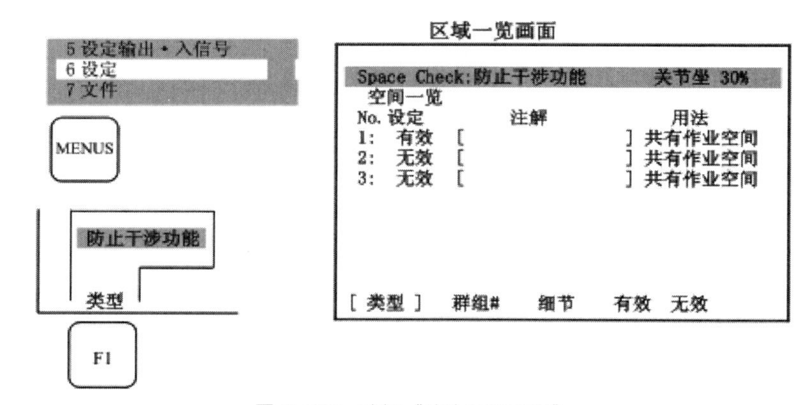

图 2-180 选择“防止干涉功能”

⑤ 可以在区域一览画面上通过功能键进行各干涉区域的有效/无效切换。此外，要输入注解，需执行如下操作。将光标移动到注解行，按下“ENTER”（输入）键；选择使用单词、英文字母中的哪一类来输入注解，按下相应的功能键，输入注解；注解输入完成后，按下“ENTER”键，如图 2-181 所示。

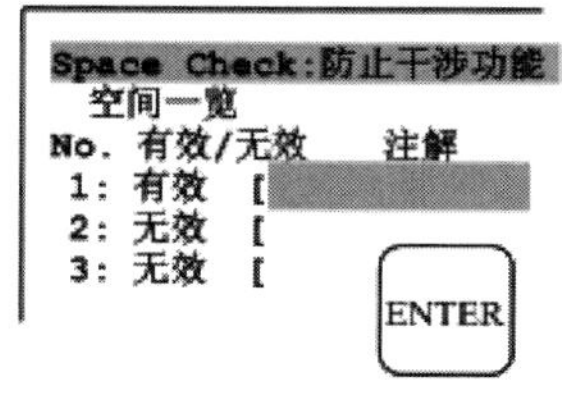

图 2-181 输入注解

⑥ 要设定有效/无效、注解以外的条目，按下“F3 细节”。出现详细画面，如图 2-182 所示。

⑦ 将光标移动到希望变更的条目位置，通过功能键或数字键进行变更。

⑧ 要进行空间的设定，按下“F2 空间”。出现空间设定画

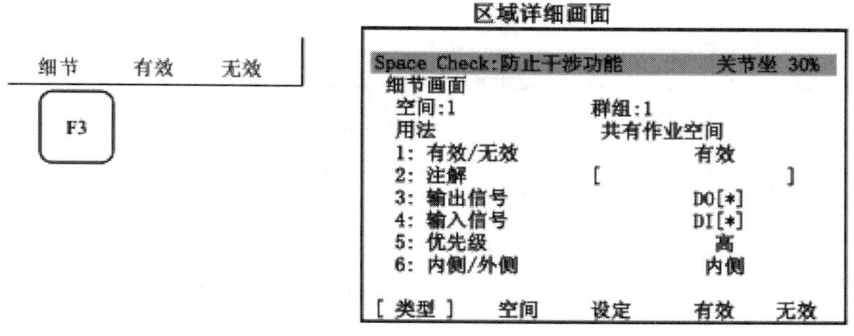

图 2-182 详细画面

面，如图 2-183 所示。

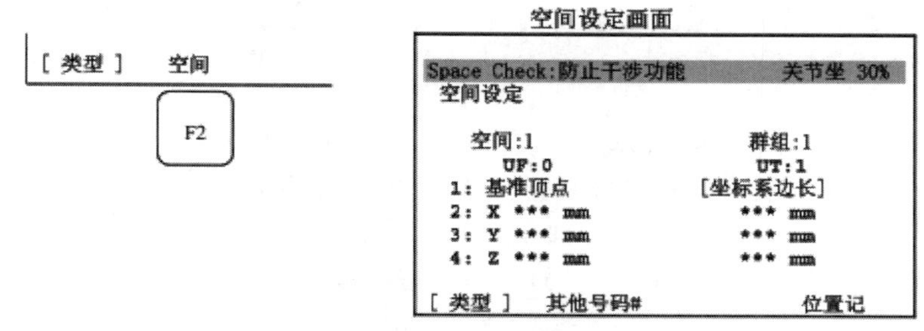

图 2-183 “空间”设定画面

⑨ 可通过下面两种方法来设定基准顶点、坐标系边长或对角端点。将光标移动到 X、Y、Z 的位置，通过数字键直接输入坐标值；将机器人移动到直方体顶点后通过“SHIFT”键+“F5 位置记”来读出机器人的当前位置。即使改写用户坐标系的值，干涉区域的空间位置也不会发生变化。在改变用户坐标的值，同时希望在新的用户坐标系上定义干涉区域的情况下，可再次通过“SHIFT”键+“F5 位置记”来重新设定干涉区域。

⑩ 区域设定完成后，按下“PREV”（返回）键，返回到区域详细画面。再次按下“PREV”键时，返回到区域一览画面。

2.4.4 负载功能设置

(1) 负载设置

本画面具有一览画面、负载设定画面以及设备设定画面。在本画面设定负载信息以及安装在机器人上的设备信息。可从本画面简单设定以往的系统变量（$PARAM_GROUP 中的 $PAYLOAD，$PAYLOAD_X，$PAYLOAD_Y，$PAYLOAD_Z，$PAYLOAD_IX，$PAYLOAD_IY，$PAYLOAD_IZ）中设定的信息，而且可以切换多个负载。

① 按下“MENUS”（画面选择）键，显示画面菜单。

② 选择下页面上的“6 系统设定”。

③ 按下“F1”（类型），显示画面切换菜单。

④ 选择“负载设定”。出现一览画面，如图 2-184 所示，若采用多群组系统，按下“F2”（群组），即可移动到其他群组的一览画面。

⑤ 可以设定条件号码为 No. 1～No. 10 的 10 类负载信息。将光标指向到条件号码所在的行，按下“F3”（细节），即进入负载设定画面，如图 2-185 所示。

⑥ 分别设定负载的质量、重心位置、重心周围的惯性。负载设定画面上所显示的 X、

Y、Z 方向；输入值后，显示“路径/循环时间可能变化．要设定吗?”确认信息，输入“F4”（是）或“F5”（不是）。

负载设定　　关节坐 10%

群组 1

No.	负载重量 [kg]	注解
1	0.00	[ ]
2	0.00	[ ]
3	0.00	[ ]
4	0.00	[ ]
5	0.00	[ ]
6	0.00	[ ]
7	0.00	[ ]
8	0.00	[ ]
9	0.00	[ ]
10	0.00	[ ]

已选择的负载设定号码 = 0

[类型] 群组 细节 手臂负载 切换 >

图 2-184 “负载设定”一览画面

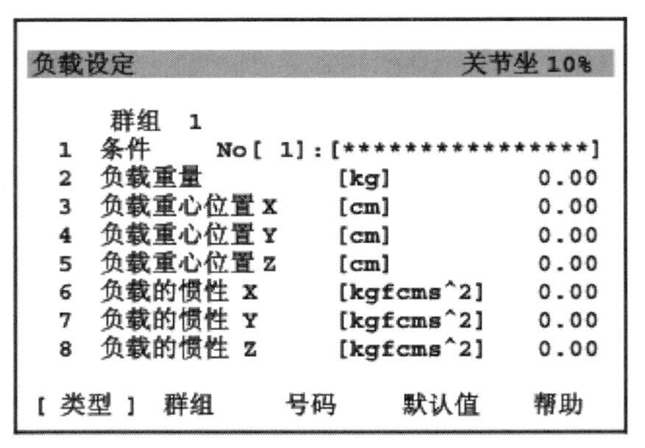

图 2-185 进入负载设定画面

⑦ 按下“F3”（号码），即可移动到其他条件号码的负载设定画面。此外，若采用多群组系统，按下“F2”（群组），即可移动到其他群组的设定画面。

⑧ 按下“PREV”键，返回到一览画面。按下“F5”（切换），输入要使用的负载设定条件号码。设定最新切换的负载条件号码，在程序执行时和 JOG 操作时使用。

⑨ 在一览画面上，按下“F4”（手臂负载），进入设备设定画面，如图 2-186 所示。

⑩ 分别设定 J1 手臂上的设备以及 J3 手臂上的设备质量。输入值后，显示“路径/循环时间可能变化．要设定吗?”确认信息，输入“F4”（是）或“F5”（不是）。已经设定了设备质量的情况下，执行电源的 OFF/ON 操作。

(2) 程序指令

在一览画面上按下“F5”（切换），来切换要使用的负载设定条件号码，可以使用程序指令进行切换，如图 2-187 所示。

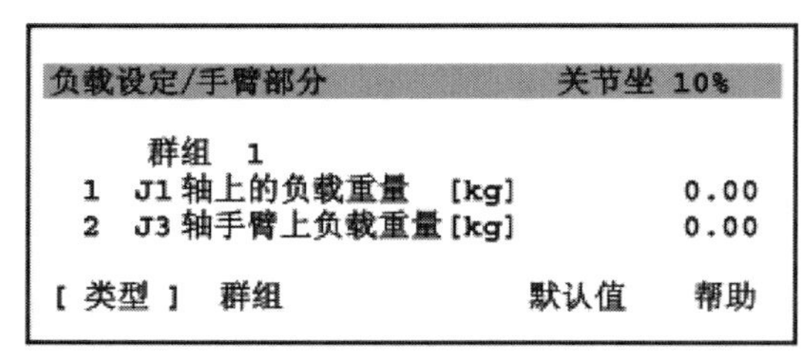

图 2-186 设备设定画面

图 2-187 PAYLOAD 设定

例如：PAYLOAD[i]（负载设定[i]）。通过本指令，将要使用的负载设定条件号码切换为 i。

2.5 协调控制功能

2.5.1 认识协调控制功能

协调控制功能，是机器人在跟随工件定位器运动的同时移动的一种功能。通过使用该功能，可以使得机器人的工具坐标系相对定位器的工具坐标系以具有一定关系的方式执行插补动作，如图 2-188 所示。

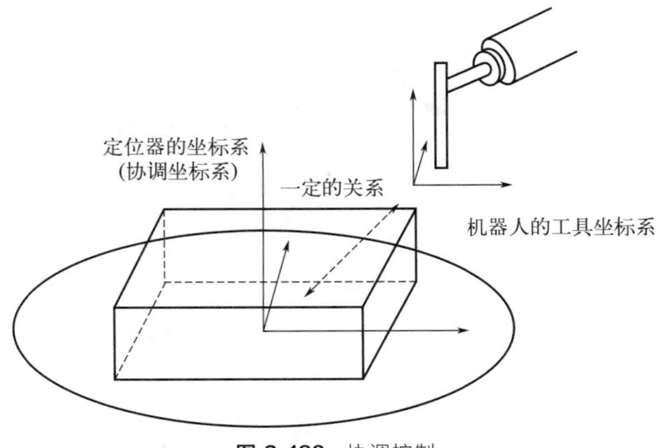

图 2-188　协调控制

要进行协调控制，需要具备机构软件，以及软件选项是定位器机构软件、协调控制功能、多动作功能。使用协调控制功能可以使工业机器人与变位器等进行插补运动，如图 2-189 所示。协调控制功能的优点如图 2-190 所示。

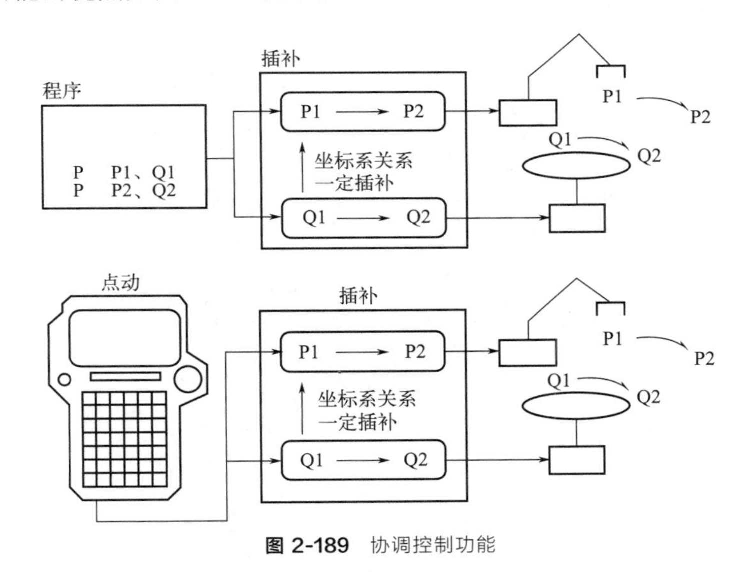

图 2-189　协调控制功能

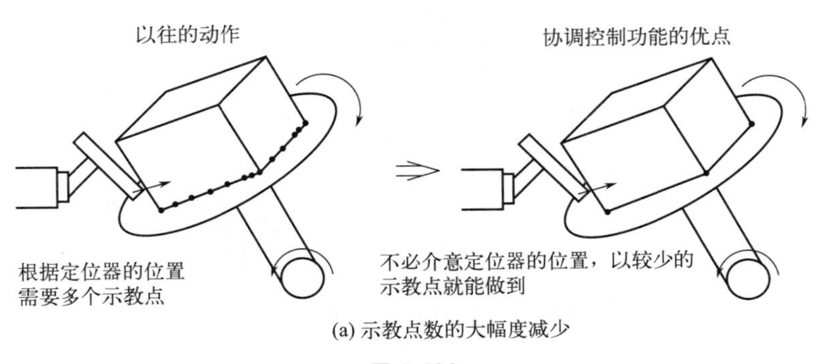

图 2-190

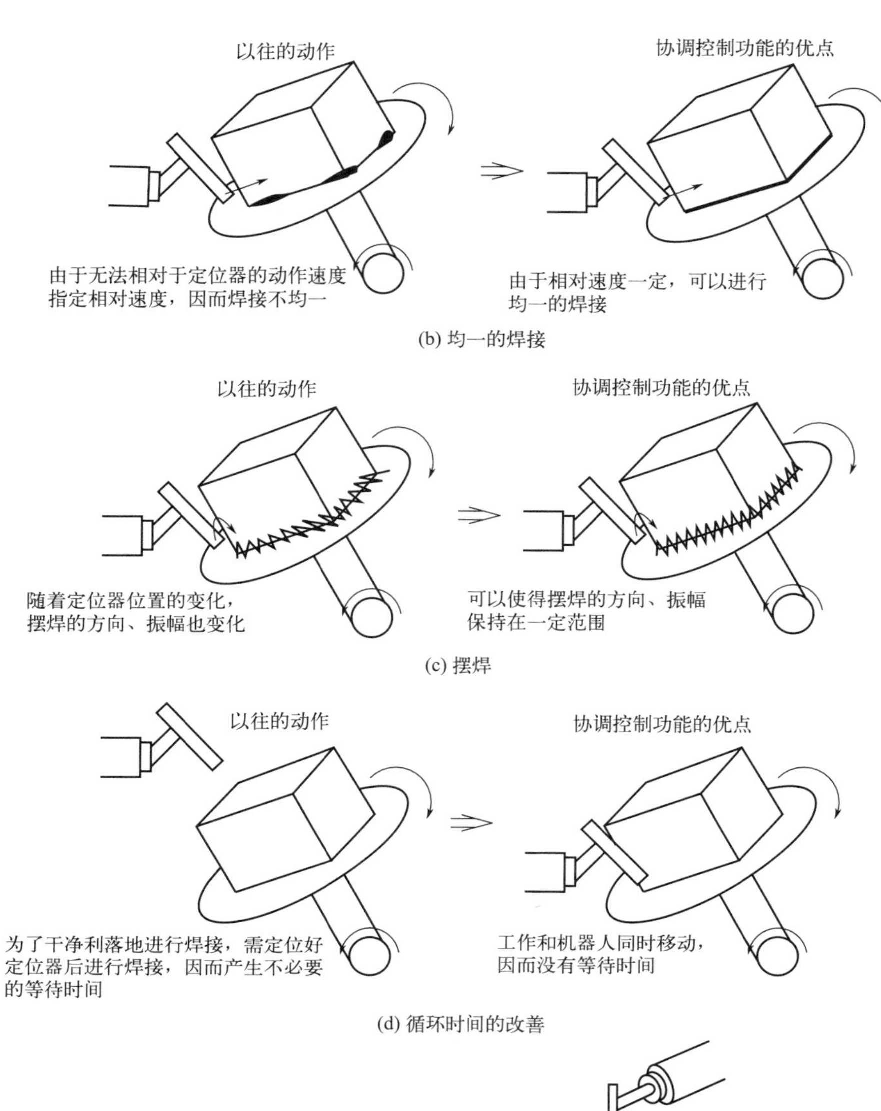

(b) 均一的焊接

(c) 摆焊

(d) 循环时间的改善

协调控制功能的优点

以往的动作

未能使定位器和机器人同时
点动进给

点动进给定位器时，机器人
也同时移动，保持相对位置

(e) 示教时间的缩短

图 2-190 协调控制功能的优点

最多可使用 6 轴的变位器与定位器，定位器全轴处于 0 位置时，关节的方向必须与定位器本身的全局坐标系 X、Y、Z 轴的任何一个轴平行，如图 2-191 所示。在协调控制中不能执行关节动作、手腕关节的直线/圆弧动作，不能与 MIG EYE 并用，可实现多机器人与多外轴的协调，如图 2-192 所示。

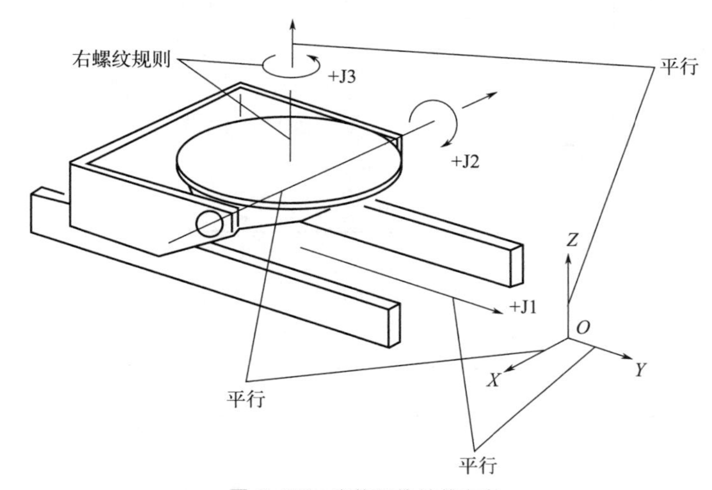

图 2-191 定位器的关节方向

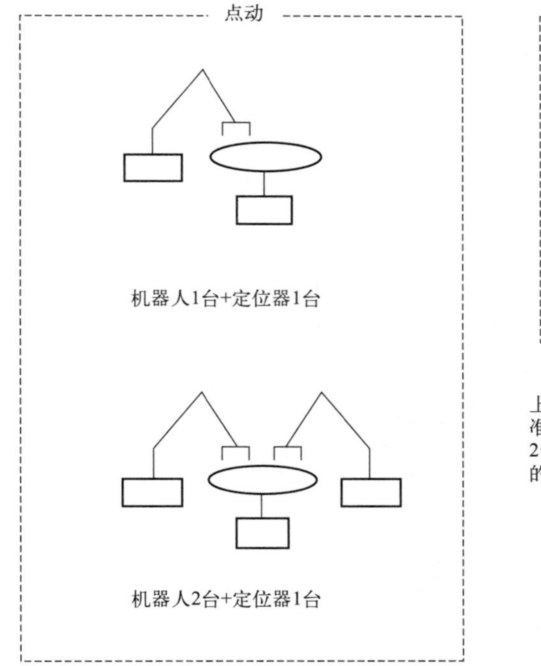

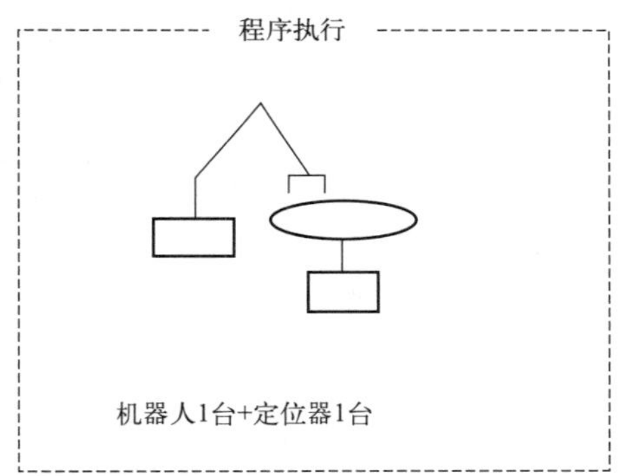

上述表示基于1个程序执行协调动作。通过准备多个程序，交替执行，就可以使机器人2台+定位器1台，或者机器人1台+定位器2台的系统执行协调动作

图 2-192 实现多机器人与多外轴协调

2.5.2 协调控制系统的设定

(1) 设定顺序

要进行协调控制，首先需要进行协调控制系统的设定，协调控制的设定顺序如下。

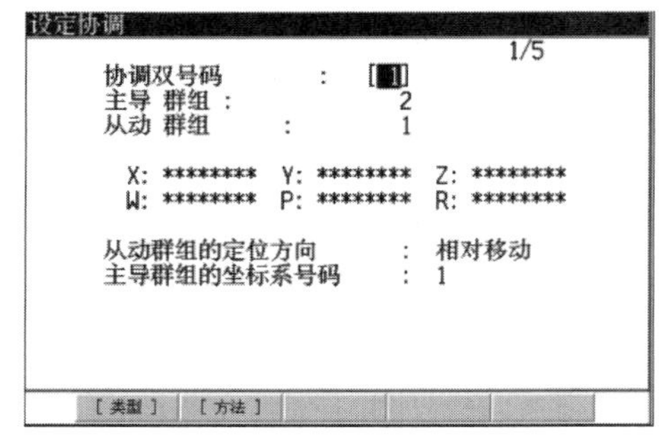

图 2-193 双设定画面

① 通过控制开机进行定位器的初期设定。

② 设定双设定画面的各项目值。

③ 在校准画面上进行校准。

(2) 双设定

① 按下“MENUS”(画面选择)键。

② 选择“6 设定”。

③ 按下“F1”(类型)键。

④ 选择“协调”，如图 2-193 所示，其含义见表 2-5。

表 2-5 各项目含义

项目	含义
协调双号码	这是即将进行设定的协调双(协调动作群组的组合)的号码。可以使用 1～4 号
主导群组	这是定位器的群组号码
从动群组	这是机器人的群组号码

(3) 校准形式选择

校准的精度较差时，将会导致协调控制不正确，因而需要正确进行校准。校准有 3 种形式，即机器人形式、定位器形式、直接形式，在实际进行校准时，只选择其中之一。校准形式的选择如图 2-194 所示。

① 从图 2-193 所示的双设定画面调用校准画面。

② 按下“F2”(方法)键。

③ 从 3 种形式（“1：机器人形式”“2：定位器形式”“3：直接”）选择一个。

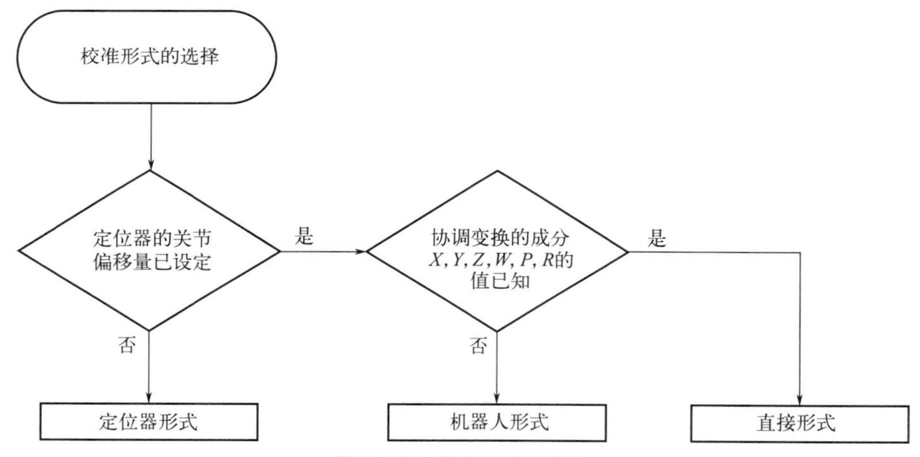

图 2-194 校准形式的选择

(4) 机器人形式校准

① 根据图样等获取定位器的结构尺寸，开机时通过定位器的初期设置而设定定位器的关节偏移量，如图 2-195 所示。

② 机器人形式校准画面如图 2-196 所示。

③ 将光标指向“主导群组 TCP 位置”，如图 2-197 所示。

④ 使定位器和机器人点动，并使工具中心点一致，按下“SHIFT+F5”(记录)。

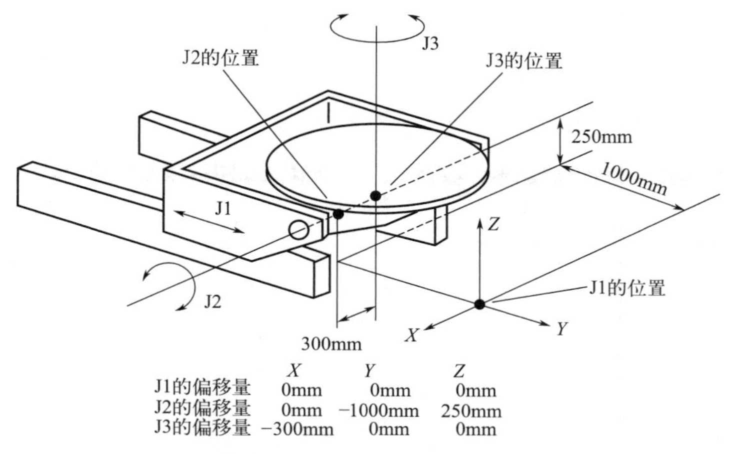

图 2-195 定位器的关节偏移量

⑤ 将光标指向“方向基准点”。

⑥ 使机器人向着定位器的全局坐标系＋X，＋Y 方向（容易进行点动的位置）点动。按下“SHIFT＋F5”（记录）。

⑦ 将光标指向“X 轴方向”的项目，使机器人向着定位器全局坐标系＋X 方向点动，按下“SHIFT＋F5（记录）”。

⑧ 将光标指向“Y 轴方向”的项目，使机器人向着与定位器全局坐标系 XY 平面平行且靠向＋Y 的方向点动，按下“SHIFT＋F5”（记录）。

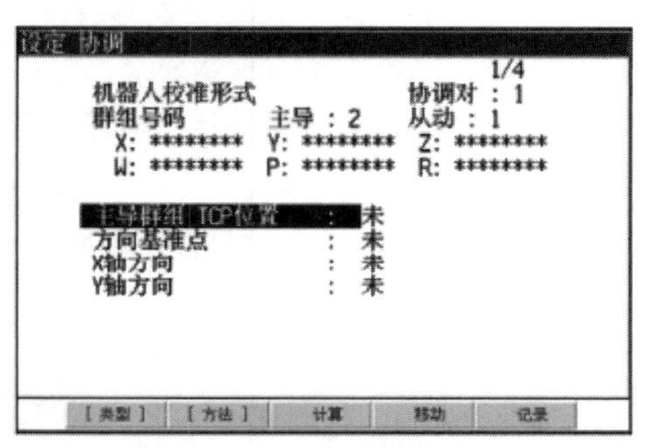

图 2-196 机器人形式校准画面

⑨ 确认 4 点（“主导群组 TCP 位置”—“Y 轴方向”）全部处于“记录完毕”状态。

⑩ 按下“SHIFT＋F3”（计算）。（由此，“记录完毕”转变为“使用完毕”。同时，计

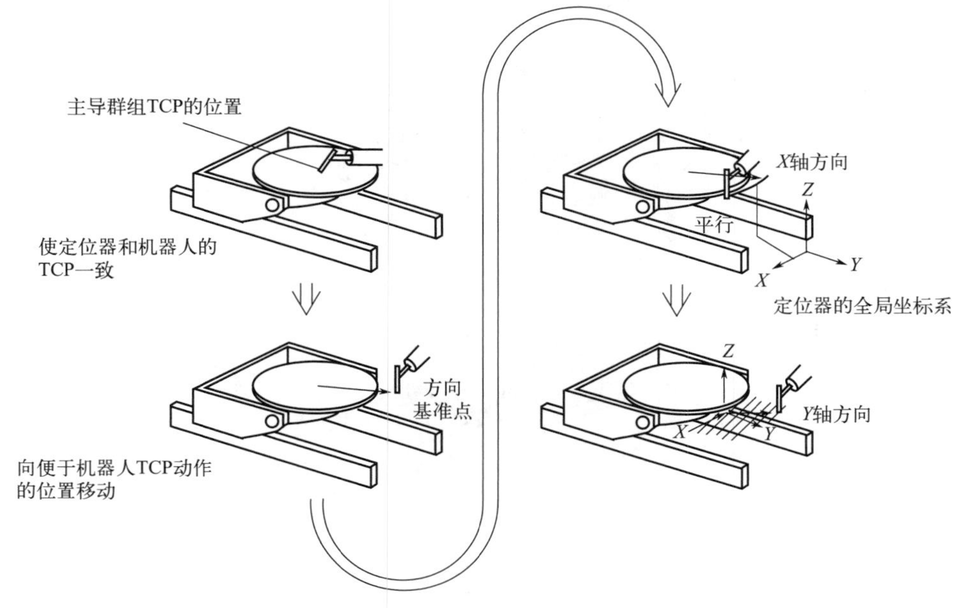

图 2-197 机器人形式校准

算协调变换，并在画面上显示该结果。）

⑪ 执行冷开机。

（5）定位器形式校准

定位器形式校准画面，如图 2-198 所示。

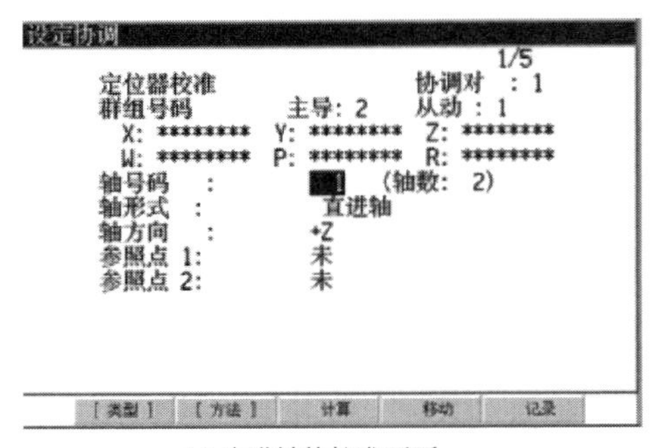

(a) 直进轴的校准画面

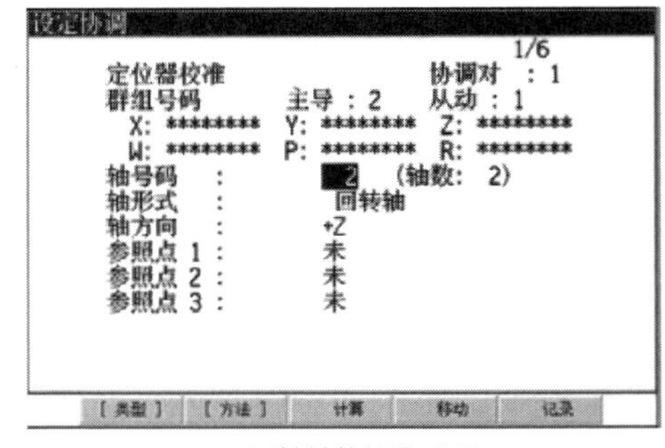

(b) 回转轴的校准画面

图 2-198 定位器形式校准画面

① 将定位器的全轴置于 0 位置，如图 2-199 所示。

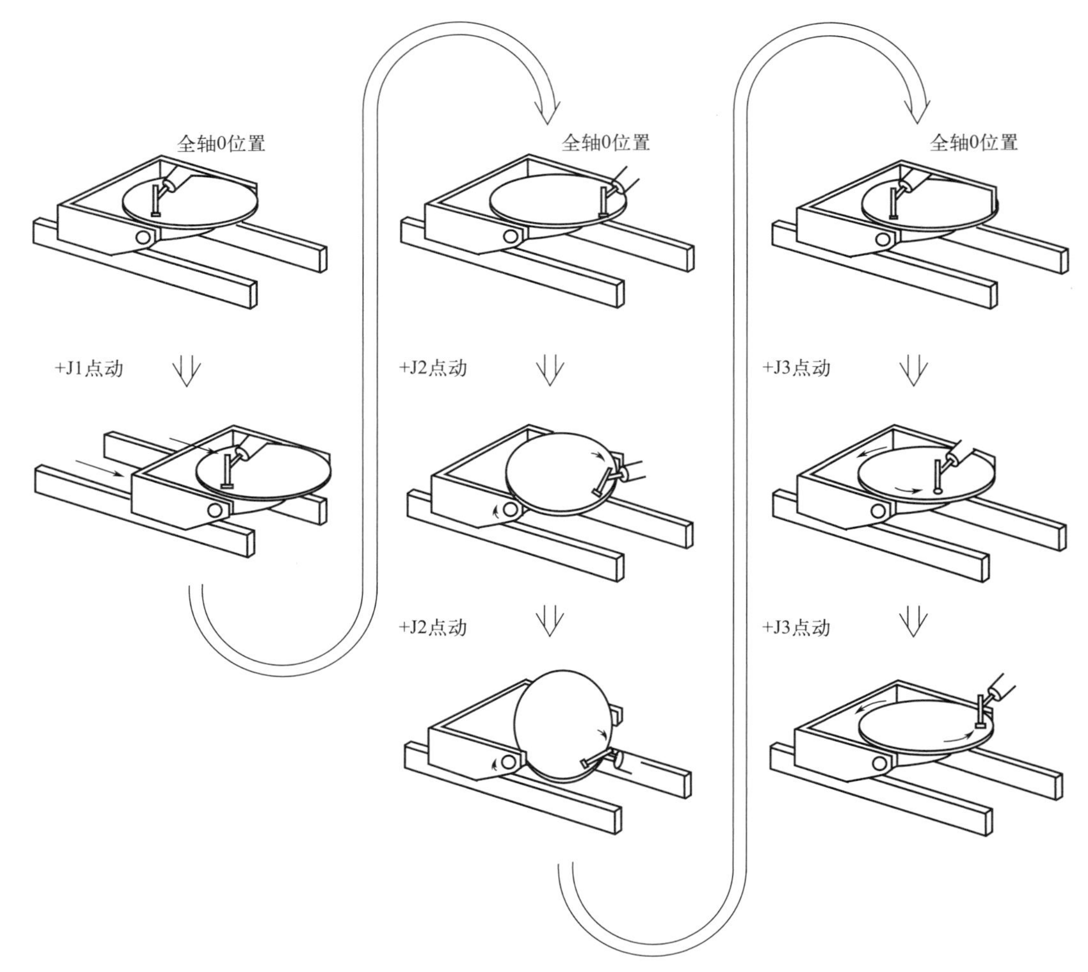

图 2-199 定位器形式校准

② 将光标指向“轴号码”的项目，输入进行示教的定位器轴号码。

③ 将光标指向“轴方向”的项目，按下“ENTER”（输入）键，显示轴方向的菜单。

④ 选择要进行示教的轴的方向（$-Z$，$-Y$，$-X$，$+X$，$+Y$，$+Z$）。

⑤ 直进轴的情形：

a. 将光标指向“参照点 1”的项目。

b. 在定位器机构部上选定一个基准点（该点通过该直进轴的正方向点动而直进，必须能接触到机器人的工具中心点）。

c. 使机器人的工具中心点向着基准点点动；按下“SHIFT+F5”（记录）键。

d. 将光标指向“参照点 2”的项目。

e. 使要进行示教的定位器的轴在某种程度（尽可能长的距离）向着正方向点动。

f. 使机器人的工具中心点向着基准点点动，按下“SHIFT+F5”（记录）。

⑥ 回转轴的情形：

a. 将光标指向“参照点 1”的项目。

b. 在定位器机构部上选定一个基准点（该点通过该回转轴的正方向点动而回转，必须能接触到机器人的工具中心点）。

c. 使机器人的工具中心点向着基准点点动；按下“SHIFT+F5”（记录）键。

d. 将光标指向“参照点 2”的项目。

e. 使要进行示教的定位器的轴在某种程度（尽可能以 30°～90°）向着正方向点动。

f. 使得机器人的工具中心点向着基准点点动；按下“SHIFT+F5”（记录）。

g. 将光标指向“参照点 3”的项目。

h. 使要进行示教的轴，进一步在某种程度（尽可能以 30°～90°）回转。

i. 使机器人的工具中心点向着基准点点动；按下“SHIFT+F5”（记录）。

⑦ 对于定位器的全轴执行如上操作。

⑧ 确认定位器全轴“参照点”都是“记录完毕”。

⑨ 按下“SHIFT+F3”（计算）。（由此，“记录完毕”转变为“使用完毕”。同时，计算协调变换，并在画面上显示该结果。）

⑩ 执行冷开机。

通过如上操作，同时还可计算定位器的关节偏移量。但不显示该值。由此，校准完毕。

(6) 直接形式校准

在设定了定位器关节偏移量的基础上，根据图纸等获取机器人和定位器之间的相对位置关系，协调变换的成分 X、Y、Z、W、P、R 的值已知。直接形式校准画面如图 2-200 所示。

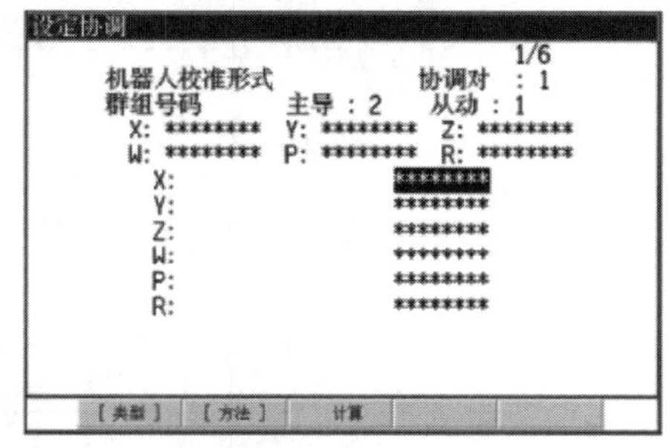

图 2-200 直接形式校准画面

① 输入画面下 X、Y、Z、W、P、R 的各值。

② 确认 X、Y、Z、W、P、R 的输入值是否正确。

③ 按下“SHIFT+F3”（计算）（由此，画面上显示 X、Y、Z、W、P、R 的输入值）。

④ 执行冷开机。

2.5.3 主导坐标系的设定

(1) 主导坐标系

通过主导坐标系，可以对安装在主导群组面板上的工件的方向进行定义，也有助于示教操作的进行。在主导坐标系点动，主导群组（工作台）回转时，从动群组（机器人）TCP的点动轨迹也会随之回转，维持相对运动的关系，如图 2-201 所示。

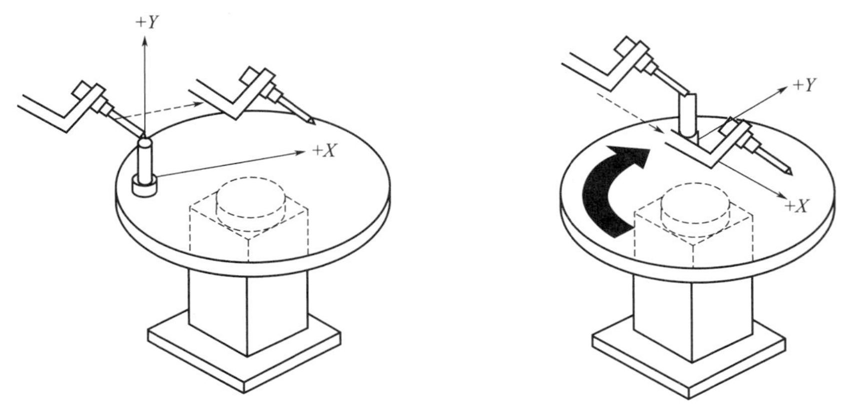

图 2-201 主导坐标系点动

(2) 主导坐标系的应用

进行与工作台的协调动作时，主导群组成为工作台。此时，通过移动主导群组而定义主导坐标系的难度加大。这种情况下，需使用从动群组对主导坐标系进行示教。此时必须已经完成协调双的校准；工件必须已被安装在主导群组的面板上。

① 按下“MENUS”（画面选择）键。

② 选择“设定”。

③ 按下“F1［类型］”。

④ 选择“协调”，显示图 2-202 所示的画面。

⑤ 按下“F2［方法］”，如图 2-203 所示。

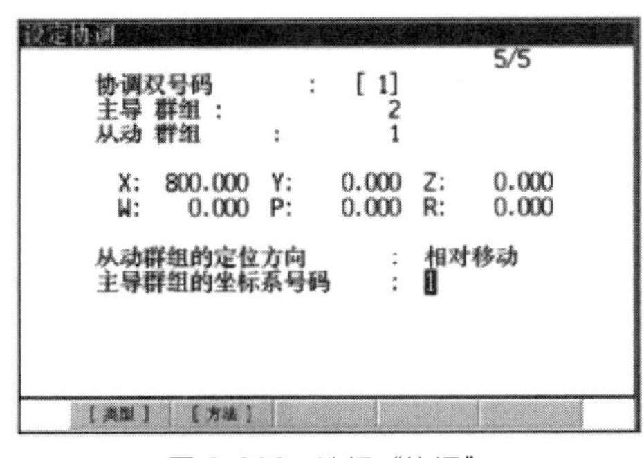

图 2-202 选择“协调”

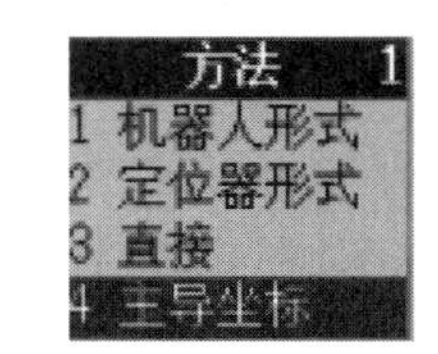

图 2-203 按下“F2［方法］”

⑥ 选择“主导坐标”，显示图 2-204 所示的画面。尚未显示“主导坐标”的选项时，需要进行协调双的校准。主导坐标系的 X、Y、Z、W、P、R 的初始值为 0。

⑦ 设定主导坐标的号码，将光标移动到“主导坐标系号码”的位置；输入主导坐标系的号码，按下“ENTER”键。

⑧ 记录原点。需按照如下方式进行操作：将光标移动到“方向基准点”的位置；点动从动群组（机器人），使其前端移动到主导群组上的基准点。如图 2-205 所示，在按住“SHIFT”键的同时，按下“F5”记录。

⑨ 记录 X 轴方向。需按照如下方式进行操作：将光标移动到“X 轴方向”的位置；点

动从动群组（机器人），使其前端移动到＋X 轴上的点。如图 2-206 所示，在按住“SHIFT”键的同时，按下“F5”记录。无法将从动群组（机器人）的 TCP 移动到＋X 轴上的点时，点动主导群组，以使 TCP 到达该点。

⑩ 记录 Y 轴方向。按照如下方式进行操作：将光标移动到“Y 轴方向”的位置；点动从动群组（机器人），使其前端移动到＋Y 轴上的点，如图 2-207 所示，在按住“SHIFT”键的同时，按下“F5”记录。无法将从动群组（机器人）的 TCP 移动到＋Y 轴上的点时，可点动主导群组，以使 TCP 到达终点。

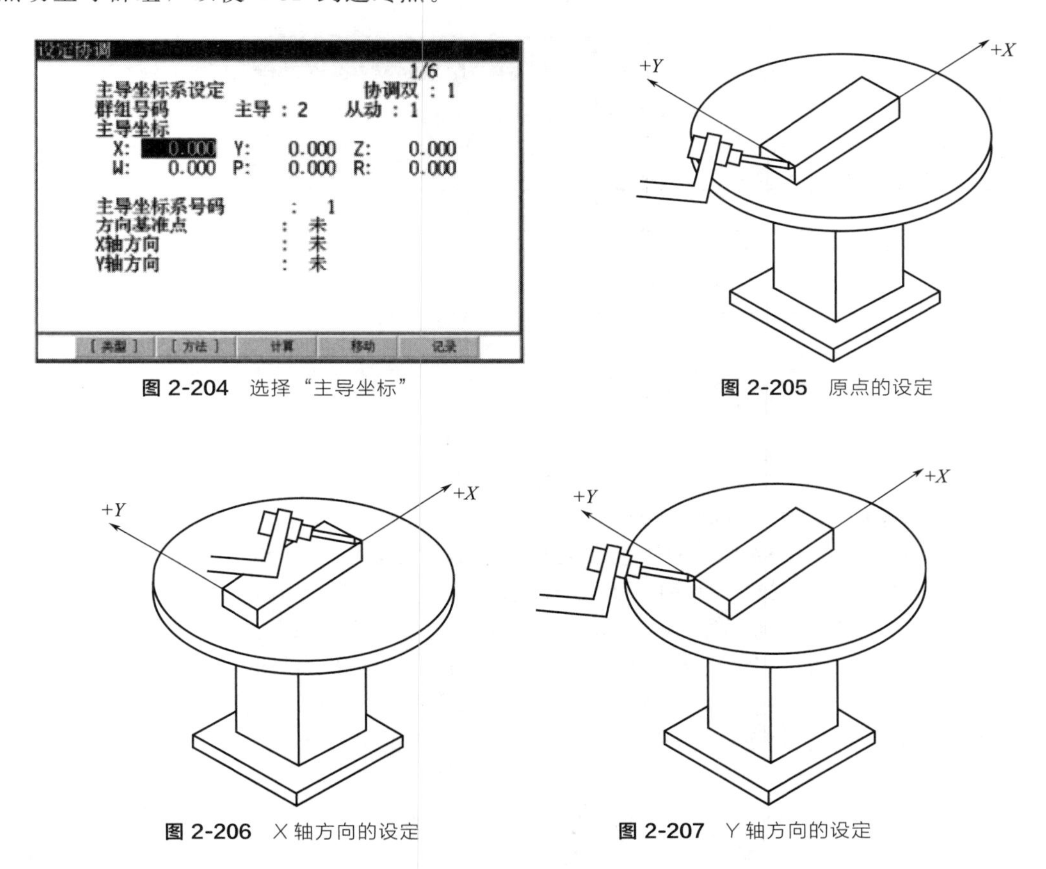

图 2-204 选择“主导坐标”

图 2-205 原点的设定

图 2-206 X 轴方向的设定

图 2-207 Y 轴方向的设定

⑪ 在按住“SHIFT”键的同时按下“F3 计算”，显示新的主导坐标系各要素的值。

2.5.4 协调点动

协调点动下，协调双的主导群组和从动群组在点动时执行协调动作。协调双的点动速度由主导群组的速度决定。协调点动中，主导群组的坐标系与从动群组的 TCP 之间的关系被固定。协调点动下，主导群组和从动群组一起动作。从动群组的位置和姿势，相对于主导群组的坐标系也被固定起来。副群组协调点动，在主导群组的内嵌附加轴动作时使用，只有在主导群组上内嵌有附加轴时有效。主导坐标系点动，在从动群组跟随主导坐标系点动时使用。各自的协调点动中，从动群组 TCP 处于远离主导群组回转轴的位置时，在点动该轴时，即使倍率相同，从动群组的动作速度也会加快。

(1) 点动模式的显示

通过辅助菜单进行选择来执行协调点动。此外，还会显示在画面的上部，显示成为

“C# * ” 的方式，# 表示主导群组的群组号码，*表示从动群组的群组号码。图 2-208 中，主导群组为 2，从动群组为 1。从动群组为 1 和 3 时的各种点动模式的显示，见表 2-6。副群组协调点动中，“C” 的部分称为 “S”，主导群组为 2，从动群组为 1，如图 2-209 所示。

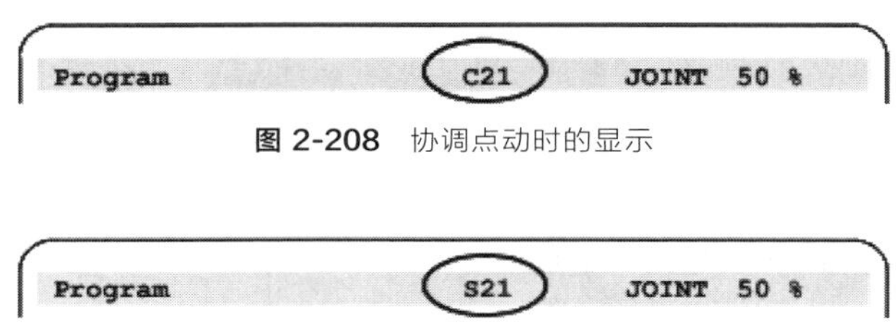

图 2-208 协调点动时的显示

图 2-209 副群组协调点动时的显示

表 2-6 协调点动模式的显示

显示	含义
C21	执行主导群组 2 和从动群组 1 的协调点动
C1	只有从动群组 1，无协调动作
C2	只有主导群组 2 点动，无协调动作
C23	执行主导群组 2 和从动群组 3 的副群组协调点动
C2/S	主导群组 2 的副群组点动，无协调动作
主导 2	跟随主导坐标系使从动群组点动

(2) 主导群组的点动（协调点动）

在执行协调控制的过程中，工件被安装在主导群组上，从动群组（机器人）相对该工件进行作业。在此种状况下进行程序的示教时，通常首先点动承载工件的主导群组，然后向工件上的下一个位置点动从动群组，对该位置进行示教。通过以协调点动的方式执行主导群组的点动，就可以使从动群组的点动坐标系的坐标轴方向与向着工件上的下一个示教点动作的方向一致，便于从动群组的点动。协调点动中，从动群组的 TCP 维持在相对主导群组的位置和姿势，如图 2-210、图 2-211 所示。要进行主导群组的协调点动，必须设定主导坐标系。

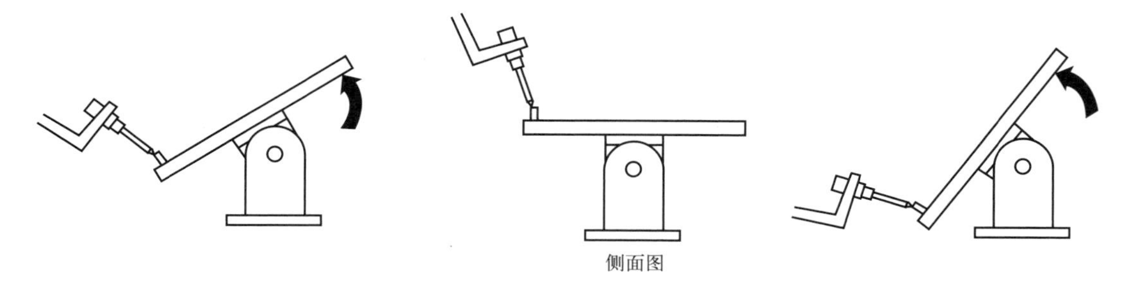

图 2-210 基于协调点动的倾斜动作

(3) 主导坐标系点动模式

主导坐标系点动下，主导群组（工作台）回转时，从动群组（机器人）TCP 的点动轨迹也随之回转，维持相对主导群组运动的关系，如图 2-212 所示。

执行主导群组的点动时，主导坐标系点动无效，因而无法将点动设定为主导模式。执行从动群组的点动时，在主导坐标系点动下，画面右上角显示 “主导 2”。这里显示的 2，表示主导群组的群组号码，如图 2-213 所示。

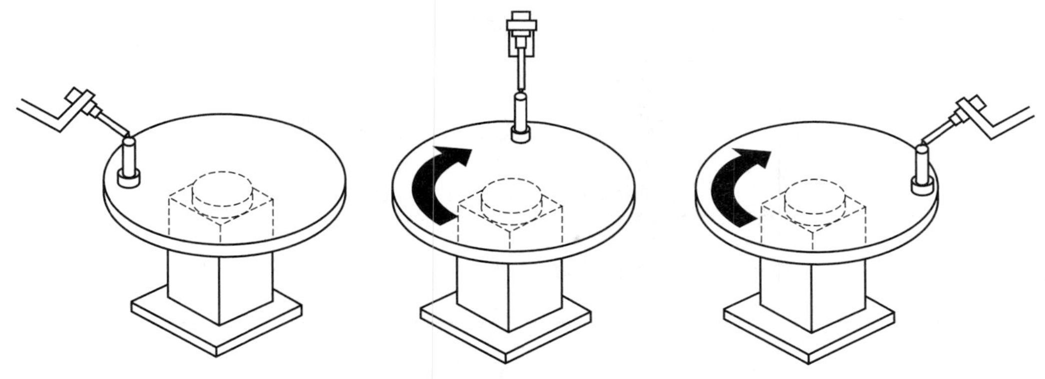

图 2-211 基于协调点动的工作台回转动作

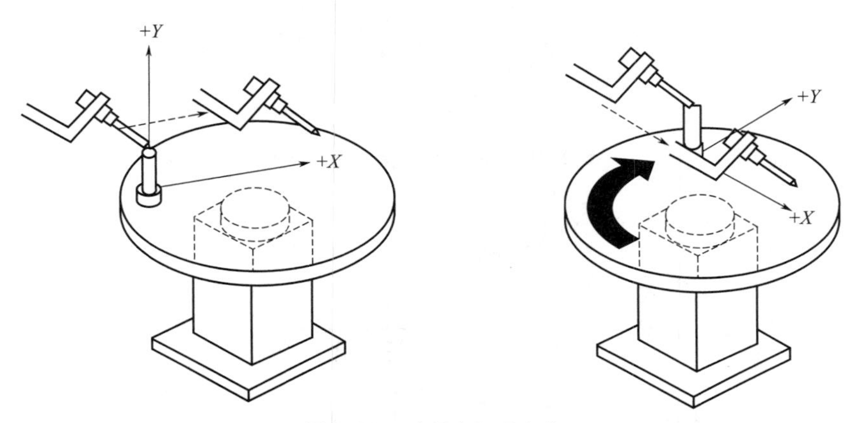

图 2-212 主导坐标系点动

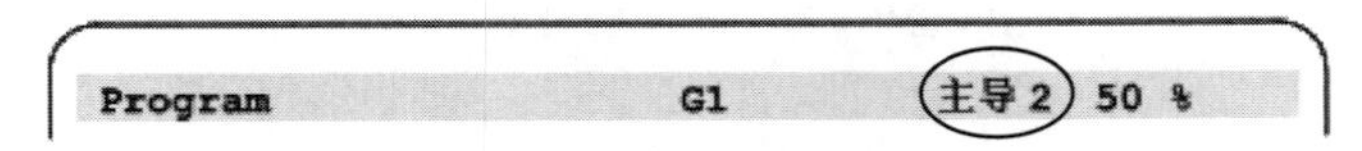

图 2-213 主导坐标系点动模式的显示

在已经选择主导群组（机器人），点动模式显示为主导 2 的情况下，TCP 跟随主导群组的全局坐标系而动作。图 2-213 的“G1”表示现在执行点动的对象为群组 1。相对于从动群组而存在多个主导群组时，可通过辅助菜单的“切换主导群组”来进行主导群组的切换。表 2-7 为协调点动的种类一览。协调点动的例子如图 2-214 至图 2-216 所示。

表 2-7 协调点动的种类（群组 1：从动群组，群组 2：主导群组）

显示	含义	关节点动	各种正交点动
C21	协调双的点动	主导群组的坐标系通过关节动作而移动。从动群组随着协调变换而动作，并维持与主导群组的相对关系	没有效果
S21	与副群组（内嵌附加轴）的协调点动	主导群组的坐标系通过关节动作而移动。从动群组随着协调变换而动作，并维持与主导群组的相对关系	主导群组的坐标系沿着 X、Y、Z 方向移动（依赖于坐标轴的分配，直进的内嵌附加轴有效）。从动群组随着协调变换而动作

续表

显示	含义	关节点动	各种正交点动
G1	从动群组(机器人)的点动	不进行协调动作。只有从动群组通过关节动作而动作	不进行协调动作。只有从动群组进行正交动作
G2	主导群组(定位器)的点动	不进行协调动作。只有主导群组通过关节动作而动作	没有效果
主导2(G1)	从动群组(机器人)的点动	从动群组随着主导坐标系而动作	虽然执行与点动坐标系和用户坐标系的点动相同的动作,但是当主导群组移动时,动作的坐标也会移动

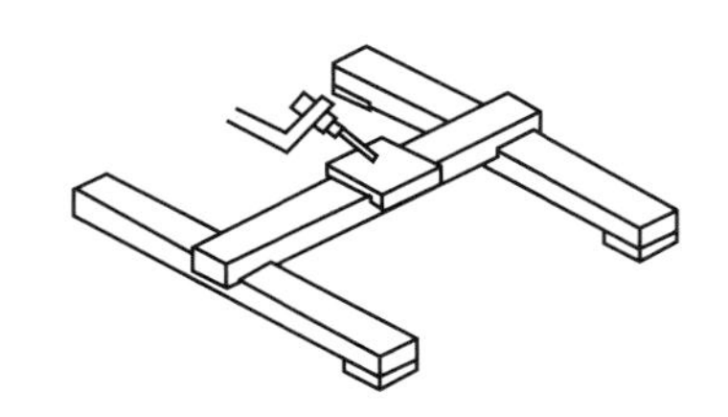
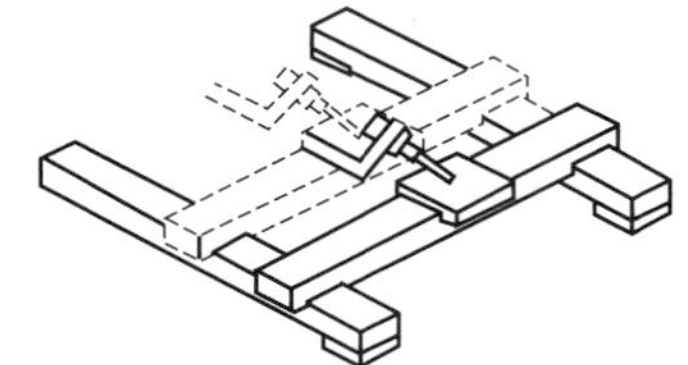
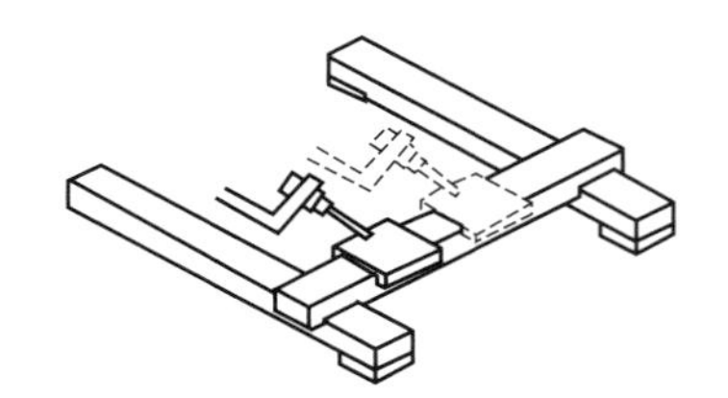

图 2-214 基于协调点动的直进动作

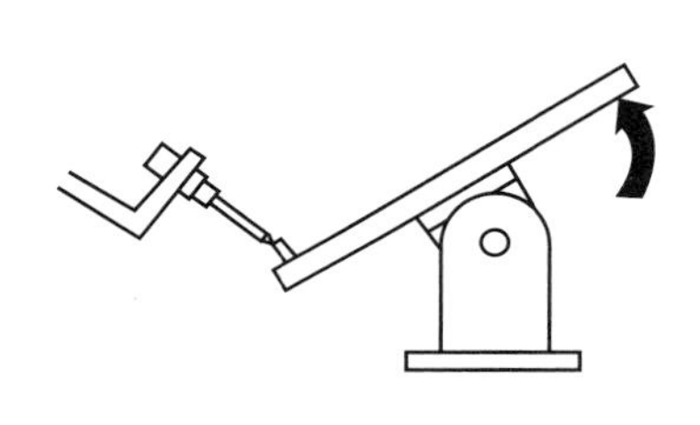
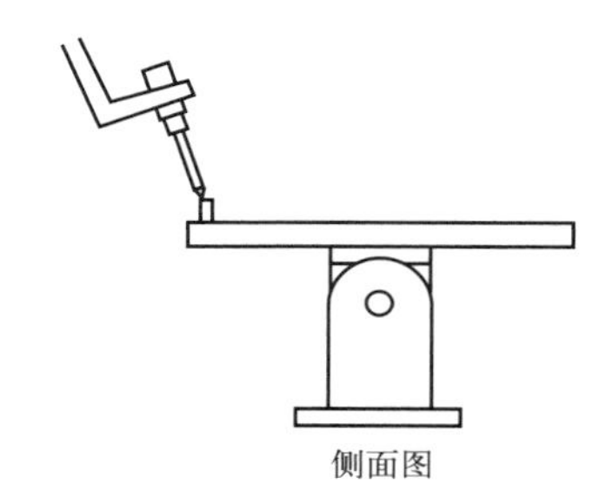

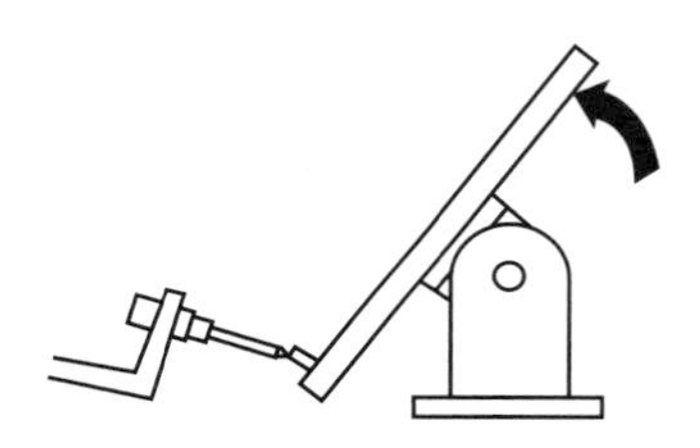

图 2-215 基于协调点动的倾斜动作

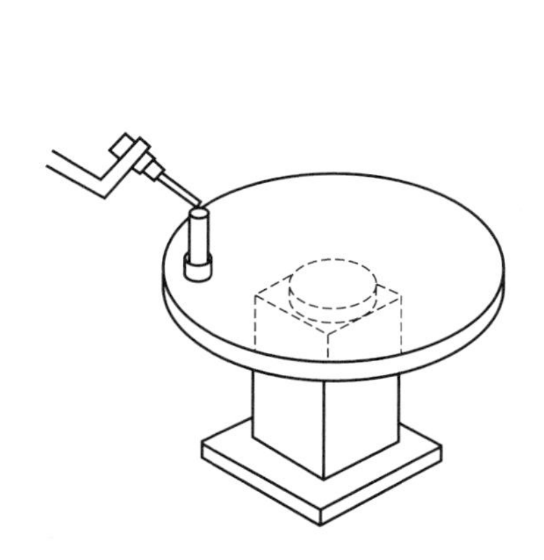
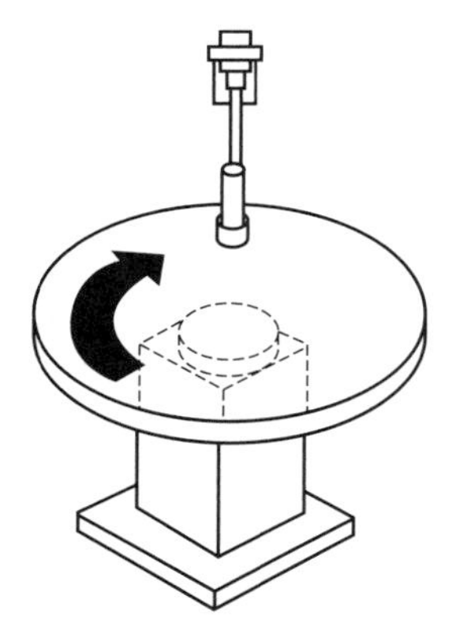
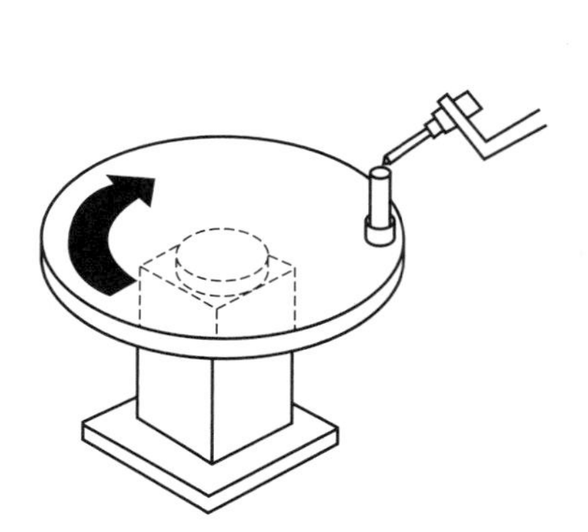

图 2-216 基于协调点动的工作台回转动作

点动动作中,工具的朝向相对工作台维持一定的位置关系。即使同时使多个轴动作,也可执行协调动作。各自的协调点动中,从动群组的 TCP 处于远离主导群组回转轴的位置时,在点动该轴时,即使倍率相同,从动群组的动作速度也会加快。在进行点动时,要注意这一点。否则,可能会导致作业人员受伤或设备受损。

（4）协调点动实例

① 按下“FCTN”（辅助）键。

② 将光标指向“改变群组”，按下“ENTER”（输入）键。

③ 输入主导群组的群组号码。

④ 按下“FCTN”键。

⑤ 将光标指向“切换协调操作”，按下“ENTER”（输入）键，如图 2-209 所示。

⑥ 变更从动群组时，按下“FCTN”键，反复进行，直到显示所期望的协调双为止，选择“切换协调操作”。

⑦ 结束协调点动时，按下“FCTN”键，选择“切换协调操作”。

（5）程序中的协调动作

要在程序中执行协调动作，使用动作附加指令（Wjnt、INC、……）的一个“COORD”，例如图 2-217 所示。从动群组（机器人）执行动作形式（L、C）所示的动作，而主导群组（定位器）则始终执行关节动作，在程序中执行协调动作时的注意事项如下。

```
L  P[1]  100mm/sec  FINE  COORD
```

从动群组(机器人)相对于主导群组(定位器)执行相对速度100mm/s的直线动作，主导群组在保持相对速度的范围内执行最大速度的关节动作

```
C P[1]
  P[2]  300mm/sec  CNT100  COORD
```

从动群组相对于主导群组执行相对速度300mm/s的圆弧动作，主导群组在保持相对速度的范围内，执行最大速度的关节动作

图 2-217 协调动作的示例

① 无法在包含 COORD 指令的动作语句中使用 INC 指令。

② 无法进行手腕关节的进给。

③ 无法在包含 COORD 指令的动作语句中使用手腕关节动作（Wjnt）指令。

④ 只可在从动群组中执行摆焊。

⑤ 无法使用程序移转、镜像。

⑥ 不支持主导群组的用户坐标系、工具坐标系。

⑦ 即使在只有机器人动作（定位器不动）的情况下，也可以附加 COORD 指令。这种情况下，执行与不进行协调动作时相同的动作。

⑧ 在紧靠执行协调动作的动作语句之前，无法使用附加了 CNT1～100 的直线、圆弧动作指令。J 动作和 CNT0 情形下可以使用，如图 2-218 所示。

⑨ 执行多重焊接的协调动作时，必须在其开始点指定附加了 COORD 指令的直线指令。

```
正：
1:L P[1] 250mm/sec CNT0
2:L P[2] 20mm//sec FINE COORD
1:J P[1]  100% CNT
2:L P[2] 20mm//sec FINE COORD
误：
1: L P[1] 250mm/sec CNT100
2: L P[2] 20mm//sec FINE COORD
```

图 2-218 协调动作指令的示例

第3章 工业机器人在线程序的编制

3.1 工业机器人的编程基础

机器人运动和控制在机器人的程序编制上得到有机结合，机器人程序设计是实现人与机器人通信的主要方法，也是研究机器人系统最困难和最关键的问题之一，如图 3-1 所示。编程系统的核心问题是操作运动控制问题，如图 3-2 所示。

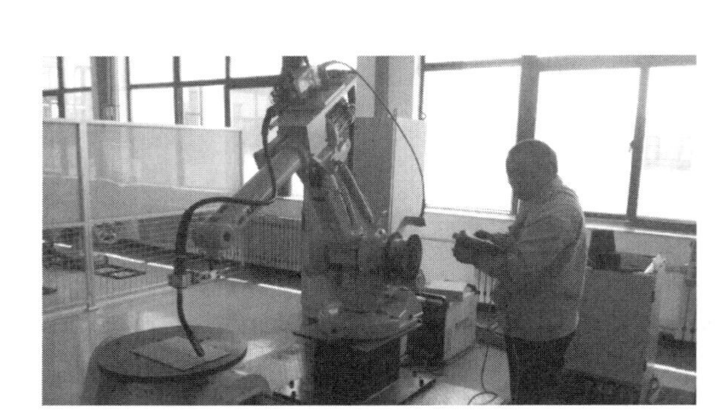

图 3-1 机器人程序设计

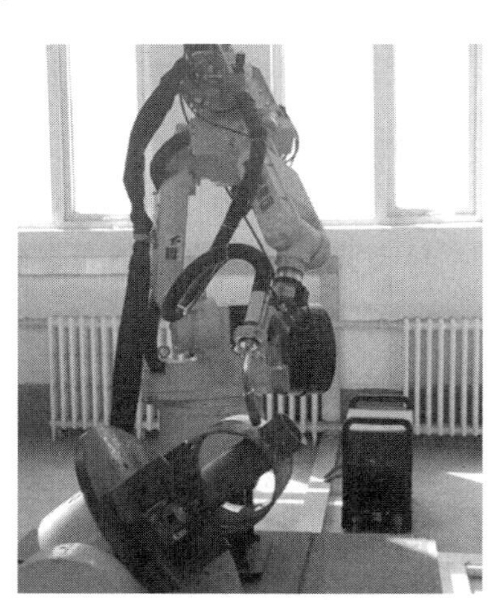

图 3-2 机器人操作运动控制

机器人的编程程度决定了此机器人的适应性。例如，机器人能否执行复杂顺序的任务，能否快速地从一种操作方式转换到另一种操作方式，能否在特定环境中做出决策。所有这些问题，在很大程度上都是程序设计所考虑的问题，而且与机器人的控制问题密切相关。

由于机器人的机构和运动均与一般机械不同，因而其程序设计也具有特色，进而对机器人程序设计提出特别要求。

3.1.1 工业机器人的编程要求

(1) 能够建立世界模型

机器人编程需要有一种描述物体在三维空间内运动的方法。描述具体的几何形式是机器人编程语言最普通的组成部分。物体的所有运动都以相对于基坐标系的工具坐标来描述。机器人语言应当具有对世界（环境建模）的功能。

(2) 能够描述机器人的作业

对机器人作业的描述与其环境模型密切相关，描述水平决定了编程语言水平。其中以自然语言输入为最高水平。现有的机器人语言需要给出作业顺序，由语法和词法定义输入语言，并由它描述整个作业。例如，装配作业可描述为世界模型的一系列状态，这些状态可用工作空间内所有物体的形态给定，这些形态可利用物体间的空间关系来说明。

(3) 能够描述机器人的运动

机器人编程语言的基本功能之一就是描述机器人需要进行的运动。用户能够运用语言中的运动语句，与路径规划器和发生器连接。允许用户规定路径上的点及目标点，决定是否采用插补运动或笛卡儿直线运动。用户还可以控制运动速度或运动持续时间。

(4) 允许用户规定执行流程

机器人编程系统允许用户规定执行流程，包括试验、转移、循环、调用子程序以至中断等，这与一般的计算机编程语言相同。

(5) 具有良好的编程环境

一个好的计算机编程环境有助于提高程序员的工作效率。机械手的程序编制是困难的，其编程趋向于试探对话式。如果用户忙于应付连续重复的编译语言的编辑—编译—执行循环，那么其工作效率必然低下。因此，现在大多数机器人编程语言具有中断功能，以便能够在程序开发和调试过程中每次只执行一条单独语句。典型的编程支撑（如文本编辑调试程序）和文件系统也同样需要。

(6) 需要人机接口和综合传感信号

要求在编程和作业过程中，应便于人与机器人之间进行信息交换，以便在运动出现故障时能及时处理，确保安全。而且，随着作业环境和作业内容复杂程度的增加，需要有功能强大的人机接口。

机器人语言中一个极其重要的部分是与传感器的相互作用。语言系统应能提供常用的决策结构，以便根据传感器的信息来控制程序的流程。

3.1.2 机器人编程语言的类型

尽管机器人语言有很多分类方法，但根据作业描述水平的高低，通常可分为三级。

(1) 动作级编程语言

动作级语言以机器人的运动作为描述中心，通常由指挥末端执行机构从一个位置到另一个位置的一系列命令组成。动作级语言的每一个命令（指令）对应于一个动作。

动作级语言的代表是VAL语言，它的语句比较简单，易于编程。动作级语言的缺点是不能进行复杂的数学运算，不能接受复杂的传感器信息，仅能接受传感器的开关信号，并且和其他计算机的通信能力很差。VAL语言不提供浮点数或字符串，而且子程序不含自变量。动作级编程又可分为关节级编程和终端执行器级编程两种。

1）关节级编程

关节级编程程序给出机器人各关节位移的时间序列。这种程序可以用汇编语言简单的编程指令实现，也可通过示教盒示教或键入示教实现。

关节级编程是一种在关节坐标系中工作的初级编程方法，用于直角坐标型机器人的和圆柱坐标型机器人的编程尚较为简便。但用于关节型机器人，即使完成简单的作业，也首先要作运动综合才能编程，整个编程过程较为复杂。

2）终端执行器级编程

终端执行器级编程是一种在作业空间内、直角坐标系里工作的编程方法。终端执行器级编程程序给出机器人终端执行器的位姿和辅助机能的时间序列，包括力觉、触觉、视觉等机能以及作业用量、作业工具的选定等。这种语言的指令由系统软件解释执行。可提供简单的条件分支，可应用子程序，并提供较强的感受处理功能和工具使用功能，这类语言有的还具有并行功能。

（2）对象级编程语言

对象级语言解决了动作级语言的不足，它是描述操作物体间关系使机器人动作的语言，即是以描述操作物体之间的关系为中心的语言，这类语言有 AML、AUTOPASS 等。

AUTOPASS 是一种用于计算机控制下进行机械零件装配的自动编程系统，这一编程系统面对作业对象及装配操作，而不直接面对装配机器人的运动。

（3）任务级编程语言

任务级语言是比较高级的机器人语言，这类语言允许使用者对工作任务所要求达到的目标直接下命令，不需要规定机器人所做的每一个动作细节。只要按某种原则给出最初的环境模型和最终的工作状态，机器人可自动进行推理、计算，最后自动生成机器人的动作。任务级语言的概念类似于人工智能中程序自动生成的概念。任务级机器人编程系统能够自动执行许多规划任务。

各种机器人编程语言具有不同的设计特点，它们是由许多因素决定的。这些因素包括：

① 语言模式，如文本、清单等。

② 语言形式，如子程序、新语言等。

③ 几何学数据形式，如坐标系、关节转角、矢量变换、旋转以及路径等。

④ 旋转矩阵的规定与表示，如旋转矩阵、矢量角、四元数组、欧拉角以及滚动—偏航—俯仰角等。

⑤ 控制多个机械手的能力。

⑥ 控制结构，如状态标记等。

⑦ 控制模式，如位置、偏移力、柔顺运动、视觉伺服、传送带及物体跟踪等。

⑧ 运动形式，如两点间的坐标关系、两点间的直线、连接点、连续路径、隐式几何图形（如圆周）等。

⑨ 信号线，如二进制输入输出、模拟输入输出等。

⑩ 传感器接口，如视觉、力/力矩、接近度传感器和限位开关等。

⑪ 支撑模块，如文件编辑程序、文件系统、解释程序、编译程序、模拟程序、宏程序、指令文件、分段联机、差错联机、HELP 功能以及指导诊断程序等。

⑫ 调试性能，如信号分级变化、中断点和自动记录等。

3.1.3 在线编程的种类

（1）主从式

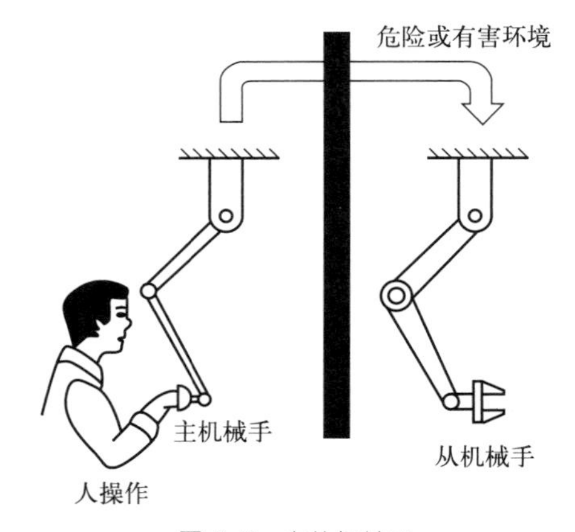

图 3-3 主从机械手

第二次世界大战期间，由于核工业和军事工业的发展，美国原子能委员会的阿尔贡研究所研制了“遥控机械手”，用于代替人生产和处理放射性材料。1948 年，这种较简单的机械装置被改进，开发出了机械式的主从机械手（见图 3-3）。它由两个结构相似的机械手组成，主机械手在控制室，从机械手在有辐射的作业现场，两者之间有透明的防辐射墙相隔。操作者用手操纵主机械手，控制系统会自动检测主机械手的运动状态，并控制从机械手跟随主机械手运动，从而解决对放射性材料的远距离操作问题。这种被称为主从控制的机器人控制方式，至今仍在很多场合中应用。

（2）直接示教

直接示教是操作者操纵安装在机器人手臂内的操纵杆，按规定动作顺序示教动作内容。主要用于示教再现型机器人，通过引导或其他方式，先教会机器人动作，输入工作程序后，机器人则自动重复进行作业。

直接示教是一项成熟的技术，易于被熟悉工作任务的人员所掌握，用简单的设备和控制装置即可进行。示教过程进行得很快，示教过后，马上即可应用。在某些系统中，还可以用与示教时不同的速度再现。

例如，如果能够从一个运输装置获得使机器人的操作与搬运装置同步的信号，就可以用示教的方法来解决机器人与搬运装置配合的问题。

直接示教方式编程也有一些缺点：只能在人所能达到的速度下工作；难以与传感器的信息相配合；不能用于某些危险的情况；在操作大型机器人时，这种方法不实用；难以直线运动；难以与其他操作同步。

（3）示教盒示教

示教盒示教是操作者利用示教控制盒上的按钮驱动机器人一步一步实现运动。它主要用于数控型机器人，不必使机器人动作，通过数值、语言等对机器人进行示教，利用装在控制盒上的按钮可以驱动机器人按需要的顺序进行操作。机器人根据示教后形成的程序进行作业。

如图 2-1 所示，在示教盒中，每一个关节都有一对按钮，分别控制该关节在两个方向上的运动，有时还附加最大允许速度的控制。为了获得最高的运行效率，人们希望机器人能实现多关节合成运动，但在用示教盒示教的方式下，却难以同时移动多个关节。类似于电视游戏机上的游戏杆，可以通过移动控制盒中的编码器或电位器来控制各关节的速度和方向，但难以实现精确控制。

1）示教再现原理

机器人的示教再现过程分为四个步骤进行。

步骤一：示教。操作者把规定的目标动作（包括每个运动部件、每个运动轴的动作）一步一步地教给机器人。示教的简繁，标志着机器人自动化水平的高低。

步骤二：记忆。机器人将操作者所示教的各个点的动作顺序信息、动作速度信息、位姿信息等记录在存储器中。存储信息的形式、存储量的大小决定机器人能够进行的操作的复杂程度。

步骤三：再现。根据需要，将存储器所存储的信息读出，向执行机构发出具体的指令。机器人根据给定顺序或者工作情况，自动选择相应程序并再现，这一功能标志着机器人对工作环境的适应性。

步骤四：操作。指机器人以再现信号作为输入指令，使执行机构重复实现过程规定的各种动作。

在示教再现这一动作循环中，示教和记忆同时进行，再现和操作同时进行。这种方式是机器人控制中比较方便和常用的方法之一。

2）示教再现操作方法

示教再现过程分为示教前准备、示教、再现前准备、再现四个阶段，如图 3-4 所示。

3.1.4 在线示教实例

通过在线方式输入从 A 到 B 作业点程序，如图 3-5 所示。其基本流程如图 3-6 所示。程序点说明如表 3-1 所示。

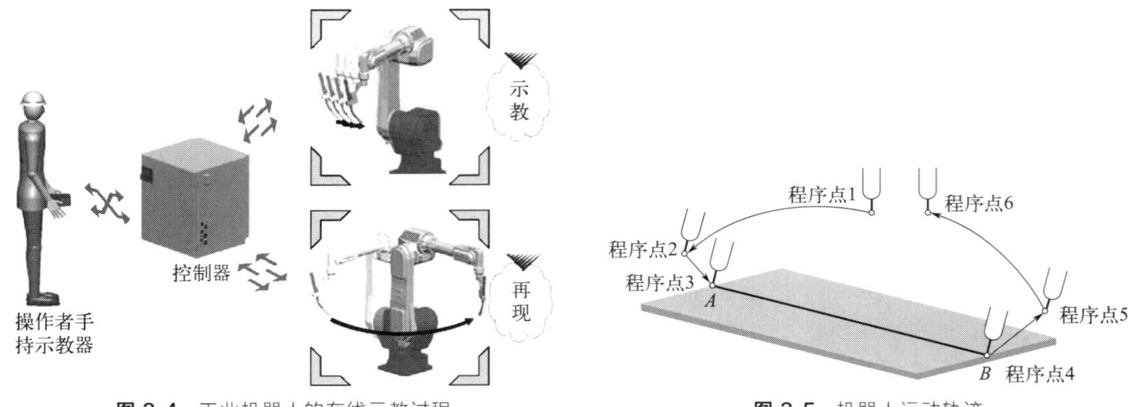

图 3-4　工业机器人的在线示教过程　　图 3-5　机器人运动轨迹

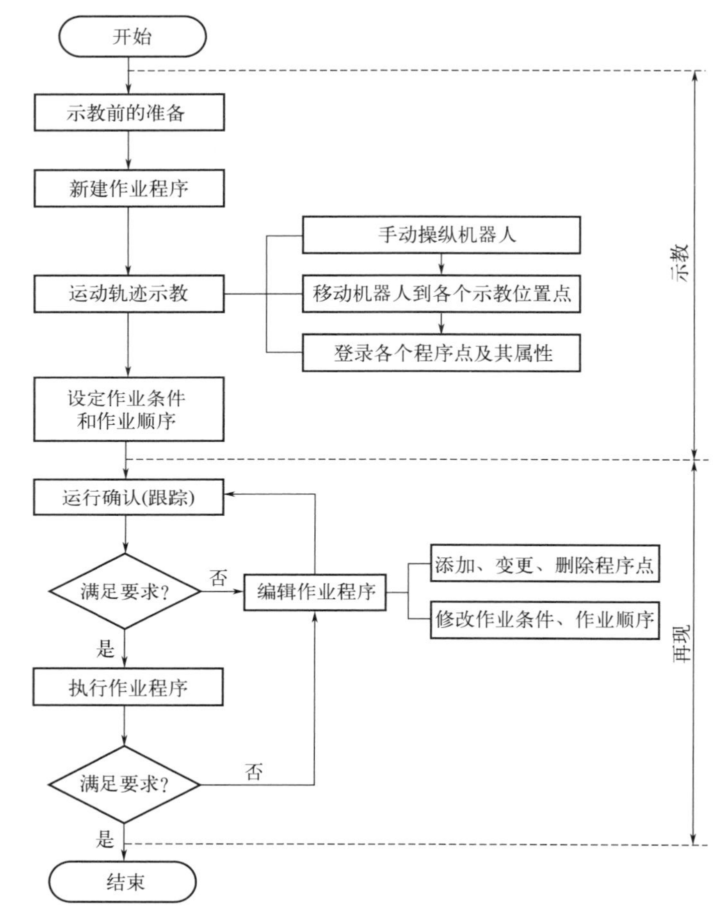

图 3-6　在线示教基本流程

表 3-1　图 3-6 程序点说明

程序点	说明	程序点	说明	程序点	说明
程序点 1	机器人原点	程序点 3	作业开始点	程序点 5	作业规避点
程序点 2	作业临近点	程序点 4	作业结束点	程序点 6	机器人原点

(1) 示教前的准备

① 工件表面清理。

② 工件装夹。

③ 安全确认。

④ 机器人原点确认。

(2) 新建作业程序

作业程序是用机器人语言描述机器人工作单元的作业内容，主要用于登录示教数据和机器人指令。

(3) 程序点的登录

运动轨迹示教方法见表3-2所示。

表3-2 运动轨迹示教方法

程序点	示教方法
程序点1 (机器人原点)	①手动操纵机器人,移动机器人到原点 ②将程序点属性设定为"空走点",插补方式选"PTP" ③确认保存程序点1为机器人原点
程序点2 (作业临近点)	①手动操纵机器人移动到作业临近点 ②将程序点属性设定为"空走点",插补方式选"PTP" ③确认保存程序点2为作业临近点
程序点3 (作业开始点)	①手动操纵机器人移动到作业开始点 ②将程序点属性设定为"作业点/焊接点",插补方式选"直线插补" ③确认保存程序点3为作业开始点 ④如有需要,手动插入焊接开始作业命令
程序点4 (作业结束点)	①手动操纵机器人移动到作业结束点 ②将程序点属性设定为"空走点",插补方式选"直线插补" ③确认保存程序点4为作业结束点 ④如有需要,手动插入焊接结束作业命令
程序点5 (作业规避点)	①手动操纵机器人移动到作业规避点 ②将程序点属性设定为"空走点",插补方式选"直线插补" ③确认保存程序点5为作业规避点
程序点6 (机器人原点)	①手动操纵机器人,移动机器人到原点 ②将程序点属性设定为"空走点",插补方式选"PTP" ③确认保存程序点6为机器人原点

(4) 设定作业条件

① 在作业开始命令中设定工作开始规范及工作开始动作次序。

② 在工作结束命令中设定工作结束规范及工作结束动作次序。

③ 手动设置作业条件，比如手动调节保护气体流量。

(5) 检查试运行

确认机器人附近无人后，按以下顺序执行作业程序的测试：

① 打开要测试的程序文件。

② 移动光标至期望跟踪程序点所在命令行。

③ 持续按住示教器上的"跟踪功能键"，实现机器人的单步或连续运转。跟踪的主要目的是检查示教生成的动作以及末端工具指向位置是否已登录，如图3-7所示。

(6) 再现

工业机器人程序的启动可用两种方法：

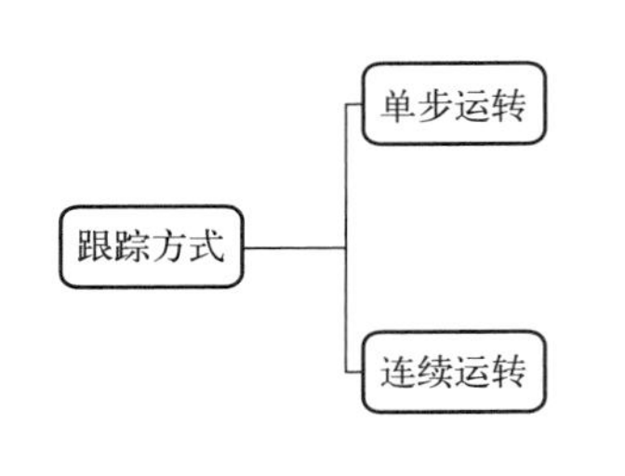

通过逐行执行当前行(光标所在行)的程序语句，机器人实现两个临近程序点间的单步正向或反向移动。结束1行的执行后，机器人动作暂停

通过连续执行作业程序，从程序的当前行到程序的末尾，机器人完成多个程序点的顺向连续移动。程序为顺序执行，所以仅能实现正向跟踪，多用于作业周期估计

图 3-7 跟踪方式

1）手动启动

使用示教器上的“启动按钮”来启动程序的方式。适合作业任务及测试阶段。

2）自动启动

利用外部设备输入信号来启动程序的方式。在实际生产中经常用到。在确认机器人的运行范围内没有其他人员或障碍物后：

① 打开要再现的作业程序，并移动光标到程序开头。

② 切换“模式旋钮”至“再现/自动”状态。

③ 按示教器上的“伺服 ON 按钮”，接通伺服电源。

④ 按“启动按钮”，机器人开始运行。

3.1.5 机器人在线编程的信息

机器人完成作业所需的信息包括运动轨迹、作业条件和作业顺序。

(1) 运动轨迹

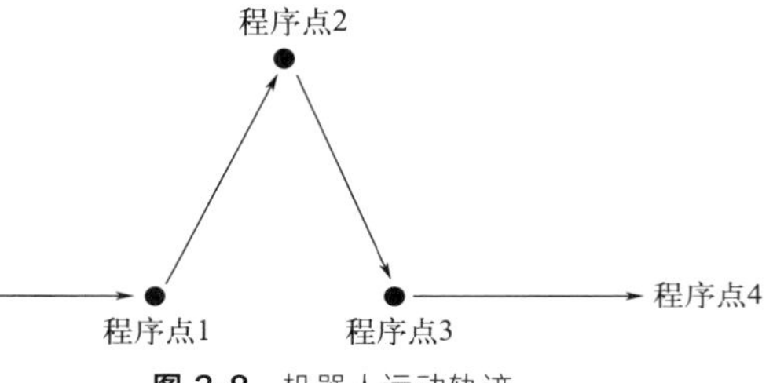

图 3-8 机器人运动轨迹

运动轨迹是机器人为完成某一作业，工具中心点（TCP）所掠过的路径，如图 3-8 所示，是机器示教的重点。从运动方式上看，工业机器人具有点到点（PTP）运动和连续路径（CP）运动两种形式。按运动路径种类区分，工业机器人具有直线和圆弧两种动作类型，如表 3-3 所示。

表 3-3 工业机器人常见插补方式

插补方式	动作描述	动作图示
关节插补	机器人在未规定采取何种轨迹移动时，默认采用关节插补。出于安全考虑，通常在程序点 1 用关节插补示教	起点 终点
直线插补	机器人从前一程序点到当前程序点运行一段直线，直线轨迹仅示教 1 个程序点（直线结束点）即可。直线插补主要用于直线轨迹的作业示教	起点 终点

续表

插补方式	动作描述	动作图示
圆弧插补	机器人沿着用圆弧插补示教的3个程序点执行圆弧轨迹移动。圆弧插补主要用于圆弧轨迹的作业示教	中间点 终点 起点

示教时，直线轨迹示教2个程序点（直线起始点和直线结束点）；圆弧轨迹示教3个程序点（圆弧起始点、圆弧中间点和圆弧结束点）。在具体操作过程中，通常PTP示教各段运动轨迹端点，而CP运动由机器人控制系统的路径规划模块经插补运算生成。机器人运动轨迹的示教主要是确认程序点的属性。每个程序主要包含如下几个程序点。

① 位置坐标　描述机器人TCP的6个自由度（3个平动自由度和3个转动自由度）。

② 插补方式　机器人再现时，从前一程序点移动到当前程序点的动作类型。

③ 再现速度　机器人再现时，从前一程序点移动到当前程序点的速度。

④ 空走点　指从当前程序点移动到下一程序点的整个过程不需要实施作业，用于示教除作业开始点和作业中间点之外的程序点。

⑤ 作业点　指从当前程序点移动到下一程序点的整个过程需要实施作业，用于作业开始点和作业中间点。

（2）作业条件

工业机器人作业条件的登录方法，有三种形式。

① 使用作业条件文件　输入作业条件的文件称为作业条件文件。使用这些文件，可使作业命令的应用更简便。

② 在作业命令的附加项中直接设定　需要了解机器人指令的语言形式，或程序编辑画面的构成要素。程序语句一般由行标号、命令及附加项等部分组成。

③ 手动设定　在某些应用场合下，有关作业参数的设定需要手动进行。

（3）作业顺序

作业顺序不仅可保证产品质量，而且可提高效率。作业顺序的设置主要涉及如下几点。

① 作业对象的工艺顺序　在某些简单作业场合，作业顺序的设定同机器人运动轨迹的示教合二为一。

② 机器人与外围周边设备的动作顺序　在完整的工业机器人系统中，除机器人本身外，还包括一些周边设备，如变位机、移动滑台、自动工具快换装置等。

3.1.6　机器人语言编程

机器人的主要特点之一是通用性，使机器人具有可编程能力是实现这一特点的重要手段。机器人编程必然涉及机器人语言，机器人语言是使用符号来描述机器人动作的方法。它通过对机器人动作的描述，使机器人按照编程者的意图进行各种动作。

（1）机器人语言编程系统

机器人语言编程系统包括三个基本操作状态：监控状态、编辑状态和执行状态。

① 监控状态：监控状态用于整个系统的监督控制，操作者可以用示教盒定义机器人在空间中的位置，设置机器人的运动速度，存储和调出程序等。

② 编辑状态：编辑状态用于操作者编制或编辑程序。一般包括：写入指令，修改或删去指令以及插入指令等。

③ 执行状态：执行状态用来执行机器人程序。在执行状态中，机器人执行程序的每一条指令，都是经过调试的，不允许执行有错误的程序。

和计算机语言类似，机器人语言程序可以编译，把机器人源程序转换成机器码，以便机器人控制柜能直接读取和执行。

(2) 机器人语言编程的应用

机器人语言编程即为用专用的机器人语言来描述机器人的动作轨迹。它不但能准确地描述机器人的作业动作，而且能描述机器人的现场作业环境，如对传感器状态信息的描述，更进一步还能引入逻辑判断、决策、规划功能及人工智能。

机器人编程语言具有良好的通用性，同一种机器人语言可用于不同类型的机器人，同时也解决了多台机器人协调工作的问题。机器人编程语言主要用于下列类型的机器人。

① 感觉控制型机器人，利用传感器获取的信息控制机器人的动作。

② 适应控制型机器人，机器人能适应环境的变化，控制其自身的行动。

③ 学习控制型机器人，机器人能“体会”工作的经验，并具有一定的学习功能，可以将所“学习”的经验用于工作中。

④ 智能机器人，以人工智能决定其行动的机器人。

(3) 机器人语言编程的要求

1）能够建立世界模型

在进行机器人编程时，需要一种描述物体在三维空间内运动的方式。所以需要给机器人及其相关物体建立一个基础坐标系。这个坐标系与大地相连，也称为“世界坐标系”。机器人工作时，为了方便起见，也建立其他坐标系，同时建立这些坐标系与基础坐标系的变换关系。机器人编程系统应具有在各种坐标系下描述物体位姿和建模的能力。

2）能够描述机器人的作业

机器人作业的描述与其环境模型密切相关，编程语言水平决定了描述水平。其中以自然语言输入为最高水平。现有的机器人语言需要给出作业顺序，由语法和词法定义输入语言，并由它描述整个作业。

3）能够描述机器人的运动

描述机器人需要进行的运动是机器人编程语言的基本功能之一。用户能够运用语言中的运动语句，与路径规划器和发生器连接。允许用户规定路径上的点及目标点，决定是否采用插补运动或笛卡儿直线运动。用户还可以控制运动速度或运动持续时间。

对于简单的运动语句，大多数编程语言具有相似的语法。

4）允许用户规定执行流程

同一般的计算机编程语言一样，机器人编程系统允许用户规定执行流程，包括试验、转移、循环、调用子程序以至中断等。

并行处理对于自动工作站是十分重要的。首先，一个工作站常常控制两台或多台机器人同时工作以减少过程周期。在单台机器人的情况下，工作站的其他设备也需要机器人控制器以并行方式控制。因此，在机器人编程语言中常常含有信号和等待等基本语句或指令，而且往往提供比较复杂的并行执行结构。

通常需要用某种传感器来监控不同的过程。通过中断，机器人系统能够反映由传感器检测到的一些事件。有些机器人语言提供规定此种事件的监控器。

5）要有良好的编程环境

一个好的编程环境有助于提高程序员的工作效率。机械手的程序编制是困难的，其编程趋向于试探对话式。如果用户忙于应付连续重复的编译语言的编辑—编译—执行循环，那么其工作效率必然是低下的。因此，现在大多数机器人编程语言具有中断功能，以便能够在程序开发和调试过程中每次只执行单独一条语句。典型的编程支撑和文件系统也同样需要。

根据机器人编程特点，其支撑软件应具有下列功能：在线修改和立即重新启动；传感器的输出和程序追踪；仿真。

6）需要人机接口和综合传感信号

在编程和作业过程中，应便于人与机器人之间进行信息交换，以便在运动出现故障时能及时处理，确保安全。而且，随着作业环境和作业内容复杂程度的增加，需要有功能强大的人机接口。

机器人语言中一个极其重要的部分是与传感器的相互作用。语言系统应能提供常用的决策结构，以便根据传感器的信息来控制程序的流程。

（4）机器人编程语言基本特性

1）清晰性、简易性和一致性

这个概念在点位引导级特别简单。基本运动级作为点位引导级与结构化级的混合体，它可能有大量的指令，但控制指令很少，因此缺乏一致性。

结构化级和任务级编程语言在开发过程中，自始至终都考虑了程序设计语言的特性。结构化程序设计技术和数据结构，减轻了对特定指令的要求，坐标变换使得表达运动更一般化，而子句的运用大大提高了基本运动语句的通用性。

2）程序结构的清晰性

结构化程序设计技术的引入，如 while、do、if、then、else 这种类似自然语言的语句代替简单的 go to 语句，使程序结构清晰明了，但需要更多的时间和精力来掌握。

3）应用的自然性

正是由于这一特性的要求，使得机器人语言逐渐增加各种功能，由低级向高级发展。

4）易扩展性

从技术不断发展的观点来说，各种机器人语言既能满足各自机器人的需要，又能在扩展后满足未来新应用领域以及传感设备改进的需要。

5）调试和外部支持工具

它能快速有效地对程序进行修改，已商品化的较低级别的语言有非常丰富的调试手段，结构化级在设计过程中始终考虑到离线编程，因此只需要少量的自动调试。

6）效率

语言的效率取决于编程的容易性，即编程效率和语言适应新硬件环境的能力（可移植性）。随着计算机技术的不断发展，计算机处理速度越来越快，已能满足一般机器人控制的需要，各种复杂的控制算法实用化指日可待。

（5）机器人编程语言基本功能

这些基本功能包括运算、决策、通信、机械手运动、工具指令以及传感器数据处理等。许多正在运行的机器人系统，只提供机械手运动和工具指令以及某些简单的传感数据处理功能。机器人语言体现出来的基本功能都是由机器人系统软件支持形成的。

1）运算

在作业过程中执行的规定运算能力是机器人控制系统最重要的能力之一。如果机器人未装有任何传感器，那么就可能不需要对机器人程序规定运算。没有传感器的机器人是一台适于编程的数控机器。对于装有传感器的机器人所进行的最有用的运算是解析几何计算。这些运算结果能使机器人自行作出决定，在下一步把工具或夹手置于何处。用于解析几何运算的计算工具可能包括下列内容。

① 机械手的解答及逆解答。

② 坐标运算和位置表示，例如相对位置的构成和坐标的变化等。

③ 矢量运算，例如点积、交积、长度、单位矢量、比例尺以及矢量的线性组合等。

2）决策

机器人系统能够根据传感器输入的信息作出决策，而不必执行任何运算。传感器数据计算得到的结果，是作出下一步该干什么这类决策的基础。这种决策能力使机器人控制系统的功能变得更强有力。一条简单的条件转移指令（例如检验零值）就足以执行任何决策算法。决策采用的形式包括符号检验（正、负或零）、关系检验（大于、不等于等）、布尔检验（开或关、真或假）、逻辑检验（对一个计算字进行位组检验）以及集合检验（一个集合的数、空集等）。

3）通信

人和机器能够通过许多不同方式进行通信。机器人向人提供信息的设备，按其复杂程度排列如下。

① 信号灯，通过发光二极管，机器人能够给出显示信号。

② 字符打印机、显示器。

③ 绘图仪。

④ 语言合成器或其他音响设备（铃、扬声器等）。

这些输入设备包括：按钮、旋钮和指压开关；数字或字母数字键盘；光笔、光标指示器和数字变换板；光学字符阅读机；远距离操纵主控装置（如悬挂式操作台）等。

4）机械手运动

可用许多不同方法来规定机械手的运动。最简单的方法是向各关节伺服装置提供一组关节位置，然后等待伺服装置到达这些规定位置。比较复杂的方法是在机械手工作空间内插入一些中间位置。这种程序使所有关节同时开始运动和同时停止运动。

用与机械手的形状无关的坐标来表示工具位置是更先进的方法，需要用一台计算机对解答进行计算。在笛卡儿空间内引入一个参考坐标系，用以描述工具位置，然后让该坐标系运动。采用计算机之后，极大地提高了机械手的工作能力，包括：

① 使更复杂的运动顺序成为可能。

② 使运用传感器控制机械手运动成为可能。

③ 能够独立存储工具位置，而与机械手的设计以及刻度系数无关。

5）工具指令

一个工具控制指令通常是由闭合某个开关或继电器而触发的，而继电器又可能把电源接通或断开，直接控制工具运动；或者送出一个小功率信号给电子控制器，让后者去控制工具运动。直接控制是最简单的方法，而且对控制系统的要求也较少。可以用传感器来检测工具运动及其功能的执行情况。

当采用工具功能控制器时，对机器人主控制器来说就能对机器人进行比较复杂的控制。采用单独控制系统能够使工具功能控制与机器人控制协调一致地工作。这种控制方法已被成功地用于飞机机架的钻孔和铣削加工。

6）传感数据处理

用于机械手控制的通用计算机只有与传感器连接起来，才能发挥其全部效用。传感数据处理是许多机器人程序编制中十分重要而又复杂的组成部分。当采用触觉、听觉或视觉传感器时，更是如此。例如，当应用视觉传感器获取视觉特征数据、辨识物体和进行机器人定位时，视觉数据的处理工作量十分巨大。

(6) 机器人语言系统的结构

如同其他计算机语言一样，机器人语言实际上是一个语言系统，机器人语言系统既包含语言本身——给出作业指示和动作指示，同时又包含处理系统——根据上述指示来控制机器人系统。机器人语言系统如图 3-9 所示，它能够支持机器人编程、控制，以及与外围设备、传感器和机器人接口之间的数据传递；同时还能支持和计算机系统的通信。

机器人语言操作系统包括三个基本的操作状态：监控状态、编辑状态、执行状态。

监控状态用来进行整个系统的监督控制。在监控状态下，操作者可以用示教盒定义机器人在空间的位置，设置机器人的运动速度，存储和调出程序等。

编辑状态用来提供操作者编制程序或编辑程序。尽管不同语言的编辑操作不同，但一般均包括：写入指令、修改或删去指令以及插入指令等。

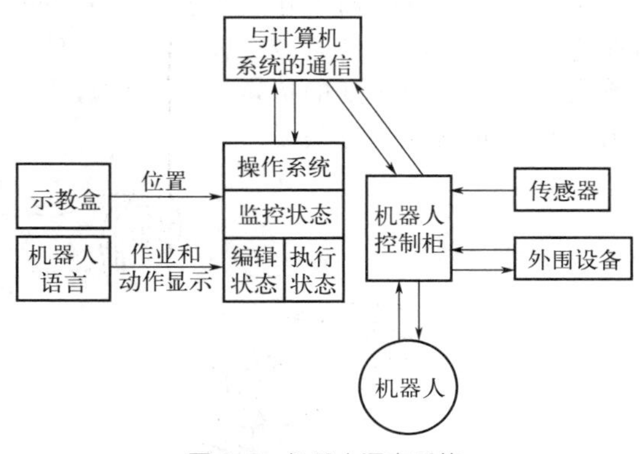

图 3-9　机器人语言系统

执行状态用来执行机器人程序。在执行状态，机器人执行程序的每一条指令，操作者可通过调试程序来修改错误。例如，在程序执行过程中，某一位置关节角超过限制，因此机器人不能执行，在 CRT 上显示错误信息，并停止运行。操作者可返回到编辑状态修改程序。大多数机器人语言允许在程序执行过程中，直接返回到监控或编辑状态。

和计算机编程语言类似，机器人语言程序可以编译，即把机器人源程序转换成机器码，以便机器人控制柜能直接读取和执行；编译后的程序，运行速度将大大加快。

3.2 基本编程指令简介

3.2.1 动作指令

所谓动作指令，是指以指定的移动速度和移动方法使机器人向作业空间内的指定位置移动的指令。动作指令中指定的内容如图 3-10 所示。

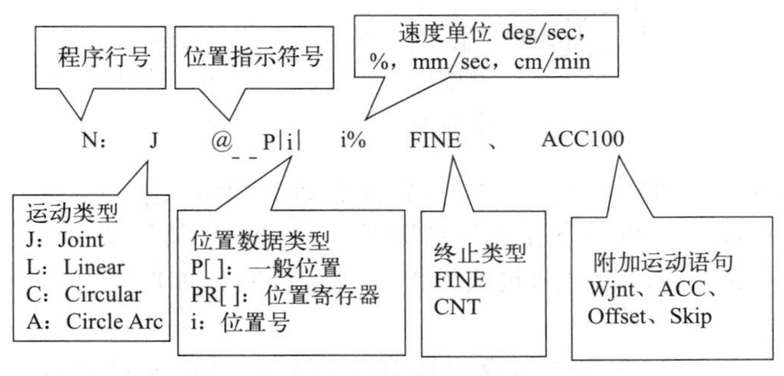

图 3-10　动作指令的内容

(1) 动作指令的组成

① 动作类型：指定向指定位置的轨迹控制。

② 位置资料：对机器人将要移动的位置进行示教。

③ 移动速度：指定机器人的移动速度。

④ 定位类型：指定是否在指定位置定位。

⑤ 动作附加指令：指定在动作中执行附加指令。

（2）动作类型

1）关节动作 J

关节动作是将机器人移动到指定位置的基本移动方法。机器人沿着所有轴同时加速，在示教速度下移动后，同时减速停止。移动轨迹通常为非线性。在对结束点进行示教时记述动作类型。关节移动速度的指定，以相对最大移动速度的百分比来记述。移动中的工具姿势不受到控制，如图 3-11 所示。

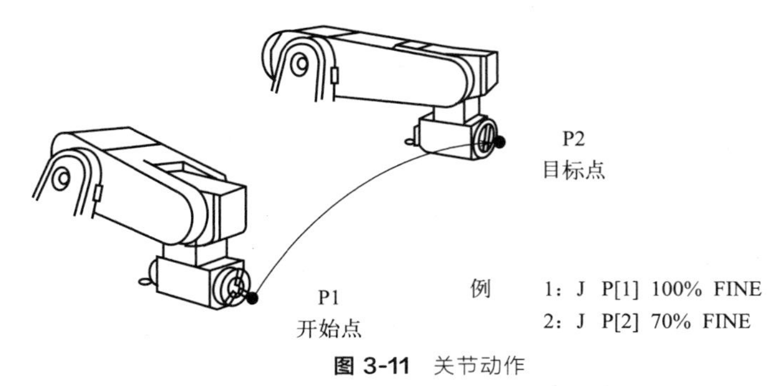

图 3-11 关节动作

2）直线动作 L

直线动作是以线性方式从开始点到结束点的移动轨迹进行控制的一种移动方法。在对结束点进行示教时记述动作类型。直线移动速度的指定，从 mm/sec、cm/min、inch/min、sec 中予以选择。将开始点和目标点的姿势进行分割后对移动中的工具姿势进行控制，如图 3-12 所示。

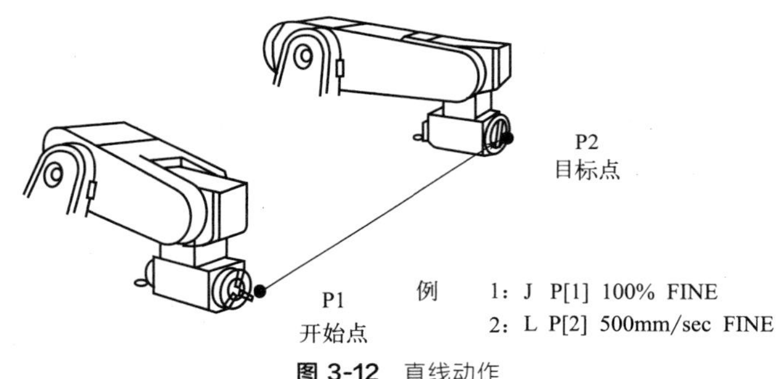

图 3-12 直线动作

回转动作是使用直线动作，使工具的姿势从开始点到结束点以工具为中心回转的一种移动方法。将开始点和目标点的姿势进行分割后对移动中的工具姿势进行控制。此时，移动速度以 deg/sec 予以指定。移动轨迹通过线性方式进行控制，如图 3-13 所示。

3）圆弧动作 C

圆弧动作是从动作开始点到结束点以圆弧方式对工具移动轨迹进行控制的一种移动方法。其在一个指令中对经由点和目标点进行示教。圆弧移动速度的指定，从 mm/sec、cm/min、inch/min、sec 中予以选择。将开始点、经由点、目标点的姿势进行分割后对移动中的工具姿势进行控制，如图 3-14 所示。

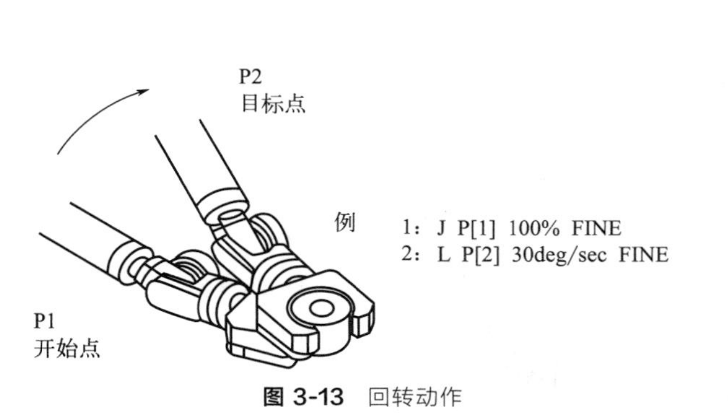

图 3-13 回转动作

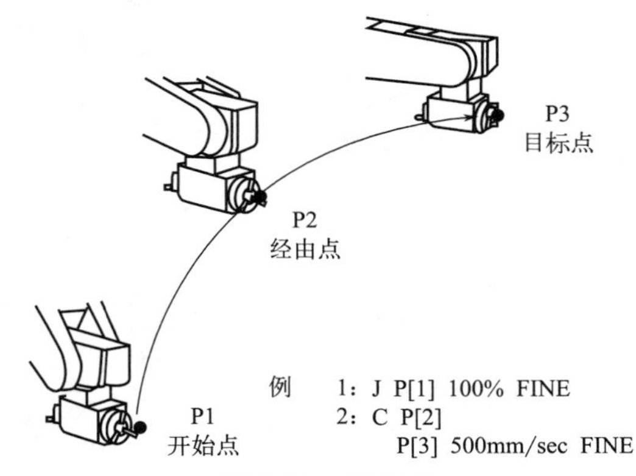

图 3-14 圆弧动作

(3) 位置数据类型

P[]：一般位置

例如：`J P[1] 100% FINE`

PR[]:位置寄存器

例如：`J PR[1] 100% FINE`

(4) 速度单位

对应不同的运动类型速度单位不同：

① J：%，sec，msec；

② L、C：mm/sec，cm/min、inch/min、deg/sec、sec、msec。

(5) 定位类型

根据定位类型，定义动作指令中机器人的动作结束方法。定位类型有两种，定位类型FINE与定位类型CNT。

FINE定位类型

例　`J P[1] 50% FINE`

根据FINE定位类型，机器人在目标位置停止（定位）后，向着下一个目标位置移动。

CNT定位类型

例　`J P[1] 50% CNT50`

根据CNT定位类型，机器人靠近目标位置，但是不在该位置停止而在下一个位置动作。

机器人靠近目标位置的程度，由0～100范围内的值来定义。指定0时，机器人在最靠近目标位置处动作，但是不在目标位置定位而开始下一个动作。指定100时，机器人在目标位置附近不减速而马上向着下一个点开始动作，并通过最远离目标位置的点，如图3-15所示。运动速度一定时的情况如图3-16所示，CNT值一定时的情况如图3-17所示。

例如：

```
1:J P[1] 100% FINE
2:L P[2] 2000mm/sec CNT100
3:J P[3] 100% FINE
[END]
```

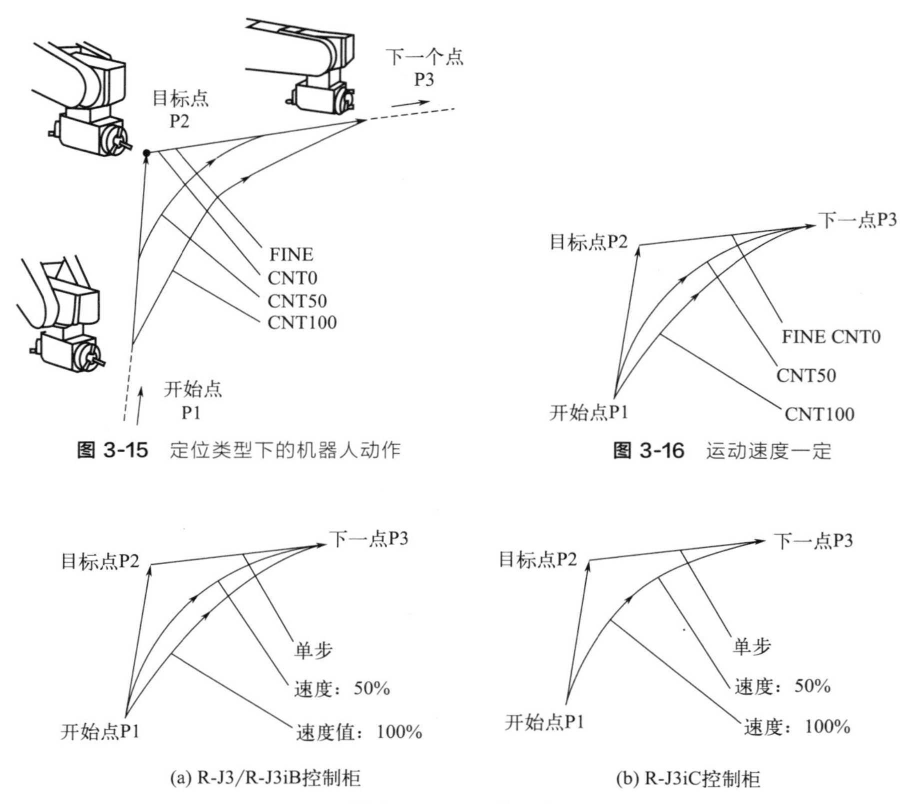

图 3-15 定位类型下的机器人动作

图 3-16 运动速度一定

图 3-17 CNT 值一定

围绕工件周围的动作，应使用“CNT”定位类型。机器人不在示教点停止，而朝着下一个目标准点连续运动。机器人在工件附近运动的情况下，应调整 CNT 定位的路径，如图 3-18 所示。

在需要大幅度改变工具姿势的情况下，若将其分割为几个动作进行示教，将会缩短循环时间。不应在每次的动作中大幅度改变工具姿势，如图 3-19 所示。

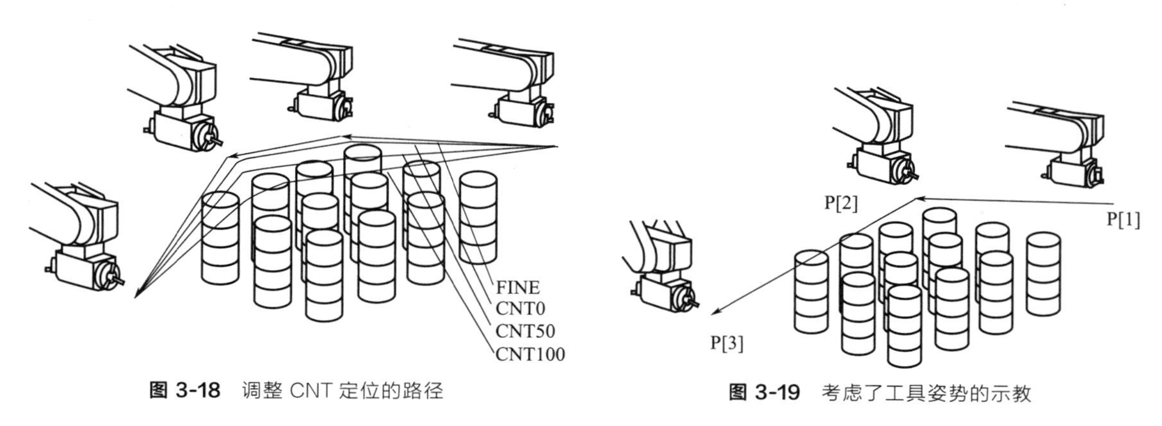

图 3-18 调整 CNT 定位的路径

图 3-19 考虑了工具姿势的示教

3.2.2 暂存器指令

暂存器指令是进行暂存器算术运算的指令。暂存器有暂存器指令、位置暂存器指令、位置暂存器要素指令、栈板暂存器指令、字符串暂存器、字符串指令等几种。

(1) 暂存器指令

暂存器用来存储某一整数值或小数值的变量，标准情况下提供有 200 个暂存器。

1) 暂存值

R[i]=(值)

R[i]=(值) 指令，将某一值代入暂存器，其值如图 3-20 所示。

例如：

```
1:R[1]=RI[3]
2:R[R[4]]=AI[R[1]]
```

2) 运算

暂存器指令是进行暂存器算术运算的指令，可以进行多项式运算，如图 3-21 所示。

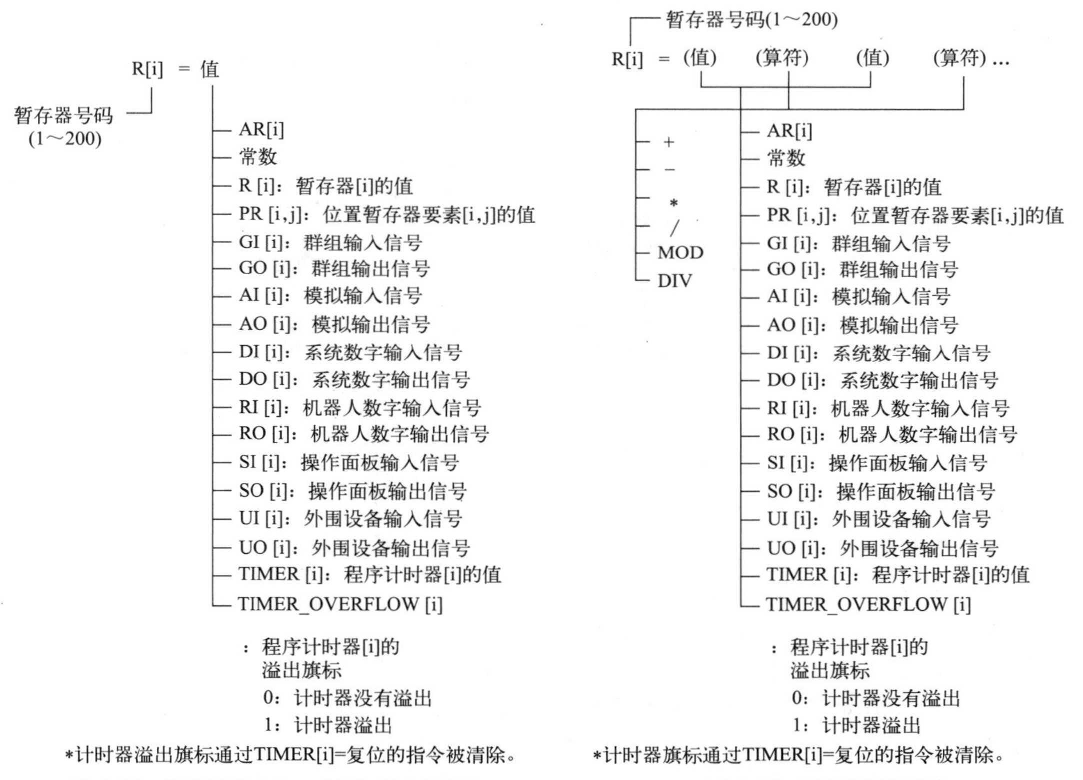

图 3-20 暂存器 R[i]=(值) 指令说明图　　**图 3-21** 暂存器运算指令

例如：

```
1:R[2]=R[3]-R[4]+R[5]-R[6]
2:R[10]=R[2]*100/R[6]
```

运算行中可以记述的算符最多为 5 个。算符“+”“−”可以在相同行混合使用。此外，“*”“/”也可以混合使用。但是，“+”“−”和“*”“/”则不可混合使用。

(2) 位置暂存器指令

使用位置暂存器指令之前，通过“LOCK PREG”来锁定位置暂存器。若没有进行锁定，动作可能会集中在一起。

1）暂存值

PR[i]=（值）指令，将位置资料代入位置暂存器，其值如图 3-22 所示。

例如：

```
1:PR[1]=LPOS
2:PR[R[4]]=UFRAME[R[1]]
3:PR[GP1:9]=UTOOL[GP1:1]
```

2）运算

位置暂存器指令，是进行位置暂存器算术运算的指令。位置暂存器指令可进行代入、加算、减算处理，如图 3-23 所示。

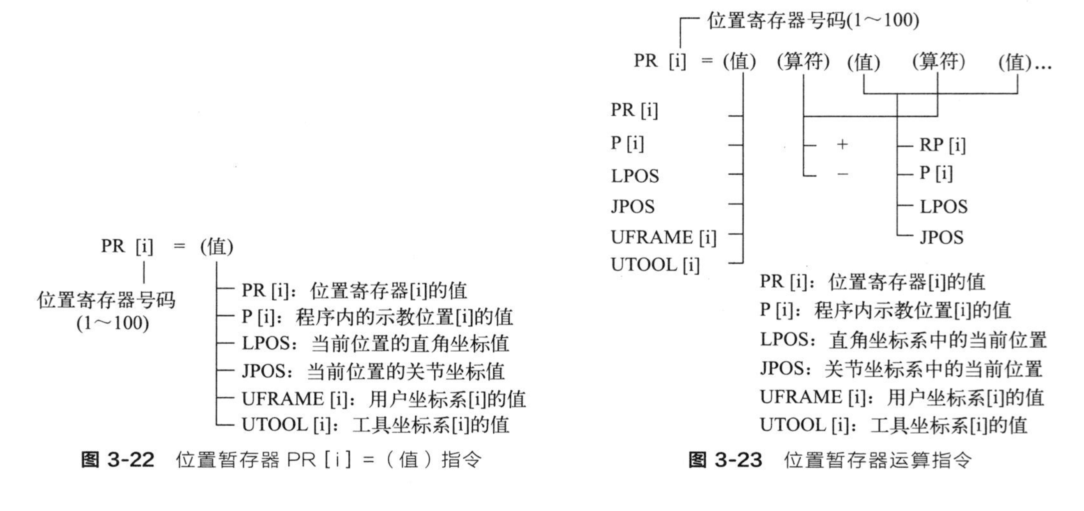

图 3-22 位置暂存器 PR [i] =（值）指令

图 3-23 位置暂存器运算指令

例如：

```
4:PR[3]=PR[3]+LPOS
5:PR[4]=PR[R[1]]
```

3）位置暂存器要素指令

位置暂存器，是用来存储位置资料（x,y,z,w,p,r）的变量。标准情况下提供有 100 个位置暂存器，PR[i,j] 的 i 表示位置暂存器号码，j 表示位置暂存器的要素号码，如图 3-24 所示，其值如图 3-25 所示，位置暂存器要素指令可进行代入、加算、减算处理，如图 3-26 所示。

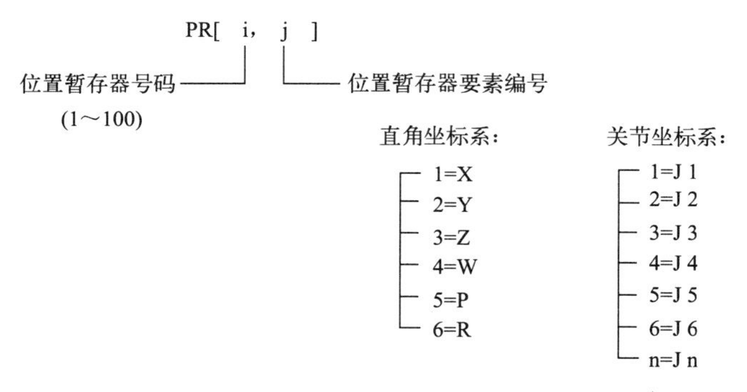

图 3-24 位置暂存器 PR [i, j] 的构成

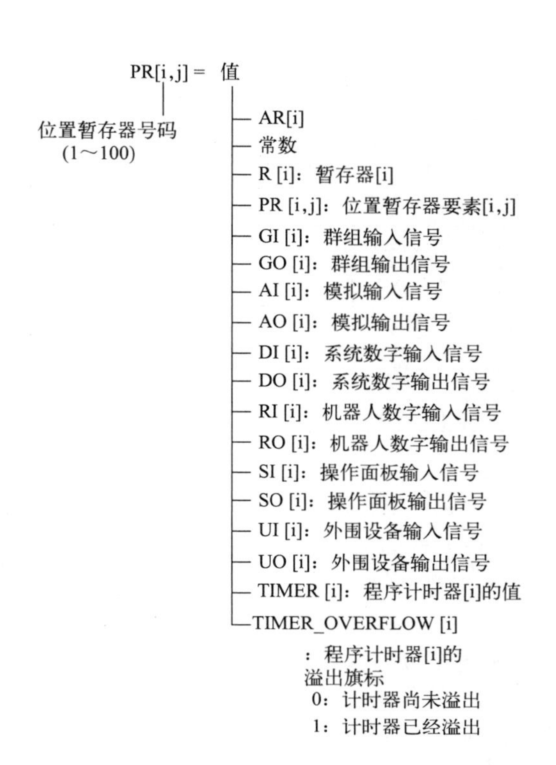

*计时器溢出旗标通过TIMER[i]=复位的指令被清除。

图 3-25 位置暂存器 PR [i,j] =（值）指令

位置暂存器号码(1～100)
PR[i,j] ＝ (值) (算符) (值) (算符)
+
−
*
/
MOD
DIV
AR[i]
常数
R [i]：暂存器[i]
PR [i,j]：位置暂存器要素[i,j]
GI [i]：群组输入信号
GO [i]：群组输出信号
AI [i]：模拟输入信号
AO [i]：模拟输出信号
DI [i]：系统数字输入信号
DO [i]：系统数字输出信号
RI [i]：机器人数字输入信号
RO [i]：机器人数字输出信号
SI [i]：操作面板输入信号
SO [i]：操作面板输出信号
UI [i]：外围设备输入信号
UO [i]：外围设备输出信号
TIMER [i]：程序计时器[i]的值
TIMER_OVERFLOW [i]
：程序计时器[i]的溢出旗标
0：计时器尚未溢出
1：计时器已经溢出

*计时器溢出旗标通过TIMER[i]=复位的指令被清除。

图 3-26 位置暂存器要素指令 PR [i,j] 及运算

例如：

```
1:PR[1,1]=R[3]
2:PR[4,3]=324.5
3:PR[3,5]=R[3]+DI[4]
4:PR[4,3]=PR[1,3]-3.528
```

例 3-1

如图 3-27 所示，用 PR 指令运动一个边长为 90mm 的正方体。根据 XY 平面上的方向，PR[4] 与 PR[1] 的 Y 坐标相同，X 坐标发生偏移；PR[2] 与 PR[1] 的 X 坐标相同，Y 坐标发生偏移；PR[3] 与 PR[2] 的 Y 坐标相同，X 坐标发生偏移，程序见表 3-4。

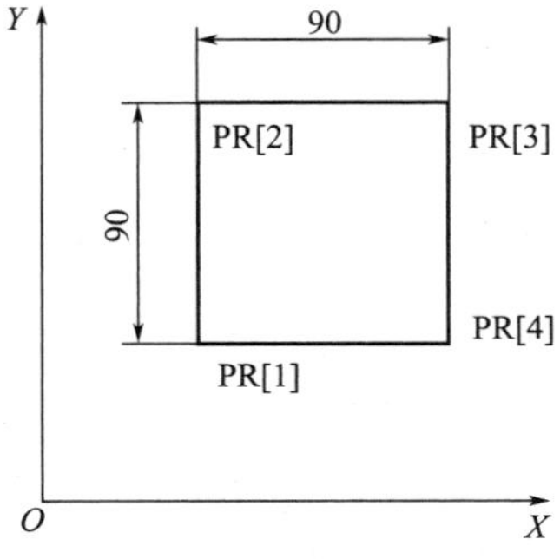

图 3-27 运动轨迹

表 3-4 程序

程序段号	程序	解释
1:	PR[1]=LOPS	PR[1]=LOPS/JOPS,机器人将当前位置保存到 PR[1]中,并以直角坐标/关节坐标形式显示
2:	PR[2]=PR[1]	给 PR2 赋初始值,让其与 PR1 相同
3:	PR[4]=PR[1]	给 PR4 赋初始值,让其与 PR1 相同
4:	PR[2,2]=PR[1,2]+90	在初始值的基础上,将 PR2 的 Y 坐标值增加 90mm

续表

程序段号	程序	解释
5:	PR[4,1]=PR[1,1]+90	在初始值的基础上,将 PR4 的 X 坐标值增加 90mm
6:	PR[3,1]=PR[2,1]+90	PR3 的值为 PR2 的基础上在 Y 坐标方向偏移+90mm
7:	J PR[1] 100% FINE	由初始点开始运动
8:	L PR[2] 1000mm/sec FINE	从 PR1 点向 PR2 点直线运动
9:	L PR[3] 1000mm/sec FINE	从 PR2 点向 PR3 点直线运动
10:	L PR[4] 1000mm/sec FINE	从 PR3 点向 PR4 点直线运动
11:	L PR[1] 1000mm/sec FINE	机器人回到初始点
	END	

(3) 栈板暂存器运算指令

1) 栈板暂存器要素

栈板暂存器要素为指定代入到栈板暂存器或进行运算的要素，如图 3-28 所示。

① 直接指定：直接指定数值。

② 间接指定：通过 R[i] 的值予以指定。

③ 无指定：在没有必要变更（*）要素的情况下予以指定，如图 3-28 所示。

2) 指定数值

将栈板暂存器要素代入栈板暂存器，如图 3-29 所示。其格式为：PL[i]=(值)。

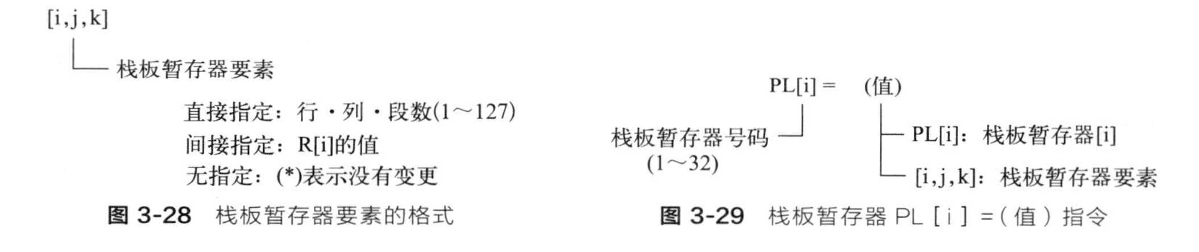

图 3-28 栈板暂存器要素的格式

图 3-29 栈板暂存器 PL[i]=(值)指令

例如：

```
1:PL[1]=PL[3]
2:PL[2]=[1,2,1]
3:PL[R[3]]=[* ,R[1],1]
```

3) 栈板暂存器运算

栈板暂存器运算指令，是进行栈板暂存器算术运算的指令。栈板暂存器运算指令可进行代入、加法运算、减法运算处理，将该运算结果代入栈板暂存器，如图 3-30 所示。

其格式为：PL[i]=(值)(算符)(值)。

例如：

```
1:PL[1]=PL[3]+[1,2,1]
2:PL[2]=[1,2,1]+[1,R[1],* ]
```

(4) 字符串暂存器

字符串暂存器，存储英文数字的字符串。各自的暂存器中，最多可以存储 254 个字符。字符串暂存器数标准为 25 个。字符串暂存器数可在控制启动时增加，其格式为：SR[i]=(值)，将字符串暂存器要素代入字符串暂存器。

1）指定数值

可从数值数据变换为字符串数据，小数以小数点以下 6 位数四舍五入。可从字符串数据变换为数值数据，变换为字符串中最初出现字符前存在的数值，如图 3-31 所示，实例见表 3-5。

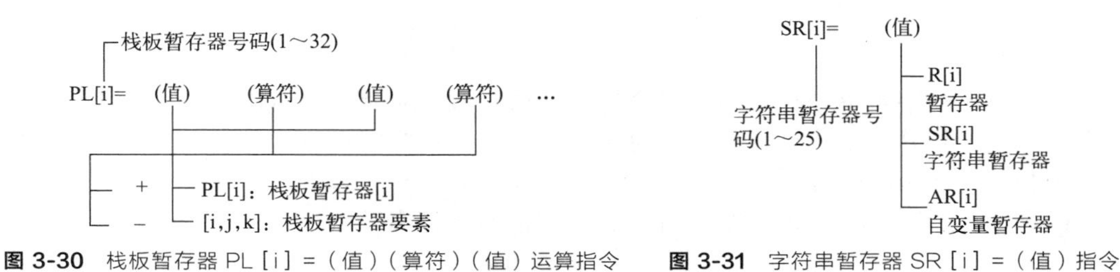

图 3-30 栈板暂存器 PL [i] = (值)(算符)(值)运算指令　　**图 3-31** 字符串暂存器 SR [i] = (值)指令

表 3-5 字符串数据与数值数据相互转换实例

SR[i]=R[j]		R[i]=SR[j]	
R[j]的值	SR[i]的结果	SR[j]的值	R[i]的结果
R[j]=1234	SR[i]='1234'	SR[j]='1234'	R[i]=1234
R[j]=12.34	SR[i]='12.34'	SR[j]='12.34'	R[i]=12.34
R[j]=5.123456789	SR[i]='5.123457'	SR[j]='abc'	R[i]=0
		SR[j]='765abc'	R[i]=765

2）运算

将 2 个值结合起来，并将该运算结果代入字符串暂存器，如图 3-32 所示。数据型在各运算中，依赖于（算符）左侧的（值）。左侧的（值）若是字符串数据，则将字符串相互结合起来。左侧的（值）若是数值数据，则进行算术运算。此时，右侧的（值）若是字符串，最初出现字符之前的数值用于运算，其格式为：SR[i]=(值)（算符）(值)，实例见表 3-6。

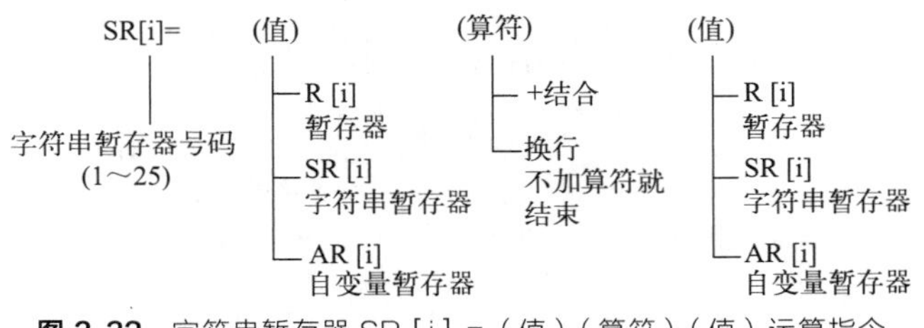

图 3-32 字符串暂存器 SR [i] = (值)(算符)(值)运算指令

表 3-6 字符串暂存器运算实例

例:SR[i]=R[j]+SR[k]		例:SR[i]=SR[j]+R[k]	
R[j]、SR[k]的值	SR[i]的结果	SR[j]、R[k]的值	SR[i]的结果
R[j]=123.456、 SR[k]='345.678'	SR[i]='456.134'	SR[j]='123.'、 R[k]=456	SR[i]='123.456'
R[j]=456、 SR[k]='1abc2'	SR[i]='457'	SR[j]='def'、 R[k]=81573	SR[i]='def81573'

字符串相互间连接的结果超过 254 个字符时，输出“INTP-323 超过错误”报警。

3）长度

取得值的长度，将其结果代入暂存器，如图 3-33 所示。其格式为：R[i]=STRLEN（值）。

例如：R[i]=STRLEN SR[j]

SR[j]='abcdefghj';R[i]=10

4）检索

从成为对象的字符串中检索出检索字符串。取在成为对象的字符串的第几个字符中找到了检索字符串，将其结果代入暂存器。对于大写字母和小写字母不予区分，如图 3-34 所示。没有找到检索字符串时，代入“0”。书写格式为：R[i]=FINDSTR（值）（值）；第 1 个（值）表示“对象字符串”，第 2 个（值）表示“检索字符串”。

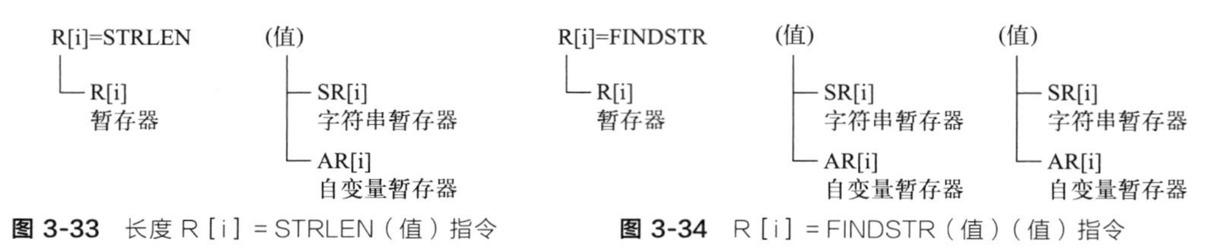

图 3-33 长度 R[i]=STRLEN（值）指令　　**图 3-34** R[i]=FINDSTR（值）（值）指令

5）总合检索

从对象字符串中取得部分字符串，将其结果代入字符串暂存器。部分字符串，根据从对象值的第几个字符这样的始点位置以及部分字符串的长度来决定，如图 3-35 所示。书写格式为：SR[i]=SUBSTR(值)（值）（值）；第 1 个（值）表示“对象字符串”，第 2 个（值）表示“始点位置”，第 3 个（值）表示“部分字符串的长度”。

始点的值必须大于“0”，长度值必须在“0”以上。此外，始点值和长度值的和，必须比对象值的值小。

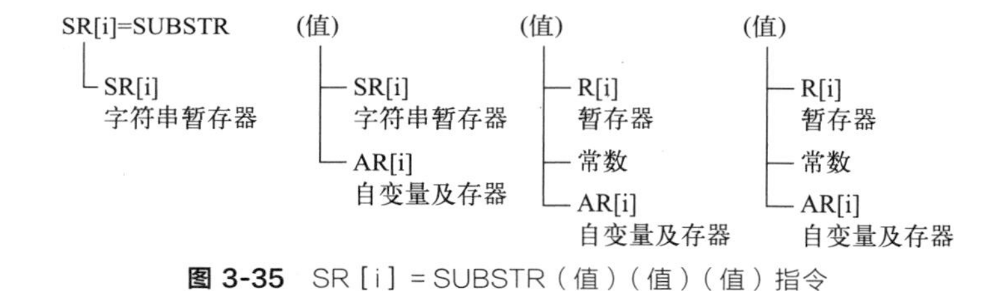

图 3-35 SR[i]=SUBSTR（值）（值）（值）指令

3.2.3 数学函数指令

（1）可以使用的数字函数（表 3-7）

表 3-7 可以使用的数学函数

函数	说明	自变量的范围
SQRT[x]	平方根	$0 \leqslant x$
SIN[x]	三角函数单位是(°)	无
COS[x]		无
TAN[x]		90°,270°±360°n 以外
ASIN[x]		$-1 \leqslant x \leqslant 1$

续表

函数	说明	自变量的范围
ACOS[x]	三角函数单位是(°)	$-1\leqslant x\leqslant 1$
ATAN[x]		无
ATAN2[x,y]		$x=0$、$y=0$ 以外
LN[x]	自然对数	$0<x$
EXP[x]	指数函数	无
ABS[x]	绝对值	无
TRUNC[x]	舍去	$-2.1\times10^9\leqslant x\leqslant 2.1\times10^9$
ROUND[x]	四舍五入	$-2.1\times10^9\leqslant x\leqslant 2.1\times10^9$

(2) 数学函数指令的形式

数学函数代入语句的形式有一个自变量与两个自变量，自变量为两个的应用于 ATAN2 函数，如图 3-36 所示，自变量为一个的应用于其他函数，如图 3-37 所示。

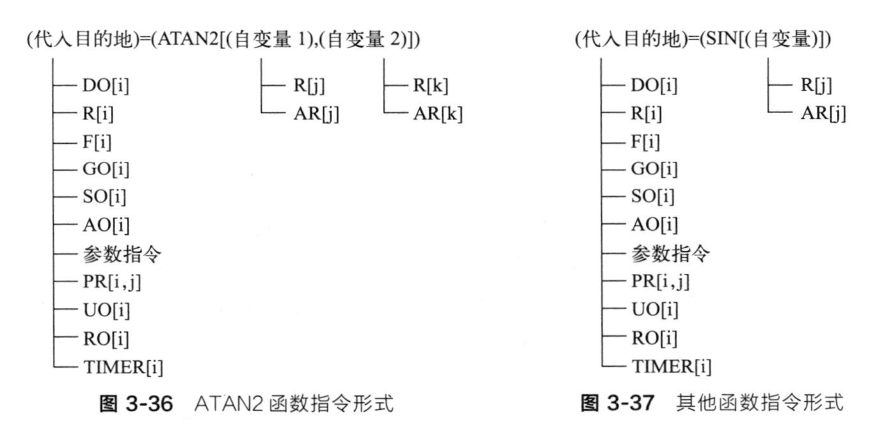

图 3-36 ATAN2 函数指令形式　　**图 3-37** 其他函数指令形式

(3) 数学函数指令的限制

可作为数学函数指令的自变量指定，包括 R（暂存器）或 AR（自变量）。无法直接输入常数，需直接使用常数时，要暂时代入暂存器使用，可以在 1 行对多个数学函数指令进行示教，数学函数指令不能嵌套。

3.2.4 转移指令

转移指令使程序的执行从程序某一行转移到其他（程序的）行，包括转移指令、标签指令、程序结束指令、无条件转移指令、条件转移指令等 5 类。

(1) 标签指令

标签指令，是用来表示程序的转移目的地的指令。为了说明标签，还可以追加注解。标签一旦被定义，就可以在条件转移和无条件转移中使用。标签指令中的标签号码，不能进行间接指定。将光标指向标签号码后按下“ENTER”键，即可输入注解，如图 3-38 所示。标签可通过标签定义指令来定义，书写格式为：LBL [i]。

例如：

```
1:LBL[1]
2:LBL[3:HANDCLOSE]
```

(2) 程序结束指令

程序结束指令是用来结束程序的执行指令，通过该指令来中断程序的执行。在已经从其他程序呼叫了程序的情况下，执行程序结束指令时，将执行返回呼叫源的程序，书写格式为：END。

(3) 无条件转移指令

无条件转移指令，一旦被执行，就必定会从程序的某一行转移到其他（程序的）行。无条件转移指令有跳跃指令与程序呼叫指令两类。

1）跳跃指令

使程序的执行转移到相同程序内所指定的标签处，如图 3-39 所示，书写格式为：JMP LBL[i]。

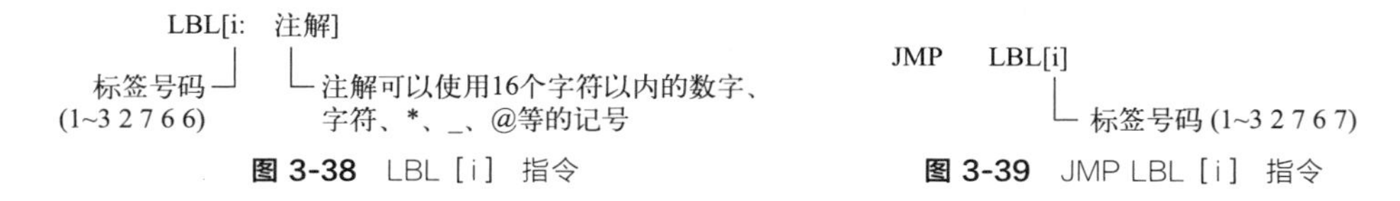

图 3-38 LBL [i] 指令　　**图 3-39** JMP LBL [i] 指令

例如：

```
3:JMP LBL[2:HANDOPEN]
4:JMP LBL[R[4]]
```

2）程序呼叫指令

使执行的程序转移到其他程序（子程序）的第 1 行后执行该程序，如图 3-40 所示。被呼叫的程序在执行结束时，返回到紧跟所呼叫程序（主程序）的程序呼叫指令后。呼叫的程序名称，在程序呼叫指令中设定自变量，即可在子程序中使用该值。自动从所打开的辅助菜单选择，或者按下“F5”键“字符串”后直接输入字符。书写格式为：CALL（程序名称）。

例如：

```
5:CALL SUB1
6:CALL PROG2
```

(4) 条件转移指令

条件转移指令，根据某一条件是否已经满足，而从程序的某一场所转移到其他场所时使用。

1）种类

条件转移指令有两类。

① 条件比较指令：只要某一条件得到满足，就转移到所指定的标签。条件比较指令包括：暂存器比较指令、I/O 比较指令及栈板暂存器条件比较指令。

② 条件选择指令：根据暂存器的值转移到所指定的跳跃指令或子程序呼叫指令。

2）暂存器条件比较指令

暂存器条件比较指令，对暂存器的值和另外一方的值进行比较，若比较正确，就执行处理，如图 3-41 所示。书写格式为：IF R[i]（算符）（值）（处理）。

在将暂存器与实际数值进行比较的情况下，由于会产生内部误差，若以“＝”进行比较，有的情况下得不到正确的值。与实际数值进行比较时，以与某一值相比的大小来进行比较。

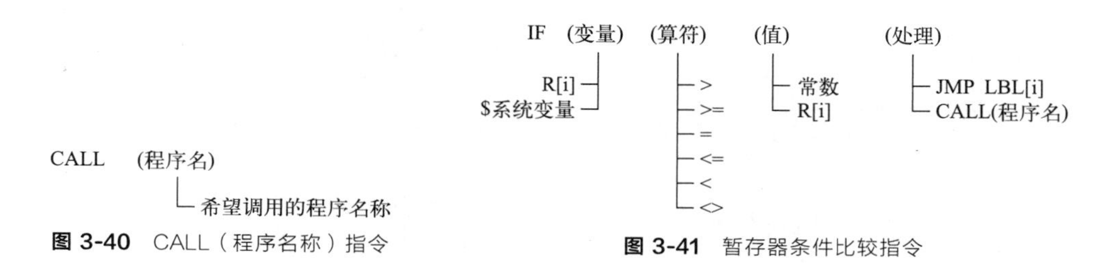

图 3-40 CALL（程序名称）指令

图 3-41 暂存器条件比较指令

3）I/O 条件比较指令

I/O 条件比较指令，对 I/O 的值和另外一方的值进行比较，若比较正确，就执行处理，如图 3-42 所示。书写格式为：IF(I/O)（算符）（值）（处理）。

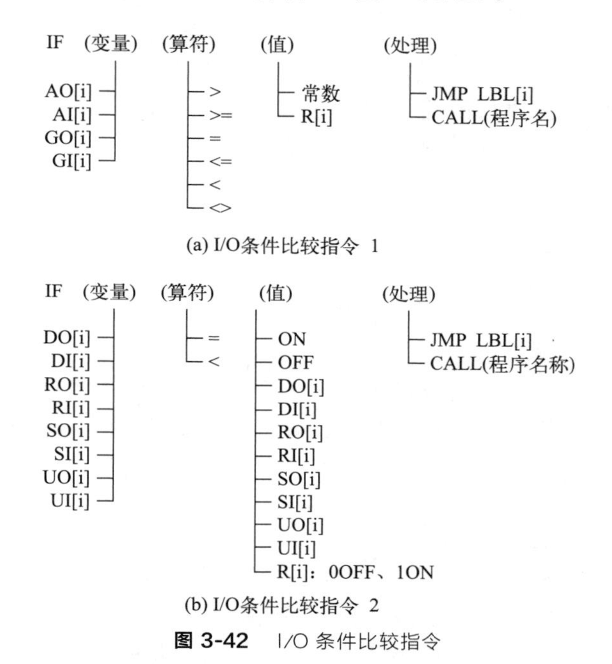

图 3-42 I/O 条件比较指令

例如：

```
7:IF R[1]=R[2],JMP LBL[1]
8:IF AO[2]> =3000,CALL SUBPRO1
9:IF G I[R[2]]=100,CALL SUBPRO2
10:IF RO[2]< > OFF,JMP LBL[1]
11:IF DI[3]=ON,CALL SUBPROGRAM
```

4）条件转移指令

可以在条件语句中使用逻辑算符（AND、OR），在 1 行中对多个条件进行示教。由此，可以简化程序的结构，有效地进行条件判断，指令格式如下。

① 逻辑积（AND）

IF＜条件 1＞AND＜条件 2＞AND＜条件 3＞，JMP LBL[3]

② 逻辑和（OR）

IF＜条件 1＞OR＜条件 2＞，JMP LBL［3］

在逻辑算符中组合使用 AND（逻辑积）、OR（逻辑和）时，逻辑将变得复杂，从而会损坏程序的识别性、编辑的操作性。因此，本功能使得逻辑算符“AND”和“OR”不能组合使用。在 1 行的指令内可以用 AND、OR 来连缀的条件数至多为 5 个。

例如：IF＜条件 1＞AND＜条件 2＞AND＜条件 3＞AND＜条件 4＞AND＜条件 5＞，JMP LBL[3]。

5）栈板暂存器条件比较指令

栈板暂存器条件比较指令，对栈板暂存器的值和另外一方的栈板暂存器要素值进行比较，若比较正确，就执行处理。在各要素中输入 0 时，显示“＊”。此外，将要比较的各要素只可以使用数值或余数指定。栈板暂存器要素中，需指定要与栈板暂存器的值进行比较的要素，如图 3-43 所示。书写格式为：IF PL[i]（算符）（值）（处理）。

[i,j,k]

└ 栈板暂存器要素

直接指定：行·列·段数(1~1 2 7)

间接指定：R[i]的值

余数指定：a–b；除以a后得到的余数为b

(a：1~1 2 7、b：0~1 2 7)

无指定：*为任意值

(a) 栈板暂存器要素的格式

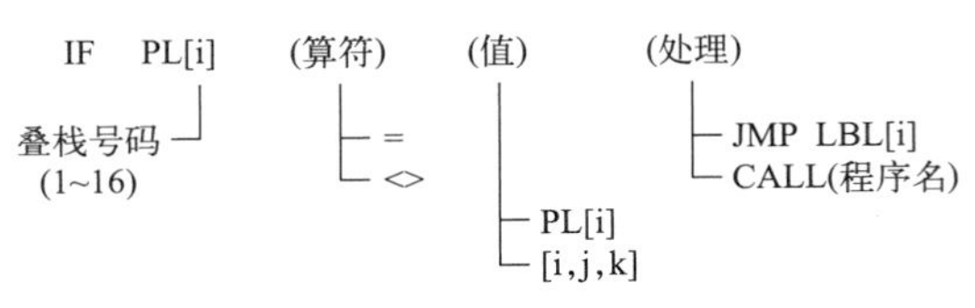

(b) 栈板暂存器条件比较指令书写格式

图 3-43 栈板暂存器条件比较指令

例如：

```
12:IF PL[1]=R[2],JMP LBL[1]
13:IF PL[2]< > [1,1,2],CALL SUBPRO1
14:IF PL[R[3]]< > [* ,* ,2-0],CALL SUBPRO1
```

6）条件选择指令

条件选择指令由多个暂存器比较指令构成。条件选择指令，将暂存器的值与一个或几个值进行比较，选择比较正确的语句，执行处理，如图 3-44 所示。书写格式如下：

SELECT R [i] =（值）（处理）

=（值）（处理）

=（值）（处理）

ELSE（处理）

如果暂存器的值与其中一个值一致，则执行与该值相对应的跳跃指令或者子程序呼叫指令。如果暂存器的值与任何一个值都不一致，则执行与 ELSE（其他）相对应的跳跃指令或者子程序呼叫指令。

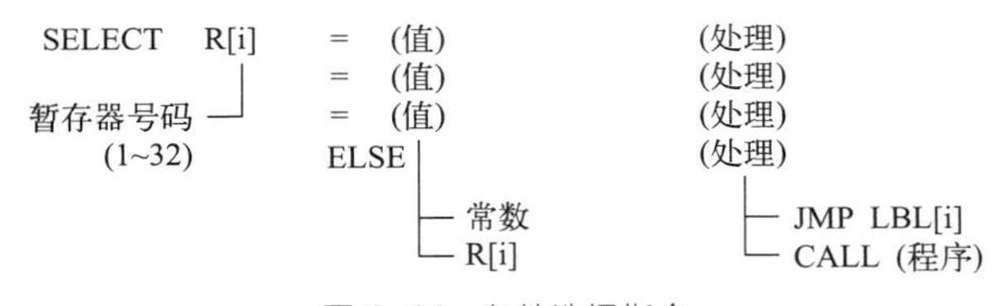

图 3-44 条件选择指令

例如：

```
11:SELECT R[1]=1,CALL TEST1;满足条件 R[1]=1,调用 TEST1 程序
12:           =2,JMP LBL[1];满足条件 R[1]=2,跳转到标签 1 处
13:           ELSE,JMP LBL[2];否则,跳转到标签 2 处
```

（5）跳过条件指令

跳过条件指令，预先指定在跳过指令中使用的跳过条件（执行跳过指令的条件）。在执

行跳过指令前，须执行跳过条件指令，如图 3-45 所示。曾被指定的跳过条件，在程序执行结束或者执行下一个跳过条件指令之前有效。跳过指令在跳过条件尚未满足的情况下，跳到转移目的地标签。机器人向目标位置移动的过程中，当跳过条件满足时，机器人在中途取消动作，程序执行下一行的程序语句。跳过条件尚未满足的情况下，在结束机器人的动作后，跳到目的地标签行。

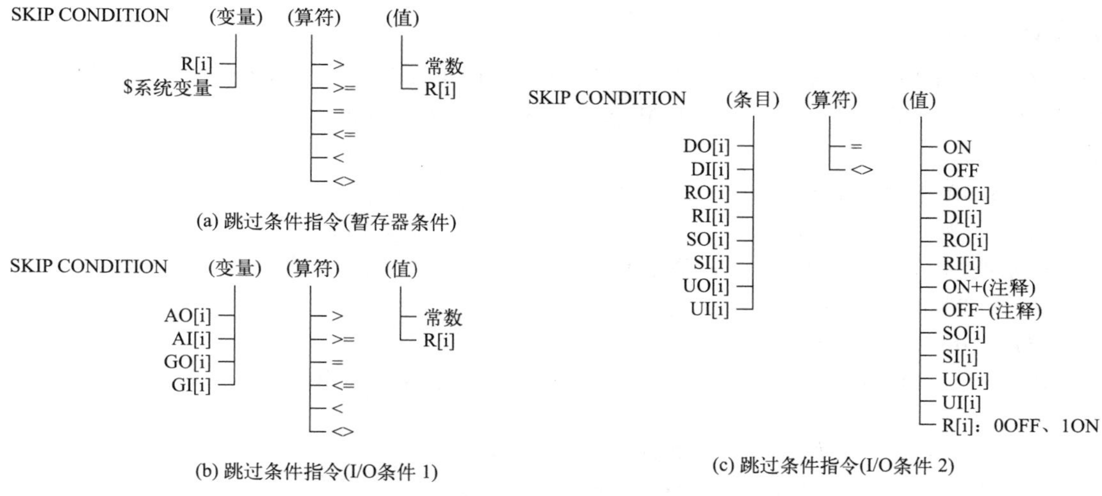

(a) 跳过条件指令(暂存器条件)

(b) 跳过条件指令(I/O条件 1)

(c) 跳过条件指令(I/O条件 2)

图 3-45 跳过条件指令

例如：

```
1:SKIP CONDITION DI[R[1]]< > ON
2:J P[1] 100% FINE
3:L P[2] 1000 mm/sec FINE SKIP,LBL[1]
4:J P[3] 50% FINE
5:LBL[1]
6:J P[4] 50% FINE
```

1）将信号的通断状态作为检测条件

① Off－：将信号的下降沿作为检测条件。因此，在信号保持断开的状态下条件就不会成立。

② On＋：将信号的上升沿作为检测条件。因此，在信号保持接通的状态下条件就不会成立。

2）错误条件等待指令

错误条件等待指令，在发生所设定的错误号码报警之前等待，如图 3-46 所示。

SKIP CONDITION ERR_NUM = (值)

常数(注释)

图 3-46 跳过条件指令（错误条件）

3）跳过条件转移指令

可以在条件语句中使用逻辑算符（AND、OR），在 1 行中对多个条件进行示教。由此，可以简化程序的结构，有效地进行条件判断。

① 逻辑积（AND）

SKIP CONDITION＜条件 1＞AND＜条件 2＞AND＜条件 3＞

② 逻辑和（OR）

SKIP CONDITION＜条件 1＞OR＜条件 2＞OR＜条件 3＞

本功能使得逻辑算符“AND”和“OR”不能组合使用。在1行的指令内可以用AND、OR来连缀的条件数至多为5个。

例如：

```
SKIP CONDITION＜条件 1＞AND＜条件 2＞AND＜条件 3＞AND＜条件 4＞AND＜条件 5＞。
```

3.2.5 FOR/ENDFOR指令

FOR/ENDFOR指令，是对由FOR指令和ENDFOR指令围起来的FOR/ENDFOR区间进行任意次数反复的一种功能。FOR指令中包含有2个指令，即FOR指令和ENDFOR指令。

（1）FOR指令的形式

图3-47为FOR指令的形式。

初始值与目标值均可使用常数、R（暂存器）、AR（自变量）。常数中可以指定从－32767到32767的整数。

（2）FOR指令的执行

执行FOR指令时，初始值即被代入计数器的值中。要执行FOR/ENDFOR区间，需要满足如下条件。

① 指定TO时，初始值在目标值以下。

② 指定DOWNTO时，初始值在目标值以上。

满足这一条件时，光标移动到下一行，执行FOR/ENDFOR区间。没有满足这一条件时，光标移动到对应的ENDFOR指令的下一行，不会执行FOR/ENDFOR区间。

③ 在FOR/ENDFOR区间中进一步对FOR/ENDFOR指令进行示教，就可以形成嵌套结构。嵌套结构，最多可形成10个层级。FOR指令和ENDFOR指令必须在同一程序上有相同的数量。

例3-2 用FOR指令实现雕刻深度控制。

机器人第六轴上装有电动雕刻刀，DO101信号控制其启停，现需要机器人在直径为16mm的石膏圆柱体上加工出直径为10mm、高为6mm的圆柱体，分3次逐次进给2mm进行切削。加工位置效果如图3-48所示。

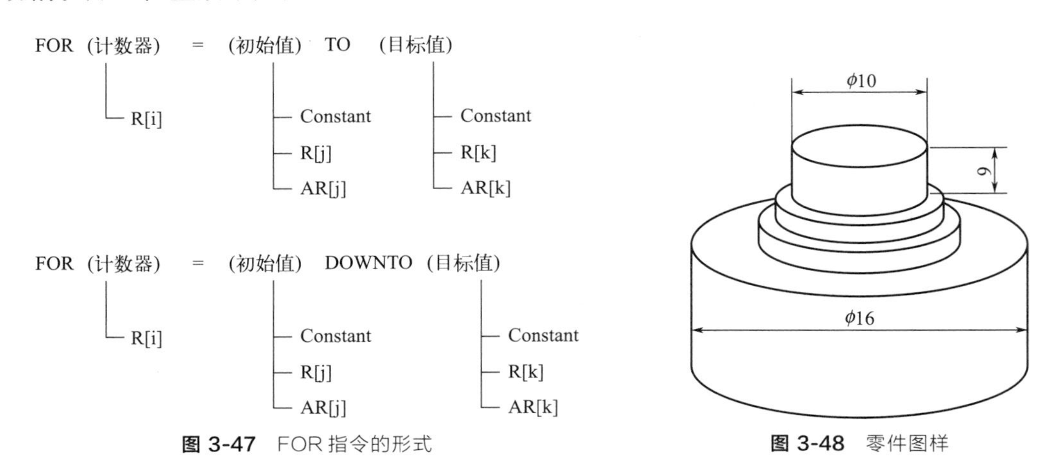

图3-47 FOR指令的形式

图3-48 零件图样

根据要求，机器人循环三次作同心圆运动，每次在16mm坯件上切削的进给为2mm，最后形成的凸出圆柱体高6mm。程序设计时采用PR寄存器作点坐标的运算，用R寄存器作循环次数的计算。算法设计如图 3-49 所示，坯件定点如图 3-50 所示，程序见表 3-8。

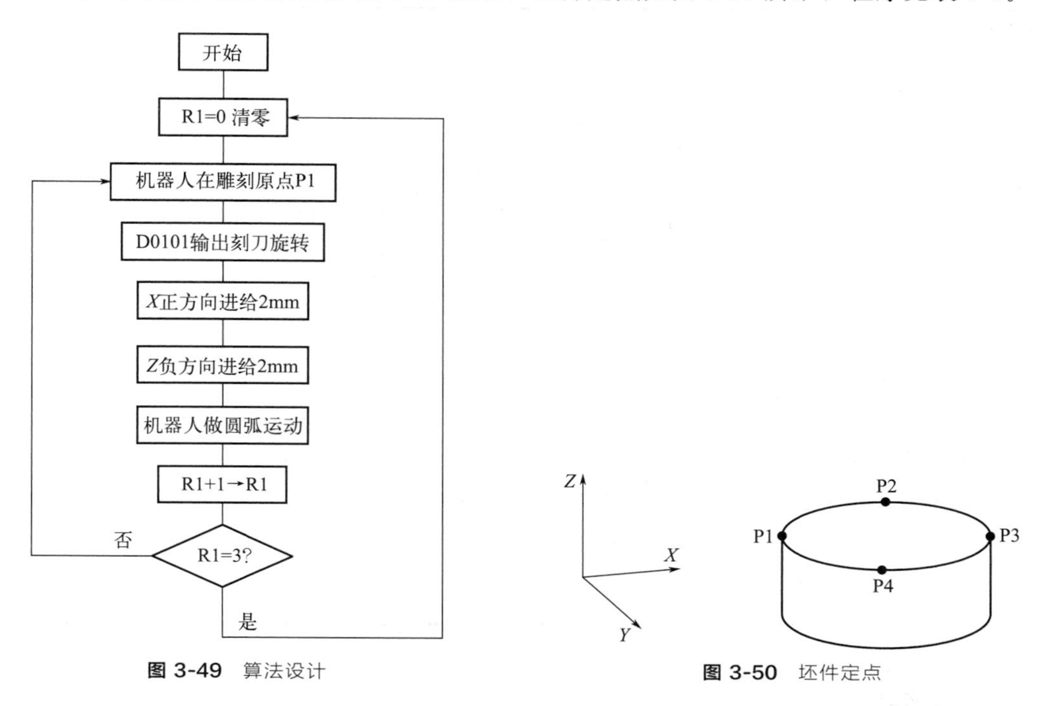

图 3-49 算法设计

图 3-50 坯件定点

表 3-8 程序

程序段号	程序	解释
1：	UTOOL_NUM=1	采用工具坐标 1
2：	UFRAME_NUM=1	采用用户坐标 1
3：	LBL[1]	
4：	DO[101]=OFF	关刻刀电机
5：	R[1]=0	备份原始数据
6：	PR[1]=P[1]	
7：	PR[2]=P[2]	
8：	PR[3]=P[3]	
9：	PR[4]=P[4]	
10：	LBL[2]	
11：	FOR R[1]=0 T0 2	循环 3 次
12：	J P[1] 100% FINE	
13：	DO[101]=ON	开刻刀电机
14：	PR[1]=PR[1,1]+2	P1 点先向 X 正方向进给 2mm
15：	L PR[1] 10mm/sec FINE	
16：	PR[1]=PR[1,3]-2	P1 点再向 Z 负方向进给 2mm
17：	PR[2]=PR[2,1]+2	将 P2、P3、P4 调整到与最新的 P1 同一个平面
18：	PR[2]=PR[2,3]-2	

续表

程序段号	程序	解释
19：	PR[3]=PR[3,1]+2	
20：	PR[3]=PR[3,3]−2	
21：	PR[4]=PR[4,1]+2	
22：	PR[4]=PR[4,3]−2	
23：	L PR[1] 10mm/sec FINE	
24：	C PR[2]	
25：	PR[3]2mm/sec FINE	
26：	C PR[4]	
27：	PR[1]2mm/sec FINE	
28：	R[1]=R[1]+1	
29：	DO[101]=OFF	
30：	L P[5] 100mm/sec FINE	退到安全点(非加工点)
31：	ENDFOR	
	END	

3.2.6 等待指令

等待指令，可以在所指定的时间，或条件得到满足之前使程序的执行等待。等待指令包括指定时间等待指令与条件等待指令 2 类。

（1）指定时间等待指令

WAIT（时间）：指定时间等待指令，使程序的执行在指定时间内等待，如图 3-51 所示。

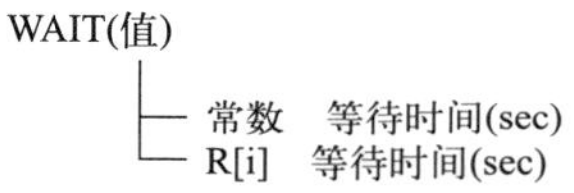

WAIT(值)
├ 常数　等待时间(sec)
└ R[i]　等待时间(sec)

图 3-51 指定时间等待指令

例如：

```
1:WAIT
2:WAIT 10.5sec
3:WAIT R[1]
```

（2）条件等待指令

条件等待指令，在指定的条件得到满足，或经过指定时间之前，使程序的执行等待。书写格式为：WAIT（条件）（处理）；没有任何指定时，在条件得到满足之前，程序等待。

1）暂存器条件等待指令

暂存器条件等待指令，对暂存器的值和另外一方的值进行比较，在条件得到满足之前等待，如图 3-52 所示。

例如：

```
3:WAIT R[2]< > 1,TIMEOUT LBL[1]
4:WAIT R[R[1]]> =200
```

2）I/O 条件等待指令

I/O 条件等待指令，对 I/O 的值和另外一方的值进行比较，在条件得到满足之前等待，如图 3-53 所示。

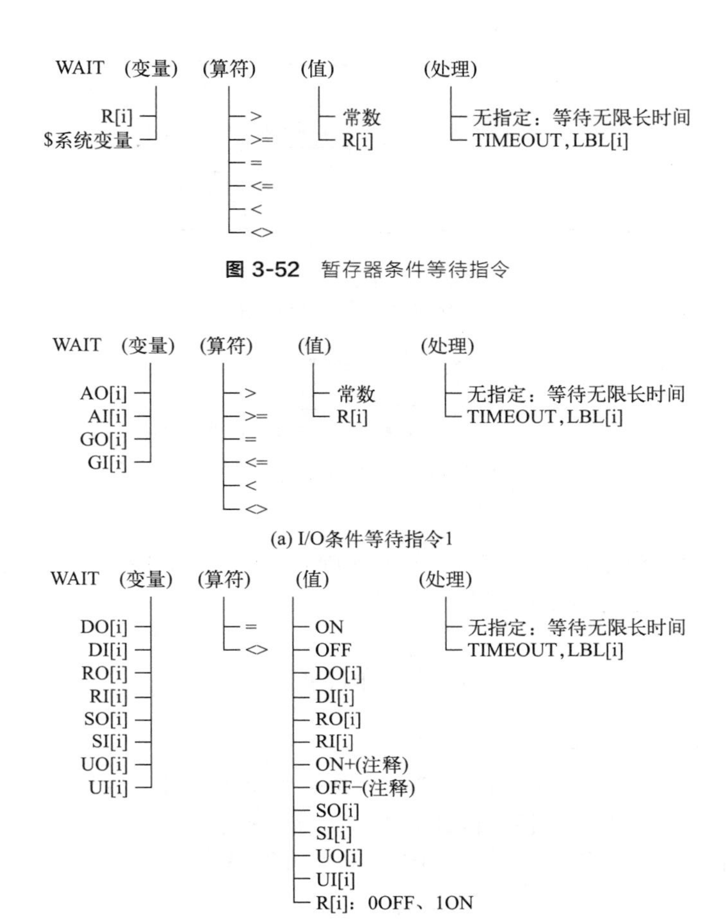

图 3-52 暂存器条件等待指令

(a) I/O条件等待指令1

(b) I/O条件等待指令 2

图 3-53 I/O 条件等待指令

例如：

```
5:WAIT DI[2]< > OFF,TIMEOUT LBL[1]
6:WAIT RI[R[1]]=R[1]
```

① Off−：将信号的下降沿作为检测条件。因此，在信号保持断开的状态下条件就不会成立。将信号的状态从接通到断开时刻作为检测条件。

② On+：将信号的上升沿作为检测条件。因此，在信号保持接通的状态下条件就不会成立。将信号的状态从断开到接通时刻作为检测条件。

WAIT 指令应用范例如表 3-9 所示。

表 3-9 WAIT 指令应用范例

序号	代码	说明
1	WAIT RI[2]=ON	RI[2]未收到高电平信号时一直等待
2	$WAITTMOUT=200	修改系统默认超时等待时间
3	WAIT RI[1]=OFF TIMEOUT,LBL[1]	等待 RI[1]为低电平信号，若超时则跳转到 LBL[1]标签
4	WAIT((RI[3]=ON)AND(RI[4]=OFF))	等待 RI[3]和 RI[4]同时收到高电平信号
5	END	程序结束符号，程序运行到此结束

序号	代码	说明
6	LBL[1]	超时处理标签 LBL[1]
7	RO[7]=ON	设置 RO 为高电平
8	END	超时处理程序结束符号

3）错误条件等待指令

错误条件等待指令，在发生所设定的错误号码的报警之前等待，如图 3-54 所示。

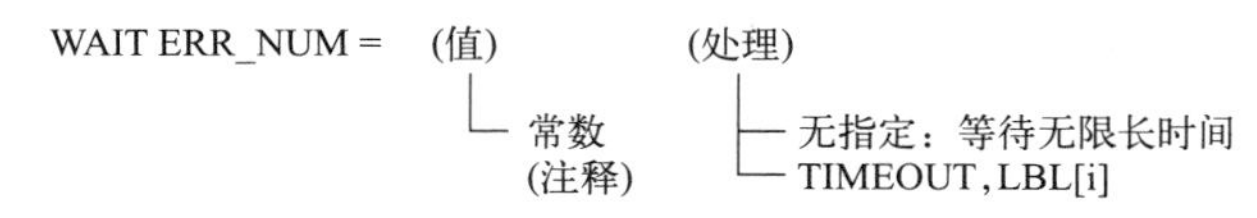

图 3-54 错误条件等待指令

4）条件等待指令

可以在条件语句中使用逻辑算符（AND、OR），在 1 行中指定多个条件。由此，可以简化程序的结构，有效地进行条件判断。

① 逻辑积（AND）

WAIT<条件 1>AND<条件 2>AND<条件 3>

② 逻辑和（OR）

WAIT<条件 1>OR<条件 2>OR<条件 3>

在逻辑算符中组合使用 AND（逻辑积）、OR（逻辑和）时，逻辑将变得复杂，从而会损坏程序的识别性、编辑的操作性。因此，本功能使得逻辑算符“AND”和“OR”不能组合使用。在 1 行的指令内可以用 AND、OR 来连缀的条件数至多为 5 个。

例如：

```
WAIT<条件 1>AND<条件 2>AND<条件 3>AND<条件 4>AND<条件 5>
```

3.2.7 位置偏置

位置偏置又称为位置补偿，位置补偿条件指令需预先指定在位置补偿指令所使用的位置补偿条件。位置补偿条件指令，需要在执行位置补偿指令前执行。曾被指定的位置补偿条件，在程序执行结束，或者执行下一个位置补偿条件指令之前有效。位置暂存器指定偏移的方向和偏移量。位置资料为关节坐标值的情况下，使用关节的偏移量。位置资料为直角坐标值的情况下，指定作为基准的用户坐标系号码。没有指定的情况下，使用当前所选的用户坐标系号码。

以关节形式示教的情况下，即使变更用户坐标系也不会对位置变量、位置暂存器产生影响，但是以直角形式示教的情况下，位置变量、位置暂存器都会受到用户坐标系的影响。

（1）位置补偿条件指令

位置补偿指令，在位置资料中所记录的目标位置，使机器人移动到仅偏移位置补偿条件中所指定的补偿量后的位置。偏移的条件，由位置补偿条件指令来指定，如图 3-55 所示。

例如：

```
1:OFFSET CONDITION PR[R[1]]
2:J P[1] 100% FINE
3:L P[2] 500mm/sec FINE OFFSET
```

（2）工具补偿条件指令

工具补偿条件指令需预先指定工具补偿指令中所使用的工具补偿条件。工具补偿条件指令，必须在执行工具补偿指令之前执行。曾被指定的工具补偿条件，在程序执行结束，或者执行下一个工具补偿条件指令之前有效。位置暂存器指定偏移的方向和偏移量；补偿时使用工具坐标系；在没有指定工具坐标系号码的情况下，使用当前所选的工具坐标系号码；位置资料为关节坐标值的情况下，发出报警，程序暂停。

位置补偿指令，在位置资料中所记录的目标位置，使机器人移动到仅偏移工具补偿条件中所指定的补偿量后的位置。偏移的条件，由工具补偿条件指令来指定，如图 3-56 所示。应用实例见表 3-10。

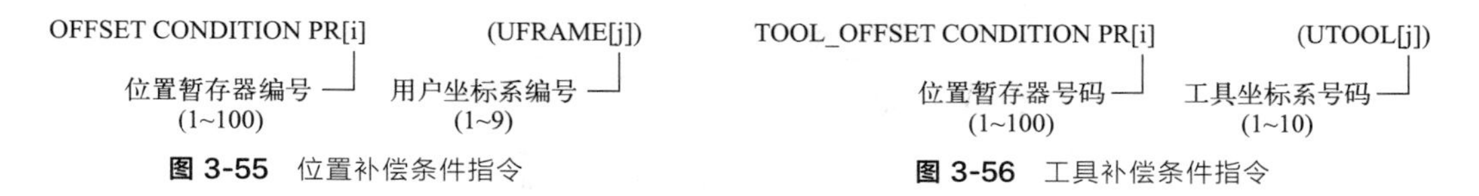

图 3-55 位置补偿条件指令　　**图 3-56** 工具补偿条件指令

表 3-10 OFFSET 指令应用实例

序号	代码	说明
1	J P[1] 100% FINE	运行到指定位置，以下程序目标位置变量一致，但其实际目标位置会发生变化
2	TOOL _ OFFSET CONDITION PR[1]	全局有效工具补偿指令，设置偏移量为 PR[1]
3	J P[1] 10% FINE Tool_Offset	有工具补偿指令，运行该程序后目标位置为 TCP 值+PR[1]
4	J P[1] 10% FINE	无工具补偿指令，运行该程序后目标位置无变化
5	J P[1] 10% FINE Tool_Offset,PR[2]	局部性工具补偿指令，运行该程序后目标位置为 TCP 值+PR[2]
6	J P[1] 10% FINE Tool_Offset	有工具补偿指令，运行该程序后目标位置为 TCP 值+PR[1]，局部性工具补偿指令不影响全局性工具补偿指令有效范围

例 3-3 用 OFFSET 指令绘制正方形如图 3-57 所示，以左下角正方形为基础绘制 A、B、C 三个正方形。A 的四个角点分别对应 PR1、PR2、PR3、PR4 向 X 方向偏移了 100mm；B 的四个角点分别为 A 四个角点在 Y 轴方向偏移了 100mm；C 的四个角点分别为 PR1、PR2、PR3、PR4 向 Y 方向偏移了 100mm。程序见表 3-11。

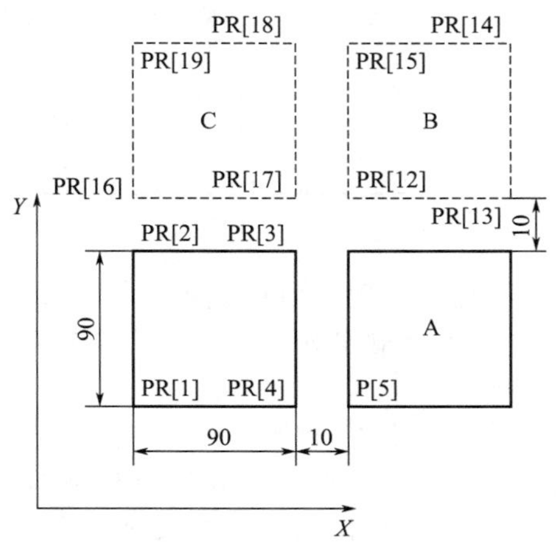

图 3-57 零件图

表 3-11 程序

程序段号	程序	解释
12：	OFFSET CONDITION PR[10]	令 PR10 的值为：(X,Y,Z,W,P,R)=(100,0,0,0,0,0)
13：	WAIT 2.00 sec	画完第一个图形，停顿一下
14：	J P[2] 100% FINE	P2 为 A 左下角的逼近点
15：	L PR[1] 1000mm/sec FINE OFFSET	
16：	L PR[4] 1000mm/sec FINE OFFSET	
17：	L PR[3] 1000mm/sec FINE OFFSET	
18：	L PR[2] 1000mm/sec FINE OFFSET	
19：	OFFSET CONDITION PR[11]	重新指定偏移值，令 PR11 的值为：(X,Y,Z,W,P,R)=(0,100,0,0,0,0)
20：	WAIT 2.00 sec	画完 A 图形，停顿一下
21：	J P[3] 100% FINE	P3 为 B 左下角的逼近点
22：	P[5]=PR [1]+PR[10]	P5 定义为 A 的左下角点
23：	L P[5] 1000mm/sec FINE OFFSET	实现到达 B 的左下角点
	……	
	END	

3.3 I/O 指令

3.3.1 分类

机器人 I/O 信号分为通用输入/输出信号与专用输入/输出信号两大类，细分如表 3-12 所示，可以重定义的信号类型通过示教器设置对应具体的物理端子号，没有用到时可以不配置；操作面板 I/O 和机器人 I/O 的物理编号已固定为逻辑编号，不能进行重定义。

表 3-12 机器人 I/O 信号分类

分类	细分	是否可以重定义	分类	细分	是否可以重定义
通用 I/O 信号	数字 I/O(DI/DO)	是	专用 I/O 信号	外围设备 I/O(UI/UO)	是
	组 I/O(GI/GO)	是		操作面板 I/O(SI/SO)	否
	模拟 I/O(AI/AO)	是		机器人 I/O(RI/RO)	否

(1) 数字输入/输出信号

数字 I/O 信号是从外围设备通过处理 I/O 印制电路板或 I/O 单元的输入/输出信号线进行数据交换，数字输入为 DI[i]、数字输出为 DO[i]，其状态有 ON、OFF 两种。

(2) 外围设备输入/输出信号

外围设备 I/O 在机器人的系统中已经确定了每一个信号的功能，分为外围设备输入信号 UI[i] 和外围设备输出信号 UO[i]，这些信号要通过外部信号输入或程序执行过程状态来决定其功能是否生效，与数字输入/输出信号一样要通过配置到具体的信号板才能使用，这些信号从处理 I/O 印制电路板或 I/O 单元的输入/输出信号线进行数据交换。

3.3.2 I/O指令的编制

I/O（输入/输出信号）指令，是改变向外围设备的输出信号状态，或读出输入信号状态的指令。分为（系统）数字I/O指令、机器人（数字）I/O指令、模拟I/O指令、群组I/O指令四类。

（1）数字I/O指令

数字输入（DI）和数字输出（DO），是用户可以控制的输入/输出信号。

① R[i]＝DI[i]指令，将数字输入的状态（ON＝1、OFF＝0）存储到暂存器中，如图3-58所示。

例如：

```
1:R[1]=DI[1]
2:R[R[3]]=DI[R[4]]
```

② DO[i]＝ON/OFF指令，接通或断开所指定的数字输出信号，如图3-59所示。

图3-58 R[i]＝DI[i]指令

图3-59 DO[i]＝ON/OFF指令

例如：

```
3:DO[1]=ON
4:DO[R[3]]=OFF
```

③ DO[i]＝PULSE，（时间）指令，仅在所指定的时间内接通而输出所指定的数字。在没有指定时间的情况下，脉冲输出由SDEFPULSE（单位0.1s）所指定时间，如图3-60所示。

例如：

```
5:DO[1]=PULSE
6:DO[2]=PULSE,0.2 sec
7:DO[R[3]]=PULSE,1.2 sec
```

④ DO[i]＝R[i]指令，根据所指定的暂存器的值，接通或断开所指定的数字输出信号。若暂存器的值为0就断开，若是0以外的值就接通，如图3-61所示。

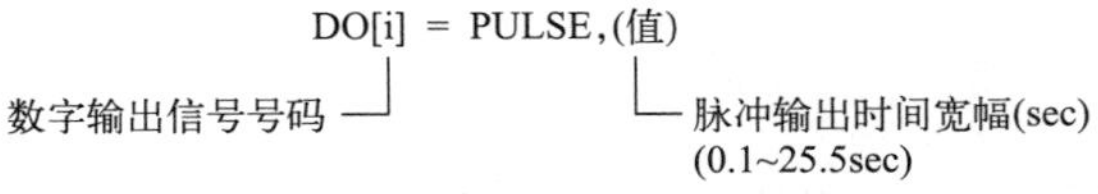

DO[i] = PULSE,(值)
数字输出信号号码
脉冲输出时间宽幅(sec)
(0.1~25.5sec)

图3-60 DO[i]＝PULSE，（时间）指令

DO[i] = R[i]
数字输出信号号码
暂存器号码
(1~200)

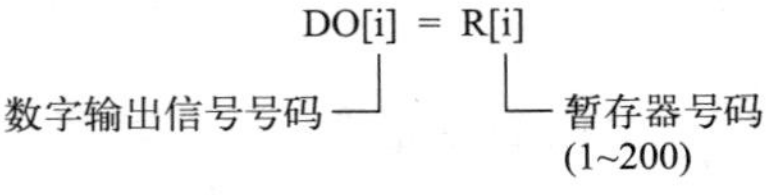

图3-61 DO[i]＝R[i]指令

例如：

```
7:DO[1]=R[2]
8:DO[R[5]]=R[R[1]]
```

（2）机器人I/O指令

机器人输入（RI）和机器人输出（RO）信号，是用户可以控制的输入/输出信号。

① R[i]＝RI[i]指令，将机器人输入的状态（ON＝1，OFF＝0）存储到暂存器中，如图 3-62 所示。

例如：

```
1:R[1]=RI[1]
2:R[R[3]]=RI[R[4]]
```

② RO[i]＝ON/OFF 指令，接通或断开所指定的机器人数字输出信号，如图 3-63 所示。

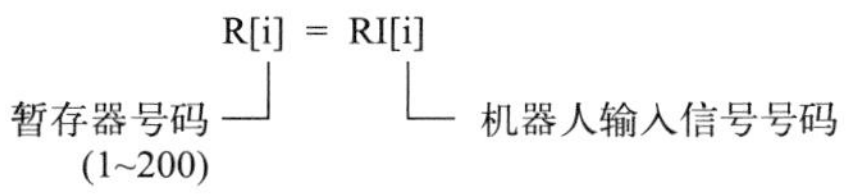

图 3-62　R[i]=RI[i]指令

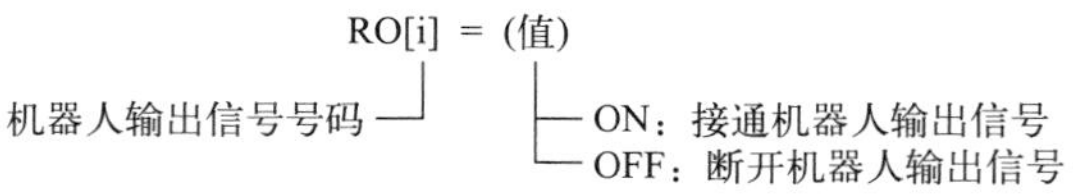

图 3-63　RO[i]=ON/OFF 指令

例如：

```
3:RO[1]=ON
4:RO[R[3]]=OFF
```

③ RO[i]＝PULSE，(时间）指令，仅在所指定的时间内接通输出信号。在没有指定时间的情况下，脉冲输出由 SDEFPULSE（单位 0.1s）所指定时间，如图 3-64 所示。

例如：

```
5:RO[1]=PULSE
6:RO[2]=PULSE,0.2 sec
7:RO[R[3]]=PULSE,1.2 sec
```

④ RO[i]＝R[i]指令，根据所指定的暂存器的值，接通或断开所指定的数字输出信号。若暂存器的值为 0 就断开，若是 0 以外的值就接通，如图 3-65 所示。

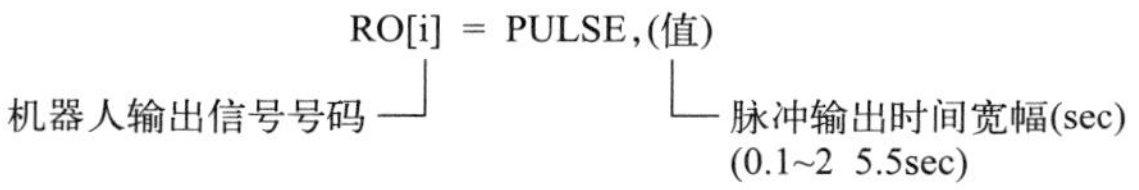

图 3-64　RO[i]=PULSE，(时间）指令

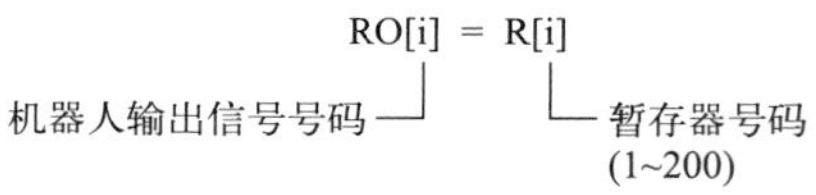

图 3-65　RO[i]=R[i]指令

例如：

```
7:RO[1]=R[2]
8:RO[R[5]]=R[R[1]]
```

(3) 模拟 I/O 指令

模拟输入（AI）和模拟输出（AO）信号，是连续值的输入/输出信号，表示该值为温度和电压之类的数据值。

① R[i]＝AI[i]指令，将模拟输入信号的值存储在暂存器中，如图 3-66 所示。

例如：

```
1:R[1]=A I[1]
2:R[R[3]]=A I[R[4]]
```

② AO[i]＝(值）指令，向所指定的模拟输出信号输入值，如图 3-67 所示。

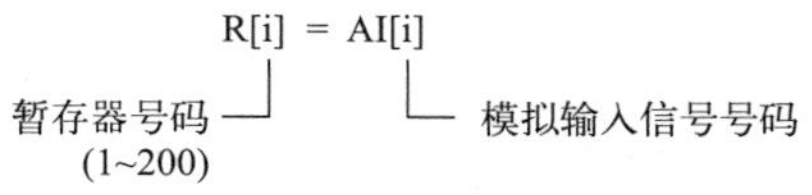

R[i] = AI[i]
暂存器号码 (1~200)　模拟输入信号号码

图 3-66　R [i] = AI [i] 指令

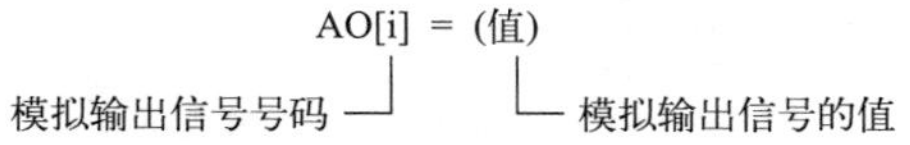

AO[i] = (值)
模拟输出信号号码　模拟输出信号的值

图 3-67　AO [i] = (值) 指令

例如：

```
3:AO[1]=0
4:AO[R[3]]=3276.7
```

③ AO[i]=R[i]指令，向模拟输出信号输入暂存器的值，如图 3-68 所示。

例如：

```
5:AO[1]=R[2]
6:AO[R[5]]=R[R[1]]
```

(4) 群组 I/O 指令

群组输入（GI）以及群组输出（GO）信号，对几个数字输入/输出信号进行分组，以一个指令来控制这些信号。

① R[i]=GI[i]指令，将所指定群组输入信号的二进制值转换为十进制数的值代入所指定的暂存器，如图 3-69 所示。

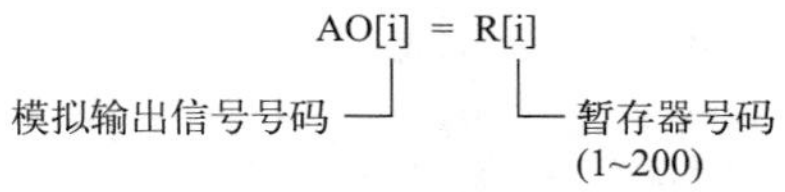

AO[i] = R[i]
模拟输出信号号码　暂存器号码 (1~200)

图 3-68　AO [i] = R [i] 指令

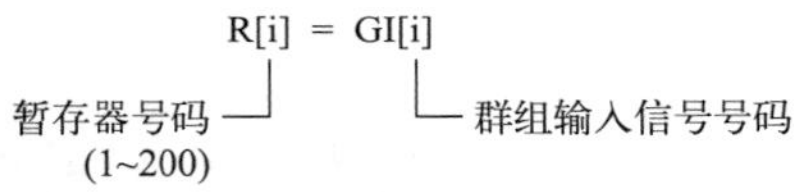

R[i] = GI[i]
暂存器号码 (1~200)　群组输入信号号码

图 3-69　R [i] = GI [i] 指令

例如：

```
1:R[1]=G I[1]
2:R[R[3]]=G I[R[4]]
```

② GO[i]=（值）指令，将经过二进制变换后的值输出到指定的群组输出中，如图 3-70 所示。

例如：

```
3:GO[1]=0
4:GO[R[3]]=32767
```

③ GO[i]=R[i]指令，将所指定暂存器的值经过二进制变换后输出到指定的群组输出中，如图 3-71 所示。

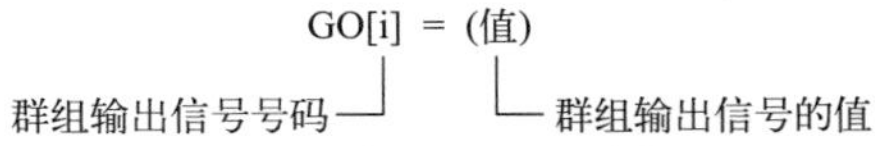

GO[i] = (值)
群组输出信号号码　群组输出信号的值

图 3-70　GO [i] = (值) 指令

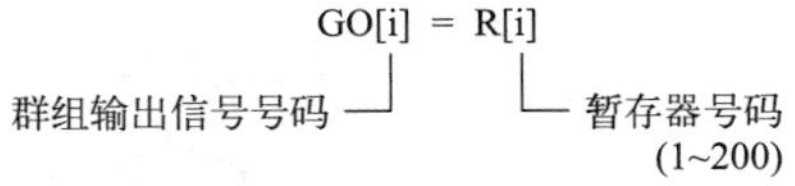

GO[i] = R[i]
群组输出信号号码　暂存器号码 (1~200)

图 3-71　GO [i] = R [i] 指令

例如：

```
5:GO[1]=R[2]
6:GO[R[5]]=R[R[1]]
```

3.4 码垛功能

3.4.1 码垛的结构与种类

所谓码垛，是指这样一种功能：它只要对几个具有代表性的点进行示教，即可从下层到上层按照顺序堆上工件，又称为叠栈。如图 3-72 所示。

通过对堆上点的代表点进行示教，即可简单创建堆上式样；通过对路径点（接近点、逃点）进行示教，即可创建经路式样；通过设定多个经路式样，即可进行多种多样的叠栈。

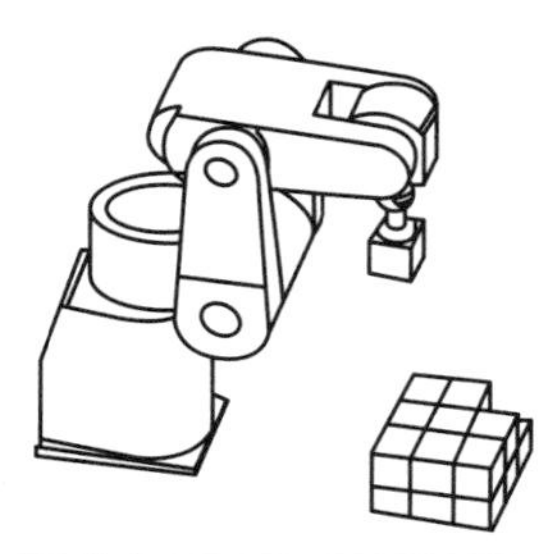

类别	参数	图例示意	说明
位置参数	直线	100 100 100	适用于工件均在同一直线上且间距相等，该参数可设置为直线或数值 ● 直线：示教码垛底部直线上第一个点和最后一个点，系统自动将长度等间距分割，若间距为0、姿态固定则该配置等同于B类型 ● 数值：工件间距数(单位为mm)，示教码垛底部直线上第一个点，第二个点为直线上任意一个点，保证所有工件在同一平面上
	自由		适用于码垛底部工件位置任意摆放，需示教码垛底部每个工件的摆放
姿态参数	固定		适用于码垛底部工件摆放方向一致
	内部		适用于码垛底部工件摆放方向不一致，使用该方式时位置参数设置为自由
层式样数			最多可设置16层不同的层式样，并依次循环堆叠，且只有在直线示教时才有效

图 3-72 叠栈

(1) 叠栈的结构

叠栈由以下两种式样构成，如图 3-73 所示。

① 堆上式样——确定工件的堆上方法。

② 经路式样——确定堆上工件时的路径。

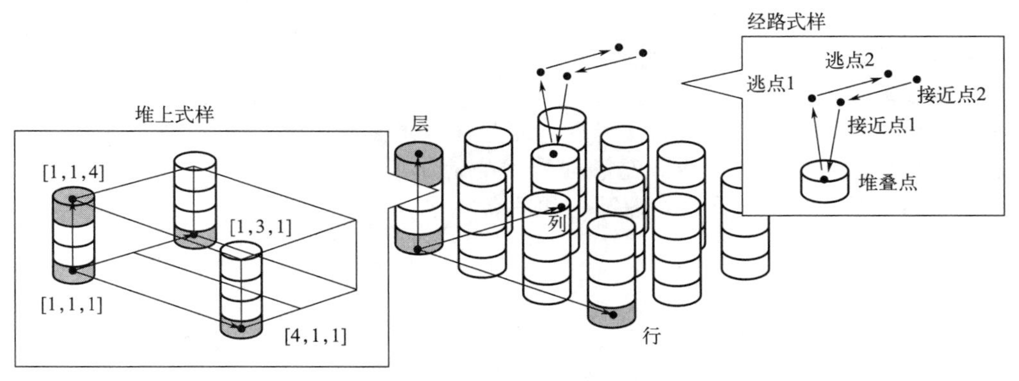

图 3-73 叠栈的结构

(2) 叠栈的种类

根据此堆上式样和经路式样的设定方法差异，有叠栈 B 和叠栈 BX、叠栈 E 和叠栈 EX 四种。

① 叠栈 B 对应所有工件的姿势一定、堆上时的底面形状为直线或者平行四边形的情形，如图 3-74 所示。

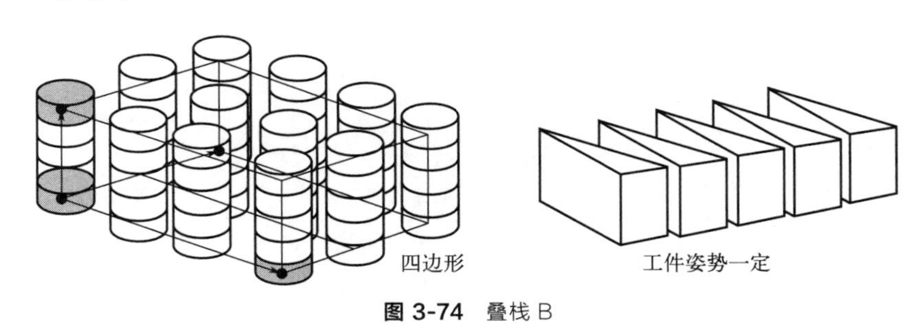

图 3-74 叠栈 B

② 叠栈 E 对应更为复杂的堆上式样的情形（如希望改变工件姿势的情形、堆上时底面形状不是平行四边形的情形等），如图 3-75 所示。

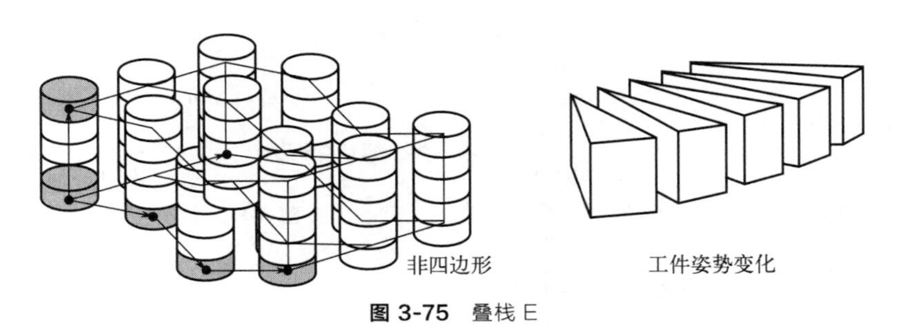

图 3-75 叠栈 E

③ 叠栈 BX、EX 可以设定多个经路式样。叠栈 B、E 只能设定一个经路式样，如图 3-76 所示。

3.4.2 叠栈指令的结构与种类

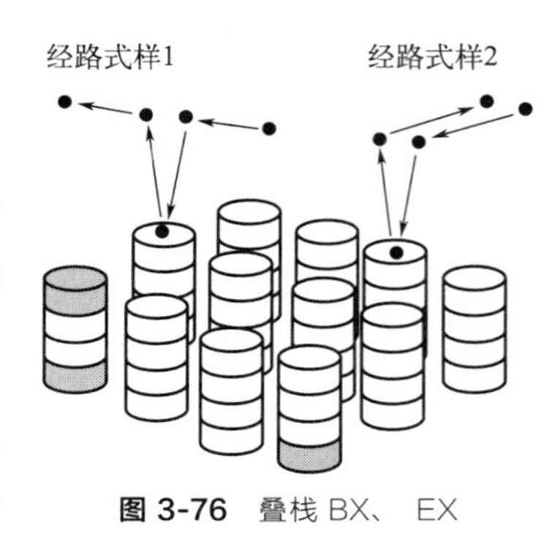

图 3-76 叠栈 BX、EX

(1) 叠栈指令

叠栈指令基于栈板暂存器的值，根据堆上式样计算当前的堆上点位置，并根据经路式样计算当前的路径，改写叠栈动作指令的位置数据，如图 3-77 所示。

(2) 叠栈动作指令

叠栈动作指令，是以使用具有接近点、堆上点、逃点的路径点作为位置数据的动作指令，是叠栈专用的动作指令。该位置数据通过叠栈指令每次都被改写，如图 3-78 所示。

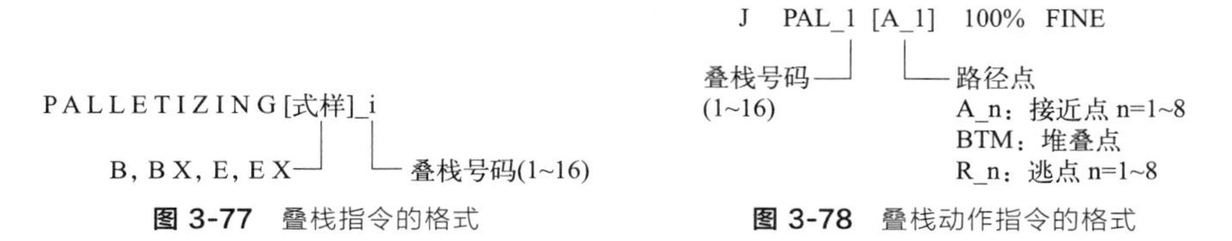

图 3-77 叠栈指令的格式

图 3-78 叠栈动作指令的格式

(3) 叠栈结束指令

叠栈结束指令，计算下一个堆上点，改写栈板暂存器的值，如图 3-79 所示。

例如：

```
1:PALLETIZING-B_3
2:J PAL_3 [A_2] 50% CNT50
3:L PAL_3 [A_1] 100mm/sec CNT10
4:L PAL_3 [BTM] 50mm/sec FINE
5:HAND1 OPEN
6:L PAL_3 [R_1] 100mm/sec CNT10
7:J PAL_3 [R_2] 100mm/sec CNT50
8:PALLETIZING-END_3
```

(4) 叠栈号码

在示教完叠栈的数据后，叠栈号码随同指令（叠栈指令、叠栈动作指令、叠栈结束指令）一起被自动写入。此外，在对新的叠栈进行示教时，叠栈号码将被自动更新。

(5) 栈板暂存器指令

栈板暂存器指令用于叠栈的控制，进行堆上点的指定、比较、分支等，如图 3-80 所示。

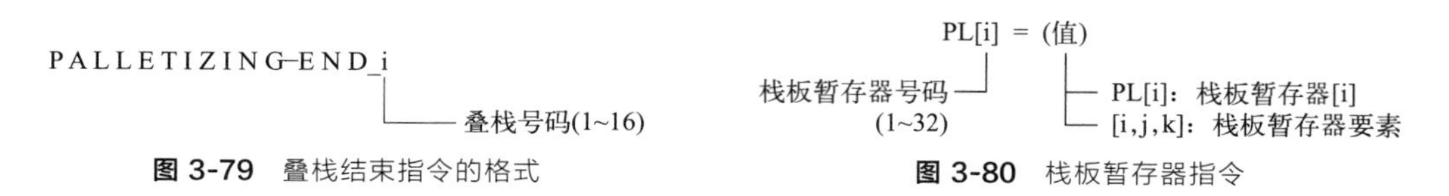

图 3-79 叠栈结束指令的格式

图 3-80 栈板暂存器指令

例 3-4 用偏移指令实现简单码垛控制。

(1) 堆垛控制

如图 3-81 所示，每个工件长 5cm、宽 5cm、高 3cm，重 80～100g，采用负压吸盘进行工件吸取，1＃、2＃、3＃位置底部装有光电传感器检查是否有工件存在，机器人在接收启动信号 DI105 后执行堆垛操作，将工件依次堆放在堆叠区。采用模块化结构编程，主程序负责全面工作，每叠一层采用一个子程序，以便编程思维清晰。

1）信号

① 机器人的输出信号有一个（吸盘）；

② 输入信号有 5 个，分别是：启动信号，堆叠区是否有工件的检测信号，1＃、2＃、3＃位置是否有工件的检查信号。

2）控制逻辑设计（图 3-82）

3）堆垛程序算法（图 3-83）

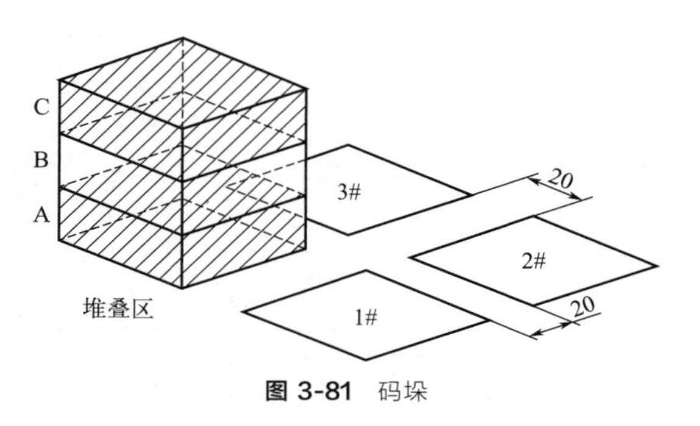

图 3-81 码垛

（2）拆垛控制

如图 3-84 所示，在堆叠区放有三个叠起来的工件，每个工件长 5cm、宽 5cm、高 3cm，重 80～100g，采用负压吸盘进行工件吸取，1＃、2＃、3＃位置底部装有行程开关来检测是否有工件存在，机器人在活动启动信号 DI105 后执行拆垛操作，放置顺序为 1＃→2＃→3＃。拆垛程序算法如图 3-85 所示。

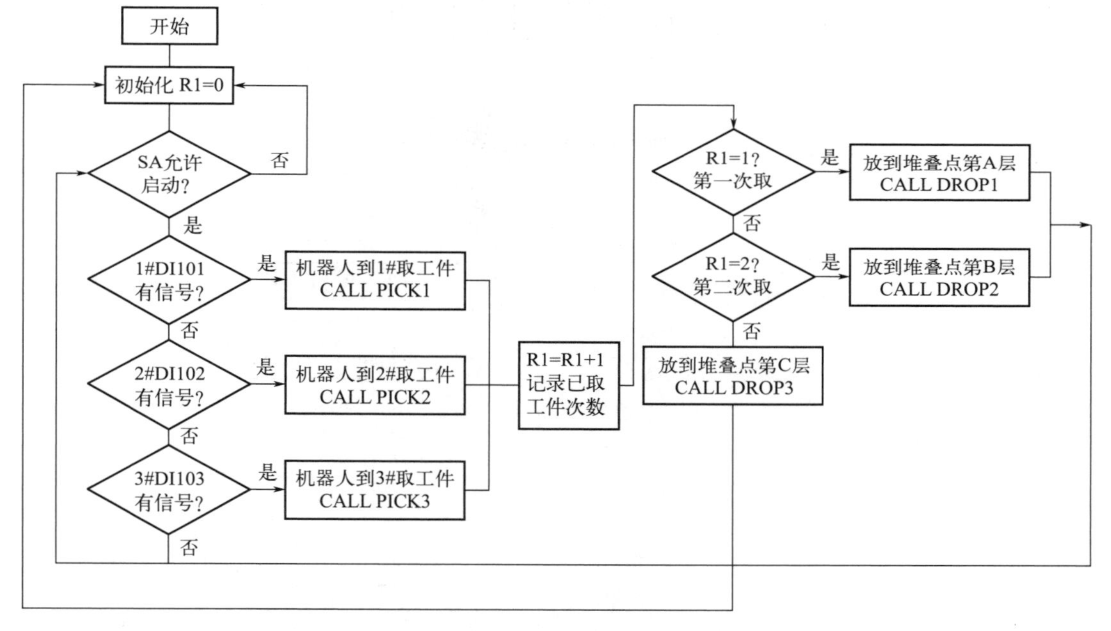

图 3-82 控制逻辑设计

例 3-5 用专用码垛指令实现 4×3×2 堆垛控制。

如图 3-86 所示，机器人将位于工件原点的工件依次放到码垛区。工件是圆柱体，直径为 5cm，高为 3cm，码垛区是一块可以容纳上述工件的平板，要求堆叠 4 行 3 列 2 层，每个堆叠点中心距离为 25cm。

（1）工作点和路径分析

采用负压吸盘对工件进行吸取和放置，负压吸盘的电磁阀由机器人 DO102 端子控制，输入命令 DI101 有信号则开始执行码垛控制，DI102 信号用于检测工件原点是否有工件。设置 3 个要示教的堆叠点（1,1,1）、（4,1,1）、（1,3,1），1 个辅助点（4,3,1），3 个路径模式（每个路径模式含 2 个接近点，1 个堆积点，2 个回退点），路径模式采用“余数指定”，如图 3-87 所示。

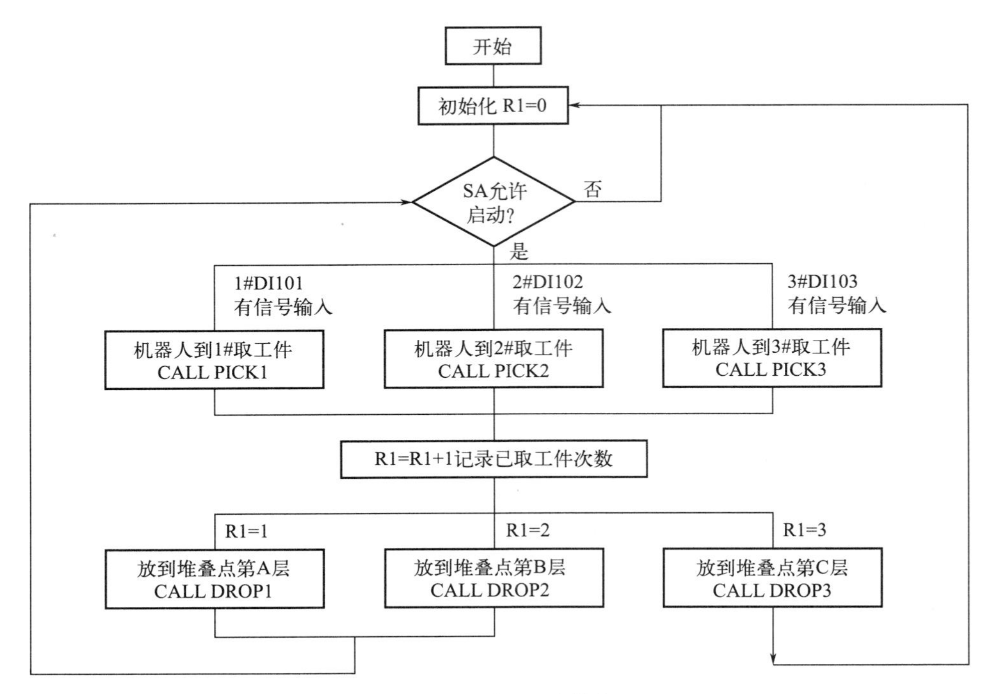

图 3-83 堆垛程序算法

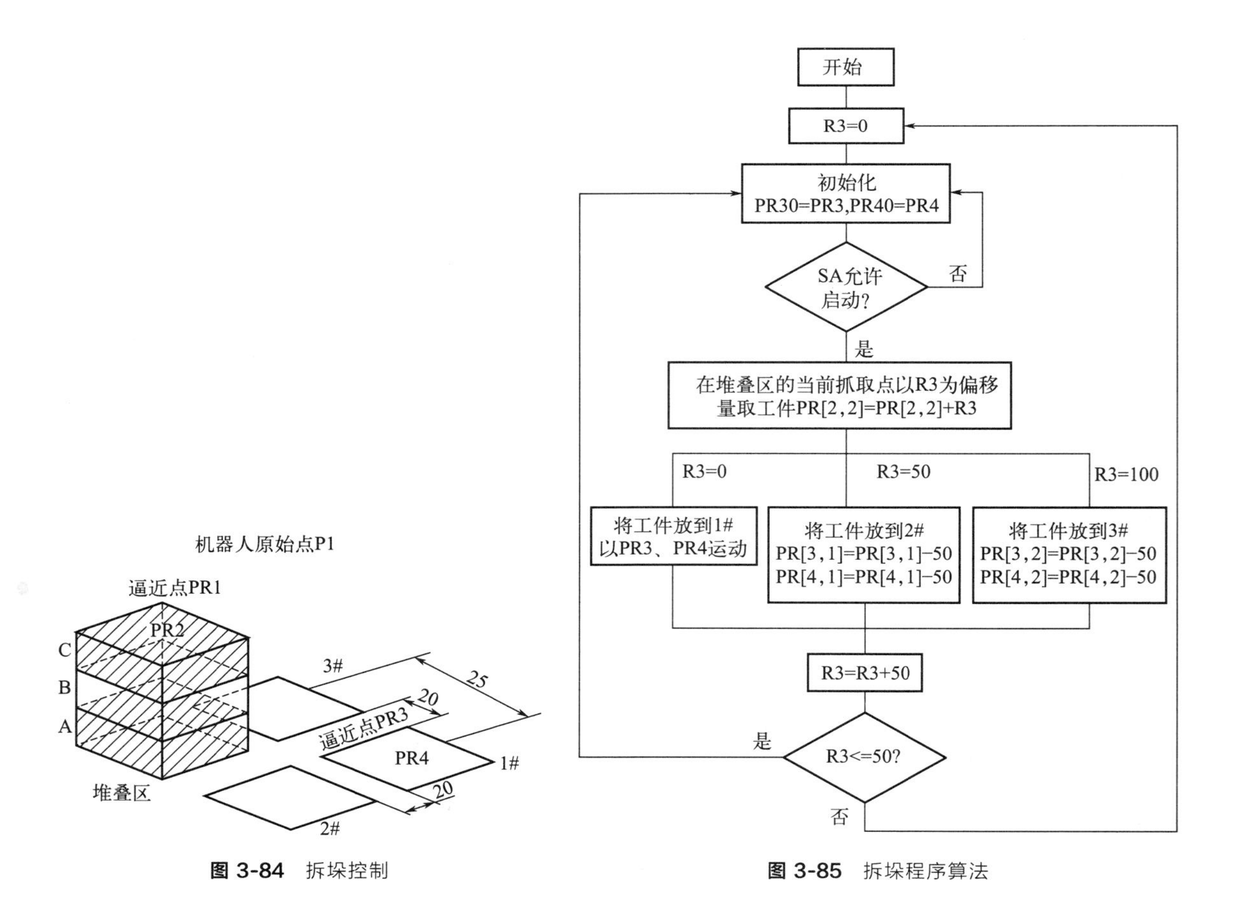

图 3-84 拆垛控制

图 3-85 拆垛程序算法

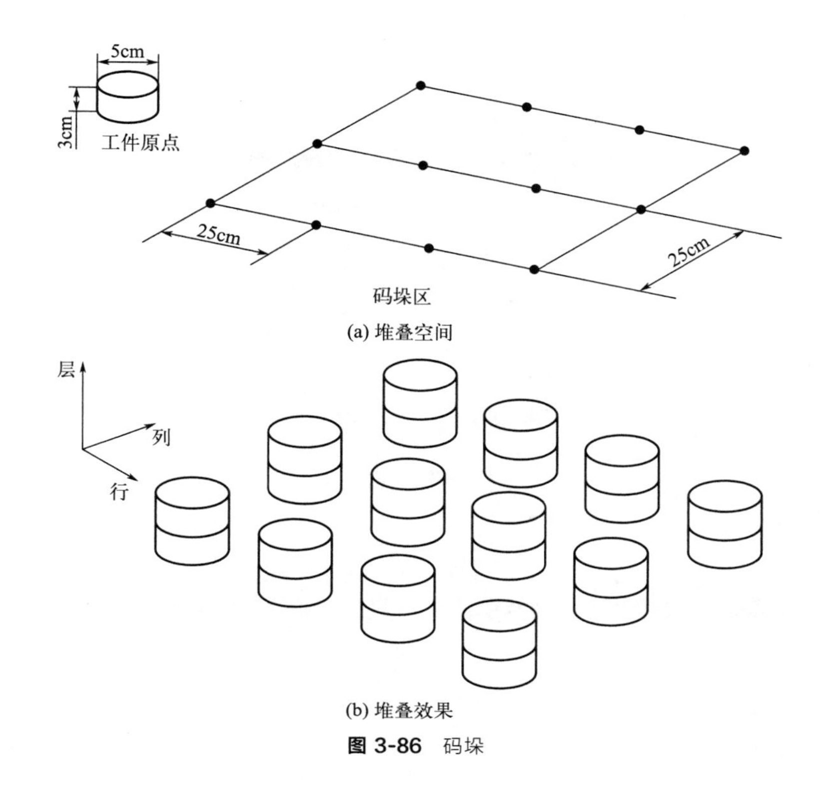

(a) 堆叠空间

(b) 堆叠效果

图 3-86 码垛

图 3-87 工作点和路径分析

（2）示教

① 4 行 3 列 2 层的初始化，如图 3-88 所示。

② 示教堆叠点和辅助点，如图 3-89 所示。

③ 选择每个位置的式样，如图 3-90 所示。

④ 示教第一个路径式样，如图 3-91 所示。

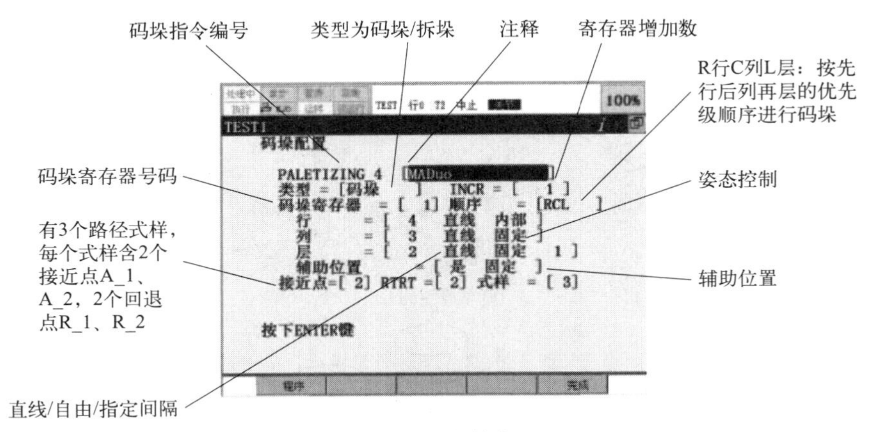

图 3-88 初始化

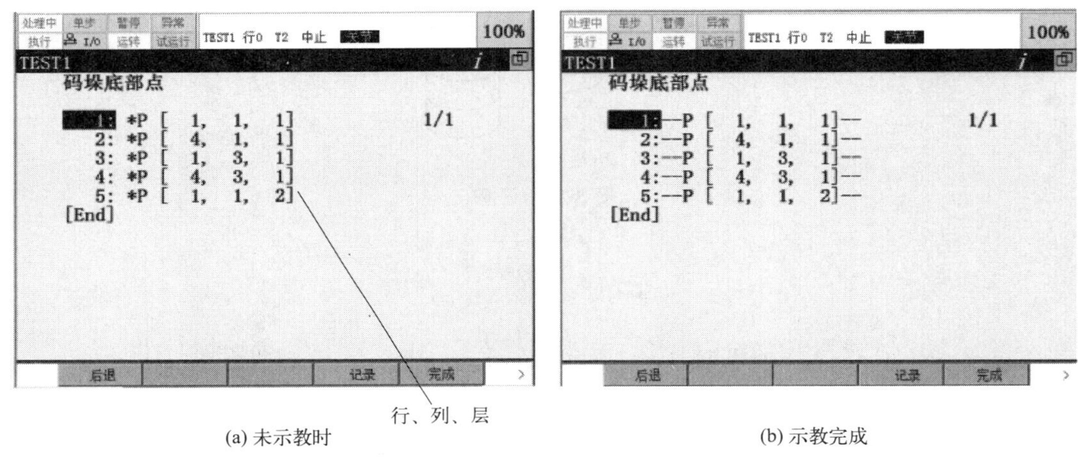

(a) 未示教时 (b) 示教完成

图 3-89 示教堆叠点和辅助点

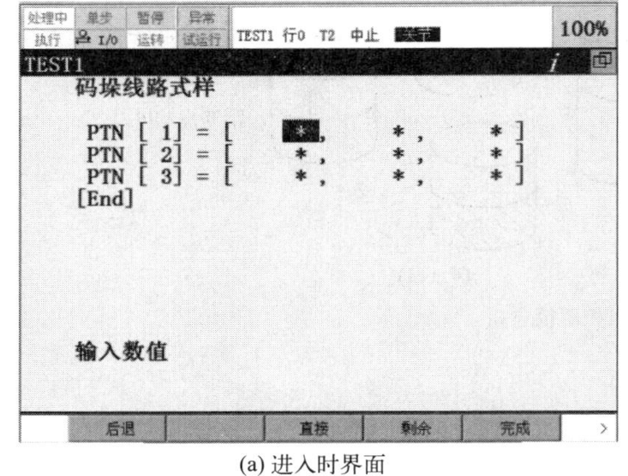

(a) 进入时界面

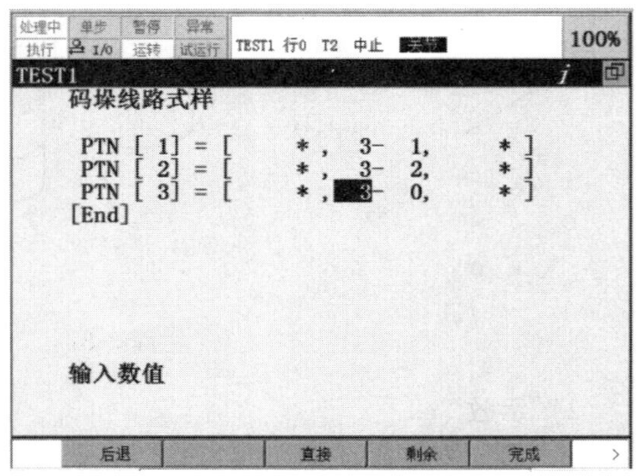

(b) 余数指定法

图 3-90 选择每个位置的式样

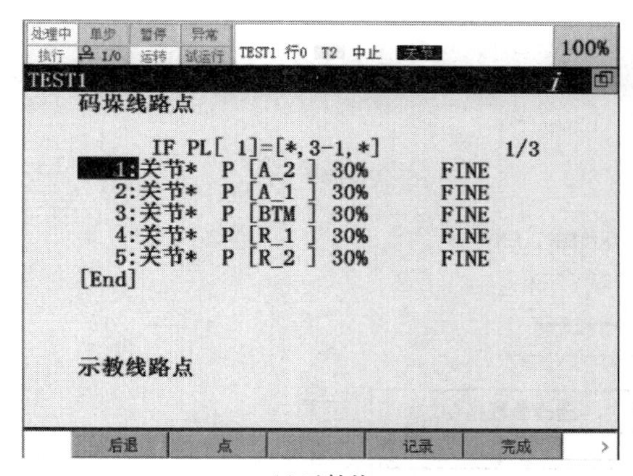

(a) 示教前

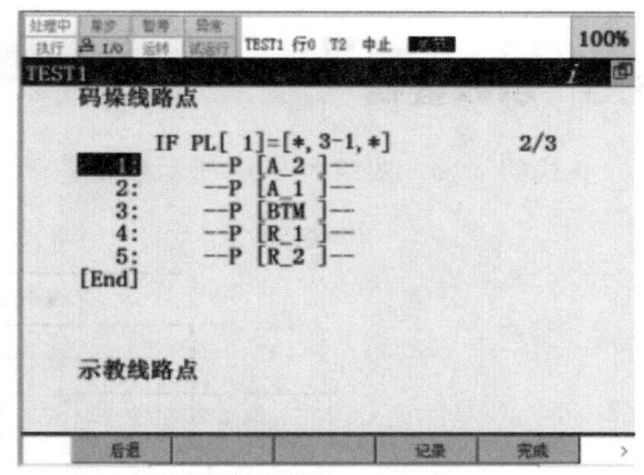

(b) 5个点都示教、记录后

图 3-91 示教第一个路径式样

(3) 程序分析(表 3-13)

表 3-13 程序

程序段号	程序	解释
1:	UTOOL_NUM=1	采用工具坐标 1
2:	UFRAME_NUM=1	采用用户坐标 1
3:	LBL[1]	
4:	J P[1] 100% FINE	机器人在原始点
5:	WAIT DI[101]=ON	等待启动命令输入
6:	WAIT DI[102]=ON	检测工件原点是否有工件
7:	L P[2] 200mm/sec FINE	机器人运动到工件原点上方,P2 为逼近点
8:	L P[3] 200mm/sec FINE	机器人到达抓取/吸取工件的工作点 P3
9:	WAIT 1.00 sec	延时缓冲
10:	DO102=ON	打开吸盘,吸取工件
11:	L P[4] 200mm/sec FINE	机器人运动到码垛区上方
12:	PALLETIZING-EX_4	
13:	J PAL_4[A_1] 30% FINE	根据图 3-87 调整接近点、回退点顺序
14:	L PAL_4[A_2] 700mm/sec FINE	运动到第 2 个接近点
15:	L PAL_4[BTM] 700mm/sec FINE	运动到堆叠点
16:	WAIT 1.00 sec	延时缓冲
17:	DO102=OFF	放下工件
18:	L PAL_4[R_1] 700mm/sec FINE	运动到第 1 个回退点
19:	J PAL_4[R_2] 30% FINE	运动到第 2 个回退点
20:	PALLETIZING-END_4	一次码垛任务结束,自动修改码垛寄存器的值,自动按行列层顺序执行下一个码垛任务
21:	L P[4] 200mm/sec FINE	机器人运动到码垛区上方
22:	JMP LBL[1]	机器人运动回原始点
	END	

3.5 示教叠栈

叠栈的示教，按照图 3-92 所示步骤进行。

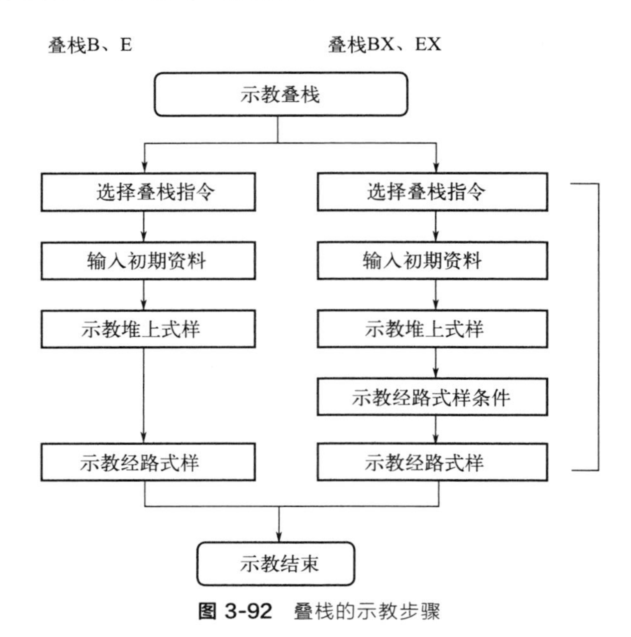

图 3-92 叠栈的示教步骤

叠栈的示教，在叠栈编辑画面上进行。选择叠栈指令时，自动出现一个叠栈编辑画面。通过叠栈的示教，可自动插入叠栈指令、叠栈动作指令、叠栈结束指令等所需的叠栈指令。

3.5.1 叠栈初始资料

(1) 内容

出现初期资料输入画面，如图 3-93 所示，其构成如表 3-14 所示。通过叠栈指令的选择，显示对应所选的叠栈种类的初期资料输入画面。若是叠栈 EX 其初始资料见表 3-15。

① 叠栈种类（种类），指定堆上/堆下（标准：堆上）；

② 增加，指定每隔几个堆上（堆下）。即，通过叠栈结束指令，来指定栈板暂存器加法运算或减法运算，标准值为 1。

③ 栈板暂存器，指定进行上述与堆上方法有关的控制栈板暂存器的暂存器号码，应避免同时使用相同号码的其他叠栈。

④ 顺序，表示堆上/堆下顺序。

表 3-14 叠栈的种类

种类	排列方法	层式样	姿势控制	经路式样数
B	只示教直线	无	始终固定	1
BX	只示教直线	无	始终固定	1～16
E	示教直线，自由示教或间隔指定	有	固定分割	1
EX	示教直线，自由示教或间隔指定	有	固定分割	1～16

叠栈 B 的情形

```
PROGRAM1
叠栈初期资料

  叠栈_    4   [PALLET          ]
  种类 = [堆上     ]   增加 = [   1 ]
  栈板暂存器  = [  1]  顺序     = [行列层]
    行        = [  5]
    列        = [  4]
    层        = [  3]
    补助点          = [ 不是]
 接近点=[ 2]  逃点 =[ 2]

请按[ENTER]键

 中断                              前进
```

叠栈 BX 的情形

```
PROGRAM1
叠栈初期资料

  叠栈_    4   [PALLET          ]
  种类 = [堆上     ]   增加 = [   1 ]
  栈板暂存器  = [  1]  顺序     = [行列层]
    行        = [  5]
    列        = [  4]
    层        = [  3]
    补助点          = [ 不是]
 接近点=[ 2]  逃点 =[ 2]  式样 = [ 2]

请按[ENTER]键

 中断                              前进
```

叠栈 E 的情形

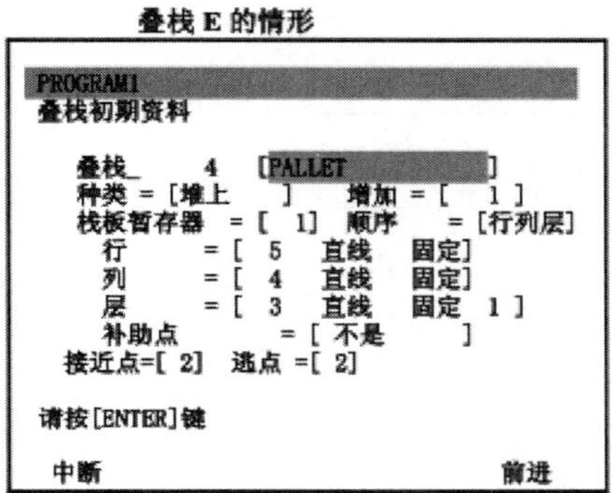

叠栈 EX 的情形

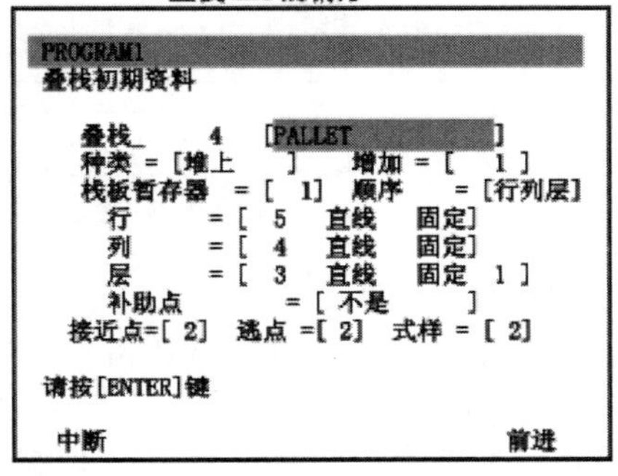

图 3-93 PALLETIZING-EX 资料输入画面

表 3-15 EX 叠栈初始资料

项目	说明
叠栈号码	对叠栈语句进行示教时，自动赋予号码。叠栈_N:1～16
叠栈种类	利用叠栈结束指令来选择栈板暂存器的加法运算或减法运算，选择堆上或堆下
暂存器增加数	利用叠栈结束指令，在栈板暂存器上赋予加法运算或减法运算值
栈板暂存器号码	指定在叠栈指令和叠栈结束指令中所使用的栈板暂存器
顺序	指定堆上(堆下)行列层的顺序，行、列、层
排列(行列层)数	堆上式样的行、列和层数，1～127
排列方法	堆上式样的行、列和层的排列方法。有直线示教、自由示教、间隔指定之分(仅限叠栈 E、EX)
姿势控制	堆上式样的行、列和层的姿势控制。有固定和分割之分(仅限叠栈 E、EX)
层式样数	可以根据层来改变堆上方法(仅限叠栈 E、EX)，1～16
接近点数	路径式样的接近点的点数，0～8
逃点数	经路式样的逃点的点数，0～8
经路式样数	经路式样的数量(仅限叠栈 BX、EX)，1～16

⑤ 基于叠栈的堆上点控制，使用栈板暂存器进行。可利用初期资料来指定栈板暂存器的控制。由此，设定堆上方法，如图 3-94 所示。

设定排列（行、列、层）数、排列方法、姿势控制、层式样数、补助点的有/无，如图 3-95 所示。

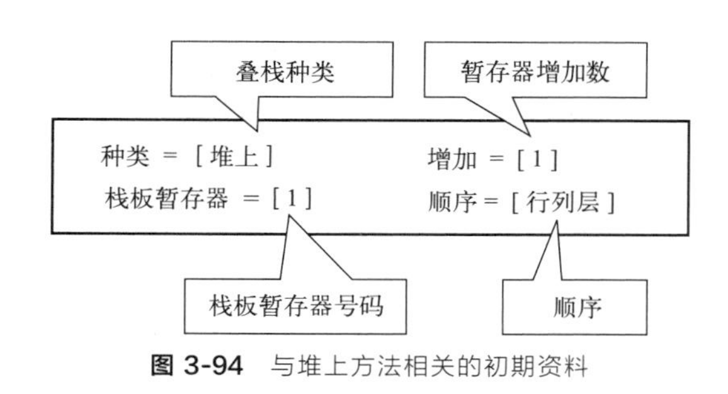

图 3-94　与堆上方法相关的初期资料

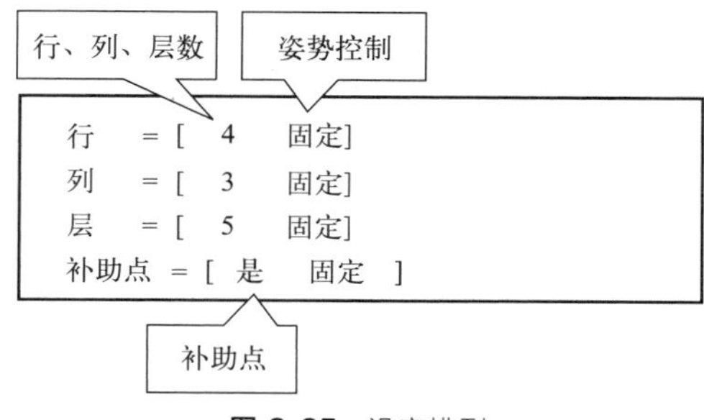

图 3-95　设定排列

⑥ 作为经路式样的初期资料，设定接近点数、逃点数、经路式样数，如图 3-96 所示。

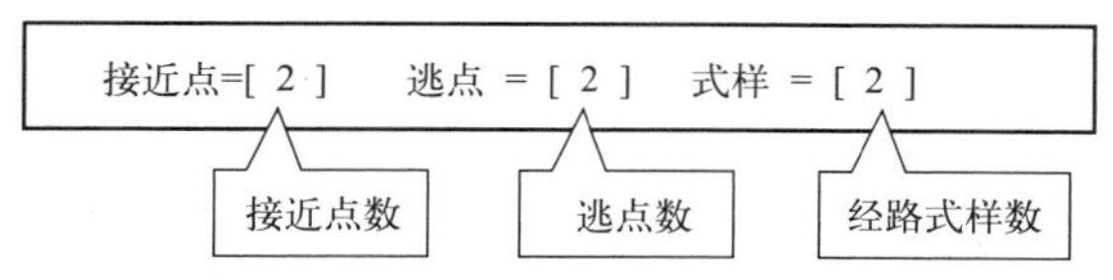

图 3-96　与经路式样相关的初期资料

（2）输入叠栈初期资料

① 进入程序编辑画面选择叠栈指令。

② 按下“NEXT”（下一页）、“>”，按下页面上的“F1［指令］”，显示辅助菜单。

③ 点击“7 叠栈程序”选择叠栈种类。自动进入叠栈示教画面。通过选择叠栈指令，来选择叠栈 EX。出现初期资料输入画面，如图 3-97 所示。

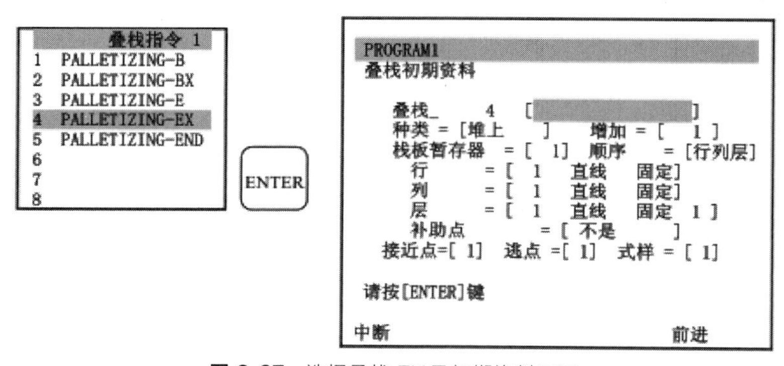

图 3-97　选择叠栈 EX 及初期资料画面

④ 要输入注释，将光标指向注释，按下“ENTER”（输入）键。显示字符输入辅助菜单，通过“↑↓”来选择使用大写字、小写字、标点符号、其他。按下适当的功能键，输入字符，注释输入完后，按下“ENTER”键。

⑤ 选择叠栈种类时，将光标指向相关条目，选择功能键，输入暂存器增加数和栈板暂存器号码时，按下数值键后再按下“ENTER”键，如图 3-98 所示。

⑥ 输入叠栈的顺序时，按希望设定的顺序选择功能键。在选择第 2 个条目的时刻，第 3 个条目即被自动确定，如图 3-99 所示。

⑦ 指定行、列和层数时，按下数值键后再按下“ENTER”键。指定排列方法时，将光标指向设定栏，选择功能键菜单。按照一定间隔指定排列方法时，将光标指向设定栏，输入数值（间隔单位：mm），如图 3-100 所示。

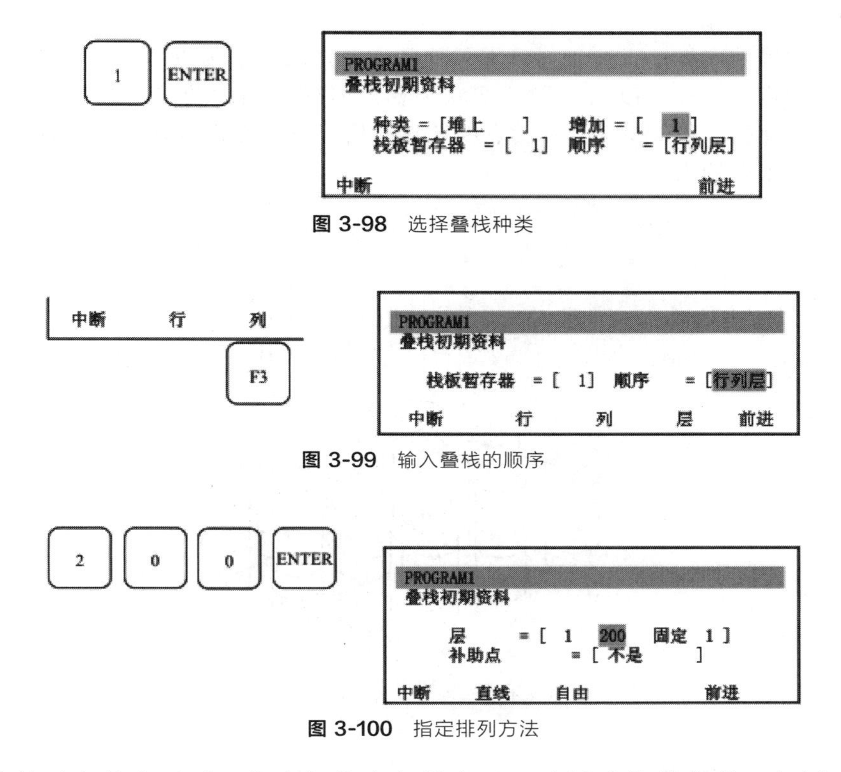

图 3-98 选择叠栈种类

图 3-99 输入叠栈的顺序

图 3-100 指定排列方法

⑧ 指定补助点的有无时，将光标指向相关条目，选择功能键菜单，如图 3-101 所示。有补助点的情况下，还需要选择固定或分割，输入接近点数和逃点数。要中断初期资料的设定时，按下“F1［中断］”。中途中断初期资料设定后，此前设定的值无效。

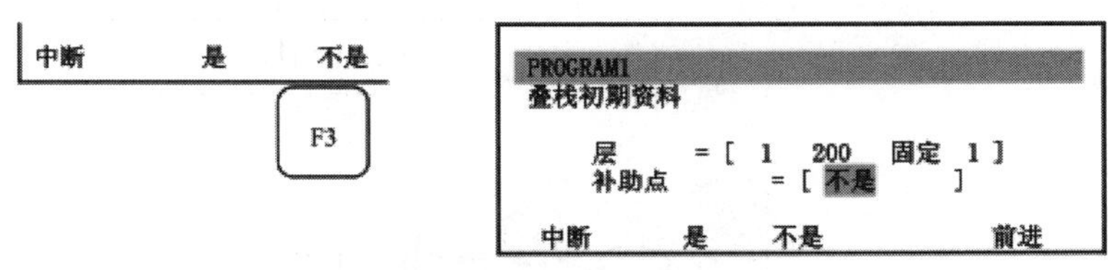

图 3-101 指定补助点的有无

⑨ 输入完所有数据后，按下“F5［前进］”。画面上显示下一个叠栈堆上式样示教画面，如图 3-102 所示，完成初始化。

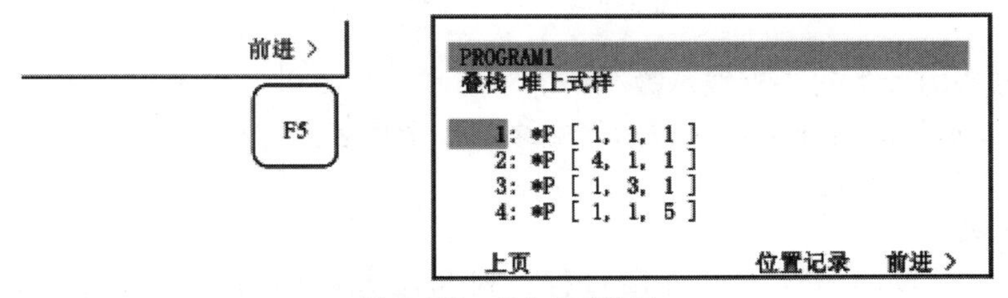

图 3-102 输入完成数据

(3) 堆上式样内容

在叠栈的堆上式样示教画面上，对堆上式样的代表堆上点进行示教，由此，执行叠栈时，从所示教的代表点自动计算目标堆上点。

1）补助点的有/无

无补助点的堆上式样下，分别对堆上式样的四角形的 4 个顶点进行示教，如图 3-103 所示。有补助点的堆上式样，以第 1 段的形状为梯形时所使用的功能，对第 5 个顶点进行示教，如图 3-104 所示。在选择了有补助点的选择的情况下，需指定补助点位置的姿势控制如固定、分割（仅限叠栈 E、EX）。

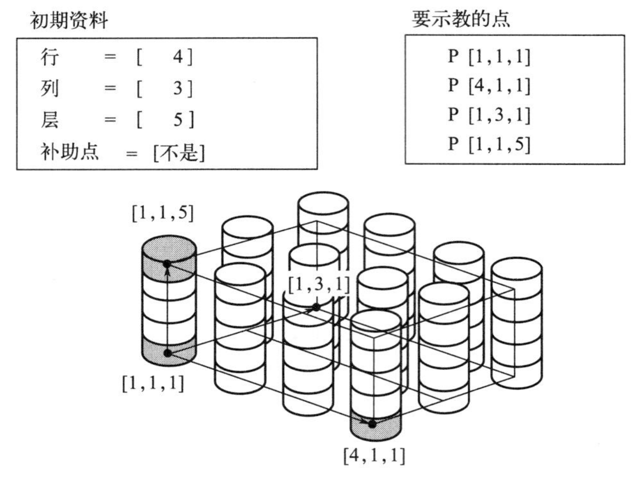

图 3-103 无补助点的堆上式样

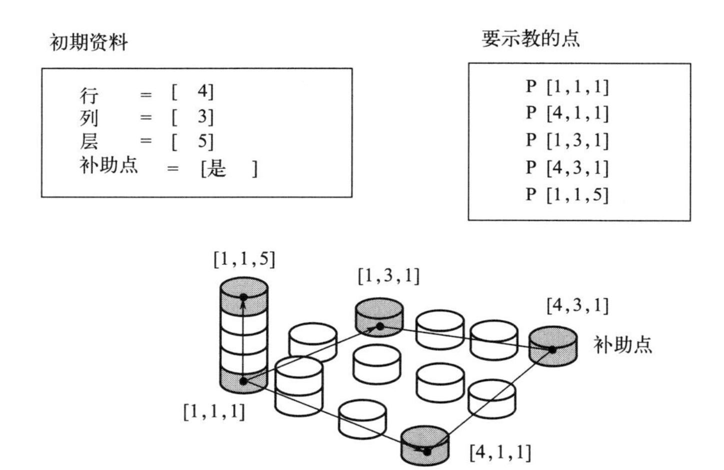

图 3-104 有补助点时的示教

2）排列方法的种类——直线示教

选择了直线示教的情况下，通过示教端缘的 2 个代表点，设定行、列和层方向的所有点（标准），如图 3-105 所示。

3）自由示教

选择了自由示教的情况下，直接对行、列和层方向的所有点进行示教，如图 3-106 所示。

4）间隔指定

选择了间隔指定的情况下，通过指定行、列和层方向的直线和其间的距离，设定所有点，如图 3-107 所示。

初期资料

行　　= [　4]
列　　= [　3]
层　　= [　5]
补助点　= [是　]

要示教的点

P [1,1,1]
P [4,1,1]
P [1,3,1]
P [4,3,1]
P [1,1,5]

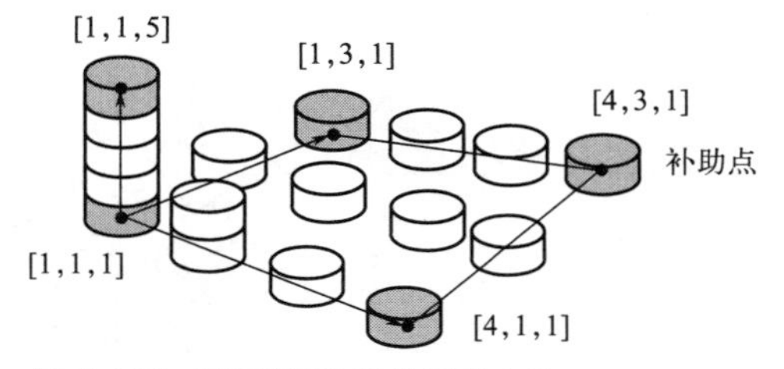

图 3-105　基于直线示教的示教方法

初期资料

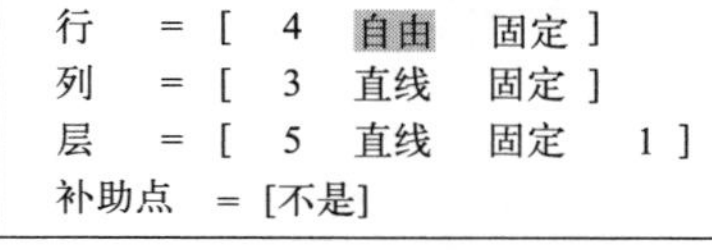

行　= [　4　自由　固定]
列　= [　3　直线　固定]
层　= [　5　直线　固定　1]
补助点　= [不是]

要示教的点

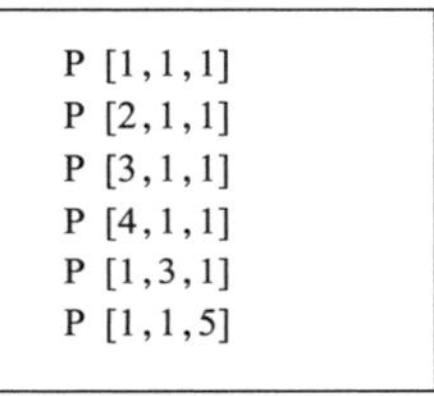

P [1,1,1]
P [2,1,1]
P [3,1,1]
P [4,1,1]
P [1,3,1]
P [1,1,5]

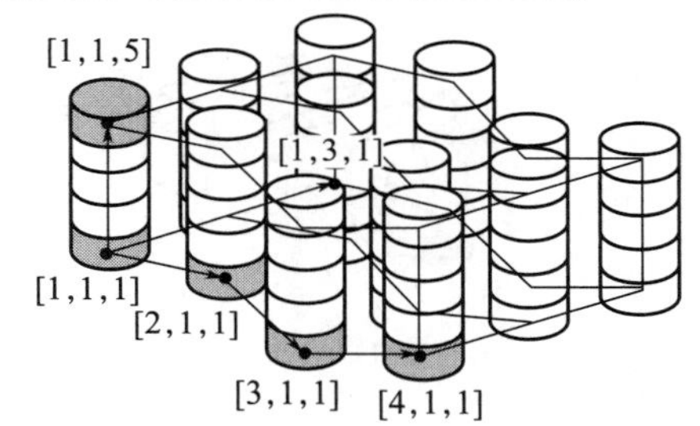

图 3-106　基于自由示教的示教方法

初期资料

行　= [　5　100　固定]
列　= [　3　直线　固定]
层　= [　5　直线　固定　1]
补助点　= [不是]

要示教的点

P[1,1,1]
P[4,1,1]
P[1,3,1]
P[1,1,5]

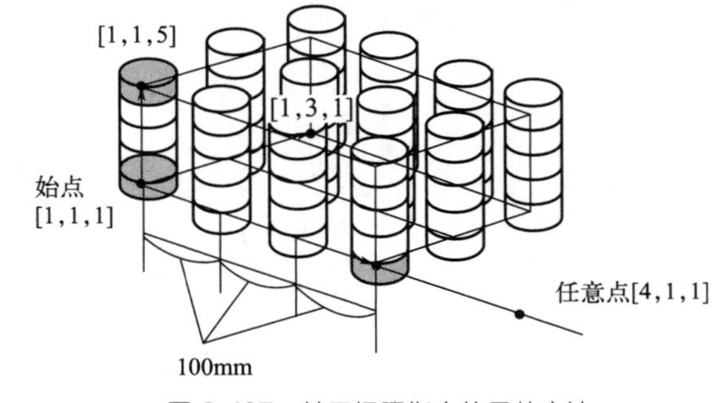

图 3-107　基于间隔指定的示教方法

5）姿势控制的种类

固定姿势时，在所有堆上点，始终取［1,1,1］中所示教的姿势（标准），如图 3-108 所示。分割姿势时，在进行直线示教时，分割后取端缘直线中所示教的姿势。自由示教时，取所示教点的姿势，如图 3-109 所示。

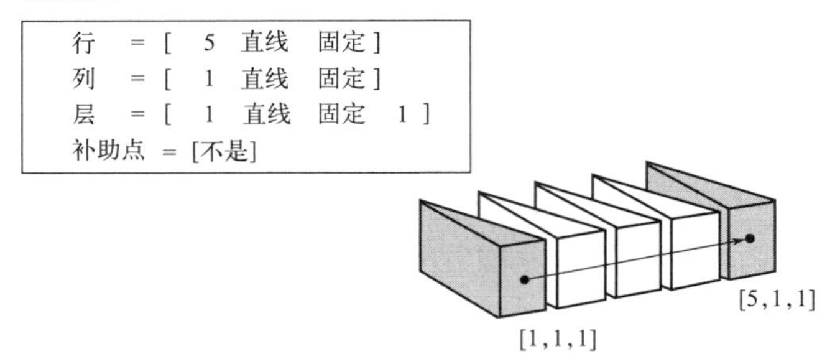

图 3-108 基于固定姿势的堆上点的姿势

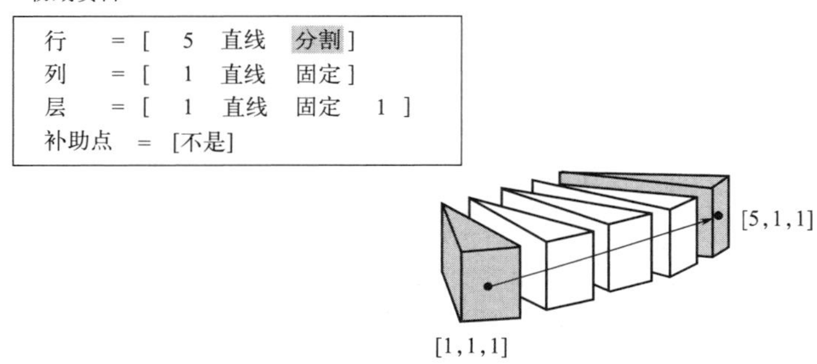

图 3-109 基于分割姿势的堆上点的姿势

6）层式样数

在以间隔数层确定的堆上方法进行堆上的情形下，输入该层式样数。层式样数，只有在层排列为直线示教时才有效。（其他情况下，层式样始终等于 1）第 1 层必定会相对层式样 1 的堆上点进行堆上。假设层式样数为 N 个，到第 N 层为止层数和层式样数相同，而第（$N+1$）层以后，层式样数又从层式样 1 反复进行。仅在层式样 1 的位置示教中进行层方向的位置示教。各层式样的层方向位置通过层式样 1 的示教计算得出，如图 3-110 所示。层式样最多可设定 16 个。但全层数少于 16 时，不能设定超出该层数的层式样数。此外，层数变更为比层式样数小时，层式样数将自动变更为该层数。

初期资料

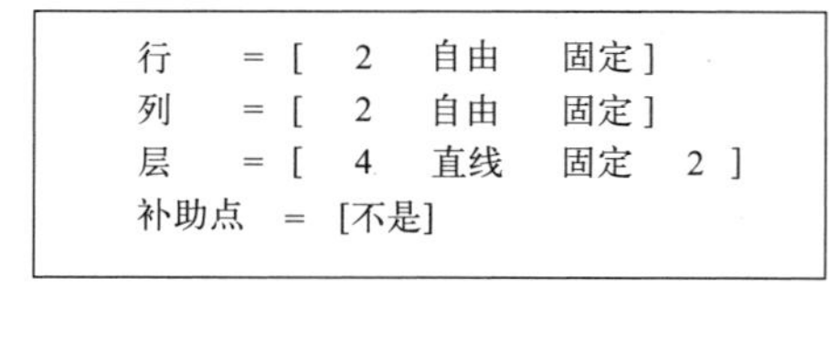

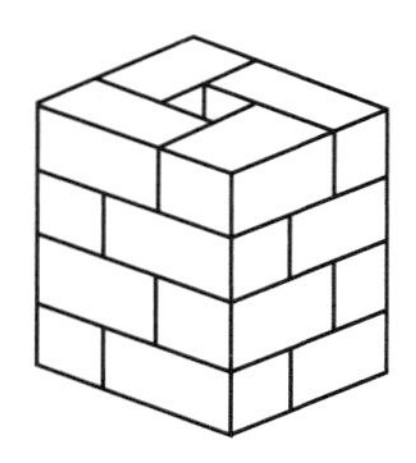

图 3-110 指定了层式样的示教方法

(4) 示教叠栈堆上式样

① 按照初期资料的设定，显示应该示教的堆上点一览，如图 3-111 所示。需记录的代表堆上点数，随初期资料输入画面上设定的行列层数而定。下面的画面例中，作为 4 行 3 列 5 层予以设定。顺序被作为行列层设定。

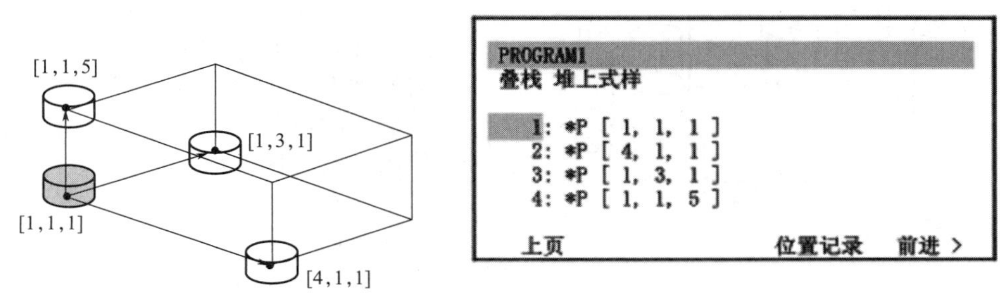

图 3-111 初期资料的设定

② 将机器人 JOG 进给到希望示教的代表堆上点。

③ 将光标指向相应行，在按住“SHIFT”键的同时按下“F4 位置记录”，当前的机器人位置即被记录下来。未示教位置显示有“*”，已示教位置显示有“--”标记。

④ 要显示所示教的代表堆上点的位置详细数据，将光标指向堆上点号码，按下“F5 位置”。显示出位置详细数据，如图 3-112 所示。也可以直接输入位置数据的数值。返回时，按下“F4 完成”。

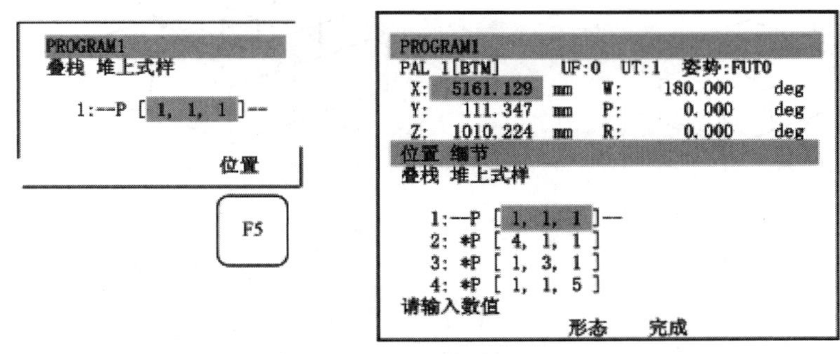

图 3-112 位置详细数据

⑤ 在按住“SHIFT”键的同时按下“FWD”（前进）键，机器人移动到光标行的代表堆上点。可以进行示教点的确认。

⑥ 按照相同的步骤，对所有代表堆上点进行示教。按下“F1 上页”，返回到之前的初期资料示教画面。按下“F5 前进”，显示下一个经路式样条件设定画面（BX、EX），或经路式样示教画面（B、E）；使用层式样的情况下（E、EX），按下“F5 前进”，显示下一层的堆上式样。

(5) 设定经路式样条件

叠栈 BX、EX 可根据堆上点分别设定多种经路式样。叠栈 B、E，只可以设定一个经路式样，所以不会显示该画面。要根据堆上点来改变路经，需事先在设定初期资料时指定所需的经路式样数。为每个经路式样数分别设定经路式样的条件，如图 3-113 所示。

① 叠栈的执行，使用堆上点的行、列、层与经路式样条件的行、列、层（要素）的值相互一致的条件号码经路式样。

② 直接指定方式下，在 1～127 的范围内指定堆上点。“*”表示任意的堆上点。

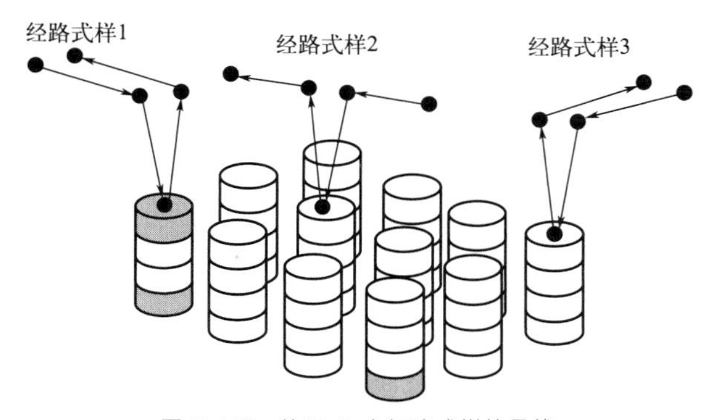

图 3-113 使用 3 个经路式样的叠栈

③ 余数指定方式下，经路式样的条件要素“m-n”，根据余数系统来指定堆上点。层的要素为“3-1”的情况下，表示用 3 除以堆上点的值其余数为 1。

④ 当没有与当前堆上点一致的经路式样条件时，发出报警。此外，与当前的堆上点一致的经路式样条件存在 2 个以上的情况下，按照下面的顺序优先使用经路式样条件。

a. 使用基于直接指定方式指定经路式样条件。

b. 与 a 的条件同等时，使用基于余数指定方式指定的经路式样条件。使用余数指定 m 值较大的经路式样条件。

c. a 与 b 的条件同等时，使用经路式样条件号码较小的经路式样条件。

图 3-113 堆上点的第 1 列使用式样 1，第 2 列使用式样 2，第 3 列使用式样 3。图 3-114 需要根据箱子位置另行设定经路，所以定义 8 类经路式样后每 2 层反复进行。

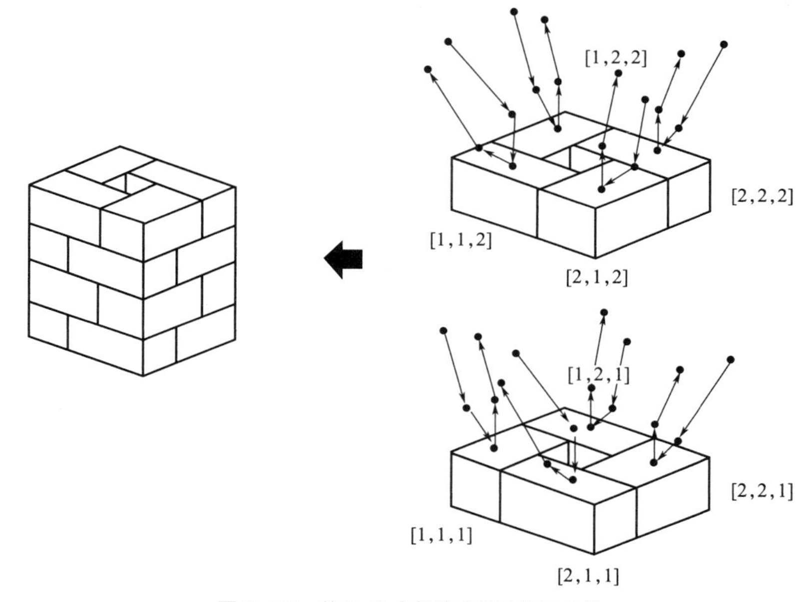

图 3-114 使用 8 个经路式样的箱子叠栈

例如：

```
式样[1]=[1,1,2-1]
式样[2]=[2,1,2-1]
式样[3]=[1,2,2-1]
式样[4]=[2,2,2-1]
式样[5]=[1,1,2-0]
式样[6]=[2,1,2-0]
式样[7]=[1,2,2-0]
式样[8]=[2,2,2-0]
```

(6) 设定叠栈经路式样初期资料

① 根据初期资料的式样数设定值，显示应该输入的条件条目，如图 3-115 所示。

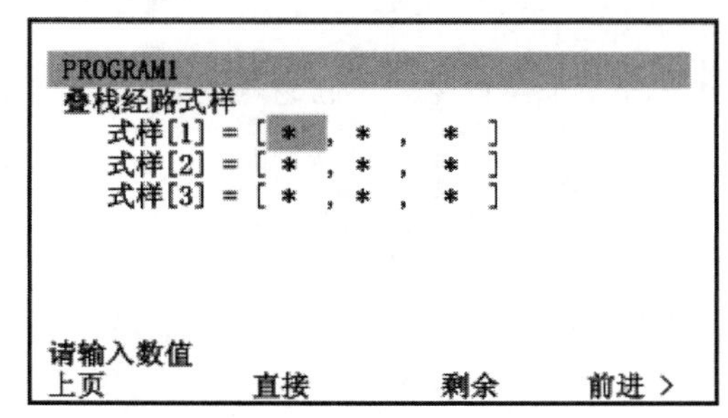

图 3-115 条件条目

② 直接指定方式下，将光标指向希望更改的点，输入数值。要指定“*”（星号）时，输入“0”（零）。

③ 余数指定方式下，按下“F4 剩余”。条目被分成 2 个。在该状态下输入某一个数值，如图 3-116 所示。

图 3-116 余数指定方式

④ 要在直接指定方式下输入值时，按下“F3 直接”。按照“F1 上页”，返回到之前的堆上点示教画面。

⑤ 点击“F5 前进”，出现如图 3-117 所示经路式样示教画面。

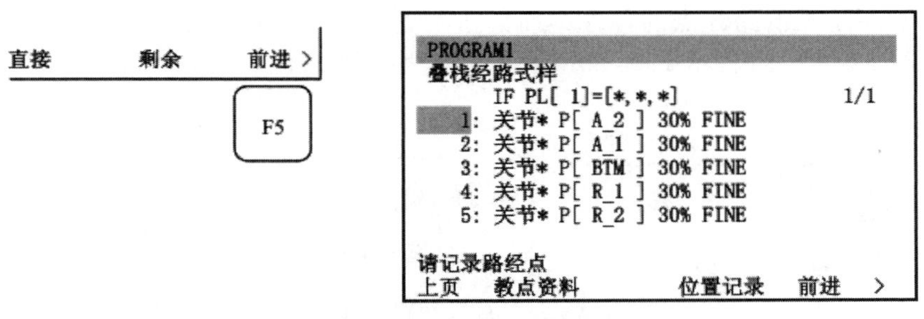

图 3-117 经路式样示教画面

(7) 示教经路式样

叠栈经路式样示教画面，如图 3-118 所示。设定向堆上点堆上工件或从其上堆下工件的前后通过的几个路经点。路经点也随着堆上点的位置改变，如图 3-119 所示。

① 按照初期资料的设定，显示应该示教的路经点一览，如图 3-118 所示。

要记录的路经点数，随初期资料输入画面上所设定的接近点和输入点数而定。图 3-119 的例中，将接近点数设定为 2，将逃点数设定为 2。

② 将机器人 JOG 进给到希望示教的路经点。

③ 将光标指向设定区，通过如下任一操作进行位置示教。在按住“SHIFT”键的同时按下“F2 教点资料”。不按下“SHIFT”键而只按下“F2 教点资料”时，显示标准动作菜

经路式样示教画面

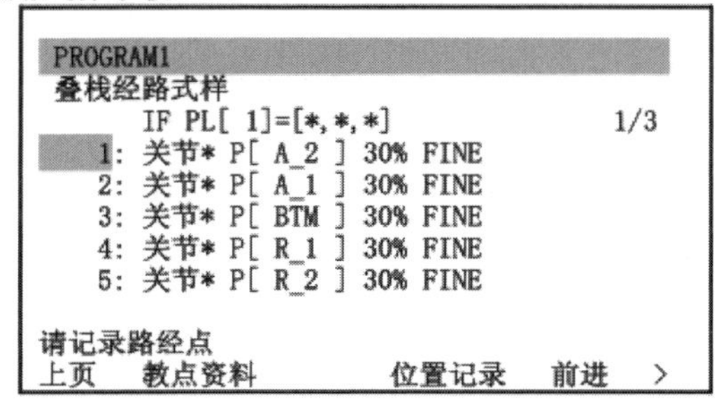

图 3-118 叠栈经路式样主教画面

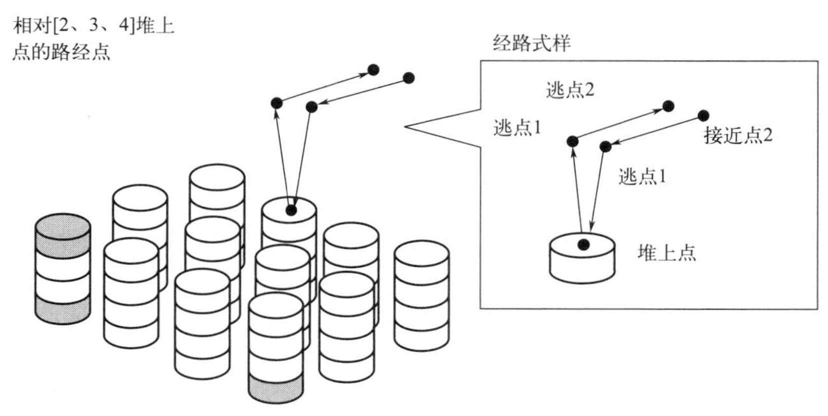

图 3-119 叠栈的经路式样

单，即可设定动作类型、动作速度等条目。（此按键只有在进行经路式样 1 示教时显示）在按住“SHIFT”键的同时按下“F4 位置记录”。未示教位置显示“＊”，如图 3-118 所示。

④ 需显示所示教的路经点的位置详细数据，将光标指向路经点号码，按下“F5 位置”。显示出位置详细数据，如图 3-120 所示。也可以直接输入位置数据的数值。返回时，按下“F4 完成”。

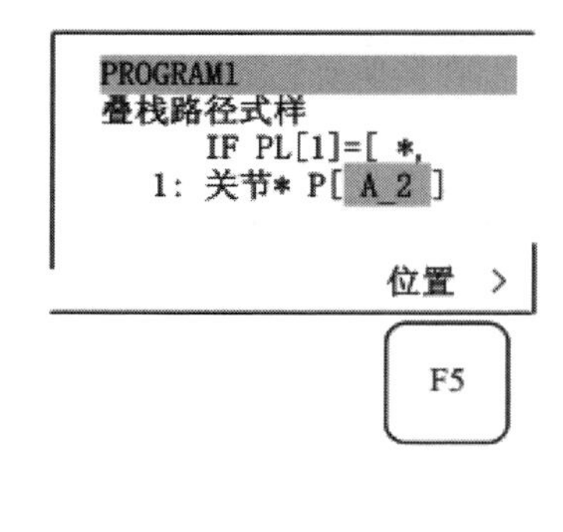

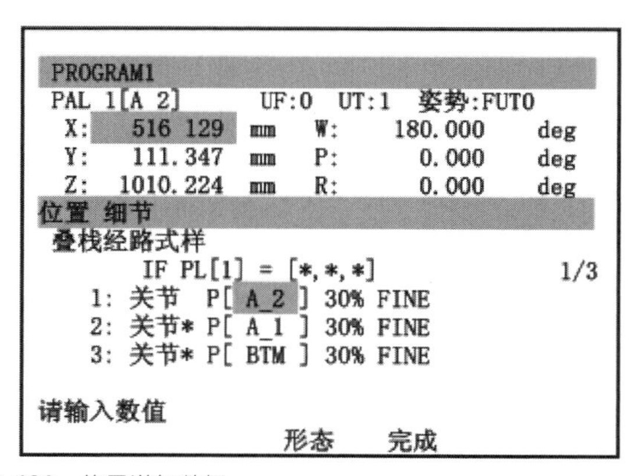

图 3-120 位置详细数据

⑤ 在按住“SHIFT”键的同时按下“FWD”（前进）键，机器人移动到光标行的路经点。可以进行示教点的确认。按下“F1 上页”，返回到之前的堆上式样示教画面。

⑥ 按下“F5 前进”，出现如下经路式样示教画面。只有一个经路式样的情况下，进入第 9 步。按下“F1 上页”，返回到之前的经路式样。按下“F5 前进”，显示如下经路式样。

⑦ 等所有经路式样的示教都结束后，按下“F5 前进”，退出叠栈编辑画面，返回程序画面。叠栈指令即被自动写入程序。

⑧ 堆上位置的指令、路经点动作类型的更改等编辑，可以在程序画面上与通常的程序一样地进行修改，如图 3-121 所示。

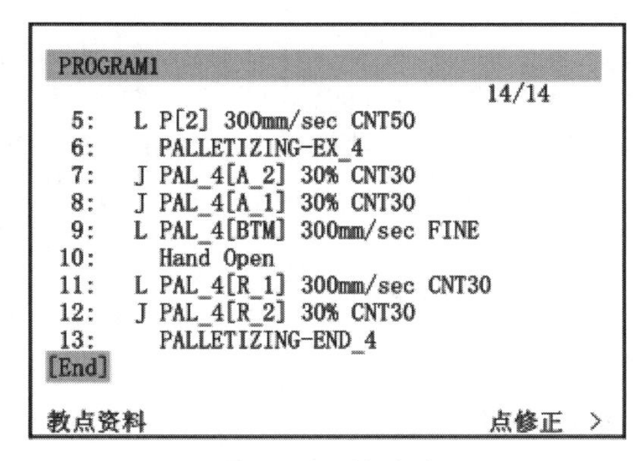

```
PROGRAM1
                                    14/14
  5:  L P[2] 300mm/sec CNT50
  6:    PALLETIZING-EX_4
  7:  J PAL_4[A_2] 30% CNT30
  8:  J PAL_4[A_1] 30% CNT30
  9:  L PAL_4[BTM] 300mm/sec FINE
 10:    Hand Open
 11:  L PAL_4[R_1] 300mm/sec CNT30
 12:  J PAL_4[R_2] 30% CNT30
 13:    PALLETIZING-END_4
[End]
教点资料                          点修正  >
```

图 3-121 编辑完成

(8) 叠栈自由示教

叠栈自由示教，通过系统变量的切换，可以按所示教的形态堆上工件（或者堆下工件）。按照所示教的姿势及形态，堆上工件（或者堆下工件）的情况，进行如下设定。

① 在系统变量画面上，将系统变量 $PALCFG. $FREE_CFG_EN 设定为“TRUE”（有效）（初始值为 TRUE）。

② 在叠栈初期资料画面上，对行/列/层中的一个方向，在排列方法中已经设定了“自由”方向的姿势控制中，设定“分割”。

对于每一个指定方向并已示教的工件，按照与示教工件相同的姿势及形态堆上（或堆下）对应该工件的所有工件。图 3-122 所示为 4 行、2 列、5 层的不规则排列的叠栈。

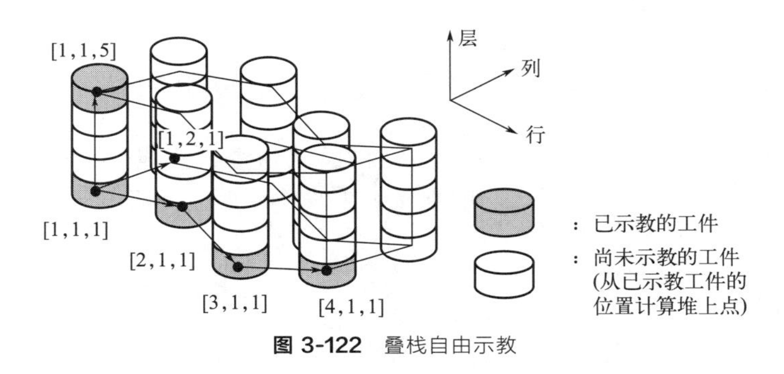

图 3-122 叠栈自由示教

③ 叠栈初期资料按照如下方式设定。

行=[4 自由 分割]

列=[2 直线 固定]

层=[5 直线 固定 1]

图 3-122 在行方向设定了“自由”“分割”。在该条件下，当系统变量 $PALCFG. $FREE_CFG_EN 被设定为“TRUE”时，使用以下形态。

a. 第 1 行的工件堆上（堆下）时的形态：P[1,1,1]的形态

b. 第 2 行的工件堆上（堆下）时的形态：P[2,1,1]的形态

c. 第 3 行的工件堆上（堆下）时的形态：P[3,1,1]的形态

d. 第 4 行的工件堆上（堆下）时的形态：P[4,1,1]的形态

④ 注意事项。使用本功能时，要注意如下事项。

a. 不能在行/列/层的多个方向同时设定“自由”和“分割”。[不使用本功能时，将系统变量 $PALCFG. $FREE_CFG_EN 设定为“FALSE”（无效）] 这是因为，在如此

设定下，在尚未示教的工件（从已示教工件的位置计算堆上点的工件）位置，无法将应该取的形态确定为一个。进行了如此设定的程序，会发生“PALT-024 发生计算错误”而无法执行。

b. 对程序进行示教时，应注意避免形态不匹配报警而导致程序的中断。机器人当前位置的形态与将要移动的目的地的位置数据形态不同时，不能以“L”（直线）动作类型移动（发生形态不匹配报警，中断程序的执行）。

c. 叠栈的接近点、逃点的形态，使用堆上点的形态。因此，最初执行的叠栈动作指令为“L”动作类型的情况下，试图执行该时刻的机器人形态，可能会导致形态不匹配。通过将最初的叠栈动作指令的动作类型设定为“J”（关节），即可避免此类故障。譬如，在进行具有 3 个接近点、2 个逃点的叠栈时，按照如下方式编程，即可避免形态不匹配报警。

```
10:PALLETIZING-EX_1
11:J PAL_1[A_3] 100% FINE
12:L PAL_1[A_2] 500mm/sec CNT50
13:L PAL_1[A_1] 300mm/sec CNT10
14:L PAL_1[BTM] 100mm/sec FINE
15:Hand1_Open
16:L PAL_1[R_1] 300mm/sec CNT10
17:L PAL_1[R_2] 500mm/sec CNT50
18:PALLETIZING-END_1:
```

(9) 叠栈示教时的注意事项

① 叠栈功能，在三个指令即叠栈指令、叠栈动作指令、叠栈结束指令存在于一个程序而发挥作用。即使只将一个指令复制到子程序中进行示教，该功能也不会正常工作，应予注意。

② 叠栈号码，在示教完叠栈的数据后，随同叠栈指令、叠栈动作指令、叠栈结束指令一起被自动写入。不需要在意是否在别的程序中重复使用叠栈号码（每个程序都具有该叠栈号码的数据）。

③ 叠栈动作指令中，不可在动作类型中设定“C”（圆弧运动）。

④ 在带有附加轴的系统中进行叠栈时，需注意。

⑤ 叠栈位置数据的示教，无法使用用户坐标系的位置进行示教。始终使用全局坐标系，所选的用户坐标系成为 0。

3.5.2 执行叠栈

(1) 叠栈程序

图 3-123 所示程序如下，按照如下方式来执行叠栈，图 3-124 所示为叠栈处理流程。

```
5:J P[1] 100% FINE
6:J P[2] 70% CNT50
7:L P[3] 50mm/sec FINE
8:Hand Close
9:L P[2] 100mm/sec CNT50
10:PALLETIZING-B_3
11:L PAL_3[A_1] 100mm/sec CNT10
12:L PAL_3[BTM] 50mm/sec FINE
```

```
13:Hand Open
14:L P_3[R_1] 100mm/sec CNT10
15:PALLETIZING-END_3
16:J P[2] 70% CNT50
17:J P[1] 100% FINE
```

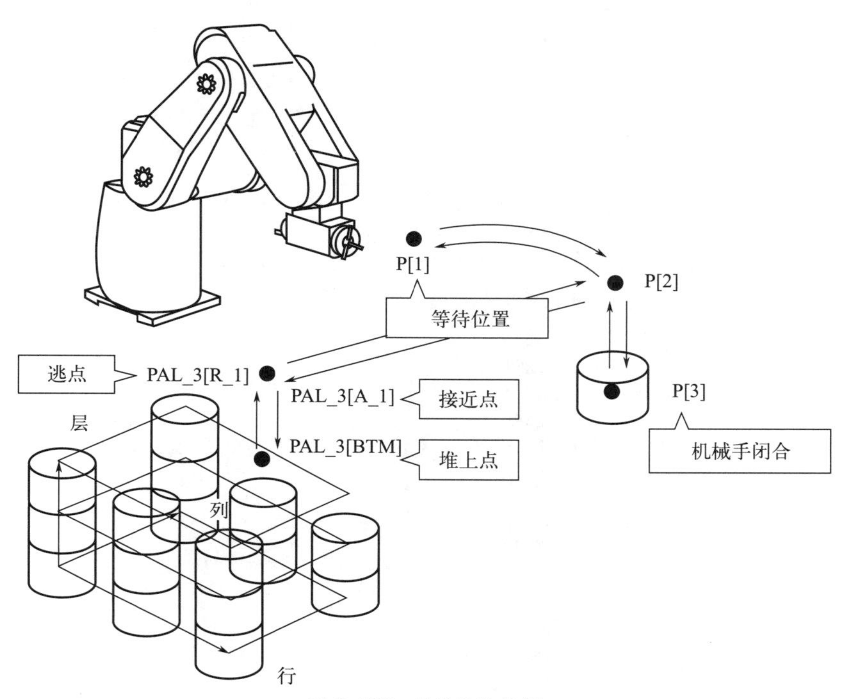

图 3-123　叠栈的执行例

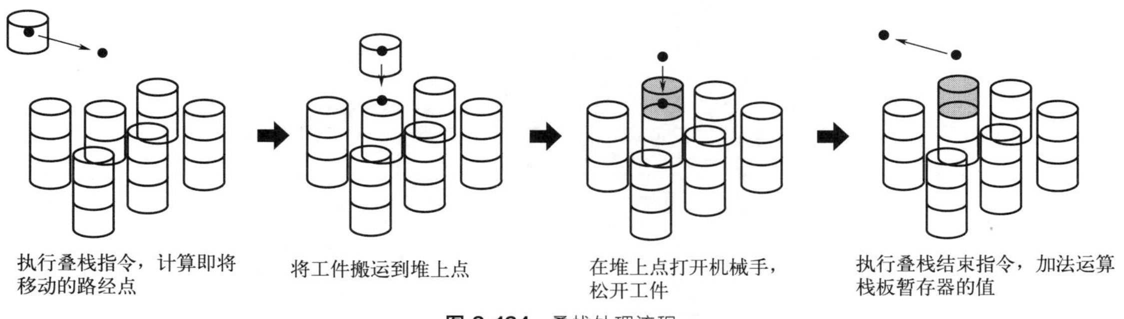

图 3-124　叠栈处理流程

（2）栈板暂存器

栈板暂存器，对当前的堆上点位置进行管理。叠栈过程中，通过执行叠栈指令，参照栈板暂存器的值，计算实际的堆上点和路经点，如图 3-125 所示。栈板暂存器，判断在执行叠栈指令时，是否进行相对行、列、层的堆上位置计算，如图 3-126 所示。

1）更新栈板暂存器

栈板暂存器的加法运算（减法运算），通过执行叠栈结束指令来进行。该加法运算（减法运算）的方法，随初期资料的设定而定。

图 3-125　栈板暂存器

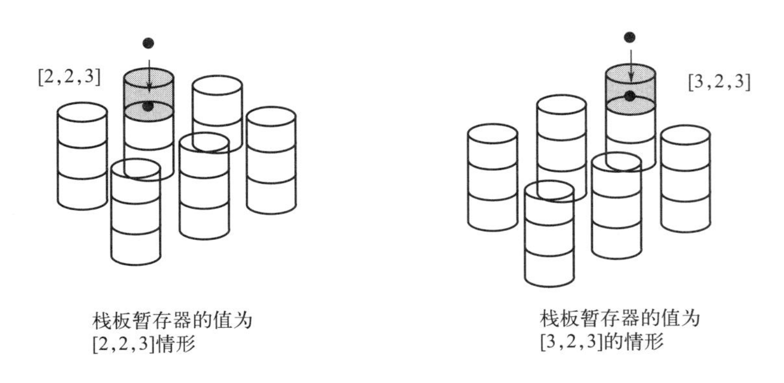

图 3-126 栈板暂存器和堆上点之间的关系

2 行 2 列 2 层的叠栈“顺序”＝［行列层］的情况下，在执行叠栈结束指令时，按照图 3-127 方式更改栈板暂存器，栈板暂存器的加法运算见表 3-16。

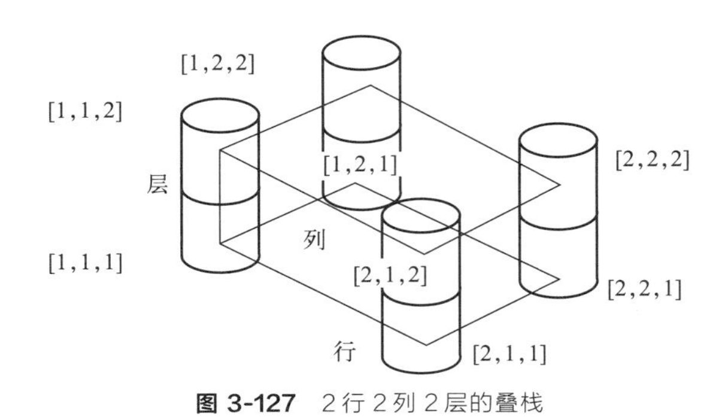

图 3-127 2 行 2 列 2 层的叠栈

表 3-16 栈板暂存器的加法运算（减法运算）

项目	种类＝［堆上］		种类＝［堆下］	
	增加＝［1］	增加＝［—1］	增加＝［1］	增加＝［—1］
初始值	［1,1,1］	［2,2,1］	［2,2,2］	［1,1,2］
↓	［2,1,1］	［1,2,1］	［1,2,2］	［2,1,2］
↓	［1,2,1］	［2,1,1］	［2,1,2］	［1,2,2］
↓	［2,2,1］	［1,1,1］	［1,1,2］	［2,2,2］
↓	［1,1,2］	［2,2,2］	［2,2,1］	［1,1,1］
↓	［2,1,2］	［1,2,2］	［1,2,1］	［2,1,1］
↓	［1,2,2］	［2,1,2］	［2,1,1］	［1,2,1］
↓	［2,2,2］	［1,1,2］	［1,1,1］	［2,2,1］
↓	［1,1,1］	［2,2,1］	［2,2,2］	［1,1,2］

2）栈板暂存器的初始化

进行叠栈初期资料的设定或更改，按下“F5［前进］”，成为叠栈堆上式样的示教时，栈板暂存器即被自动初始化，初始值见表 3-17。

表 3-17 栈板暂存器的初始值

初期资料		初始值		
种类	增加	行	列	层
堆上	正值	1	1	1
	负值	总行数	总列数	1
堆下	正值	总行数	总列数	总层数
	负值	1	1	总层数

3）控制基于栈板暂存器的叠栈

［5 行，1 列，5 层］的叠栈中，不进行偶数层第 5 个的堆上（奇数层进行 5 个堆上，偶数层进行 4 个堆上），如图 3-127 所示。要显示叠栈状态，将光标指向叠栈指令，按下“F5 一览”。显示当前的堆上点和栈板暂存器的值，如图 3-128 所示。

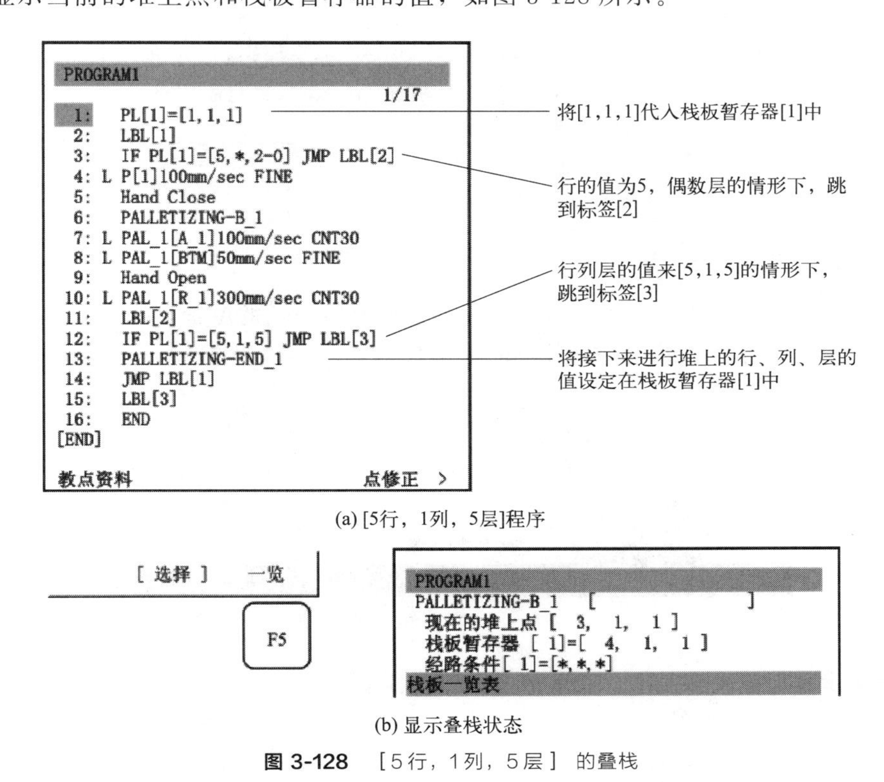

(a) [5行，1列，5层]程序

(b) 显示叠栈状态

图 3-128 ［5 行，1 列，5 层］的叠栈

(3) 修改叠栈

修改叠栈，即在事后对所示教的叠栈数据和叠栈指令进行修改。

1）更改叠栈数据

① 将光标指向希望修改的叠栈指令，按下“F1 修改”，显示修改菜单。

② 从修改菜单选择所需的叠栈编辑画面，如图 3-129 所示。按下“F1 上页”时，返回叠栈编辑画面之前的画面。按下“F5 前进”时，进入叠栈编辑画面之后的画面。修改叠栈时，不管从哪个叠栈画面返回通常的编辑画面，所更改的数据都将有效。

③ 修改结束后，按下“NEXT”（下一页）、“>”，按下下一页上的“F1 结束”。

2）更改叠栈号码

将光标指向希望修改的叠栈指令，输入希望更改的号码，如图 3-130 所示。叠栈动作指

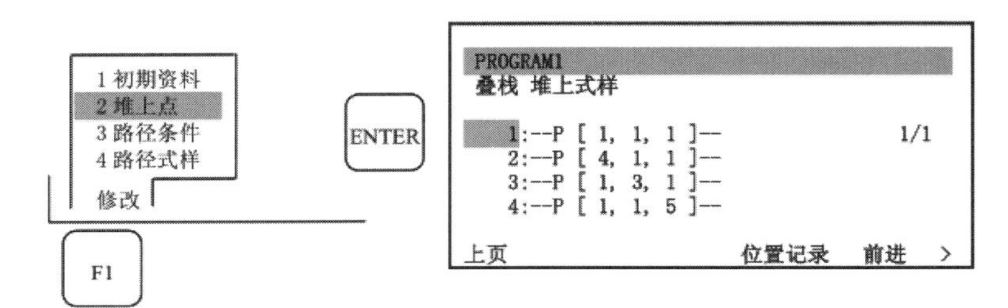

图 3-129 叠栈编辑画面

令、叠栈结束指令的叠栈号码，随同叠栈指令一起被自动更改。在更改叠栈号码时，需确认更改后的号码没有在其它叠栈指令中使用。

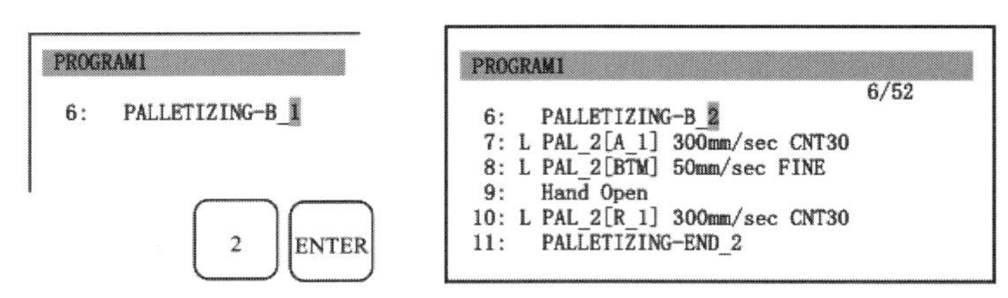

图 3-130 更改叠栈号码

3.5.3 带有附加轴的叠栈

带有附加轴的叠栈如图 3-131 所示。叠栈堆上点及路经点的位置存储，与通常动作语句的位置存储不同，它存储在除附加轴位置之外的位置。

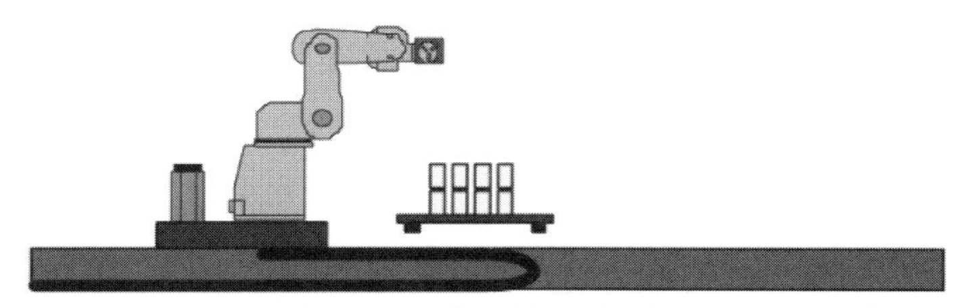

图 3-131 带有附加轴的叠栈

(1) 码垛示教

① 选择码垛程序，如图 3-132 所示。

② 输入堆栈初始数据，如图 3-133 所示。

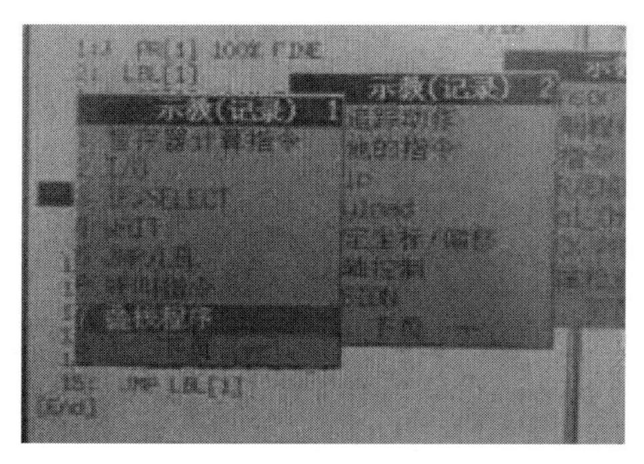

图 3-132 选择码垛程序

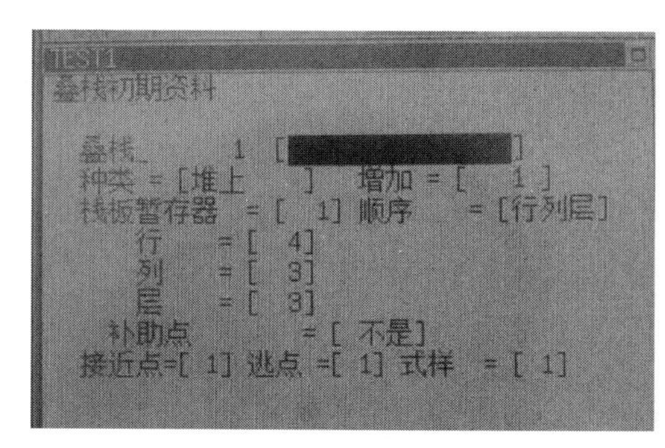

图 3-133 堆栈初始数据

③ 示教堆上样式，如图 3-134 所示。

④ 示教路径模式，如图 3-135 所示。

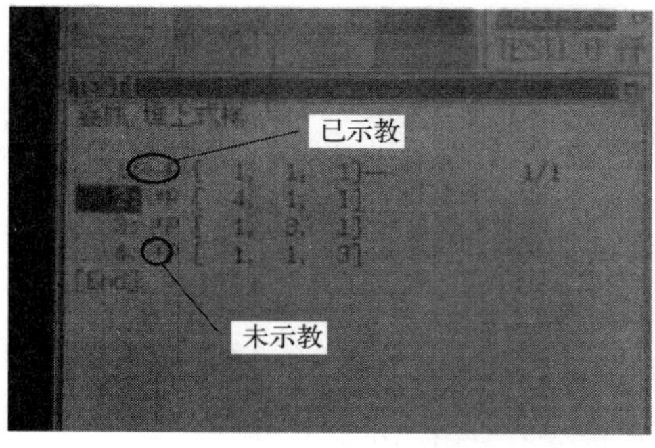

图 3-134　示教堆上样式

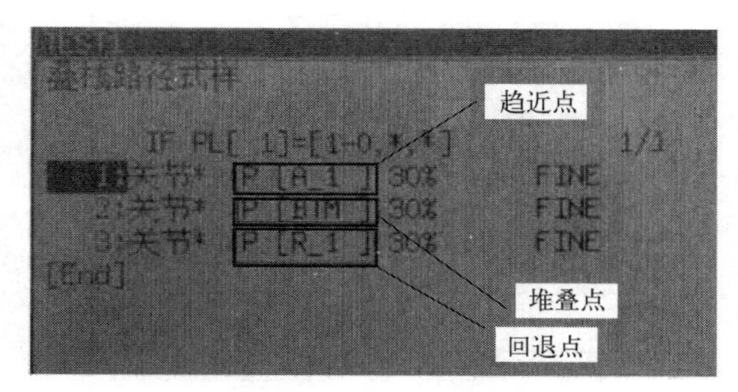

图 3-135　示教路径模式

（2）码垛

如图 3-136、图 3-137 所示的动作循环图，在输送带 P3 进行工件抓取，在托盘上进行码垛。

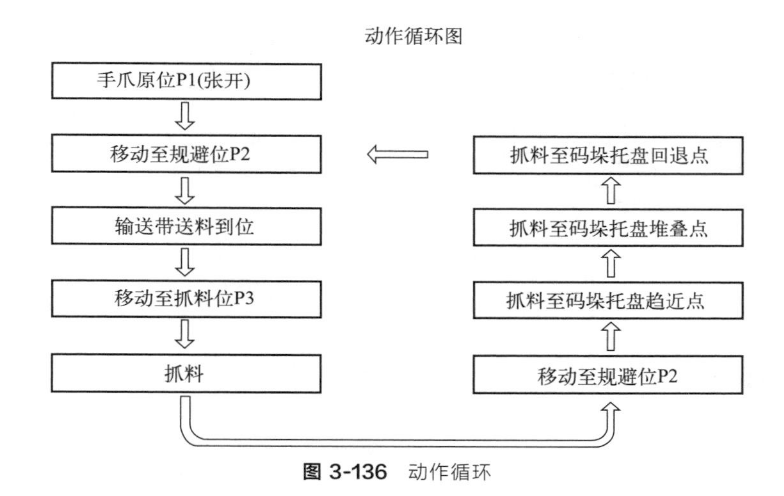

图 3-136　动作循环

（3）程序

用示教器编写程序，程序如下。

```
1:J PR[1] 100% FINE;移动至待命位置 P1
2:LBL[1];标签 1
3:J PR[2] 100% FINE;移动至待命位置 P2
4:WAIT RI[12]=ON;等待抓料位有料
5:L PR[3] 100mm/sec FINE;移动至抓料位 P3
6:WAIT 1.00(sec);等待 1s
7:RO[11]=ON;抓手闭合阀 ON
8:WAIT RI[11]=ON;等待抓手闭合开关 ON
9:RO[11]=OFF;抓手闭合阀 OFF
10:PALLETIZING-B_1
11:J PAL_1[A_1] 80% FINE;移动至趋近点
12:L PAL_1[BTM] 100mm/sec FINE;移动至堆叠点
```

```
13:RO[10]=ON;抓手张开阀 ON
14:WAIT RI[10]=ON;等待抓手张开开关 ON
15:RO[10]=OFF;抓手张开阀 OFF
16:L PAL_1[R_1] 100mm/sec FINE;移动至回退点
17:PALLETIZING-END_1
18:JUMP LBL[1];跳转至标签 1
```

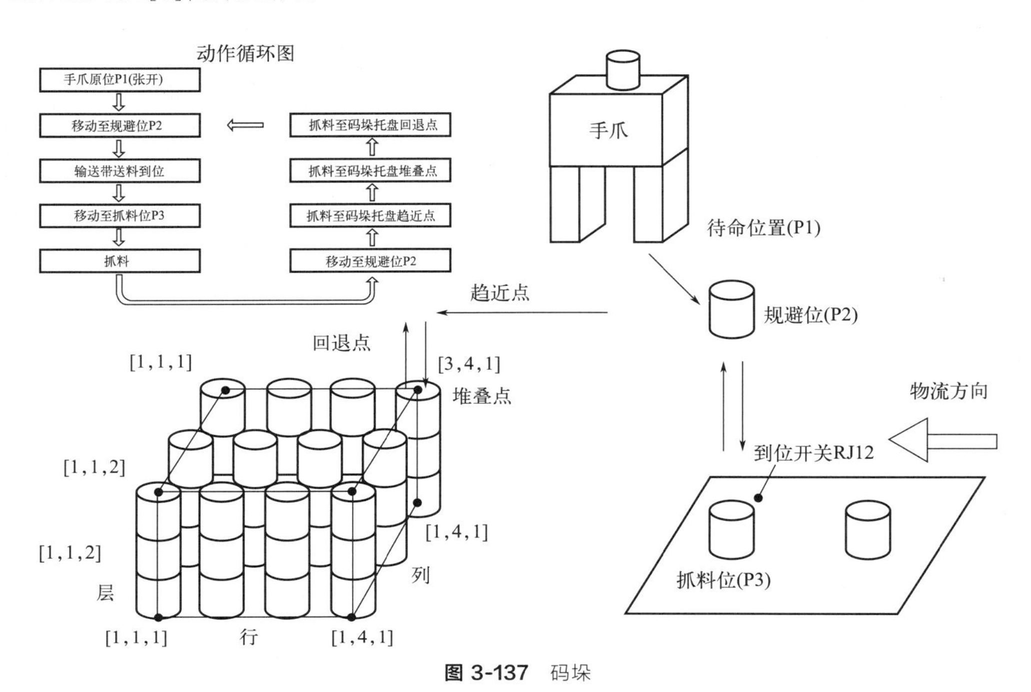

图 3-137 码垛

3.6 其他指令

3.6.1 RSR 指令

RSR 指令，对所指定的 RSR 号码的 RSR 功能进行有效/无效切换，如图 3-138 所示。例如：

```
RSR[2:PROCESS2]=ENABLE
```

3.6.2 用户报警指令

用户报警指令，在报警显示行显示预先设定的用户报警号码的报警消息。用户报警指令使执行中的程序暂停。用户报警，在用户报警设定画面上进行设定，其被登录在系统变量 SUALM_MSG 中。用户报警的总数，在控制启动中进行设定，如图 3-139 所示。

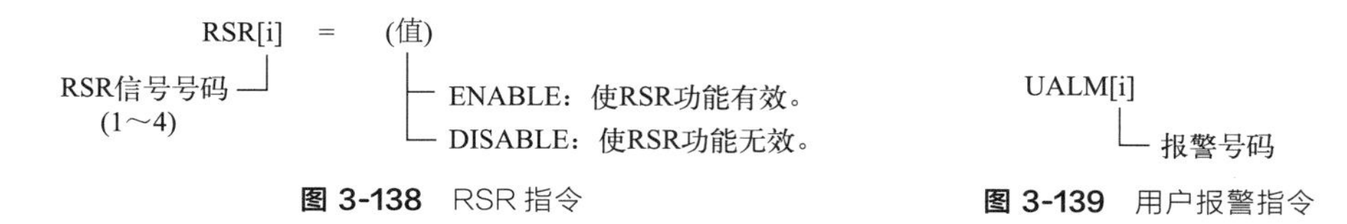

图 3-138 RSR 指令

图 3-139 用户报警指令

例如：

```
UALM[1]($ UALRM_MSG[1]=NO WORK ON WORK STATION)
```

3.6.3 计时器指令

计时器指令，用来启动或停止程序计时器。程序计时器的运行状态，可通过程序计时器画面［状态/程序计时器］进行参照，如图 3-140 所示。

例如：

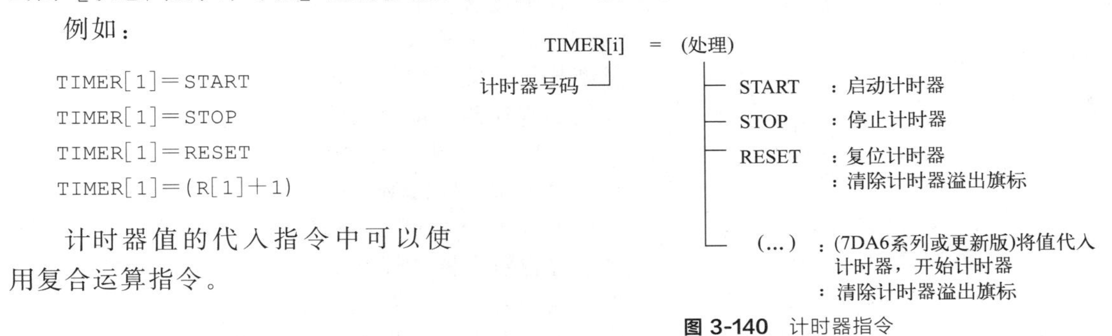


```
TIMER[1]=START
TIMER[1]=STOP
TIMER[1]=RESET
TIMER[1]=(R[1]+1)
```

计时器值的代入指令中可以使用复合运算指令。

图 3-140 计时器指令

3.6.4 倍率指令

OVERRIDE=(值)%，倍率指令用来改变速度倍率，如图 3-141 所示。

例如：

```
OVERRIDE=100%
```

3.6.5 注解指令

！(注解)，注解指令用来在程序中记载注解。该注解对于程序的执行没有任何影响。注解指令，可以添加包含 1～32 个字符的注解。通过按下“ENTER”键，即可输入注解，如图 3-142 所示。

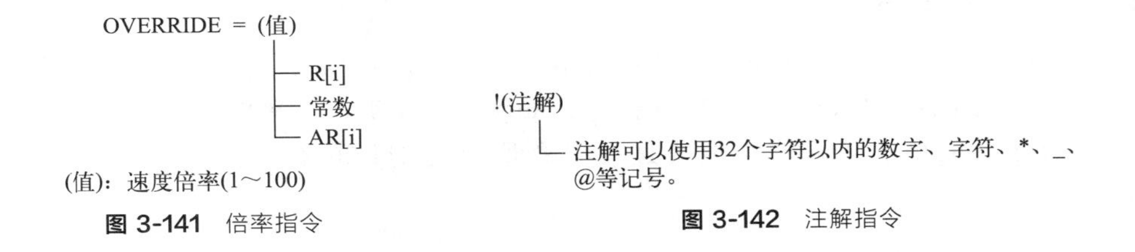

图 3-141 倍率指令

图 3-142 注解指令

例如：

```
! PROC ESS STEP1
```

3.6.6 消息指令

MESSAGE［消息语句］，消息指令，将所指定的消息显示在用户画面上。消息可以包含 1～24 个字符（字符、数字、*、_、@）。通过按下“ENTER”键，即可输入消息，如图 3-143 所示。执行消息指令时，自动切换到用户画面。

MESSAGE[消息语句]

└ 消息可以使用24个字符以内的数字、字符、*、_、@。

图 3-143 消息指令

例如：

```
MESSAGE[STEP1 RUNNING]
```

3.6.7 参数指令

参数指令，可以改变系统变量值，或者将系统变量值读到暂存器中。通过使用该指令，即可创建考虑到系统变量的内容（值）的程序，如图 3-144 所示。参数名，不包含其开头的“$”，最多可输入 30 个字符。系统变量中包括变量型数据和位置型数据，其中变量型的系统变量可以代入暂存器，位置型的系统变量可以代入位置暂存器。位置资料型的系统变量作为数据类型有 3 类：直角型（*XYZWPR* 型）、关节型（J1-J6 型）、行列型（AONL 型）。在将位置资料型的系统变量代入位置暂存器的情况下，位置暂存器的数据类型将变换为要代入的系统变量的数据类型。在执行将位置型的系统变量代入暂存器，或者将变量型的系统变量代入位置暂存器的示教情况下，执行时会发生“INTP-240 资料种类不符合”报警。

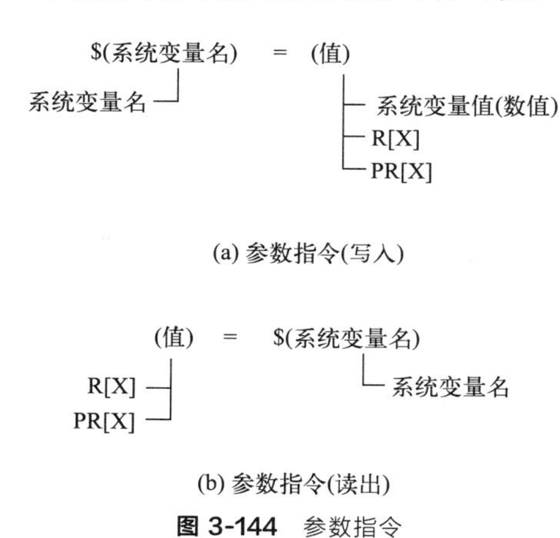

(a) 参数指令(写入)

(b) 参数指令(读出)

图 3-144 参数指令

机器人和控制装置如何动作，由系统变量进行控制。有关系统变量的变更，应针对其变更内容进行充分研究。擅自改变系统变量，会导致系统的错误动作。

例如：

```
$SHELL_CONFIG.$JOB_BASE=100
R[1]=$SHELL_CONFIG.$JOB_BASE
```

3.6.8 最高速度指令

最高速度指令设定程序中动作速度的最大值。最高速度指令有。用来设定关节动作速度的指令，和用来设定路径控制动作速度的指令。如图 3-145 所示。在指定了超过最高速度指令所设定值的速度的情况下，按照最高速度指令所指定的值执行，如图 3-145 与图 3-146 所示。

JOINT_MAX_SPEED[i] = (值)
轴号码 (1～9)
常数(deg/sec)
R[i](deg/sec)

图 3-145 关节最高速度指令

LINEAR_MAX_SPEED = (值)
常数(mm/sec)
R[i](mm/sec)

图 3-146 路径控制最高速度指令

例如：

```
JOINT_MAX_SPEED[3]=R[3]
LINEAR_MAX_SPEED=(值)
```

例如：

```
LINEAR_MAX_SPEED=100
```

3.6.9 动作群组指令

动作群组指令，可以在具有多个动作群组的程序中，进行1行中动作指令内每个动作群组的动作格式的指定（圆弧除外）、每个动作群组的移动速度的指定、每个动作群组的定位格式的指定等。在尚未指定这些动作群组的通常动作指令时，以相同的动作格式、速度、定位格式、动作附加指令同步地执行所有动作群组。这种情况下，在移动时间最长的动作群组的移动时间内，其他动作群组的移动时间同步。

（1）非同步动作群组指令

非同步动作群组指令，各自分别示教动作格式、速度、定位格式，非同步地使各动作群组动作，如图3-147所示。

（2）同步动作群组指令

同步动作群组指令，以各自分别示教的动作格式使各动作群组同步地动作。速度如同通常的动作指令一样，同步于移动时间最长的动作群组。因此，速度并非总是程序指定的值。定位类型、CNT值最小的（接近FINE）动作群组对于其他的动作群组也适用，如图3-148所示。

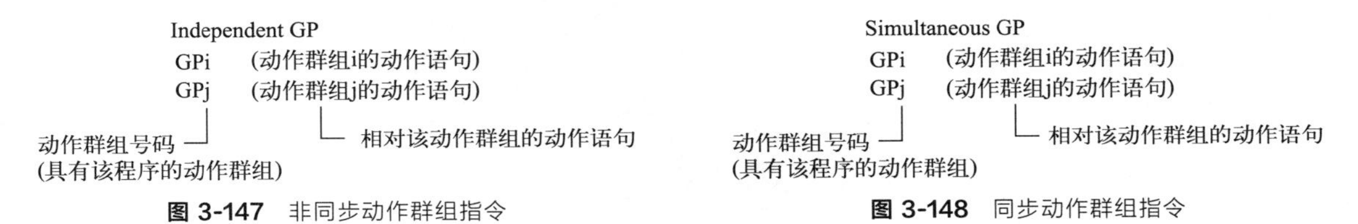

图3-147 非同步动作群组指令　　**图3-148** 同步动作群组指令

3.6.10 坐标系指令

坐标系指令，在改变机器人进行作业的直角坐标系设定时使用。坐标系指令有两类。

（1）坐标系设定指令

工具坐标系设定指令，改变所指定的工具坐标系号码的工具坐标系设定。用户坐标系设定指令，改变所指定的用户坐标系号码的用户坐标系设定，如图3-149所示。

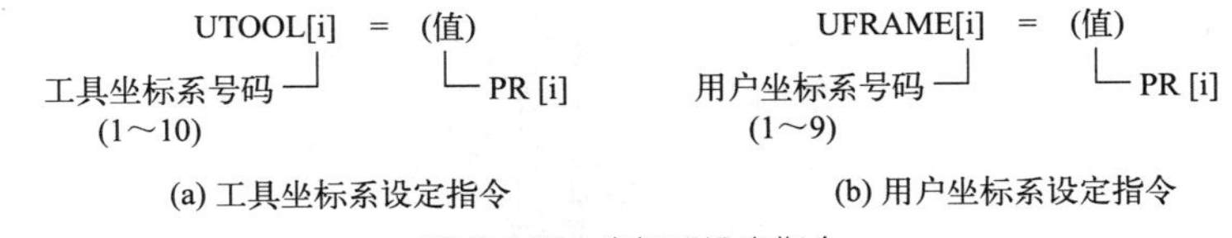

图3-149 坐标系设定指令

例如：

```
1:UTOOL[1]=PR[1]
2:UFRAME[GP1:3]=PR[GP1:2]
```

（2）坐标系选择指令

工具坐标系选择指令，改变当前所选的工具坐标系号码。用户坐标系选择指令，改变当前所选的用户坐标系号码，如图3-150所示。

例如：

```
1:UFRAME_NUM=1
```

```
2:J P[1] 100% FINE
3:L P[2] 500mm/sec FINE
4:UFRAME_NUM=2
5:L P[3] 500mm/sec FINE
6:L P[4] 500mm/sec FINE
```

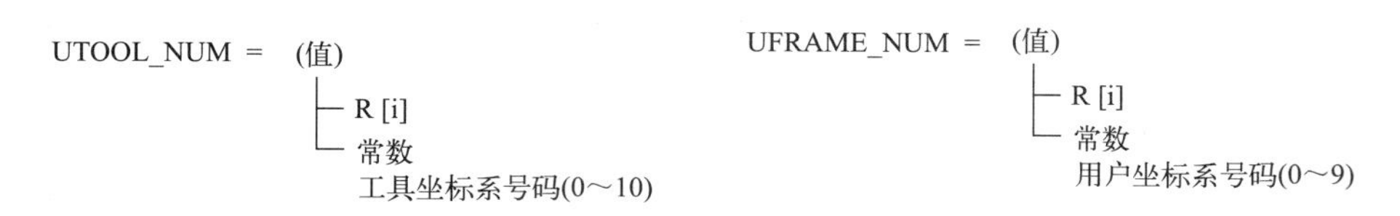

(a) 工具坐标系选择指令　(b) 用户坐标系选择指令

图 3-150 坐标系选择指令

第4章 具有视觉系统的工业机器人编程与操作

4.1 认识 FANUC 系统工业机器人的视觉系统

如图 4-1 所示，一般来说，机器视觉系统包括了照明系统、镜头、摄像系统和图像处理系统。从功能上来看，典型的机器视觉系统可以分为：图像采集部分、图像处理部分和运动控制部分。

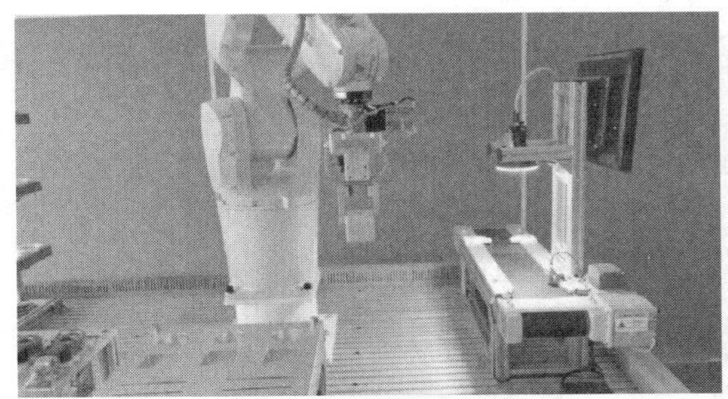

(a) 串联机器人的视觉系统

(b) 并联机器人的视觉系统

图 4-1 具有智能视觉检测系统的工业机器人系统

4.1.1 视觉系统功能

如图 4-2 所示，视觉系统的功能是根据设备功能需求采用 CCD 相机，结合处理器对六自由度工业机器人抓取的物体进行视觉识别，并且把被识别的物体的颜色、形状、位置等特征信息发送给中央控制器和机器人控制器，根据被识别的物体具有的不同特征来执行相应的动作，从而完成整个工作流程。如图 4-3 所示，搬运机器人视觉传感系统，可通过位置视觉伺服系统（图 4-4）与图像视觉伺服系统（图 4-5）来实现。

机器人视觉系统的主要功能是模拟人眼视觉成像与人脑智能判断、决策功能，采用图像传感技术获取目标对象的信息，通过对图像信息提取、处理并理解，最终用于机器人系统对目标进行测量、检测、识别与定位等任务，或用于机器人自身的伺服控制。

在工业应用领域，最具有代表性的机器人视觉系统就是机器人手眼系统。根据成像单元安装方式不同，机器人手眼系统分为两大类：固定成像眼看手系统（eye-to-hand）与随动成像眼在手系统（eye-in-hand，or hand-eye），如图 4-6 所示。

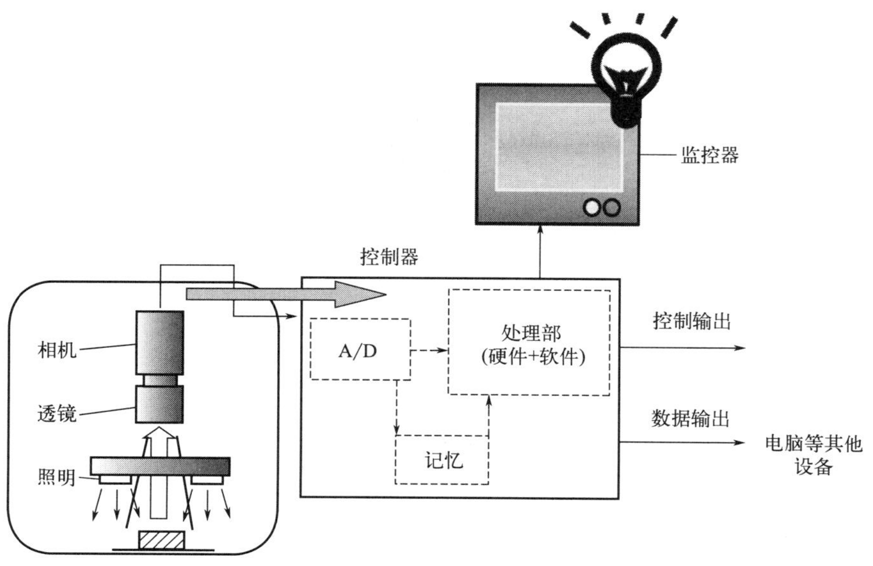

图 4-2 视觉系统的功能

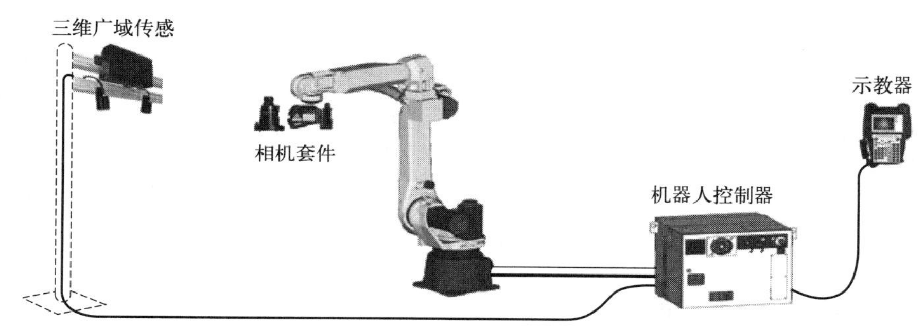

图 4-3 搬运机器人视觉传感系统

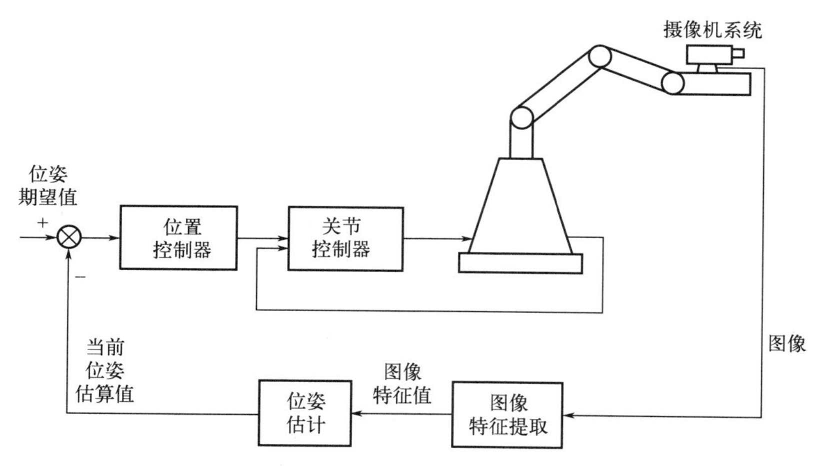

图 4-4 位置视觉伺服系统

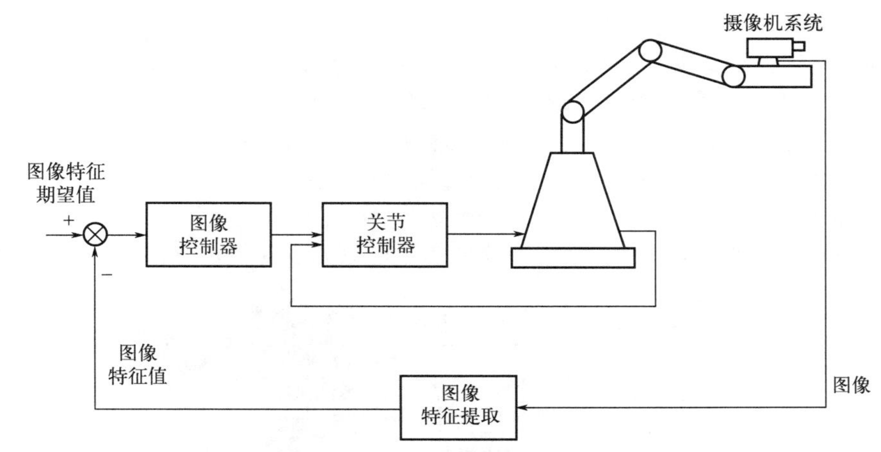

图 4-5 图像视觉伺服系统

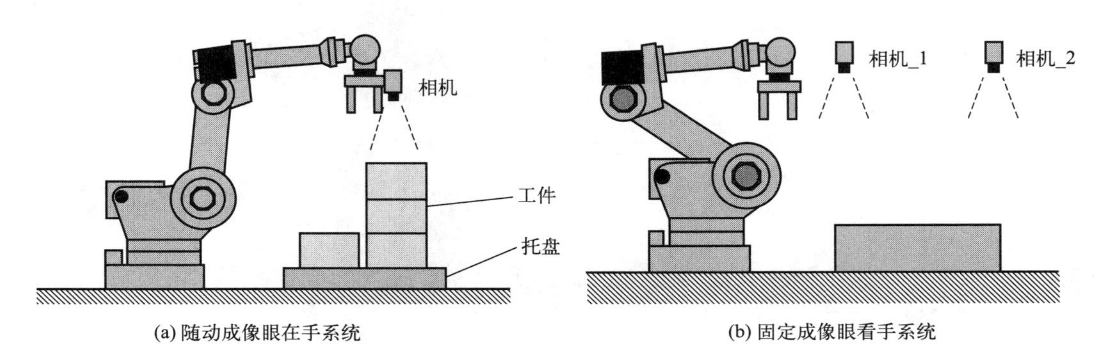

图 4-6 两种机器人手眼系统的结构形式

4.1.2 工业视觉系统组成

工业视觉的系统组成如图 4-7 与图 4-8 所示。

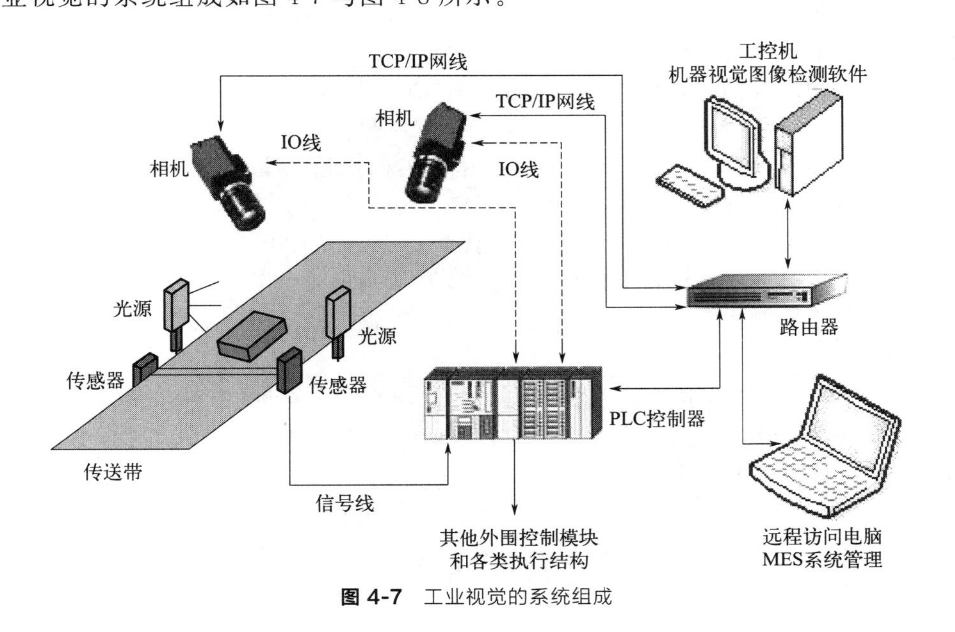

图 4-7 工业视觉的系统组成

(1) 工业相机与工业镜头

工业相机与工业镜头属于成像器件，通常的视觉系统都是由一套或者多套成像系统组成，如果有多路相机，可能由切换图像卡来获取图像数据，也可能由同步控制获取多相机通道的数据。根据应用的需要，相机可能是输出标准的单色视频（RS-170/CCIR）、复合信号（Y/C）、RGB 信号，也可能是非标准的逐行扫描信号、线扫描信号、高分辨率信号等。

1）工业相机

如图 4-9 所示，视觉相机根据采集图片的芯片可以分成两种，分别是 CCD、CMOS。

图 4-8 工业视觉系统组成框图　　**图 4-9** 视觉相机

CCD（charge coupled device）是电荷耦合器件图像传感器。它由一种高感光度的半导体材料制成，能把光线转变成电荷，通过模数转换器芯片转换成数字信号，数字信号经过压缩以后由相机内部的闪速存储器或内置硬盘卡保存。

CMOS（complementary metal oxide semiconductor）是互补金属氧化物半导体，是由硅和锗这两种元素所制成，通过 CMOS 上带负电和带正电的晶体管来实现处理的功能。这两个互补效应所产生的电流即可被处理芯片记录并解读成影像。

CMOS 容易出现噪点，产生过热的现象；而 CCD 抑噪能力强、图像还原性高，但复杂制造工艺导致相对耗电量高、成本高。

① 智能相机结构　如图 4-10 所示，智能相机结构包括采集模块、处理模块、存储模块和通信接口。通信接口有以太网通信、RS-485 串行接口、通用输入输出接口等。

② 智能相机执行流程　相机上电后，首先执行 BOOTLOADER 程序，对相机的硬件、系统程序代码进行检查，并执行固件更新等功能。执行完 BOOT 程序后，将执行系统 SYS 程序，实现图像的采集、处理、结果输出、通信等功能。相机执行流程图如图 4-11 所示。

2）镜头

镜头是机器视觉系统中的重要组件，对成像质量有着关键性的作用，它对成像质量的几个最主要指标都有影响，包括：分辨率、对比度、景深及各种像差。可以说，镜头在机器视觉系统中起到了关键性的作用。

工业镜头的选择一定要慎重，因为镜头的分辨率直接影响到成像的质量。选购镜头首先要了解镜头的相关参数：分辨率、焦距、光圈大小、反差、景深、有效像场、接口形式等。常用的镜头有如下几种分类方式。

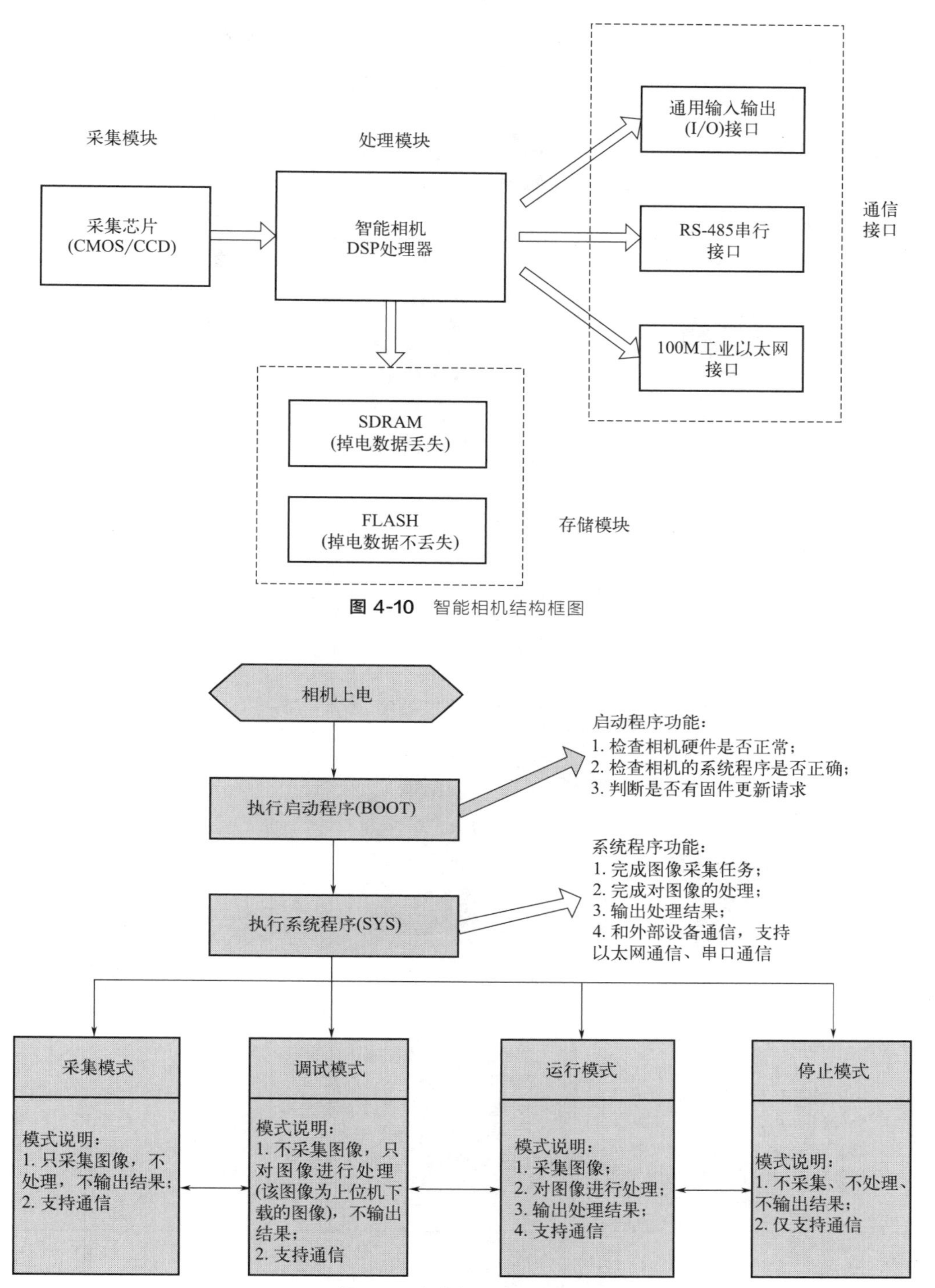

图 4-10 智能相机结构框图

图 4-11 智能相机执行流程图

① 根据有效像场的大小划分 1/3 英寸摄像镜头、1/2 英寸摄像镜头、2/3 英寸摄像镜头、1 英寸摄像镜头，还有许多情况下会使用电影摄影及照相镜头，如 35mm 电影摄影镜头、135 型摄影镜头、127 型摄影镜头、120 型摄影镜头，此外还有许多大型摄影镜头。

② 根据焦距划分　分为变焦镜头和定焦镜头。变焦镜头有不同的变焦范围；定焦镜头可分为鱼眼镜头、短焦镜头、标准镜头、长焦镜头、超长焦镜头等多种类型。

③ 根据镜头和摄像机之间的接口分类　工业摄像机常用的有 C 接口、CS 接口、F 接口、V 接口、T2 接口、徕卡接口、M42 接口、M50 接口等。接口类型的不同和镜头性能及质量并无直接关系，只是接口方式的不同，一般也可以找到各种常用接口之间的转接口。

工业视觉检测系统中常用的六种比较典型的工业镜头，如表 4-1 所示。

表 4-1　六种比较典型的工业镜头

项目	百万像素(megapixel)低畸变镜头	微距(macro)镜头	广角(wide-angle)镜头
镜头照片			
特点及应用	工业镜头中最普通，种类最齐全，图像畸变也较小，价格比较低，所以应用也最为广泛，几乎适用于任何工业场合	一般是指成像比例在(1∶4)～(2∶1)的范围内经特殊设计的镜头。在对图像质量要求不是很高的情况，一般可采用在镜头和摄像机之间加近摄接圈或在镜头前加近摄镜的方式达到放大成像的效果	镜头焦距很短，视角较宽，而景深却很深，图形有畸变，介于鱼眼镜头与普通镜头之间。主要用于对检测视角要求较宽，对图形畸变要求较低的检测场合
项目	鱼眼(fisheye)镜头	远心(telecentric)镜头	显微(micro)镜头
镜头照片			
特点及应用	鱼眼镜头的焦距范围为 6～16mm(标准镜头是 50mm 左右)，鱼眼镜头有与鱼眼相似的形状和相似的作用，视场角等于或大于 180°，有的甚至可达 230°，图像有桶形畸变，画面景深特别大，可用于管道或容器的内部检测	主要是为纠正传统镜头的视差而特殊设计的镜头，它可以在一定的物距范围内，使得到的图像放大倍率不会随物距的变化而变化，这对被测物不在同一物面上的情况是非常重要	一般是成像比例大于 10∶1 的拍摄系统所用，但由于目前摄像机的像元尺寸已经做到 3μm 以内，所以一般成像比例大于 2∶1 时也会选用显微镜头

(2) 光源

光源作为辅助成像器件，若光源选择优先，相似颜色（或色系）混合变亮，相反则颜色混合变暗。如果采用单色 LED 照明，使用滤光片隔绝环境干扰，需采用几何学原理来考虑样品、光源和相机位置，考虑光源形状和颜色以加强测量物体和背景的对比度。三基色为：红、绿、蓝。互补色为：黄和蓝、红和青、绿和品红。常见的机器视觉专用光源如表 4-2 所示。

表 4-2 常见机器视觉专用光源分类

名称	图片	类型特点	应用领域
环形光源		环形光源提供不同照射角度、不同颜色组合，更能突出物体的三维信息。高密度LED阵列，高亮度多种紧凑设计，可节省安装空间，解决对角照射阴影问题。可选配漫射板导光，使光线均匀扩散	PCB基板检测 IC元件检测 显微镜照明 液晶校正 塑胶容器检测 集成电路印字检查
背光源		用高密度LED阵列面提供高强度背光照明，能突出物体的外形轮廓特征，尤其适合作为显微镜的载物台光源。红白两用背光源、红蓝多用背光源，能调配出不同颜色，满足不同被测物多色要求	机械零件尺寸的测量，电子元件、IC的外形检测，胶片污点检测，透明物体划痕检测等
同轴光源		同轴光源可以消除物体表面不平整引起的阴影，从而减少干扰。部分采用分光镜设计，可减少光损失，提高成像清晰度均匀照射物体表面	此种光源最适宜用于反射度极高的物体，如金属、玻璃、胶片、晶片等表面的划伤检测，芯片和硅晶片的破损检测。Mark点定位包装条码识别
条形光		条形光源是较大方形结构被测物的首选光源，颜色可根据需求搭配，自由组合照射角度，安装随意可调	金属表面检查 图像扫描 表面裂缝检测 LCD面板检测等
线形光源		超高亮度，采用柱面透镜聚光，适用于各种流水线连续监测场合	线阵相机照明专用 AOI专用
RGB光源		不同角度的三色光照明，照射凸显焊锡。三维信息，外加漫散射板导光，可减少反光	专用于电路板焊锡检测
球积分光源		具有积分效果的半球面内壁，可均匀反射从底部360°发射出的光线，使整个图像的照度十分均匀	适用于曲面、表面凹凸、弧面表面检测，适用于金属、玻璃等表面反光较强的物体表面检测

续表

名称	图片	类型特点	应用领域
条形组合光源		四边配置条形光，每边照明独立可控，可根据被测物要求调整所需照明角度，适用性广	PCB基板检测 焊锡检查 Mark点定位 显微镜照明 包装条码照明 IC元件检测
对位光源		对位速度快、视场大、精度高、体积小、亮度高	全自动电路板印刷机对位
点光源		大功率LED，体积小，发光强度高，是光纤卤素灯的替代品，尤其适合作为镜头的同轴光源，配备高效散热装置，可大大提高光源的使用寿命	配合远心镜头使用 用于芯片检测，Mark点定位，晶片及液晶玻璃底基校正

(3) 传感器

传感器通常以光纤开关、接近开关等形式出现，用以判断被测对象的位置和状态，告知图像传感器进行正确的采集。

(4) 图像采集卡

图形采集卡通常以插入卡的形式安装在PC中，图像采集卡的主要工作是把相机输出的图像输送给电脑主机。它将来自相机的模拟或数字信号转换成一定格式的图像数据流。同时它可以控制相机的一些参数，比如触发信号、曝光/积分时间、快门速度等。图像采集卡通常有不同的硬件结构以适配不同类型的相机，同时也有不同的总线形式，比如PCI、PCI64、CompactPCI、PC104、ISA等。

(5) PC平台

电脑是一个PC式视觉系统的核心，在这里完成图像数据的处理和绝大部分的逻辑控制，对于大多数检测类型，通常都需要较高频率的CPU，这样可以减少处理的时间。同时，为了减少工业现场电磁、振动、灰尘、温度等的干扰，必须选择工业级的电脑。

(6) 视觉处理软件

机器视觉软件用来完成输入的图像数据的处理，然后通过一定的运算得出结果，这个输出的结果可能是PASS/FAIL信号、坐标位置、字符串等。常见的机器视觉软件以C/C++图像库、ActiveX控件、图形式编程环境等形式出现，可以是专用功能的（比如仅仅用于LCD检测、BGA检测、模版对准等），也可以是通用目的的（包括定位、测量、条码/字符识别、斑点检测等）。

(7) 控制单元

控制单元包含I/O、运动控制、电平转化单元等，一旦视觉软件完成图像分析（除非仅用于监控），紧接着需要和外部单元进行通信以完成对生产过程的控制。简单的控制可以直接利用部分图像采集卡自带的I/O，相对复杂的逻辑/运动控制则必须依靠附加可编程逻辑控制单元/运动控制卡来实现必要的动作。

4.1.3 工业视觉系统主要参数

常见的工业视觉系统主要参数有：焦距、光圈、景深、分辨率、曝光方式、图像亮度、图像对比度、图像饱和度、图像锐化等。

(1) 焦距

焦距就是从镜头的中心点到胶平面（胶片或 CCD）上所形成清晰影像之间的距离。注意区分，相机的焦距与单片凸透镜的焦距是两个概念，因为相机上安装的镜头是由多片薄的凸透镜组成；单片凸透镜的焦距是平行光线汇聚到一点，这点到凸透镜中心的距离。焦距的大小决定着视角大小，焦距数值小，视角大，所观察的范围也大；焦距数值大，视角小，观察范围小。

(2) 光圈

光圈是一个用来控制光线通过镜头，进入机身内感光面光量多少的装置，通常是在镜头内。对于已经制造好的镜头，我们不可以随意改变镜头的镜片，但是可以通过在镜头内部加入多边形或者圆形，并且面积可变的孔径光栅来控制镜头通光量，这个装置就是光圈。当光线不足时，我们把光圈调大，自然可以让更多光线进入相机，反之亦然。除了调整进光量之外，光圈还有一个重要的作用：调整画面的景深。

(3) 景深

景深是指在被摄物体聚焦清楚后，在物体前后一定距离内，其影像仍然清晰的范围。景深随镜头的光圈值、焦距、拍摄距离而变化。光圈越大，景深越小（浅）；光圈越小，景深越大（深）。焦距越长，景深越小；焦距越短，景深越大。距离拍摄物体越近时，景深越小；拍摄距离越远，景深越大。

(4) 分辨率

图像分辨率可以看成是图像的大小，分辨率高，图像就大、更清晰；反之分辨率低，图像就小。图像分辨率指图像中存储的信息量，是每英寸图像内有多少个像素点，单位为 PPI (pixels per inch)。因此放大图像便会增强图像的分辨率，图像分辨率大图像更大，更加清晰。例如：一张图片分辨率是 500×200，也就是说这张图片在屏幕上按 1∶1 放大时，水平方向有 500 个像素点（色块），垂直方向有 200 个像素点（色块）。

(5) 曝光方式

线阵相机都是逐行曝光的方式，可以选择固定行频和外触发同步的采集方式，曝光时间可以与行周期一致，也可以设定一个固定的时间。面阵工业相机有帧曝光、场曝光和滚动行曝光等几种常见方式，数字工业相机一般都提供外触发采图的功能。

(6) 图像亮度

图像亮度通俗理解便是图像的明暗程度，数字图像 $f(x,y)=i(x,y)r(x,y)$，如果灰度值在 $[0,255]$ 之间，则 f 值越接近 0，亮度越低；f 值越接近 255，亮度越高。

(7) 图像对比度

图像对比度指的是图像暗和亮的落差值，即图像最大灰度级和最小灰度级之间的差值。

(8) 图像饱和度

图像饱和度指的是图像颜色种类的多少，图像的灰度级是 $[L_{min},L_{max}]$，则在 L_{min}、L_{max} 的中间值越多，便代表图像的颜色种类多，饱和度也就更高，外观上看图像会更鲜艳。调整饱和度可以修正过度曝光或者未充分曝光的图片。

(9) 图像锐化

图像锐化是补偿图像的轮廓，增强图像的边缘及灰度跳变的部分，使图像变得清晰。图像锐化在实际图像处理中经常用到，因为在做图像平滑、图像滤波处理的时候经常会丢失图像的边缘信息，通过图像锐化便能够增强并突出图像的边缘、轮廓。

4.2 相机标定

4.2.1 点阵板标定（固定相机）

这是通用的相机标定方法，使用点阵板标定时，通常使用比视野尺寸大一圈的点阵板夹具。如图 4-12 所示。按图 4-13 所示步骤进行点阵板标定（固定相机）。

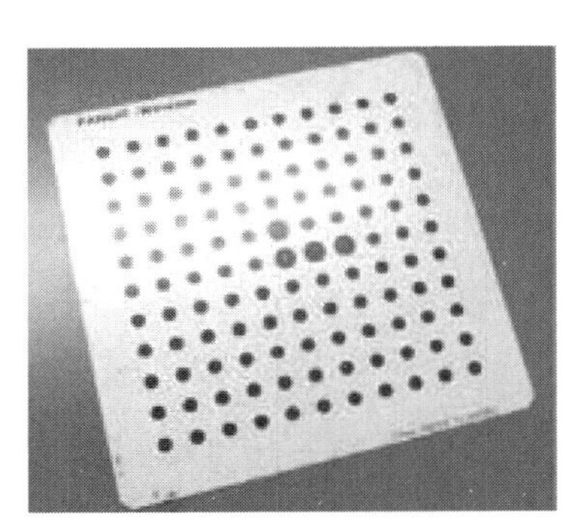

图 4-12 点阵板

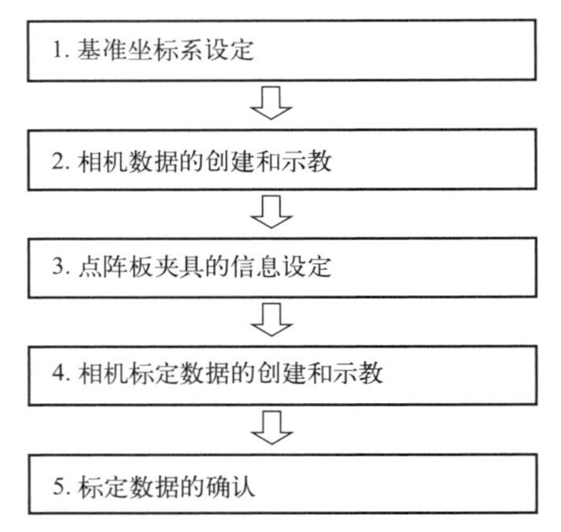

图 4-13 点阵板标定步骤

（1）基准坐标系设定

如图 4-14 所示，机器人 1 和机器人 2 应将任意的平面作为共同的用户坐标系，并将该坐标系设定为基准坐标系。

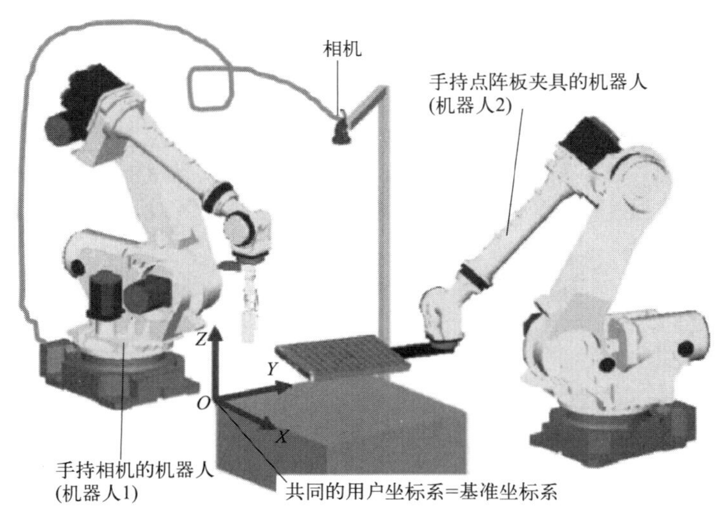

图 4-14 共同用户坐标系

iRVision 中，进行相机数据中相机的种类、相机的设置方法等设定。使用固定相机时，不予勾选“［固定于机器人的相机］”，如图 4-15 所示。

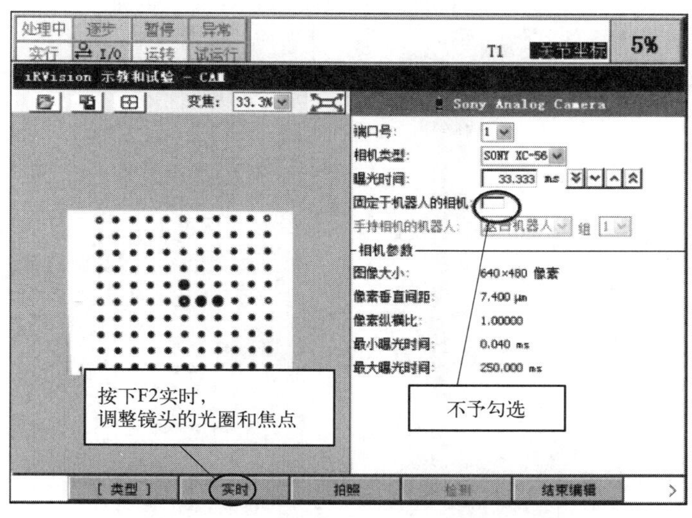

图 4-15 不予勾选“[固定于机器人的相机]”

调整镜头的光圈和焦点。在按下“F2 实时”的状态下，一边看着实时图像一边进行调整。镜头光圈和焦点的调整，在执行相机标定之前进行。重新调整光圈和焦点后，需要重新进行相机的标定。

(2) 点阵板的设置

点阵板夹具固定在工作台时，在用户坐标系中设定设置信息；点阵板夹具安装到机器人的机械手上时，在工具坐标系中设定设置信息。

固定设置时将点阵板夹具设置在工件检出面附近，如图 4-16 所示，将点阵板夹具设置在从相机到工件检出面的距离与从相机到点阵板夹具的距离相同的位置。

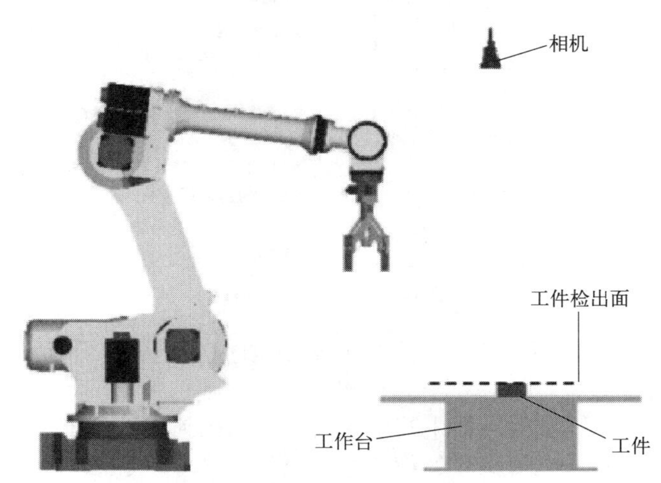

图 4-16 点阵板夹具设置在工件检出面附近

用户坐标系的设定有使用触针的方法和使用网格坐标系设置的方法两种。通过碰触进行设定时，需要有可进行 TCP 设置的触针。一般而言，应对于安装在机械手上的触针正确设定 TCP。当 TCP 设置的精度较低时，机器人搬运工件的精度也会下降。

(3) 相机标定数据的创建和示教

设置固定点阵板夹具时，如图 4-17 所示，在 1 面进行标定。在 1 面进行标定时，无法正确计算镜头的焦点距离。因此，在检出点阵板夹具后，以手动输入方式设定镜头的焦点距离。所使用的镜头焦点距离若是12mm，就输入12.0，如图4-18所示。图4-19为“点阵板标定”的示教设置。

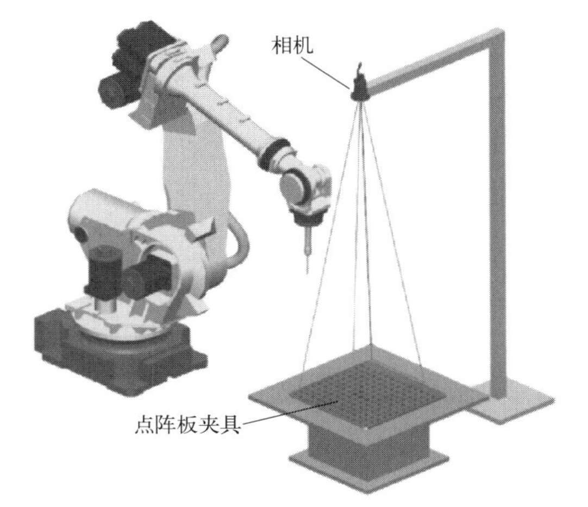

图 4-17 设置固定点阵板夹具

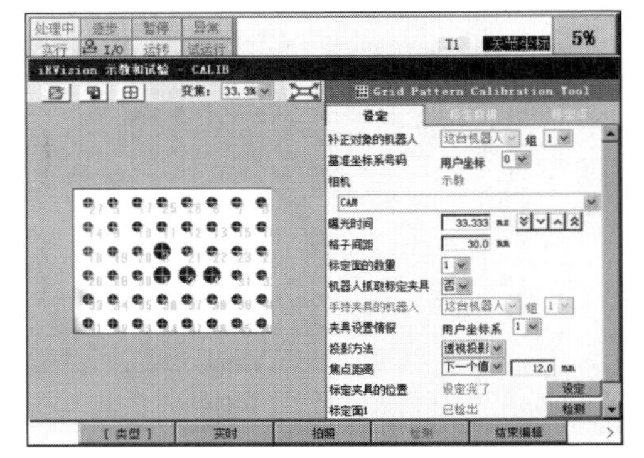
图 4-18 示教画面

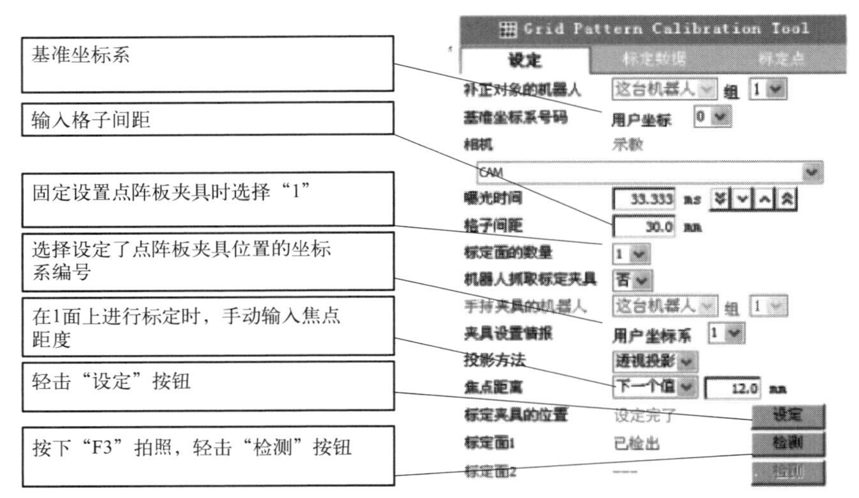

图 4-19 示教设置画面

将点阵板夹具设置在机器人的机械手上时，如图4-20所示，使机器人上下移动，在2面进行标定。在1台相机的二维补正与多台相机的二维补正情形下，将2面标定时的上下移动距离设定为100～150mm。对2面中其中1面的从相机到工件检出面的距离与从相机到点阵板夹具的距离相同的位置进行测量。在1台相机进行2.5维补正时，2面标定时的上下移动距离，要设定为覆盖货盘内配置工件的上下程度。在3台相机进行3维补正时，尽量在靠近检出对象的位置检出标定面1。此外，2面标定时的上下移动距离应设定为100～150mm。在不同的高度检出2次点阵板。上下移动点阵板夹具时，要以点动方式进给机器人，以免改变点阵板夹具的斜度。将点阵板夹具切实固定在机器人的机械手上，以免在机器人的动作中发生位置偏离。

多台机器人的情形如图4-21所示，连接有相机的机器人和手持点阵板夹具的机器人为不同的机器人时，可在标定的示教画面上“手持夹具的机器人”中，选择手持标定夹具的机器人控制装置，如图 4-22 所示。

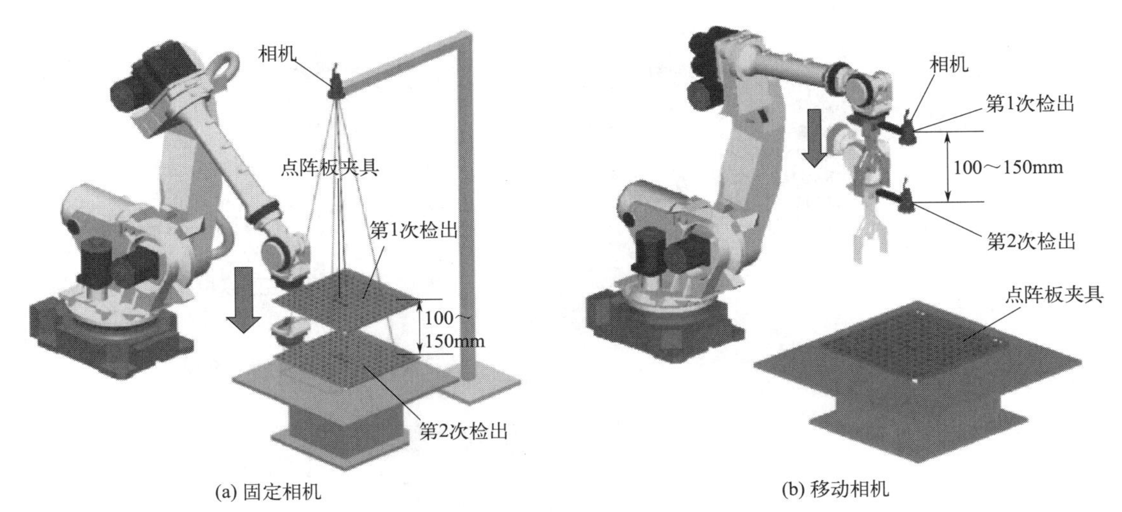

图 4-20 点阵板夹具设置在机器人机械手上

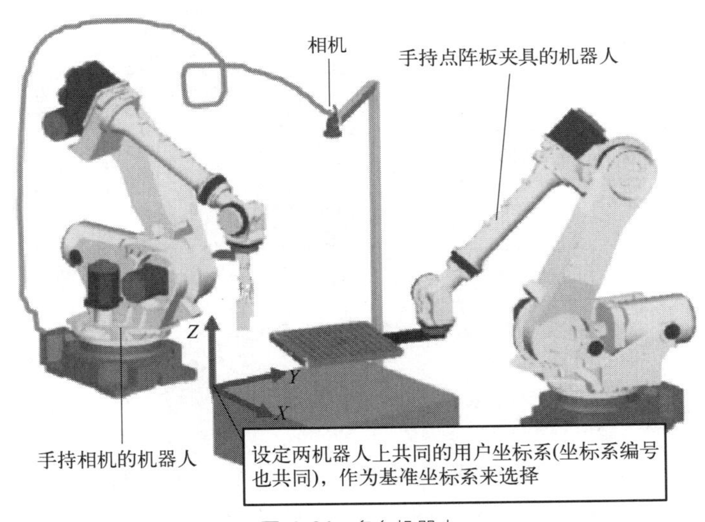

图 4-21 多台机器人

(4) 标定数据的确认

确认所创建标定数据的内容。图 4-23 为标定数据的画面。“镜头倍率”表示图像上的 1 个像素相当于几毫米。通过视野尺寸除以图像尺寸来求得。例如，视野尺寸为 262mm×169mm，图像尺寸为 640pix×480pix 时，镜头倍率即为 0.409mm/pix。如果“镜头倍率”的误差较大，则确认是否已正确设定标定夹具的设置信息，是否已正确输入“格子间距”。另外，“镜头倍率”随相距相机的距离而变化，因而在视野内不会固定不变。显示中的“镜头倍率”的值为标定面附近的平均值。

图 4-24 为标定点的画面。在点阵板夹具的圆点位置以外有检出点时，输入检出点的编号后轻击“删除”按钮，予以删除。若标定数据、标定点没有问题，则标定结束。

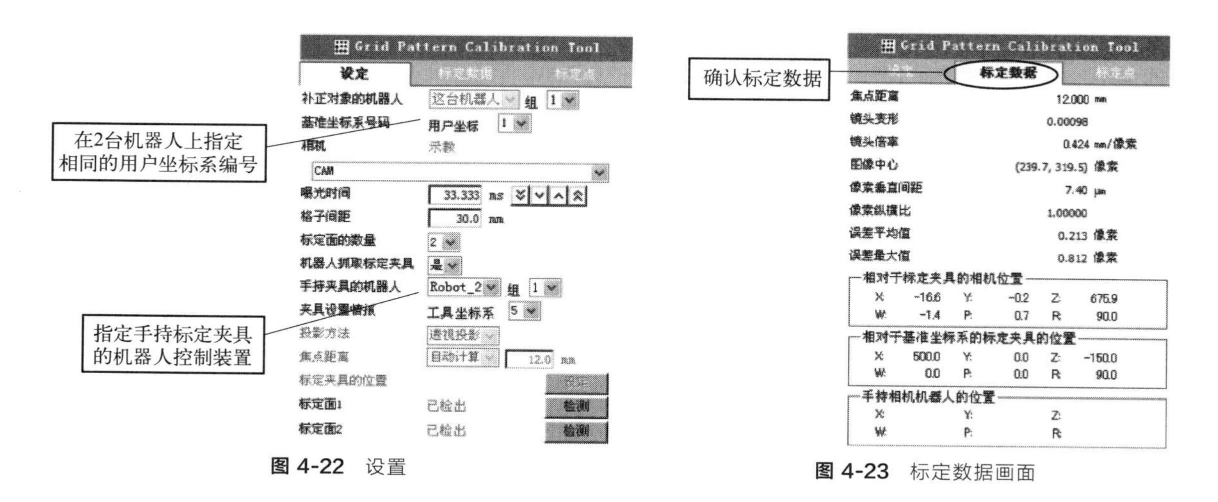

图 4-22 设置

图 4-23 标定数据画面

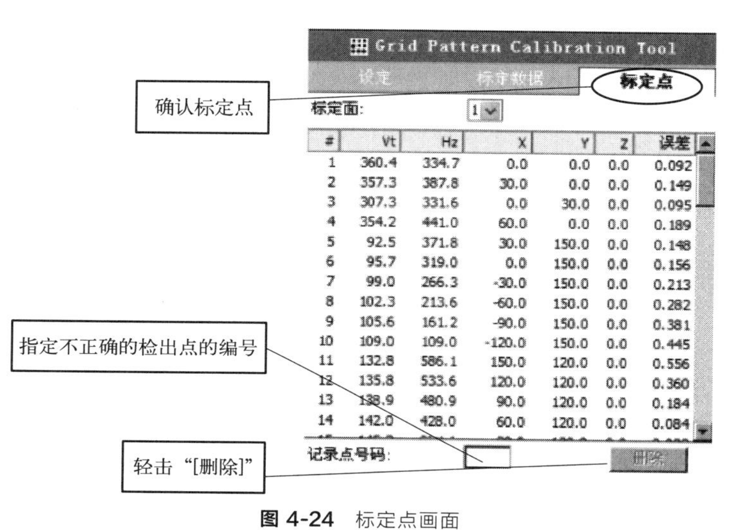

#	Vt	Hz	X	Y	Z	误差
1	360.4	334.7	0.0	0.0	0.0	0.092
2	357.3	387.8	30.0	0.0	0.0	0.149
3	307.3	331.6	0.0	30.0	0.0	0.095
4	354.2	441.0	60.0	0.0	0.0	0.189
5	92.5	371.8	30.0	150.0	0.0	0.148
6	95.7	319.0	0.0	150.0	0.0	0.156
7	99.0	266.3	-30.0	150.0	0.0	0.213
8	102.3	213.6	-60.0	150.0	0.0	0.282
9	105.6	161.2	-90.0	150.0	0.0	0.381
10	109.0	109.0	-120.0	150.0	0.0	0.445
11	132.8	586.1	150.0	120.0	0.0	0.556
12	135.8	533.6	120.0	120.0	0.0	0.360
13	138.9	480.9	90.0	120.0	0.0	0.184
14	142.0	428.0	60.0	120.0	0.0	0.084

图 4-24 标定点画面

4.2.2 机器人生成网格标定

机器人生成网格标定是通用相机标定功能。通过在相机的视野内将安装在机器人机械手上的目标按格子状移动，就会生成假想的点阵板而标定相机，如图 4-24 所示。与点阵板标定不同，由于不需要与视野相同大小的夹具，因而适合于标定视野范围宽广的相机。此外，还进行 2 面标定，因而能够正确求出相机的位置和所使用的镜头的焦点距离。机器人会通过移动而自动地对安装有目标的位置和相机的视野大小进行测量。此标定使用于固定相机，不使用于移动相机，机器人生成网格标定的设置步骤如图 4-25 所示。

（1）基准坐标系设定

设定作为相机标定基准的用户坐标系。设定基准坐标系，使得基准坐标系的 *XY* 平面几乎与标定面平行。相机在标定时，以与基准坐标系的 *XY* 平面平行的方式移动机器人。如图 4-26 所示，标定面和基准坐标系的 *XY* 平面接近平行时，作为基准坐标系可选择 0 号用户坐标系（基准坐标系）。

如图 4-27 所示，设定用户坐标系，使得 *XY* 平面几乎与标定面平行。用户坐标系的编号可任选。作为基准坐标系使用用户坐标系。

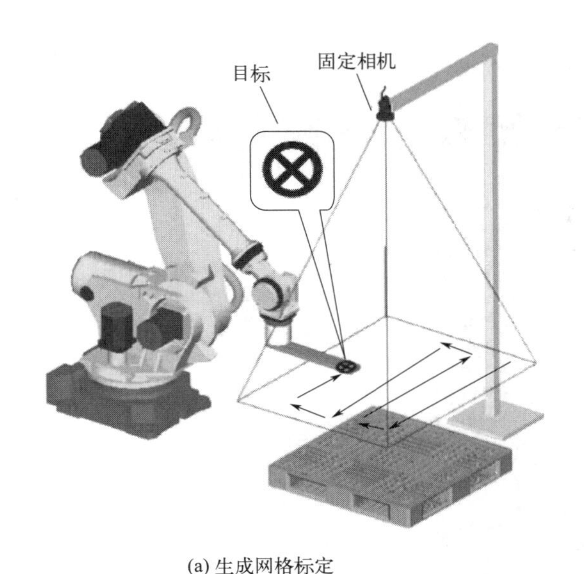

(a) 生成网格标定

1. 基准坐标系设定

⇩

2. 目标的选定和设置

⇩

3. 相机数据的创建

⇩

4. 标定数据的创建和选择

⇩

5. 目标位置的设定

⇩

6. 标定用程序的生成

⇩

7. 标定用程序的执行

⇩

8. 标定数据的确认

(b) 步骤设置

图 4-25 机器人生成网格标定及步骤设置

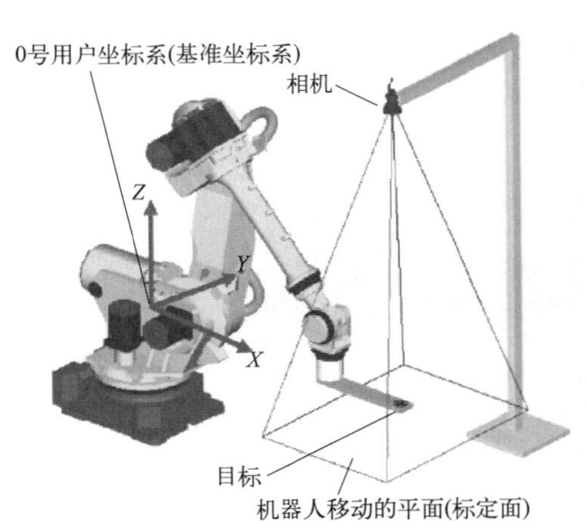

图 4-26 基准坐标系设定

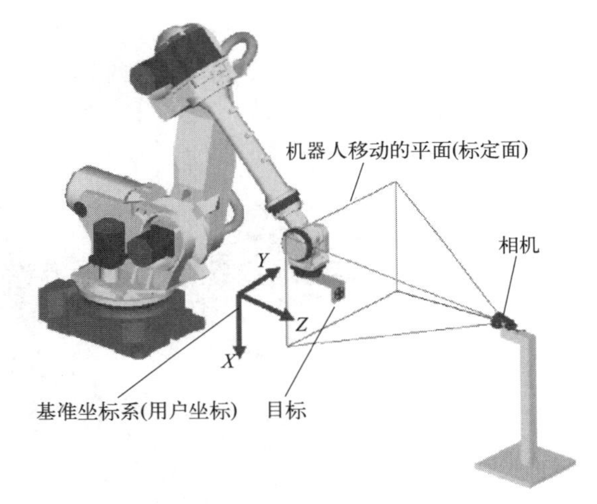

图 4-27 设定用户坐标系

(2) 目标的选定和设置

选定标定中要使用的目标标志。示教的特征应存在于同一平面上，具有可检出±45°左右旋转的形状，具有可检出大小的形状，如图 4-28 所示。

目标应是在图像上拍入纵横 80～100 个像素的大小。譬如，相机视野大约是 900mm 时，目标直径大小大致上应为 120～160mm。将目标设置在即使在相机视野内移动机器人时，也不会被机器人的手臂和机械手遮盖起来的位置。将目标切实固定在机器人的机械手上，以免在机器人的动作中发生位置偏离。

图 4-28 理想的目标形状

(3) 相机数据的创建

iRVision 中，进行相机数据中相机的种类、相机的设置方法等设定。使用固定相机时，不予勾选“［固定于机器人的相机］”，如图 4-29 所示。调整镜头的光圈和焦点。在按下“F2 实时”的状态下，一边看着实时图像一边进行调整。

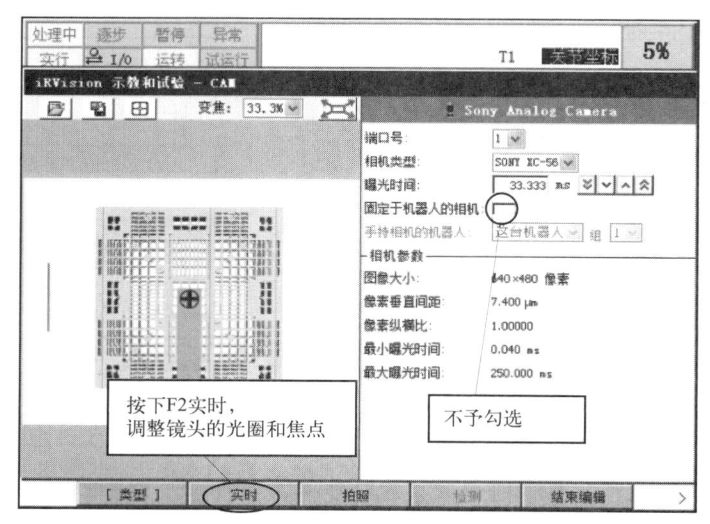

图 4-29　固定相机

（4）标定数据的创建和选择

在 iRVision 的示教和试验画面上，创建“［机器人生成网格标定］”的视觉数据，在执行标定之前进行所需参数的设定。打开机器人生成网格标定的视觉数据的编辑画面时，显示如图 4-30 所示的画面。如图 4-31 所示的画面，进行基准坐标系的选择、相机数据的选择、曝光时间的设定、标定面之间的距离设定、测量开始位置的设定。

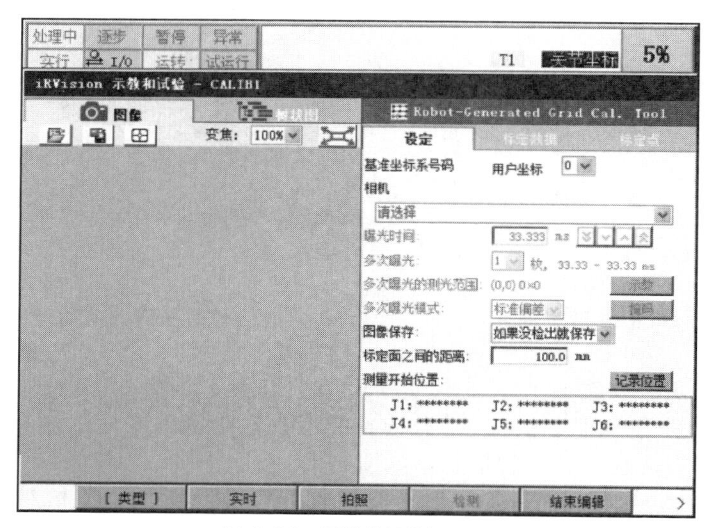

图 4-30　视觉数据编辑画面

1）标定面之间的距离

如图 4-32 所示，指定标定面 1 和标定面 2 之间的距离。标定面之间的距离是相机和标定面 1 之间距离的 10%左右时为最佳。基准坐标系的 Z 轴朝向相机的方向若设定正值，标定面 2 相比标定面 1 会更靠近相机，因而在机器人动作时干涉外围设备的危险性减少。

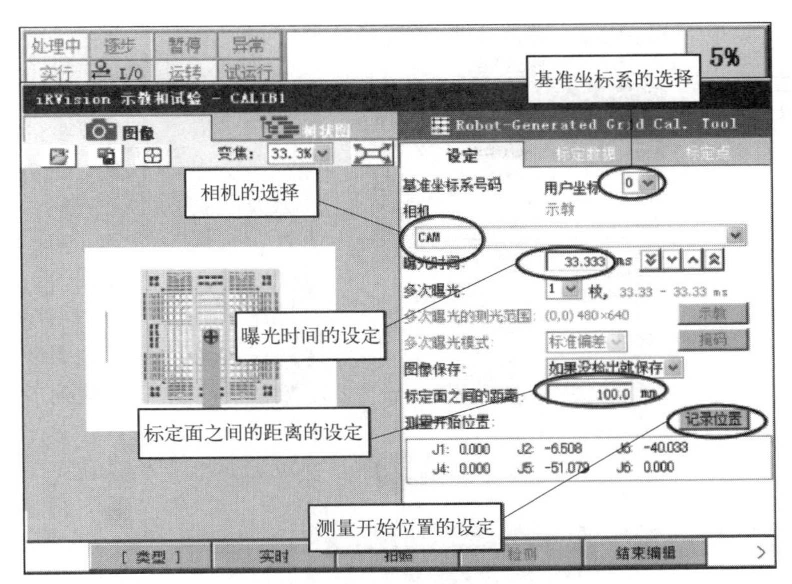

图 4-31 参数设定

2）测量开始位置

如图 4-32 所示，设定测量开始位置，使得安装在机器人的机械手上的目标位于相机视野的大致正中位置。测量开始位置的高度即为标定面 1 的高度。进行相机的标定时，机器人在保持测量开始位置姿势的状态下，沿着与基准坐标系 *XY* 平面平行的方向移动。测量开始位置，使机器人以点动方式移动到适当的位置，在该位置轻击“［记录位置］”按钮记录测量开始位置。

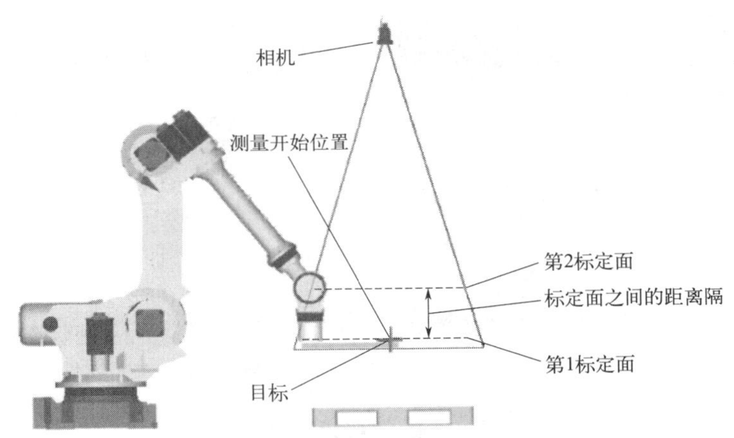

图 4-32 标定面之间的距离

3）GPM Locator Tool（图形匹配工具）的设定

如图 4-33 所示，在树状视图上选择“［GPM Locator Tool 1］”，将用于标定的目标形状作为 GPM Locator Tool 的模型图形进行示教。将机器人移动到已存储的测量开始位置，进行模型图形的示教。

确认模型的性能栏，并确认在位置、角度、大小栏显示正确。即使有一处显示有错误，也不能正常进行标定，在这样的情况下应变更目标的形状。标准设定下，角度的检索范围已

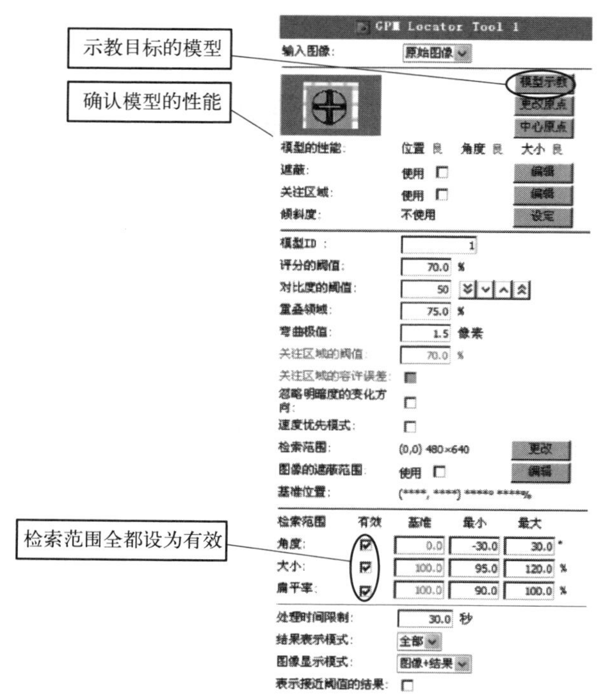

图 4-33 GPM Locator Tool 1

被设定为±30°，大小的检索范围已被设定为 95%～120%，扁平率的检索范围已被设定为 90%～100%。通常无需进行变更，但可根据需要进行调整。

模型图形示教时的四角区域，要比目标大一圈左右。测量中控制机器人的位置，以免所示教的区域超出检索窗口。因此，若已示教的区域相比目标过大，就无法将目标移动到视野的边缘，这样就会导致标定结果不正确。进行标定数据的选择，移动到 iRVision 视觉应用画面。如图 4-34 所示，按下示教器的“[MENU]”（菜单），选择“[8 iRVision]”中的“[5 视觉应用]”。如图 4-35 所示，从“iRVision”视觉应用画面打开“[1 机器人生成网格标定]”，在“[1 标定数据]”中选择已创建的标定数据的名称。

(5) 目标位置的设定

1) 6 轴机器人的情形

使用 6 轴机器人时，利用相机测量安装在机器人机械手上的目标标志，即可自动设定目标位置。如图 4-36 所示，机器人在一边改变目标的位置和姿势的同时一边进行测量。按照如下步骤测量目标位置。

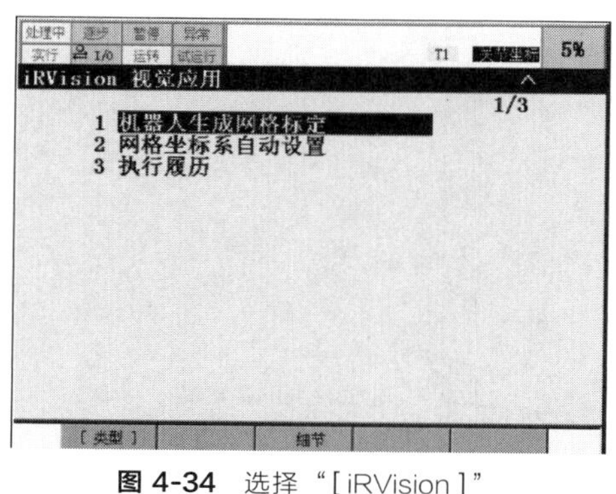

图 4-34 选择“[iRVision]”

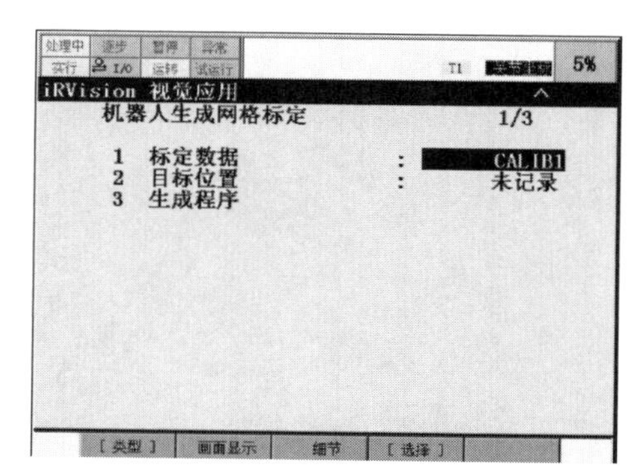

图 4-35 创建标定数据的名称

① 确认“[1 标定数据]”中所选的标定数据正确。

② 将光标指向“[1 标定数据]”而按下“F3 细节”，显示如图 4-37 所示的画面，选择“[加工工具坐标系]”。

“[机器人生成网格标定]”在目标位置的测量以及标定用程序的生成中，将工具坐标系用于某项作业。指定用于作业的工具坐标系的号码。在改写所指定的工具坐标系的值的同时进行测量。

③ 将光标指向“[2 目标位置]”。

④ 将示教器设为有效，解除报警。

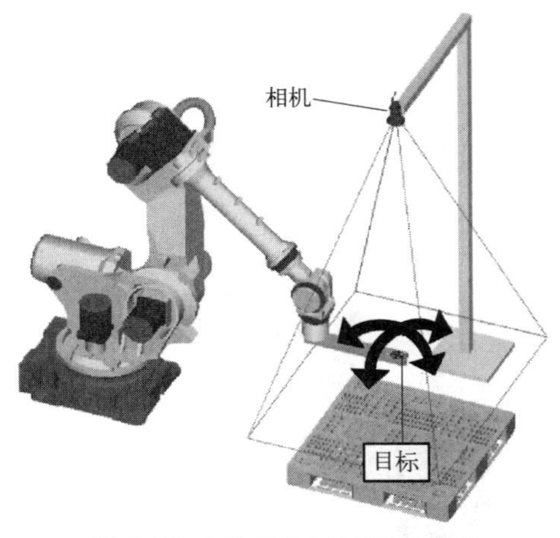

图 4-36 6 轴机器人目标位置设定

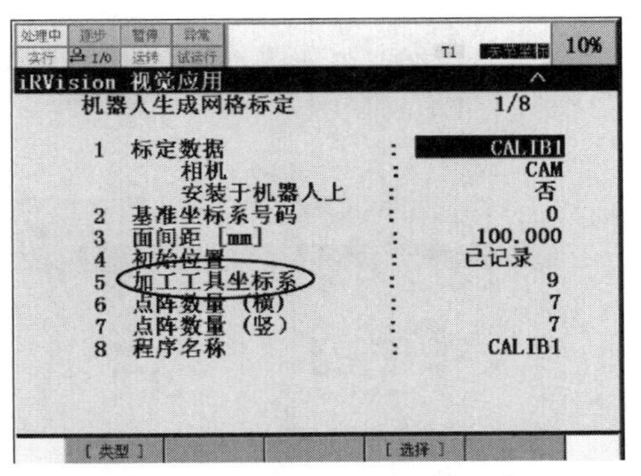

图 4-37 选择“加工工具坐标系”

⑤ 在按住“SHIFT”键的同时按下“F5”运行，执行目标位置的测量。测量中持续按住“SHIFT”键，如图 4-38 所示。

⑥ 测量结束时，机器人停止，画面上显示“［测量完成］”的消息。

⑦ 松开“SHIFT”键，按下“F4 OK”。

⑧ 确认“［2 目标位置］”已设为“［已记录］”，如图 4-39 所示。

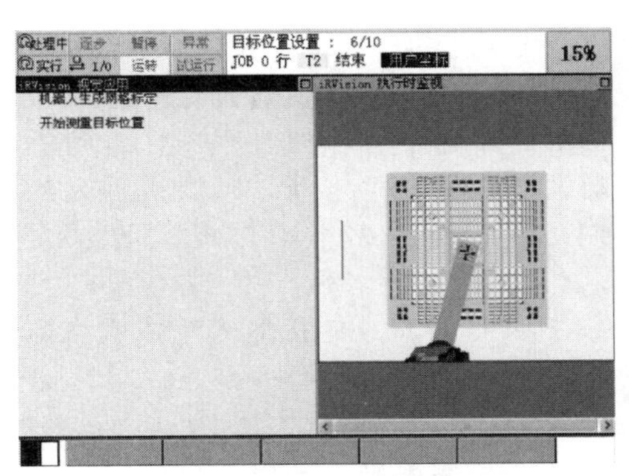

图 4-38 目标位置的测量

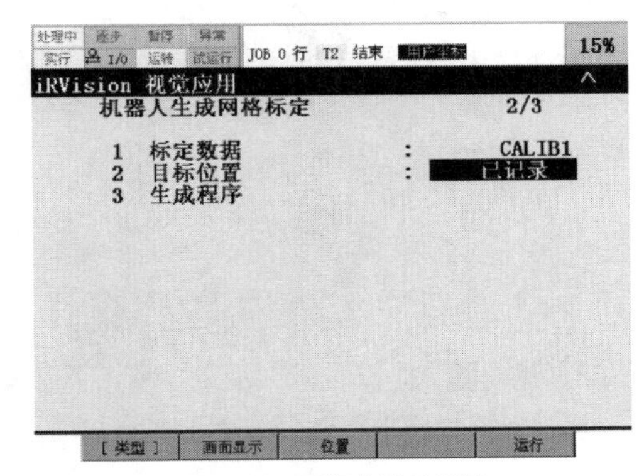

图 4-39 目标位置已记录

2）4 轴/5 轴机器人的情形

在使用 4 轴、5 轴机器人时，无法自动设定目标位置。按照如下步骤设定目标位置。

① 将光标指向“［2 目标位置］”，按下“F3 位置”而显示目标位置的详细画面。

② 如图 4-40 所示，通过图样计算出从机器人的手腕法兰盘面看到的坐标值，将已示教的相当于模型图形原点的位置作为目标位置予以输入（在 WPR 中输入 0）。

（6）标定用程序的生成

如图 4-41 所示，机器人在改变目标位置的同时测量相机的视野尺寸，自动生成标定用程序，如图 4-42 所示。

1）步骤

① 确认“［1 标定数据］”中所选的标定数据正确。

② 确认“［2 目标位置］”已设为“［已记录］”。

③ 将光标指向“［3 生成程序］”。

④ 将示教器设为有效，解除报警。

⑤ 在按住“SHIFT”键的同时按下“F5 运行”，执行程序的自动生成。测量中持续按住“SHIFT”键。

⑥ 测量结束时，机器人停止，画面上显示“［测量完成］”的消息。

⑦ 按下“F4 OK”。

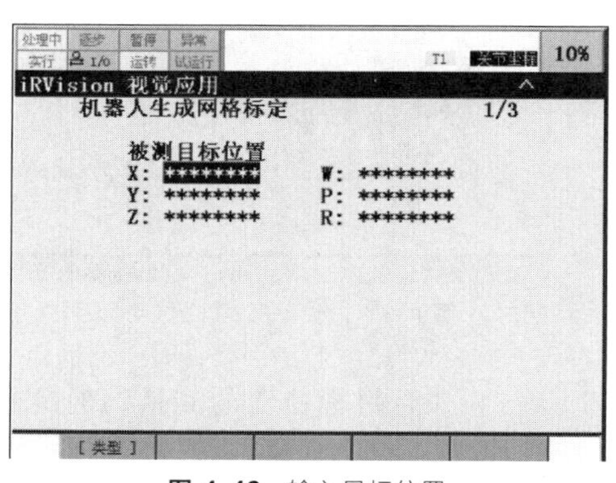

图 4-40 输入目标位置

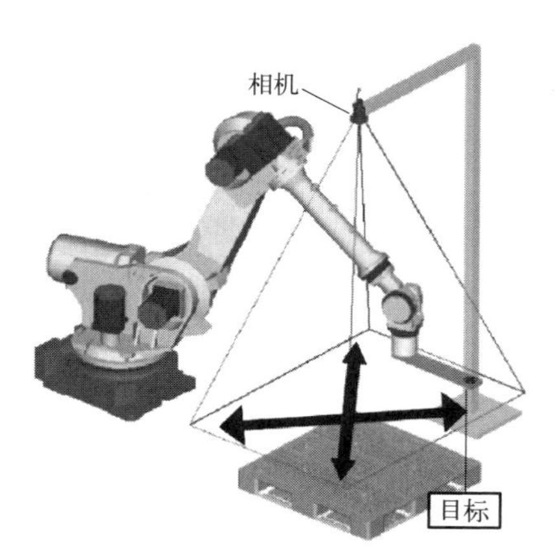

图 4-41 视野尺寸

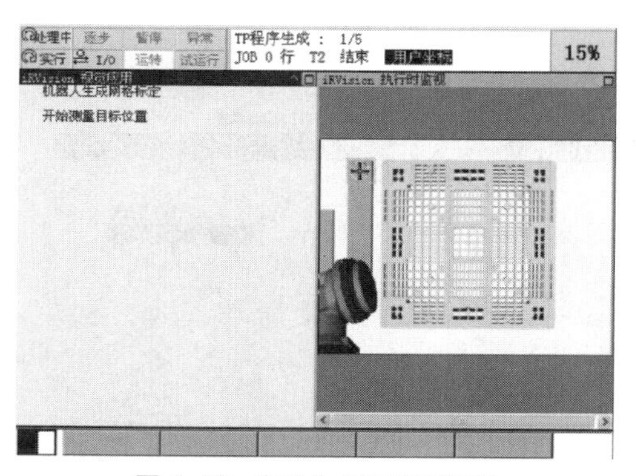

图 4-42 自动生成标定用程序

在已打开作为对象的机器人生成网格标定数据的设定画面时，无法执行测量。应关闭示教画面。可通过执行时监视来确认测量情况。

2）程序生成中限制机器人动作范围

在生成标定用程序的过程中，遇到机器人与外围设备之间发生干涉，以及机器人处于行程限制的情况下，缩小动作范围的方法如下所列。

① 打开作为对象的机器人生成网格标定数据的编辑画面。

② 从树状视图选择“GPM Locator Tool”。

③ 缩小检索范围，从检索范围排除不希望机器人动作的部分。

④ 按下“F10 保存”而保存变更内容。

⑤ 按下“F5 结束编辑”而关闭编辑画面。

⑥ 再次生成程序。

3）标定用程序

已被生成的标定用程序如下所示。所有标定点的位置已被以各轴方式进行示教。

```
1:UFRAME_NUM=2
2:UTOOL_NUM=2
3:L P[1] 1000mm/sec FINE
4:VISION CAMREA_CALIB 'CALIB1' REQUEST=1
5:L P[1001] 1000mm/sec FINE
6:CALL IRVBKLSH(1)
7:VISION CAMERA_CALIB 'CALIB1' REQUEST=1001
8:L P[1002] 1000mm/sec FINE
```

```
9:CALL IRVBKLSH(1)
10:VISION CAMERA_CALIB 'CALIB1' REQUEST=1002
293:L P[2048] 1000mm/sec FINE
294:CALL IRVBKLSH(1)
295:VISION CAMERA_CALIB 'CALIB1' REQUEST=2048
296:L P[2049] 1000mm/sec FINE
297:CALL IRVBKLSH(1)
298:VISION CAMERA_CALIB 'CALIB1' REQUEST=2049
299:L P[2] 1000mm/sec FINE
300:VISION CAMERA_CALIB 'CALIB1' REQUEST=2
```

(7) 标定用程序的执行

在程序选择画面上选择被自动生成的标定用程序，从第 1 行起再开始标定相机。如图 4-43 所示，机器人使得目标呈格子状移动。

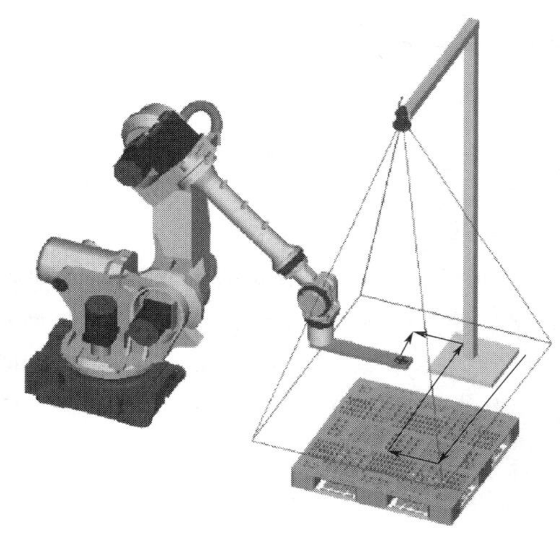

图 4-43 标定用程序的执行

在进行标定点的示教修正时，在调好焦点的范围内可使目标靠近或者远离相机。

在执行程序的过程中不会停止。程序结束后，打开“［机器人生成网格标定］”的画面，确认是否有错误检出的点。

如果目标的安装位置没有改变，只要一旦执行自动生成的标定用程序，就可进行相机的再标定。将标定用程序执行到最后，相机的标定完成。进行标定数据的确认和标定点的确认。

(8) 标定数据的确认

图 4-44 为标定数据的画面。确认焦点距离是否正确，“在基准坐标系中的相机位置”是否正确。图 4-45 为标定点的画面。有错误检出点时，输入检出点编号后轻击“［删除］”按钮，予以删除。

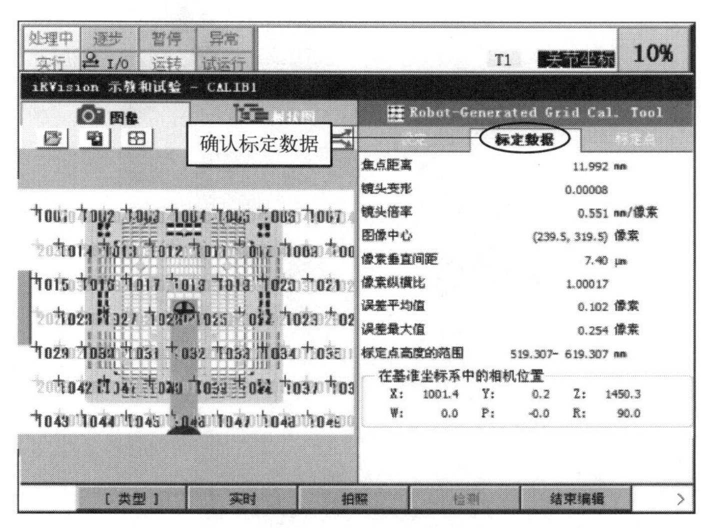

图 4-44 标定数据画面

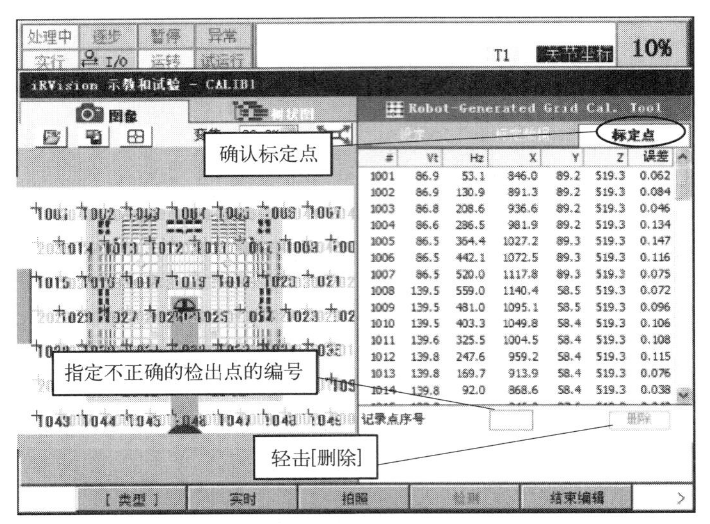

图 4-45 标定点的画面

4.3 相机的补正

补正机器人的形态大致有位置补正和抓取偏差补正两种。位置补正是用相机观察放置在工作台等上的工件，测量工件偏离多少，以能够对偏离放置的工件正确进行作业（譬如把持）的方式补正。机器人的动作如图 4-46 所示。抓取偏差补正是利用相机观察机器人在偏离的状态下抓取的工件，测量偏离多少而抓取，以能够对偏离抓取的工件正确进行作业（譬如放置）的方式补正。机器人的动作如图 4-47 所示。

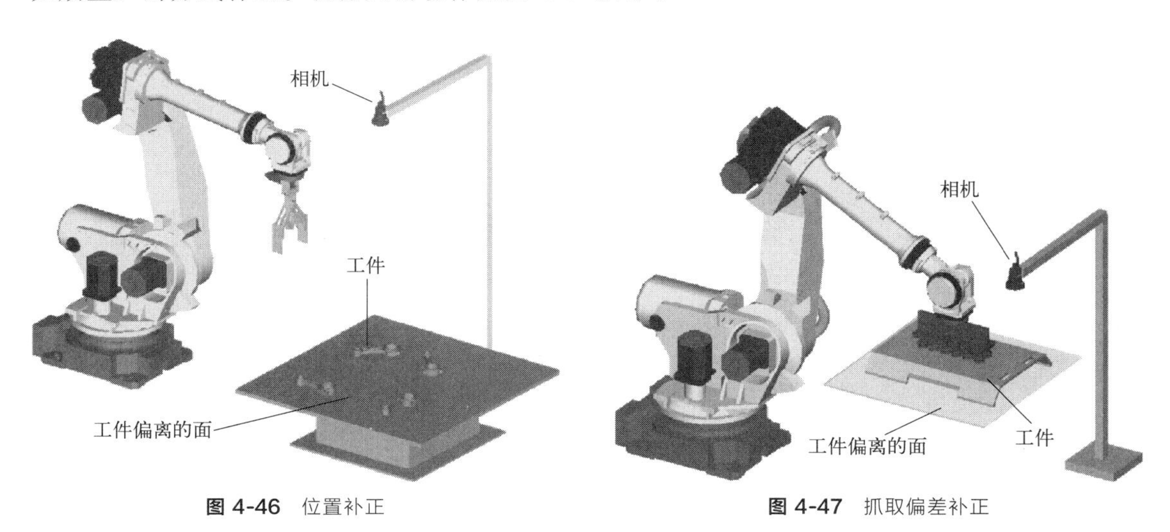

图 4-46 位置补正　　**图 4-47** 抓取偏差补正

4.3.1 1 台相机的 2 维补正

（1）位置补正

“使用固定相机进行位置补正”的设置按如图 4-48 所示步骤进行。

1）补正用坐标系的设定

补正用坐标系，是在补正量的计算中使用的坐标系。工件的检出位置等，将被作为此处设定的坐标系上的位置而输出。

在进行位置补正时，将补正用坐标系设定为用户坐标系。设定补正用坐标系的 XY 平面，使得其与放置有工件的工作台面平行，如图 4-49 所示。补正用坐标系与放置有工件的面不平行时，有的情况下将得不到所需的补正精度，因而要进行正确设定。补正用坐标系设定可通过碰触法和使用“［网格坐标系设置］”法进行设定。

2）视觉处理程序的创建和示教

新建“［1台相机的2维补正］”程序时应在视觉处理程序的“［检出面 Z 向高度］”中输入从补正用坐标系看到至检出部位的高度，如图 4-50 所示。

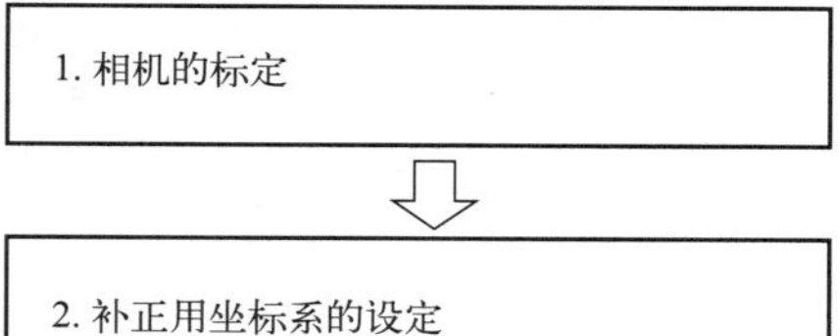

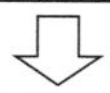
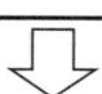

3. 视觉处理程序的创建和示教

4. 机器人程序的创建和示教

图 4-48 设置步骤

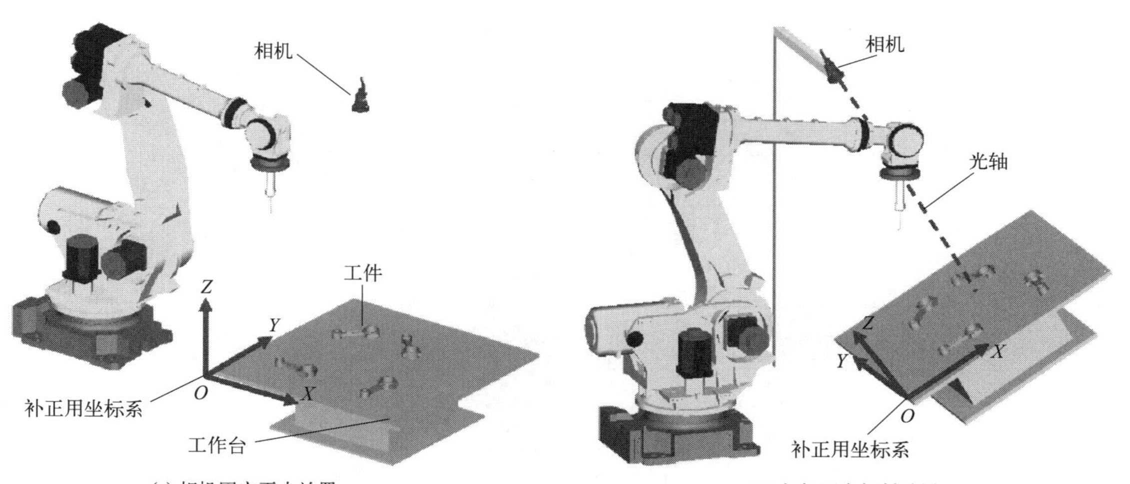

(a) 相机固定平水放置

(b) 相机固定倾斜放置

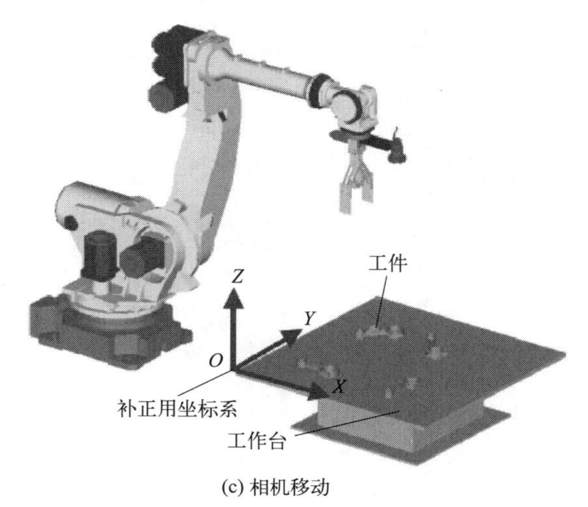

(c) 相机移动

图 4-49 设定补正用坐标系 XY 平面

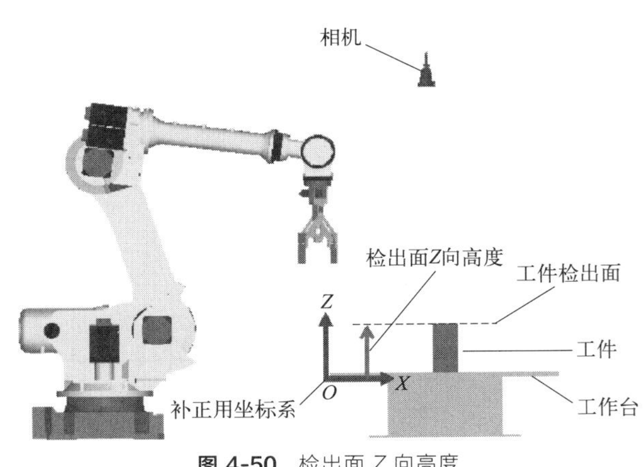

图 4-50　检出面 Z 向高度

进行基准位置的设定时，首先打开视觉处理程序，如图 4-51 所示。然后，在相机的视野内放置 1 个工件。勿移动工件，直至完成基准位置的设定。按下“F3 拍照”进行拍照，按下“F4 检测”来检出工件。然后，轻击“完成［基准数据］”中“［基准位置］”的“［设定］”按钮。确认“［基准位置］”成为“［设定完了］”，“［基准位置 X］”“［基准位置 Y］”“［基准位置 R］”中已输入了值。该值表示从补正用坐标系看到的工件原点的位置。

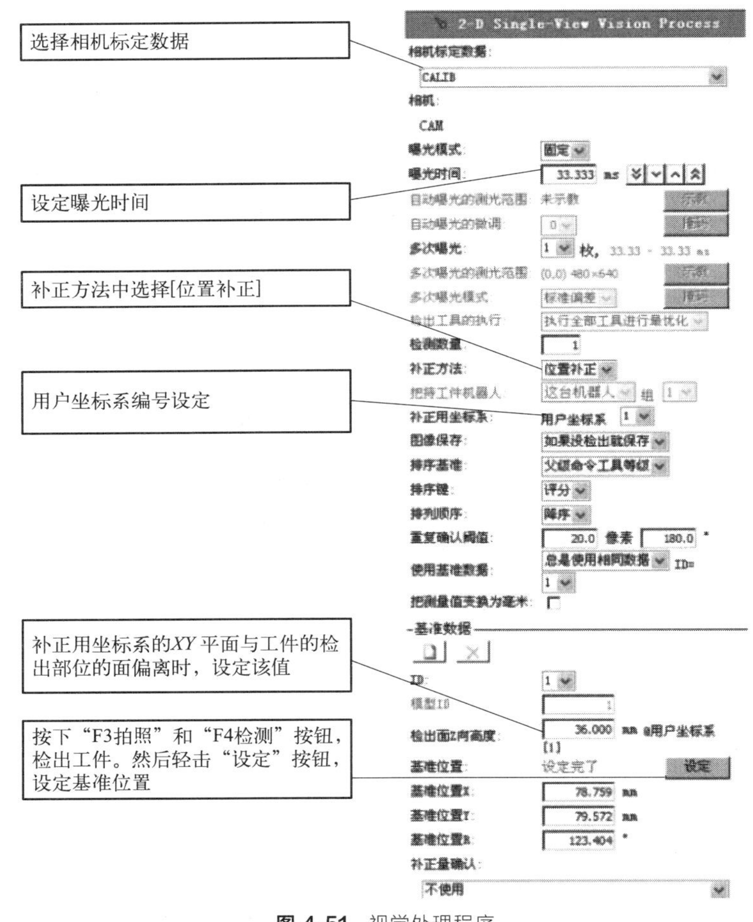

图 4-51　视觉处理程序

3）机器人程序的创建和示教

本程序例中，将视觉程序名设定为［A］。在希望进行补正的动作命令中附加“［视觉补正］”命令。

```
1:UFRAME_NUM=1;
2:UTOOL_NUM=1;
3:R[1:Notfound]=0;
4:L P[1]2000mm/sec FINE;
5:;
6:VISION RUN_FIND 'A';
7:VISION GET_OFFSET 'A' VR[1]JMP LBL[100];
8:;
9:! Handling;
10:L P[2]2000mm/sec CNT100 VOFFSET,VR[1]Tool_Offset,PR[1];
11:L P[2]500mm/sec FINE VOFFSET,VR[1];
12:CALL HAND_CLOSE;
13:L P[2]2000mm/sec CNT100 VOFFSET,VR[1]Tool_Offset,PR[3];
14:! Handling;
15:JMP_LBL[900];
16:;
17:LBL[100];
18:R[1:Notfound]=1;
19:;
20:LBL[900];
```

第 6 行表示检出工件的位置，第 7 行表示取得已检出的工件数据。第 10 行表示向工件趋近的位置。第 11 行表示工件的取出位置。第 13 行表示取走工件后的回退位置。

(2) 偏差补正

抓取偏差补正是利用相机观察机器人在偏离的状态下抓取工件，来测量偏差的程度。通过抓取偏差补正对机器人进行补正，以便将抓取的工件正确放置在规定的场所。图 4-52 为“使用固定相机进行抓取偏差补正”的平面布局例。“使用固定相机进行抓取偏差补正”的设置按图 4-48 步骤进行。

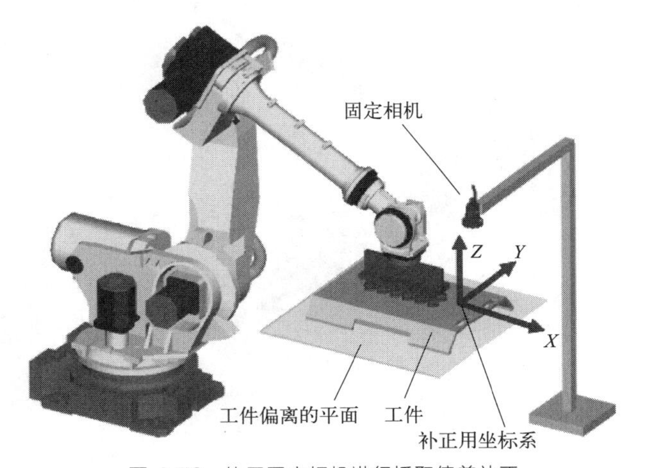

图 4-52 使用固定相机进行抓取偏差补正

1）相机的标定

固定相机的标定使用“［点阵板标定］”和“［机器人生成网格标定］”两种方法。在利用抓取偏差补正进行“［点阵板标定］”时，应将点阵板夹具安装在标定用的模拟工件上进行设置。图 4-53 为模拟工件检出位置的场所安装了点阵板夹具的示例。与实际的工件相同，事先准备可进行把持的模拟工件，通过对该模拟工件安装点阵板夹具，将会简化设置作业。使工件偏离的平面与点阵板夹具平行的方式，将点阵板夹具安装到标定用的模拟工件上进行设置，将会简化后续要进行的补正用坐标系的设定。

2）补正用坐标系的设定

补正用坐标系，是在补正量的计算中使用的坐标系。工件的检出位置等，将被作为此处设定的坐标系上的位置而输出。

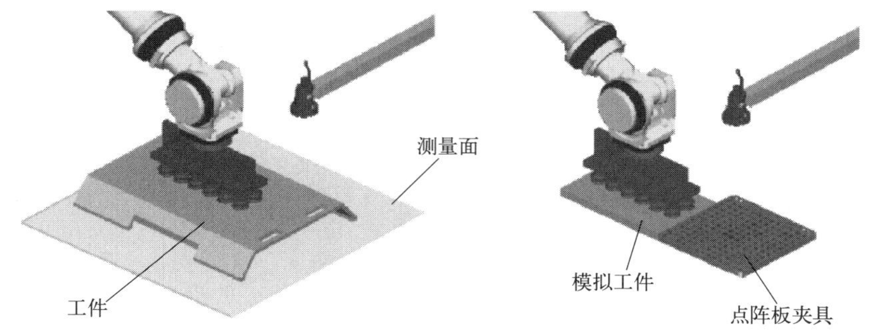

图 4-53 安装点阵板夹具

在进行位置补正时，将补正用坐标系设定为用户坐标系，而在进行抓取偏差补正时，将其设定为工具坐标系，如图 4-54 所示。例如，加工工具坐标系为 9 号的情况下，将 9 号工具坐标系的内容复制到任意编号的工具坐标系（譬如 1 号工具坐标系）中，作为补正用坐标系选择 1 号工具坐标系。

3）视觉处理程序的创建和示教

新建“［1 台相机的 2 维补正］”程序。只有在进行抓取偏差补正的情况下才需要选择工具坐标系编号。在视觉处理程序的“［检出面 Z 向高度］”中输入从补正用坐标系看到至检出部位的高度，如图 4-55 所示。

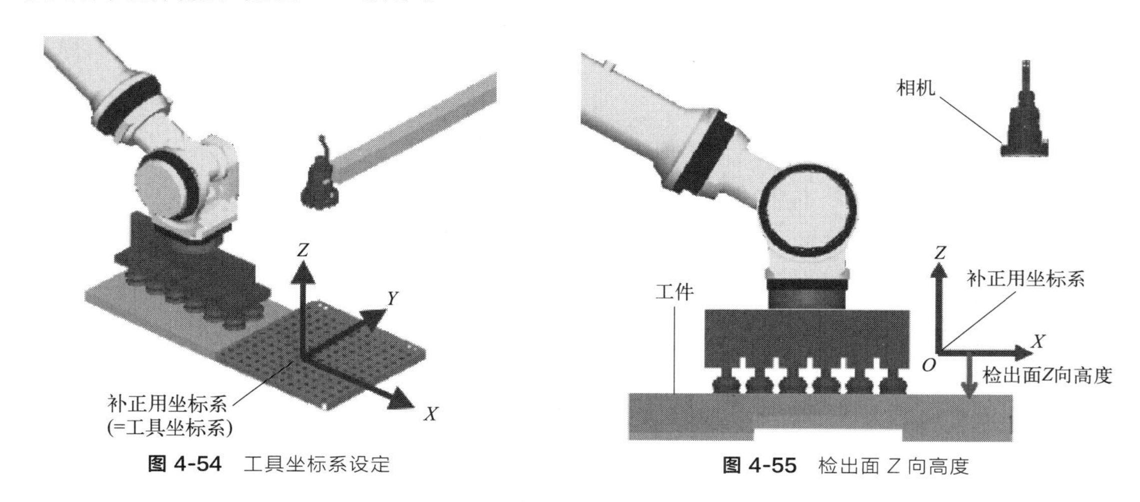

图 4-54 工具坐标系设定　　**图 4-55** 检出面 Z 向高度

（3）应用实例

1 台相机的 2 维补正中使用固定相机。工件通过间歇进给的传送带来供给。表面的工件和背面的工件混合在一起，只检出表面的工件，将背面的工件作为未检出处理。机器人只取出表面的工件。图 4-56 是系统的平面布局图。

1）光学条件

根据传送带的宽度和工件的大小确定视野尺寸，图 4-56 中使用 150mm 的传送带来搬运工件。视野尺寸取相比传送带宽稍宽的 200mm 左右。通过模拟相机确保视野尺寸的情况下，使用焦点距离 12mm 的镜头时，从相机到工件的距离为 680mm 左右；使用焦点距离 8mm 的镜头时，从相机到工件的距离为 460mm 左右。为避免相机与机器人之间的干涉，图 4-56 使用焦点距离 12mm 的镜头，将相机到工件的距离设定为 680mm 左右。工件为白色系，因而背景色采用暗色系，以便形成工件与背景之间的对比。工件上，将可看见印字的一面作为表面，看不见印字的一面作为背面，如图 4-57 所示。

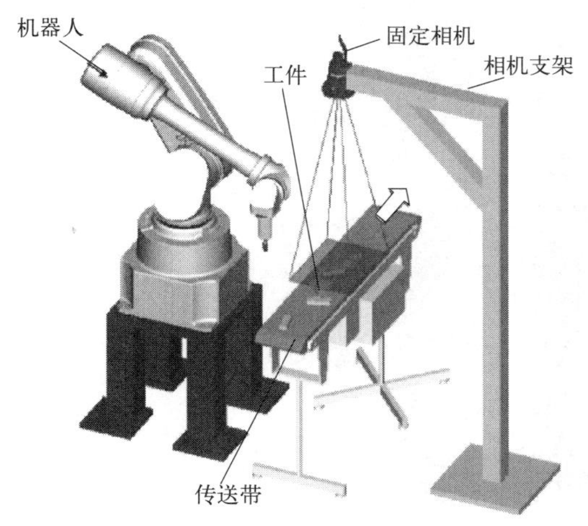

图 4-56 1台相机的 2 维补正系统平面布局图

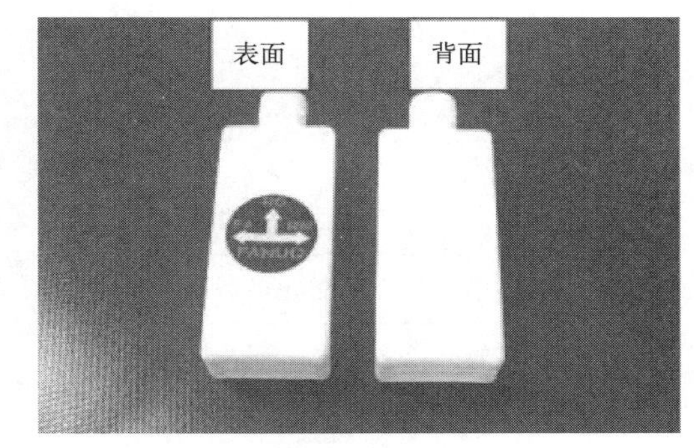

图 4-57 工件

2）视觉的设定

① 坐标系设定步骤如下。

基准坐标系选择 0 号，使用“［点阵板标定］”进行相机的标定，将点阵板夹具设置在传送带上，利用已进行 TCP 设置的触针，在用户坐标系上设定点阵板夹具的设置信息。本例中，点阵板夹具的设置信息设定在了 1 号用户坐标系中。在用户坐标系中设定了点阵板夹具的位置后，切勿移动点阵板夹具，直至完成标定，如图 4-58 所示。图 4-18 为标定的画面，图 4-59 为标定数据的画面。“［镜头倍率］”表示图像上的 1 个像素等于几毫米，由标定执行时的视野和点阵板夹具的圆点的间隔决定。本例中，“［相对于标定夹具的相机位置］”的 *Z* 被设定为 675.9mm。可计算出标定夹具面上的视野尺寸为 262mm×169mm。图像尺寸为 640pix×480pix，计算得的镜头倍率为 0.409mm/pix。图 4-60 为标定点的画面。在点阵板夹具的圆点位置以外有检出点时，输入检出点编号后点击“［删除］”按钮，予以删除。若标定数据、标定点没有问题，则标定结束，拆除点阵板夹具也不会造成影响。

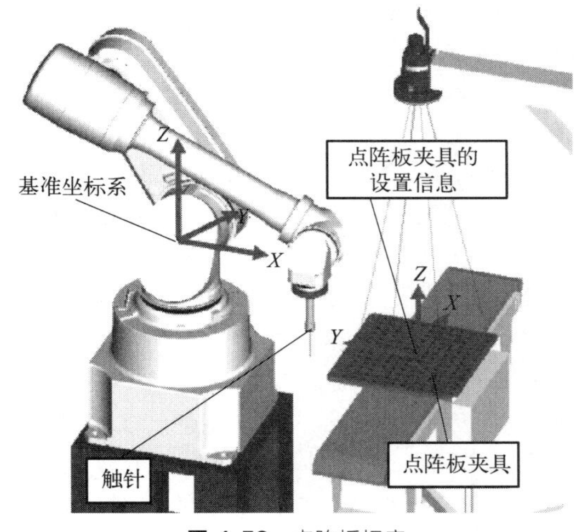

图 4-58 点阵板标定

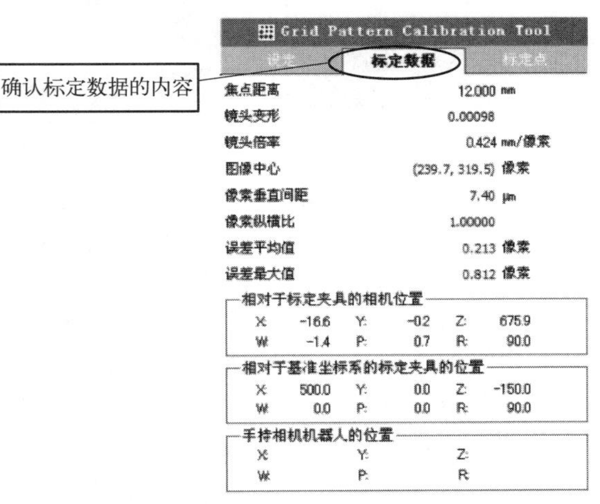

图 4-59 标定数据

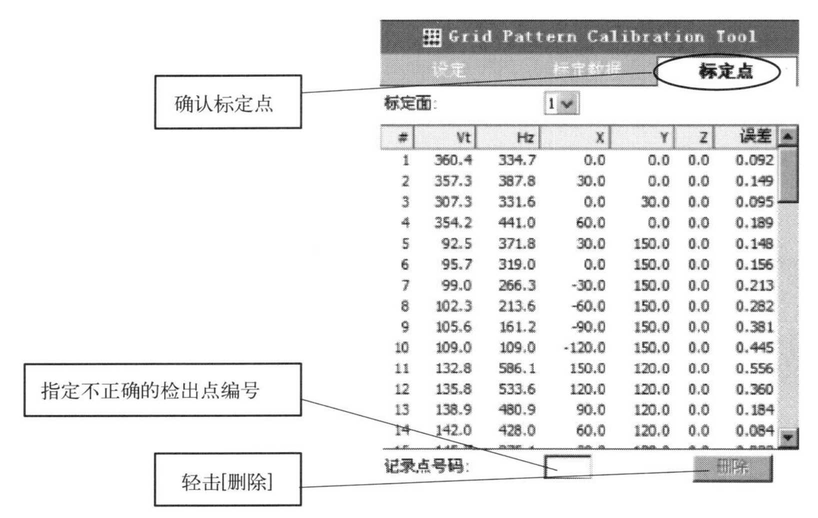

#	Vt	Hz	X	Y	Z	误差
1	360.4	334.7	0.0	0.0	0.0	0.092
2	357.3	387.8	30.0	0.0	0.0	0.149
3	307.3	331.6	0.0	30.0	0.0	0.095
4	354.2	441.0	60.0	0.0	0.0	0.189
5	92.5	371.8	30.0	150.0	0.0	0.148
6	95.7	319.0	0.0	150.0	0.0	0.156
7	99.0	266.3	-30.0	150.0	0.0	0.213
8	102.3	213.6	-60.0	150.0	0.0	0.282
9	105.6	161.2	-90.0	150.0	0.0	0.381
10	109.0	109.0	-120.0	150.0	0.0	0.445
11	132.8	586.1	150.0	120.0	0.0	0.556
12	135.8	533.6	120.0	120.0	0.0	0.360
13	138.9	480.9	90.0	120.0	0.0	0.184
14	142.0	428.0	60.0	120.0	0.0	0.084

图 4-60 标定点的画面

如图 4-61 所示，在传送带上设定补正用坐标系。在用户坐标系上通过补正用坐标系的 XY 平面与放置有工件的面（现在为传送带面）平行的方式设定补正用坐标系。本例中补正用坐标系已被设定在 2 号用户坐标系中。

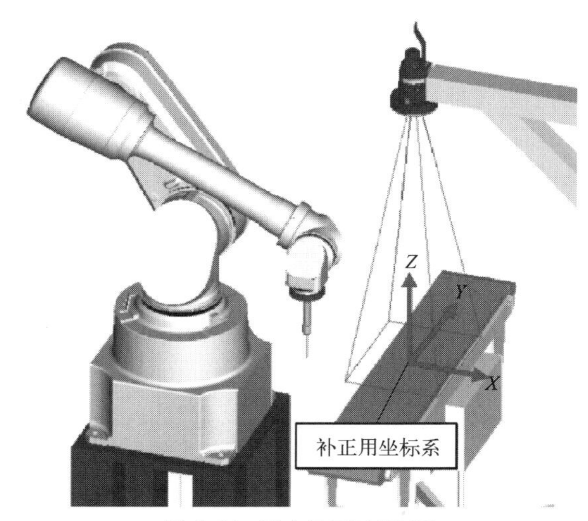

图 4-61 设定补正用坐标系

② 检测工件设置步骤如下。

在图 4-62 中新打开“［1 台相机的 2 维补正］”的视觉处理程序。选择标定数据。在“［曝光时间］”中调整图像的亮度。在“［检测数量］”中设定通过一次检出最多可以检测几个工件。补正用坐标系中选择刚才设定的 2 号用户坐标系。本例中利用“［GPM Locator Tool 1］”来检出工件的外形，如图 4-63 所示。“［GPM Locator Tool 1］”中，对表面的工件和背面的工件都进行检出。然后，作为“［GPM Locator Tool 1］”的子工具设定“［GPM Locator Tool 2］”。“［GPM Locator Tool 2］”设定为能够检出工件的印字，如图 4-64 所示。若是表面的工件，印字的检出成功；若是背面的工件，印字的检出失败。然后，作为“［GPM Locator Tool 1］”的子工具设定“［Conditional Execution Tool 1］”。将利用“［GPM Locator Tool 2］”检出失败的工件作为未检出处理的方式，通过“［Conditional Execution Tool 1］”进行设定。图 4-63 为检出工件外形使用“［GPM Locator Tool 1］”的示教例。将一个工件放置在视野内，然后按下“F3 拍照”，进行拍照。轻击“［模型示教］”按钮，对工件的外形进行模型示教。轻击“［遮蔽］”的“［编辑］”按钮，对外形以外的多余的特征进行遮蔽。工件以±180°的方式旋转，因而将“［检索范围］”的角度设定为±180°。图 4-64 为“［GPM Locator Tool 2］”的示教画面。在视野内放置一个工件，轻击“［模型示教］”按钮。由于工件的外形和印字的相对位置关系没有变化，因而将“［检索范围］”的“［角度］”设定为无效。图 4-65 为“［Conditional

Execution Tool 1］”的设定画面。若无法利用“［GPM Locator Tool 2］”来检出印字，就将该工件作为未检出来处理。随后进行检出确认。选择“［1 台相机的 2 维补正］”画面，在视野内放置一个工件，按下“F3 拍照”“F4 检测”。图 4-66 的示例中，表面的工件中出现了未检出的情况。

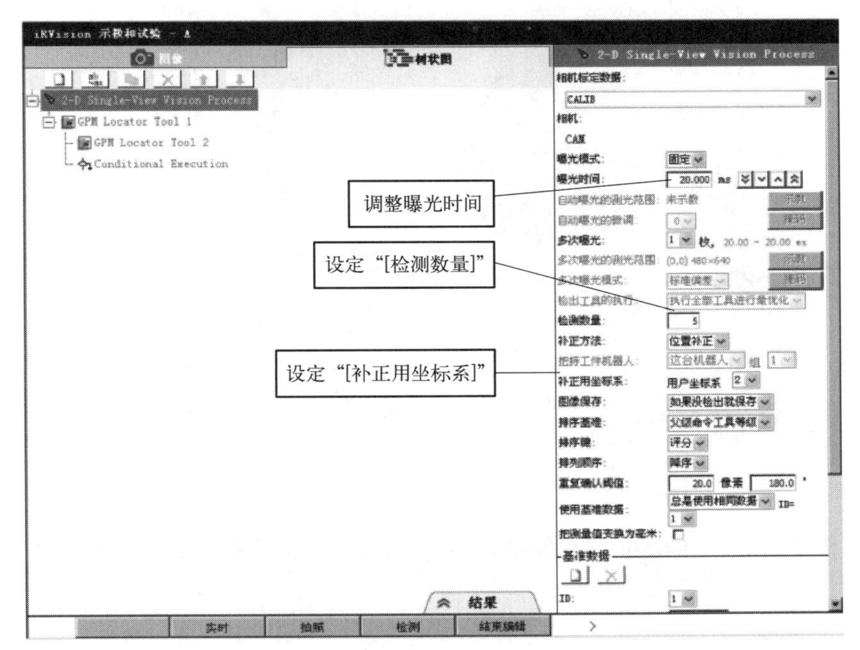

图 4-62 视觉处理程序

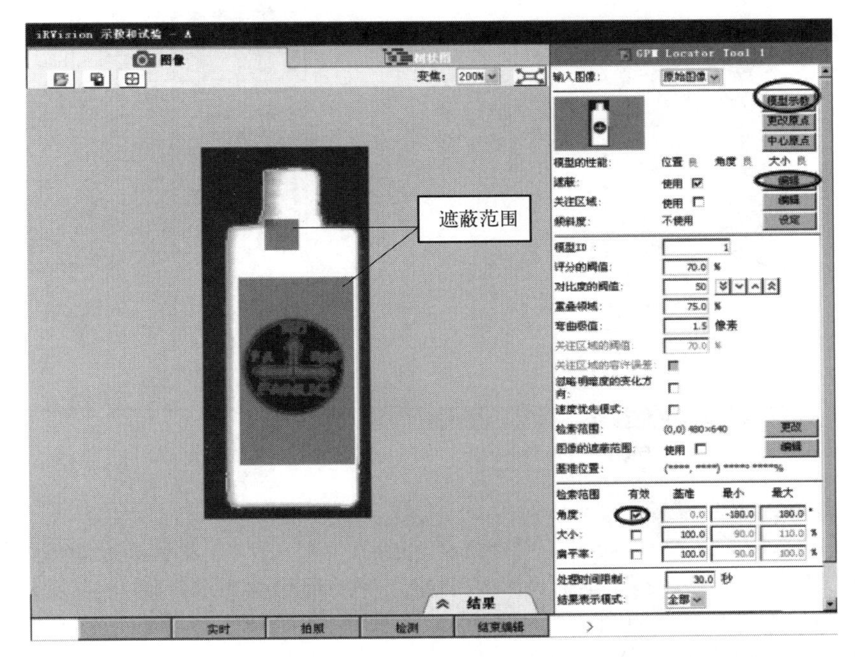

图 4-63 检出工件外形

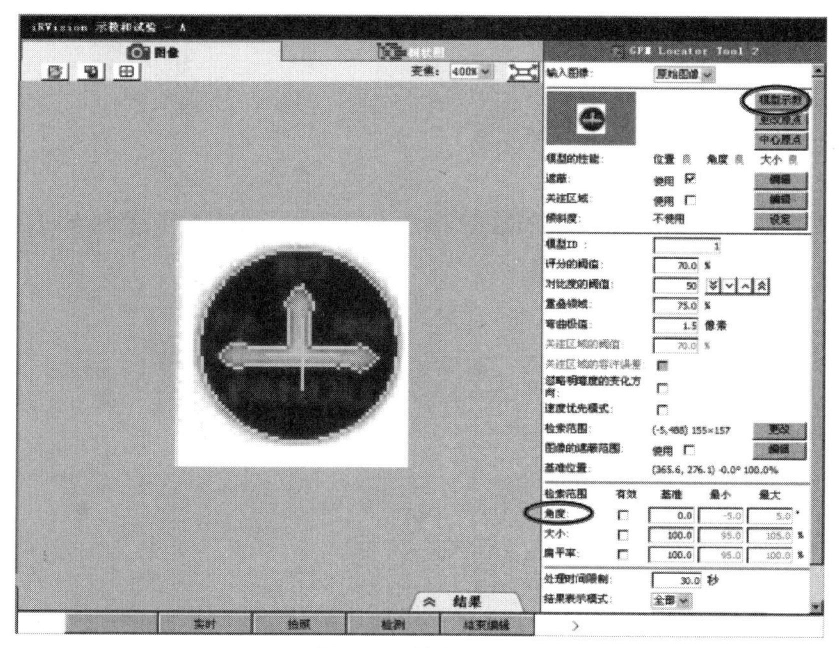

图 4-64 检出正反面

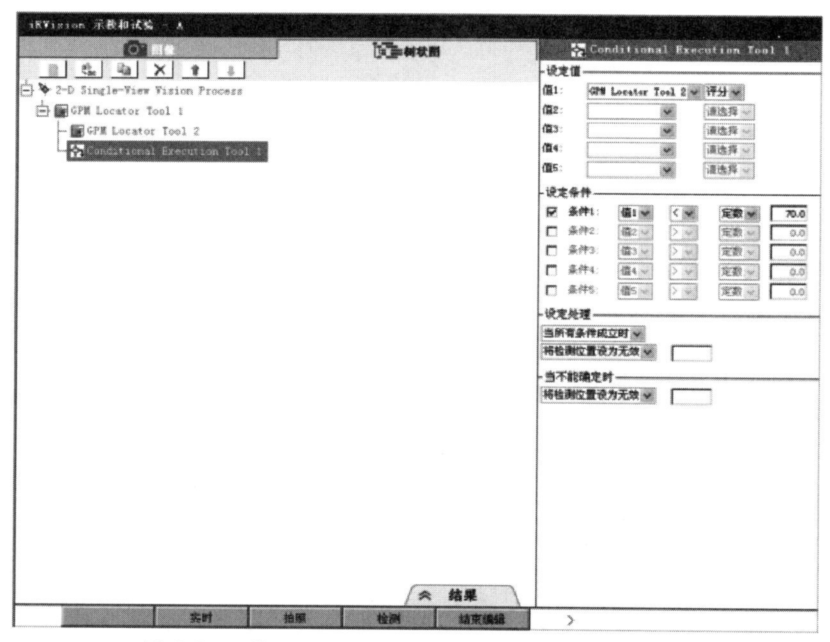

图 4-65 “[Conditional Execution Tool 1]”的设定画面

③ 检出对策设置步骤如下。

选择“[GPM Locator Tool 1]”的画面。在图 4-67 中“[表示接近阈值的结果]”进行勾选。一边看着“[结果]”画面，一边调整工件的检出参数。下例中，“[评分]”的值低于设定值 70，为未检出。此外，“[偏差]”的值大于其他工件。在工件存在个体差异或模型的轮廓部分有圆度（R）时，轮廓在图像中可能会出现歪斜。

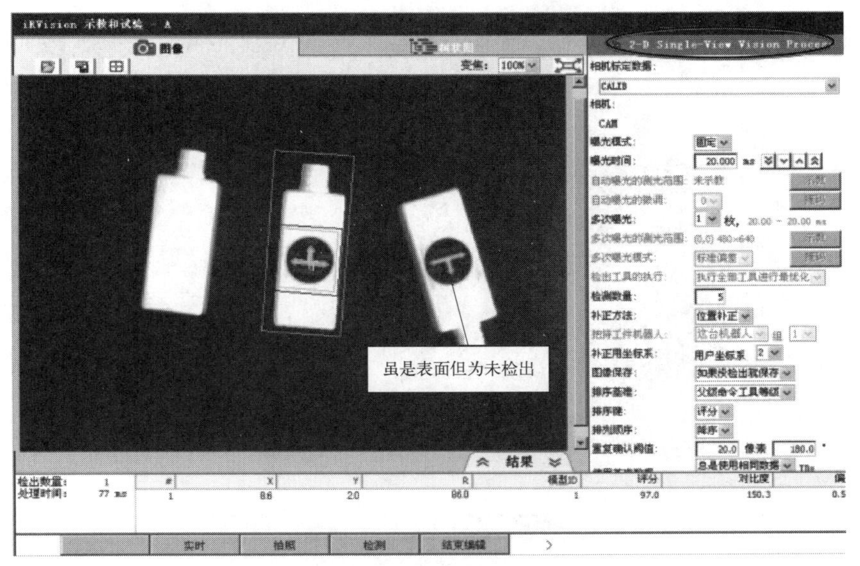

图 4-66　未检出表面工件

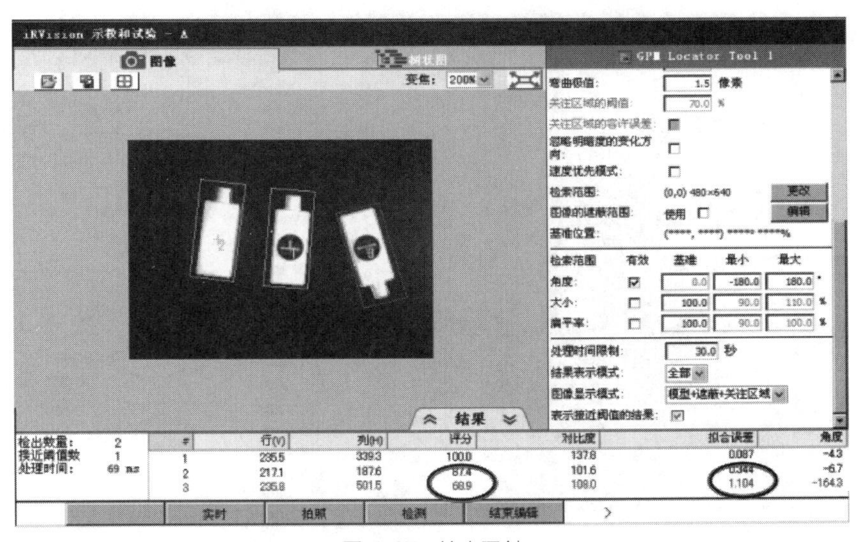

图 4-67　轮廓歪斜

本例的工件轮廓部分有若干圆度，轮廓看上去歪斜。如图 4-68 所示，调大“［弯曲极值］”的值，采取消化圆度部分视觉差异的对策。下图的示例中，“［弯曲极值］”已从 1.5 变更为 2.5。在该状态下，再次轻击“F4 检测”。通过调大弯曲极值，消除了未检出工件。

如图 4-69 所示进行基准位置的设定，选择“［1 台相机的 2 维补正］”的画面，将一个工件放置在视野内。在“［基准数据］”的“［检出面 Z 向高度］”中输入从补正用坐标系到工件检出面的高度。按下“F3 拍照”“F4 检测”，检出工件。之后请勿移动工件，直到机器人的位置示教结束为止，如图 4-70 所示。然后轻击“［基准数据］”的“［设定］”按钮。确认“［基准位置］”成为“［设定完了］”，“［基准位置 X］”“［基准位置 Y］”“［基准位置 R］”中已输入值。该值表示自补正用坐标系到工件原点的位置。以点动方式移动机器人，将其移动到相对工件进行作业（譬如进行把持）的位置。一旦位置示教结束，移动工件也无妨。

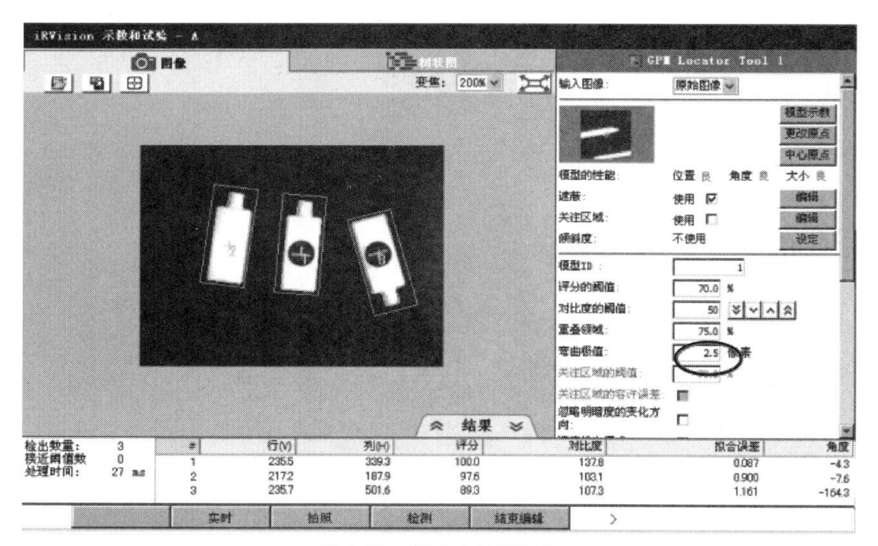

图 4-68　消除未检出工件

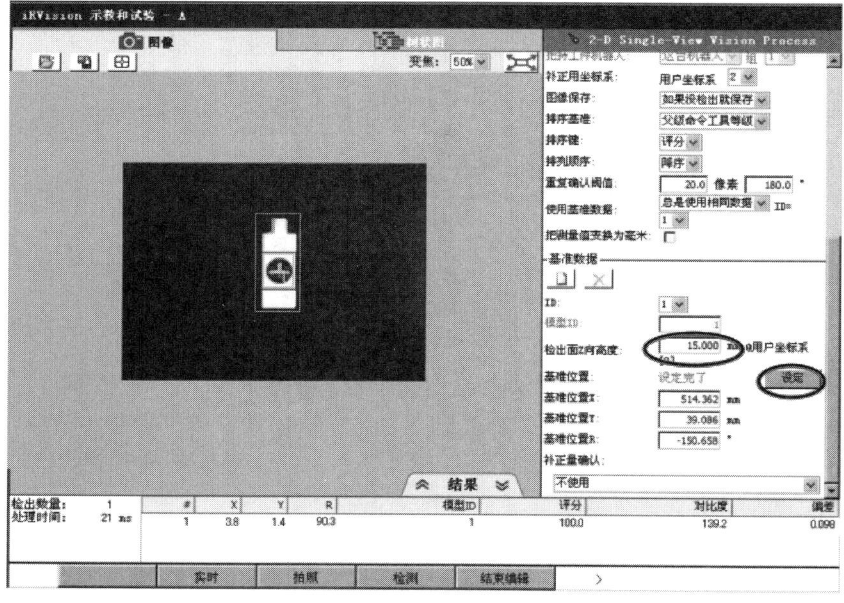

图 4-69　基准位置的设定

3）机器人程序

本程序例中，将视觉程序名设定为“［A］”。在希望进行补正的动作命令中附加“［视觉补正］”命令。

```
1:UFRAME_NUM=1;
2:UTOOL_NUM=1;
3:R[1:Notfound]=0;
4:L P[1]2000mm/sec FINE;
5:;
6:VISION RUN_FIND 'A';
```

```
7:VISION GET_OFFSET 'A' VR[1]JMP LBL[100];
8:;
9:! Handling;
10:L P[2]2000mm/sec CNT100 VOFFSET,VR[1]Tool_Offset,PR[1];
11:L P[2]500mm/sec FINE VOFFSET,VR[1];
12:CALL HAND_CLOSE;
13:L P[2]2000mm/sec CNT100 VOFFSET,VR[1]Tool_Offset,PR[1];
14:! Handling;
15:JMP_LBL[900];
16:;
17:LBL[100];
18:R[1:Notfound]=1;
19:;
20:LBL[900];
```

图 4-70　示教

4.3.2　3台相机的3维补正

3 台相机的 3 维补正，此处以测量车身等较大工件的 3 个部位并进行 3 维补正为例介绍。对于工件的平行移动（X,Y,Z）、旋转（W,P,R）的 6 自由度全都进行补正。在图 4-71 的平面布局中，由 3 台相机检出大件工件的 3 个部位，测量工件的 3 维位置。

图 4-72 为“使用固定于机器人的相机进行位置补正”的平面布局。使 1 台相机移动，测量工件的 3 个部位。

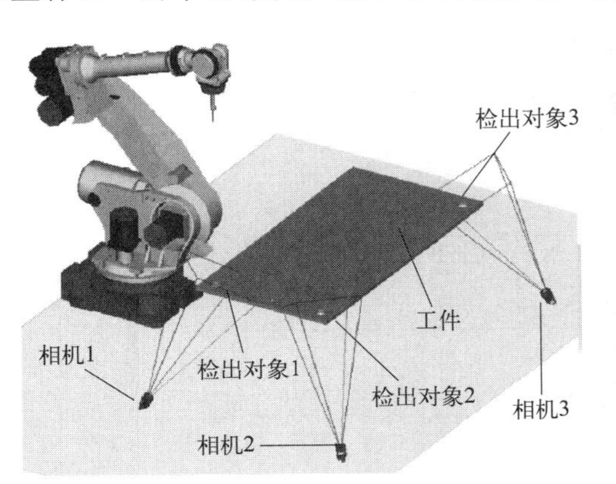

图 4-71　测量工件的 3 维位置

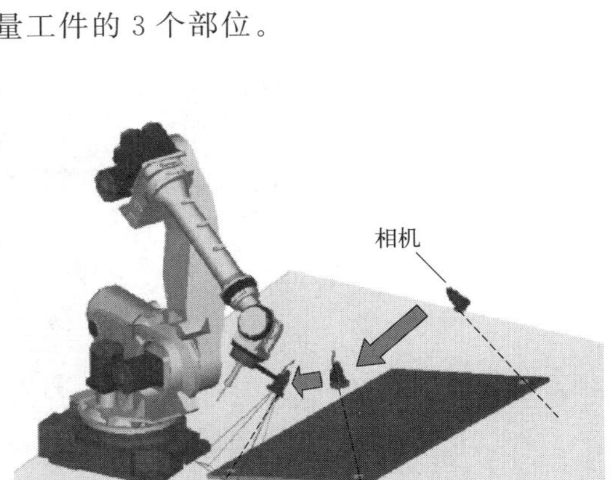

图 4-72　1台相机移动进行位置补正的平面布局

(1) 特点

① 对测量位置和姿势发生偏差的大件工件的 3 个部位，进行 3 维补正。

② 对于工件的平行移动（X,Y,Z）、旋转（W,P,R）的 6 自由度全都进行补正。

③ 测量点（“Camera View”数）为 3 点，无法进行变更。

④ 与多台相机的 2 维补正一样，程序中存在“Camera View”。有 3 个“Camera View”，共测量 3 个检出对象。

⑤ 进行检出时，利用各“Camera View”逐根检测视线，共检测 3 根视线。将检测对象

的 3 个点作为顶点与形状已知的三角形应用到此 3 根视线，就可确定各检测对象位于视线上的哪个位置，并求出工件的 3 维位置和姿势。

⑥ 固定于机器人的相机，在自由移动测量时的机器人位置，可测量检出对象。因为在计算检出对象的位置时，在 iRVision 计算处理中已考虑机器人的存在位置。

(2) 注意事项

1）检测对象注意事项（车身适于基准孔）

① 应能根据图纸等计算出 3 个检出对象正确的相对位置关系。

② 3 个检测对象的位置以及要进行作业的位置的相对关系不应有个体差异。

③ 应以能够覆盖整个工件的方式获取位置较远的 3 个检测对象。

④ 以 3 个检出对象的点为顶点的三角形不应极端细长。

⑤ 检出对象的目视形状不应有个体差异。

⑥ 在检出对象的附近不应有相同形状的部件或其他物体。

2）相机视野注意事项

以即使在检出对象最大限偏离的情况下检出对象也不偏离视野的方式决定相机视野的广度。但是，需注意，相机视野太大时，有的情况下将得不到所需的补正精度。

3）测量视线配置注意事项

测量检出对象需测量 3 根视线，以使得任何 2 根视线都不接近平行，如图 4-73 所示。视线彼此之间所成角度超过某值（如有可能在 60°以上）配置相机。视线彼此之间没有角度时，有的情况下将得不到所需的补正精度。

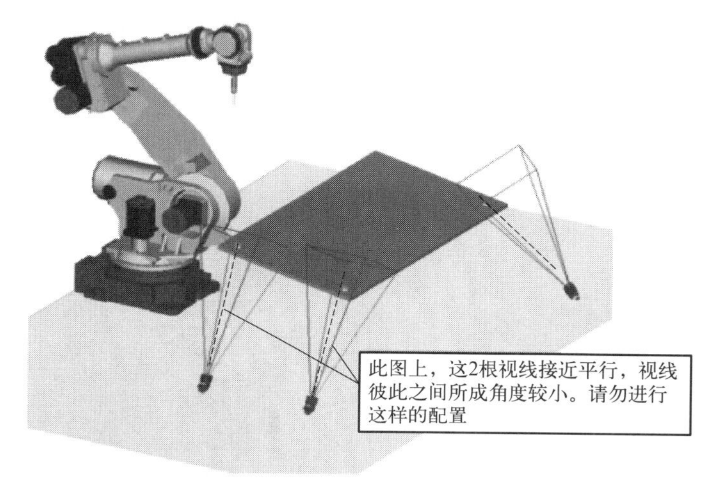

图 4-73 视线

4）与工件相关的图样

3 台相机的 3 维补正中，将各检出对象间的距离用于计算。因此，需要以任意坐标系上的坐标值来表述检出对象的位置关系。要做到可根据工件的图样等在设定时输入检出对象的坐标值。

(3) "位置补正" 的设置

利用 3 台固定相机来测量工件的 3 个部位。如图 4-48 步骤进行。

1）相机的标定

3 台相机的 3 维补正中，如图 4-74 所示，采用在机械手上安装点阵板夹具进行标定的方法较常用。

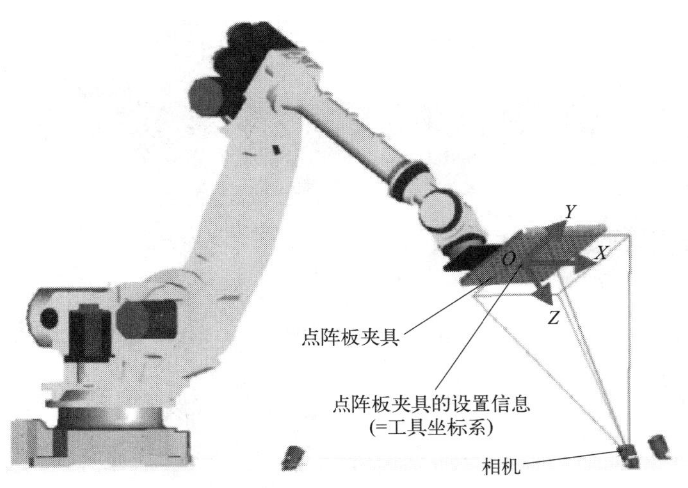

图 4-74 相机的标定

2）基准坐标系设定

“［3 台相机的 3 维补正］”的基准位置和检出位置，将被作为基准坐标系上的值而输出。此外，“［3 台相机的 3 维补正］”中，多半情况下处理如车身等较大的工件，有时利用一个补正数据来补正多个机器人。这种情况下，机器人之间在任意平面上设定共同的用户坐标系（坐标系编号也要设定为共同），并将此坐标系作为基准坐标系来选择。

3）相机标定数据的创建和示教

对于要使用的全部相机进行标定。分别创建 3 个相机数据，3 个相机标定数据。此时，要使用的全部相机标定数据中，“［基准坐标系］”的坐标系编号应保持一致。尽量在靠近检出对象的位置检出标定面 1。此外，2 面标定时的上下移动距离应设定为 100～150mm。在不同的高度 2 次检出点阵板。沿相机的光轴方向移动点阵板夹具，移动中点动进给机器人，以避免点阵板夹具的斜度发生变化。

(4) 视觉处理程序的创建和示教

新建“［3 台相机的 3 维补正］”程序。“［Camera View］”针对每个测量位置，赋予“［Camera View 1］”“［Camera View 2］”此类名称。成为在各“［Camera View］”之下垂吊有“［GPM Locator Tool］”的形式。3 台相机的三维补正程序的示教按图 4-75 步骤进行。如图 4-76 所示，选择各“Camera View”，按图 4-77 所示输入图形数据，图 4-78 所示输入图样数据。

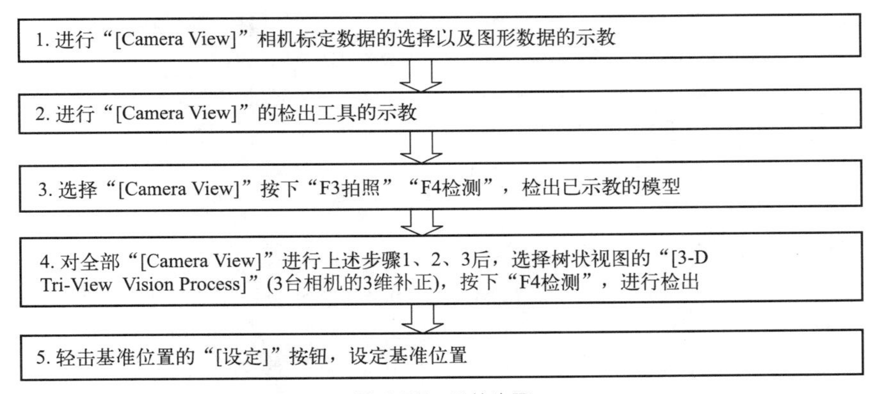

图 4-75 示教步骤

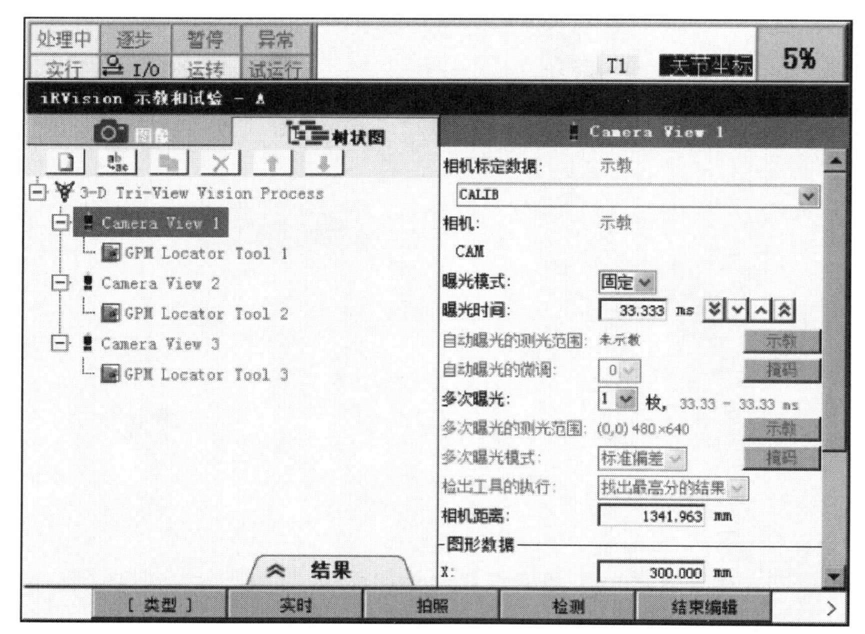

图 4-76 选择“Camera View”

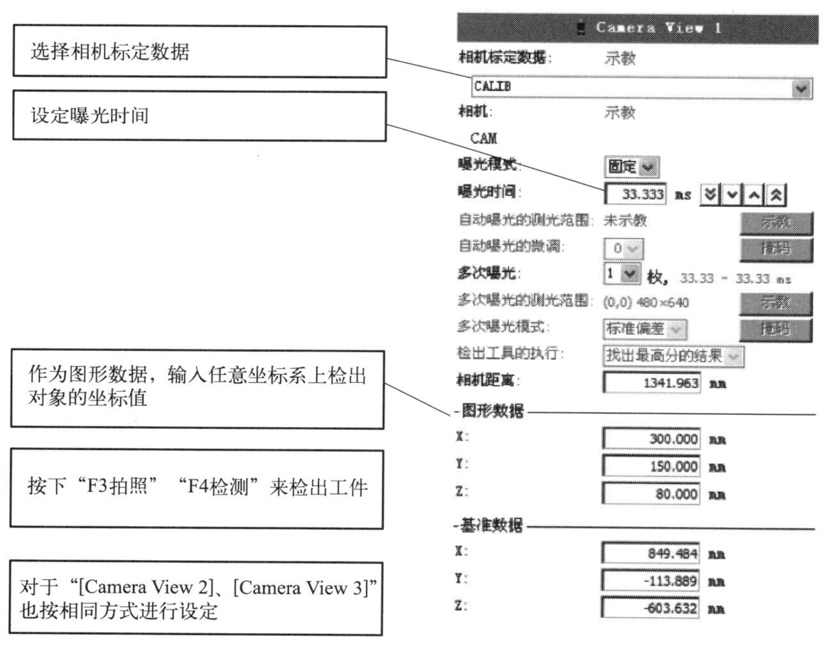

图 4-77 输入图形数据

(5) 基准位置的设定

设定 3 个“Camera View”的图形数据，如图 4-79 所示。在检出工具的示教（图 4-80 的示例中为“［GPM Locator Tool］”完成后，选择第 1 个“Camera View”，按下“F3 拍照”“F4 检测”，进行检出对象的检出。示教过程中，请勿移动工件，直至基准位置示教完成。若检出成功，则请继续进行“［Camera View 2］”“［Camera View 3］”的检出。然

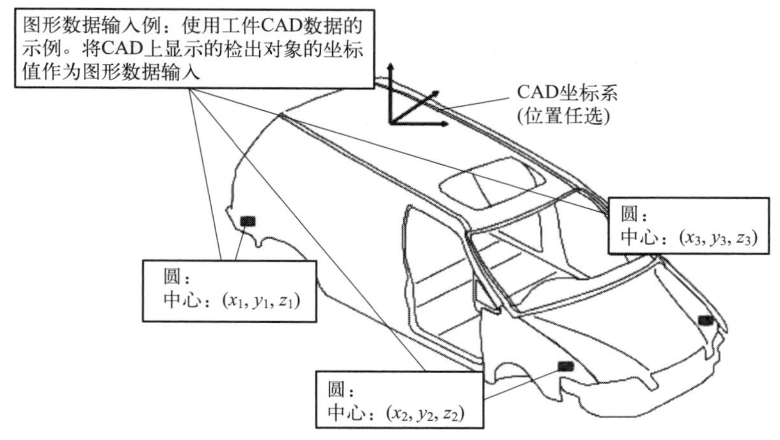

图 4-78 输入图样数据

后，如下图所示，在选择“[3-D Tri-View Vision Process]”后，按下“F4 检测”。轻击“[基准位置]”的“[设定]”按钮。确认“[基准位置]”成为“[设定完了]”，“[重心位置 X]”“[重心位置 Y]”“[重心位置 Z]”中已输入值。此值为自基准坐标系看到的工件的位置。

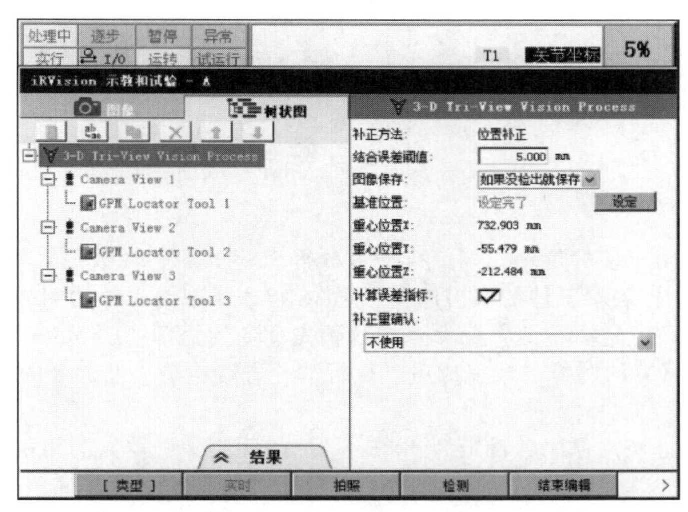

图 4-79 设定 3 个“Camera View”的图形数据

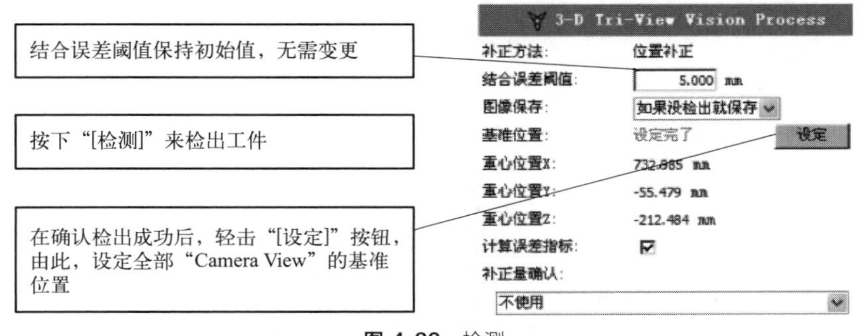

图 4-80 检测

(6) 机器人程序的创建和示教

1）固定相机

本程序例中，将视觉程序名设定为“[A]”。检出工件检出对象的3个部位。使用多台固定相机时，“[进行检测]”命令中无需指定相机视图号码。在希望进行补正的动作命令中附加“[视觉补正]”命令。

```
1:UFRAME_NUM=1;
2:UTOOL_NUM=1;
3:R[1:Notfound]=0;
4:L P[1] 2000mm/sec FINE;
5:;
6:VISION RUN_FIND 'A';
7:VISION GET_OFFSET 'A' VR[1]JMP LBL[100];
8:;
9:! Handling;
10:L P[2] 2000mm/sec CNT100 VOFFSET,VR[1] Tool_Offset,PR[1];
11:L P[2] 500mm/sec FINE VOFFSET,VR[1];
12:CALL HAND_CLOSE;
13:L P[2] 2000mm/sec CNT100 VOFFSET,VR[1] Tool_Offset,PR[1];
14:! Handling;
15:JMP_LBL[900];
16:;
17:LBL[100];
18:R[1:Notfound]=1;
19:;
20:LBL[900];
```

第6行表示检出工件的位置。第7行表示取得已检出的工件数据。第10行表示向工件趋近的位置。第11行表示工件的取出位置。第13行表示取走工件后的回退位置。使用固定相机时，利用1个“[进行检测]”命令进行预先准备的全部“Camera View”的测量。在全部“Camera View”的图像加载完成后，执行“[进行检测]”命令的后续行。

2）移动相机

本程序例中，将视觉程序名设定为“[A]”。使固定于机器人的相机移动，检出工件的3个检出部位。程序“[A]”具有3个基于固定于机器人的相机的测量点不同的“Camera View”，因此在“[进行检测]”命令中附加有相机视图号码。在希望进行补正的动作命令中附加“[视觉补正]”命令。

```
1:UFRAME_NUM=1;
2:UTOOL_NUM=1;
3:R[1:Notfound]=0;
4:L P[1] 2000mm/sec FINE;
5:WAIT R[1];
6:VISION RUN_FIND 'A' CAMERA_VIEW[1];
7:L P[2] 2000mm/sec FINE;
8:WAIT R[1];
9:VISION RUN_FIND 'A' CAMERA_VIEW[2];
10:L P[3] 2000mm/sec FINE;
11:WAIT R[1];
```

```
12:VISION RUN_FIND 'A' CAMERA_VIEW[3];
13:VISION GET_OFFSET 'A' VR[1]JMP LBL[100];
14:;
15:! Handling;
16:L P[4] 2000mm/sec CNT100 VOFFSET,VR[1] Tool_Offset,PR[1];
17:L P[4] 500mm/sec FINE VOFFSET,VR[1];
18:CALL HAND_CLOSE;
19:L P[4] 2000mm/sec CNT100 VOFFSET,VR[1] Tool_Offset,PR[1];
20:! Handling;
21:JMP_LBL[900];
22:;
23:LBL[100];
24:R[1:Notfound]=1;
25:;
26:LBL[900];
```

第 4 行表示将相机移动到能够检测出检出部位 1 的位置。第 5 行表示用来抑制相机的残留振动的待机命令。第 6 行表示进行检出部位 1 的检出。相机的图像加载完成后，执行“[进行检测]”命令的后续行。第 7 行表示将相机移动到能够检测出检出部位 2 的位置。第 10 行表示将相机移动到能够检测出检出部位 3 的位置。第 13 行表示取得已检出的工件数据。第 16 行表示向工件趋近的位置。第 17 行表示工件的取出位置。第 18 行表示取走工件后的回退位置。

第5章 工业机器人的离线编程

5.1 机器人离线编程概述

如图 5-1 所示，应用工业机器人进行复杂操作时，若用在线编程很难实现，一般应用离线编程。

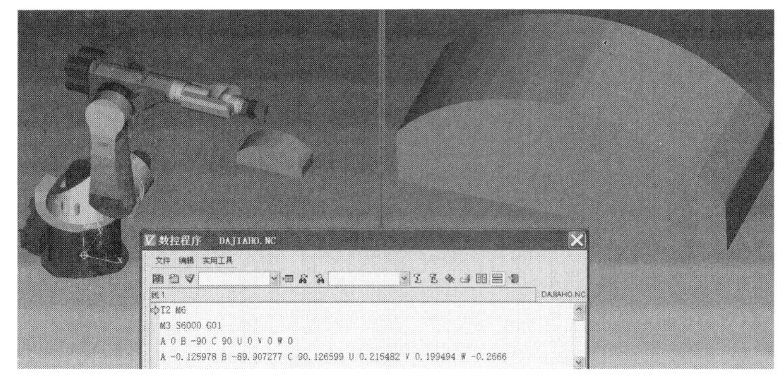

图 5-1 复杂操作

随着大批量工业化生产向单件、小批量、多品种生产方式转化，生产系统越来越趋向于柔性制造系统（FMS）和集成制造系统（CIMS）。这些系统适配数控机床、机器人等自动化设备，结合 CAD/CAM 技术，由多层控制系统控制，具有很大的灵活性和很高的生产适应性。系统是一个连续协调工作的整体，其中任何一个生产要素停止工作都将使整个系统的生产工作停止。例如用示教编程来控制机器人，示教或修改程序时需让整体生产线停下来，占用了生产时间，因此在线编程不适用于这种场合。

FMS 和 CIMS 是大型的复杂系统，如果用机器人语言编程，编好的程序不经过离线仿真就直接用在生产系统中，很可能引起干涉、碰撞，有时甚至会造成生产系统的损坏，所以需要独立于机器人在计算机系统实现编程，因而机器人离线编程方法应运而生。

5.1.1 机器人离线编程的特点

机器人离线编程系统是在机器人编程语言的基础上发展起来的，是机器人语言的拓展。它利用机器人图形学的成果，建立起机器人及其作业环境的模型，再利用一些规划算法，通过对图形的操作和控制，在离线的情况下进行轨迹规划。

与其他编程方法相比，离线编程具有下列优点。

（1）减少机器人的非工作时间

当机器人在生产线或柔性系统中进行正常工作时，编程人员可对下一个任务进行离线编程仿真，这样编程不占用生产时间，提高了机器人的利用率，从而提高整个生产系统的工作效率。

（2）使编程人员远离危险的作业环境

由于机器人是一个高速运行的自动执行机，而且作业现场环境复杂，如果采用示教这样的编程方法，编程人员必须在作业现场靠近机器人末端执行器的位置才能很好地观察机器人的位姿，这样机器人的运动可能会给操作者带来危险，而离线编程不必在作业现场进行。

（3）使用范围广

同一个离线编程系统可以适应各种机器人的编程。

（4）便于构建 FMS 和 CIMS 系统

FMS 和 CIMS 系统中有许多搬运、装配等工作需由预先进行离线编程的机器人来完成，机器人与 CAD/CAM 系统结合，可做到机器人及 CAD/CAM 的一体化。

（5）可实现复杂系统的编程

可使用高级机器人语言对复杂系统及任务进行编程。

（6）便于修改程序

一般的机器人语言是对机器人动作进行描述。此外，部分机器人语言还具有简单环境构造功能。但对于目前常用的动作级和对象级机器人语言来说，用数字构造环境这样的工作，算法复杂，计算量大且程序冗长。而对任务级语言来说，一方面高水平的任务级语言尚在研制中，另一方面任务级语言要求复杂的机器人环境模型的支持，需借助人工智能技术，才能自动生成控制决策和轨迹规划。

机器人离线编程系统是机器人编程语言的拓广，可实现离线情况下的轨迹规划。机器人离线编程系统已被证明是一个有力的工具，用来增加操作人员安全性，减少机器人非工作时间和降低成本等。表 5-1 给出了示教编程和离线编程两种方式的对比。

表 5-1　两种机器人编程的对比

示教编程	离线编程
需要实际机器人系统和工作环境	需要机器人系统和工作环境的图形模型
编程时机器人停止工作	编程不影响机器人工作
在实际系统上试验程序	通过仿真试验程序
编程的质量取决于编程者的经验	可用 CAD 方法，进行最佳轨迹规划
很难实现复杂的机器人运动轨迹	可实现复杂运动轨迹的编程

5.1.2　机器人离线编程的过程与分类

（1）过程

机器人离线编程不仅需要掌握机器人的有关知识，还需要掌握数学、计算机及通信的有关知识，另外必须对生产过程及环境了解透彻，所以它是一个复杂的工作过程。机器人离线编程需要经历如下过程。

① 对生产过程及机器人作业环境进行全面的了解。

② 构造出机器人及作业环境的三维实体模型。

③ 选用通用或专用的基于图形的计算机语言。

④ 利用几何学、运动学及动力学的知识，进行轨迹规划、算法检查、屏幕动态仿真，检查关节超限及传感器碰撞的情况，规划机器人在动作空间的路径和运动轨迹。

⑤ 进行传感器接口连接和仿真，利用传感器信息进行决策和规划。

⑥ 实现通信接口，完成离线编程系统所生成的代码到各种机器人控制器的通信。

⑦ 实现用户接口，提供有效的人机界面，便于人工干预和系统操作。

最后完成的离线编程及仿真还需考虑理想模型和实际机器人系统之间的差异。可以预测两者的误差，然后对离线编程进行修正，直到误差在容许范围内。

(2) 分类

我们常说的机器人离线编程软件，可以分为以下两类。

第一类是通用型离线编程软件，这类软件一般由第三方软件公司负责开发和维护，不单独依赖某一品牌机器人。通用型离线编程软件，可以支持多款机器人的仿真，轨迹编程和后置输出。这类软件优缺点很明显，优点是可以支持多款机器人，缺点是对某一品牌机器人的支持力度不如第二类专用型离线软件的支持力度高。

常见的通用型离线编程软件有RobotArt、RobotMaster、Robomove、RobotCAD、DELMIA。

第二类是专用型离线编程软件，这类软件一般由机器人本体厂家自行或者委托第三方软件公司开发维护。这类软件有一个特点，就是只支持本品牌的机器人仿真、编程和后置输出。由于开发人员可以拿到机器人底层数据的通信接口，所以这类离线编程软件拥有更强大和实用的功能，与机器人本体兼容性也更好。专用型离线编程软件常见的有RobotStudio、RoboGuide、KUKASim。

5.1.3 机器人离线编程系统的结构

离线编程系统的结构框图如图5-2所示，主要由用户接口、机器人系统的三维几何构造、运动学计算、轨迹规划、动力学仿真、并行操作、传感器仿真、通信接口和误差校正九部分组成。

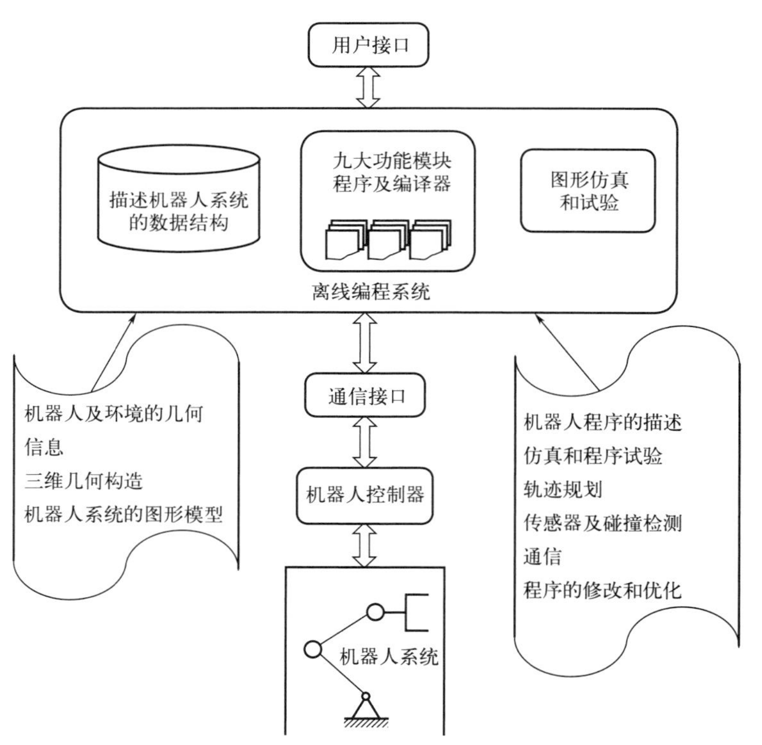

图5-2 离线编程系统结构图

（1）用户接口

用户接口即人机界面，是计算机和操作人员之间信息交互的唯一途径，它的方便与否直接决定了离线编程系统的优劣。在设计离线编程系统方案时，就应该考虑建立一个方便实用、界面直观的用户接口，通过它产生机器人系统编程并快捷地进行人机交互。

离线编程的用户接口一般要求具有图形仿真界面和文本编辑界面。文本编辑方式下的界面用于对机器人程序的编辑、编译等，而图形界面用于对机器人及环境的图形仿真和编辑。用户可以通过操作鼠标等交互工具改变屏幕上机器人及环境几何模型的位置和形态。通过通信接口联机至用户接口可以实现对实际机器人的控制，使之与屏幕机器人的位姿一致。

（2）机器人系统的三维几何构造

三维几何构造是离线编程的特色之一，有了三维几何构造模型才能进行图形及环境的仿真。

三维几何构造的方法有结构立体几何表示、扫描变换表示及边界表示三种。其中边界表示最便于形体的数字表示、运算、修改和显示，扫描变换表示便于生成轴对称图形，而结构立体几何表示所覆盖的形体较多。机器人的三维几何构造一般采用这三种方法的综合。

三维几何构造时要考虑用户使用的方便性，构造后要能够自动生成机器人系统的图形信息和拓扑信息，便于修改，并保证构造的通用性。

三维几何构造的核心是机器人及其环境的图形构造。作为整个生产线或生产系统的一部分，机器人、夹具、零件和工具的三维几何图形最好用从 CAD 系统获得的已有的 CAD 模型，这样可实现 CAD 数据共享，离线编程系统可作为 CAD 系统的一部分。若离线编程系统独立于 CAD 系统，则必须有适当的接口实现与 CAD 系统的连接。

构建三维几何模型时最好将机器人系统进行适当简化，仅保留其外部特征和构件间的相互关系，忽略构件内部细节。这是因为三维构造的目的不是研究其内部结构，而是用图形方式模拟机器人的运动过程，检验运动轨迹的正确性和合理性。

（3）运动学计算

机器人的运动学计算分为运动学正解和运动学逆解两个方面。机器人的运动学正解是指已知机器人的几何参数和关节变量值，求出机器人末端执行器相对于基座坐标系的位置和姿态。机器人的逆解是指给出机器人末端执行器的位置、姿态及机器人的几何参数，反过来求各个关节的关节变量值。机器人的正、逆解是一个复杂的数学运算过程，尤其是逆解需要解高阶矩阵方程，求解过程非常繁复，而且每一种机器人正、逆解的推导过程又不同。所以在机器人的运动学求解中，人们一直在寻求一种正、逆解的通用求解方法，这种方法能适用于大多数机器人的求解。这一目标如果能在机器人离线编程系统中加以解决，即在该系统中能自动生成运动学方程并求解，则系统的适应性更强，容易推广。

（4）轨迹规划

轨迹规划的目的是生成关节空间或直角空间内机器人的运动轨迹。离线编程系统中的轨迹规划是生成机器人在虚拟工作环境下的运动轨迹。机器人的运动轨迹有两种，一种是点到点的自由运动轨迹，这样的运动只要求起始点和终止点的位姿、速度和加速度，对中间过程机器人运动参数无任何要求，离线编程系统自动选择各关节状态最佳的一条路径来实现。另一种是对路径形态有要求的连续路径控制，当离线编程系统实现此种轨迹时，轨迹规划器接受预定路径、速度、加速度要求，如路径为直线、圆弧等形态时，除了保证路径起点和终点的位姿、速度、加速度以外，还必须按照路径形态和误差的要求用插补的方法求出一系列路径中间点的位姿、速度、加速度。在连续路径控制中，离线系统还必须进行障碍物的防碰撞检测。

(5) 动力学仿真

离线编程系统根据运动轨迹要求求出的机器人运动轨迹，理论上能满足路径的轨迹规划要求。当机器人的负载较轻或空载时，不会因机器人动力学特性的变化而引起太大误差，但当机器人处于高速或重载的情况下时，机器人的机构或关节可能产生变形进而引起轨迹位置和姿态的较大误差。此时就需要对轨迹规划进行机器人动力学仿真，对过大的轨迹误差进行修正。

动力学仿真是离线编程系统实时仿真的重要功能之一，因为只有模拟机器人实际的工作环境（包括负载情况）后，仿真的结果才能用于实际生产。

(6) 传感器仿真

传感器信号的仿真及误差校正也是离线编程系统的重要内容之一，也是通过几何图形进行仿真。例如，对于触觉信息的获取，可以将触觉阵列的几何模型分解成一些小的几何块阵列，然后通过对每一个几何块和物体间干涉的检查，将所有和物体发生干涉的几何块用颜色编码，通过图形显示而获得接触信息。

(7) 并行操作

有些应用工业机器人的场合需用两台或两台以上的机器人，还可能有其他与机器人有同步要求的装置，如传送带、变位机及视觉系统等，这些设备必须在同一作业环境中协调工作。这时不仅需要对单个机器人或同步装置进行仿真，还需要同一时刻对多个装置进行仿真，即并行操作。所以离线编程系统必须提供并行操作的环境。

(8) 通信接口

一般工业机器人提供两个通信接口，一个是示教接口，用于示教编程器与机器人控制器的连接，通过该接口把示教编程器的程序信息输出；另一个是程序接口，该接口与具有机器人语言环境的计算机相连，离线编程也通过该接口输出信息给控制器。通信接口是离线编程系统和机器人控制器之间信息传递的桥梁，利用通信接口可以把离线系统仿真生成的机器人运动程序转换成机器人控制器能接收的信息。

通信接口的发展方向是接口的标准化。标准化的通信接口能将机器人仿真程序转化为各种机器人控制柜均能接受的数据格式。

(9) 误差校正

由于离线编程系统中的机器人仿真模型与实际的机器人模型之间存在误差，所以离线编程系统中误差校正的环节是必不可少的。误差产生的原因很多，主要有以下几个方面。

① 机器人的几何精度误差　离线系统中的机器人模型是用数字表示的理想模型，同一型号机器人的模型是相同的，而实际环境中所使用的机器人由于制造精度误差其尺寸会有一定的出入。

② 动力学变形误差　机器人在重载的情况下因弹性形变导致机器人连杆弯曲，从而导致机器人的位置和姿态误差。

③ 控制器及离线系统的字长　控制器和离线系统的字长决定了运算数据的位数，字长越长则精度越高。

④ 控制算法　不同的控制算法其运算结果具有不同的精度。

⑤ 工作环境　在工作空间内，有时环境与理想状态相比变化较大，使机器人位姿产生误差，如温度变化产生的机器人变形。

5.1.4 机器人离线编程与仿真核心技术

特征建模、对工件和机器人工作单元的标定、自动编程技术等是弧焊机器人离线编程与仿真的核心技术；稳定高效的标定算法和传感器集成是焊接机器人离线编程系统实用化的关键技术，具体内容如下所述。

（1）支持 CAD 的 CAM 技术

在传统的 CAD(computer aided design，计算机辅助设计）系统中，几何模型主要用来显示图形。而对于 CAD/CAM 集成化系统，几何模型要为后续的加工生产提供信息，支持 CAM(computer aided manufacturing，计算机辅助制造)。CAM 的核心是计算机数值控制（简称数控)，是将计算机应用于制造生产过程或系统。对于机器人离线编程系统，不仅要得到工件的几何模型，还要得到工件的加工制造信息（如焊缝位置、形态、板厚、坡口等)。通过实体模型只能得到工件的几何要素，不能得到加工信息，而从实体几何信息中往往不能正确或根本无法提取加工信息，所以，无法实现离线编程对焊接工艺和焊接机器人路径的推理和求解。这同其他 CAD/CAM 系统面临的问题是一样的，因此，必须从工件设计上进行特征建模。焊接特征为后续的规划、编程提供了必要的信息。如果没有焊接特征建模技术支持，后续的规划、编程就失去了根基。

在机器人离线编程系统中，焊接工件的特征模型需要为后续的焊接参数规划、焊接路径规划等提供充分的设计数据和加工信息，所以，特征是否全面准确建立，会直接影响后继程序使用。国内对焊接工件特征建模技术的研究主要应用装配建模的理论，通过装配关系组建焊接结构。

（2）自动编程技术

自动编程技术是指机器人离线编程系统采用任务级语言编程，允许使用者对工作任务要求到达的目标直接下命令，不需要规定机器人所做的每一个动作的细节。编程者只需告诉编程器“焊什么”（任务)，而自动编程技术确定“怎么焊”。采用自动编程技术，系统只需利用特征建模获得工件的几何描述，通过焊接参数规划技术和焊接机器人路径规划技术给出专业化的焊接工艺知识以及机器人与变位机的自动运动学安排。面向任务的编程是弧焊离线编程系统实用化的重要支持。

焊接机器人路径规划主要涉及焊缝放置规划、焊接路径规划、焊接顺序规划、机器人放置规划等。弧焊接机器人运动规划要在很好地控制机器人完成焊接作业任务的同时，避免机器人奇异空间、关节碰撞等增大焊接作业的可达姿态灵活度。焊接参数规划对于机器人弧焊离线编程非常必要，对焊接参数规划的研究经历了从建立焊接数据库到开发基于规则推理的焊接专家系统，再到基于事例与规则混合推理的焊接专家系统，再基于人工神经网络的焊接参数规划系统的过程，人工智能技术有效地提高了编程效率和质量。

（3）标定及修正技术

在机器人离线编程技术的研究与应用过程中，为了保证离线编程系统采用机器人系统的图形工作单元模型与机器人实际环境工作单元模型的一致性，需要进行实际工作单元的标定工作。因此，为了使编程结果很好地符合实际情况，并得到真正应用，标定技术成为弧焊机器人离线编程实用化的关键问题。

标定工作包括机器人本体标定和机器人变位机关系标定及工件标定。其中，对机器人本体标定的研究较多，大致可分为利用测量设备进行标定和利用机器人本身进行标定两类。对于工作单元，机器人本体标定和机器人/变位机关系标定只需标定一次即可。而每次更换焊接工件时，都需进行工件标定。最简单的工件标定方法是利用机器人示教得到实际工件上的特征点，使之与仿真环境下得到的相应点匹配。

（4）机器人接口

国外商品化离线编程系统都有多种商用机器人的接口，可以方便地上传或下载这些机器人的程序。而国内离线编程系统主要停留在仿真阶段，缺少与商用机器人的接口。大部分机器人厂商对机器人接口程序源码不予公开，制约离线编程系统实用化的进程。

目前，还不存在通用机器人语言标准，因此，每个机器人制造商都在各自开发自己的机器人语言，每种语言都有其自己的语法和数据结构。国内研发的离线编程系统很难实现将离线编程系统编制的程序和所有厂商的实际机器人程序进行转换。

5.1.5 常用离线编程软件简介

(1) Robot Art

Robot Art 是北京华航唯实推出的一款国产离线编程软件。此软件具有一站式解决方案，从轨迹规划、轨迹生成、仿真模拟到最后后置代码，使用简单，容易上手，其操作界面如图 5-3 所示。

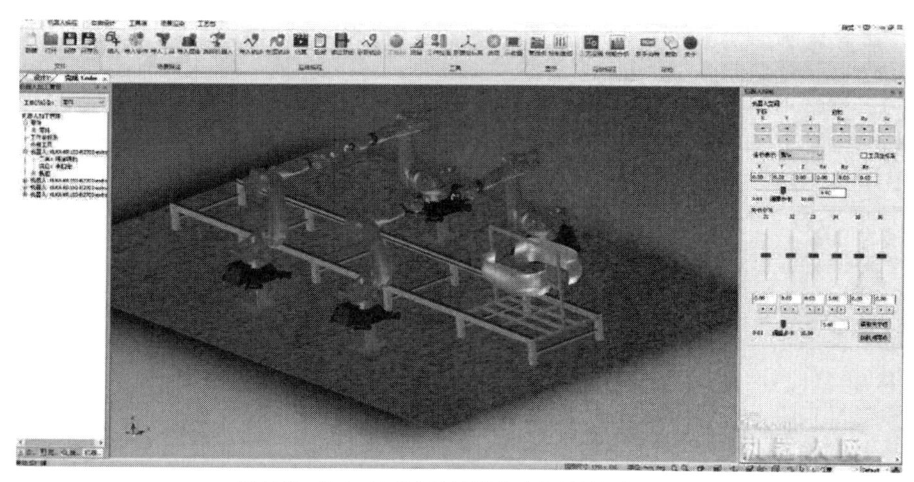

图 5-3 RobotArt 离线编程仿真软件的操作界面

1）优点

① 支持多种格式的三维 CAD 模型，可导入扩展名为 step、igs、stl、x_t、prt(UG)、prt(ProE)、CATPart、sldpart 等格式的文件。

② 支持多种品牌工业机器人离线编程操作，如 ABB、KUKA、Fanuc、Yaskawa、Staubli、KEBA 系列、新时达、广数等。

③ 拥有大量航空航天高端应用经验。

④ 自动识别与搜索 CAD 模型的点、线、面信息并生成轨迹。

⑤ 轨迹与 CAD 模型特征关联，模型移动或变形，轨迹自动变化。

⑥ 可一键优化轨迹，支持几何级别的碰撞检测。

⑦ 支持多种工艺包，如切割、焊接、喷涂、去毛刺、数控加工。

⑧ 可将整个工作站仿真动画发布到网页、手机端，便于信息交流。

2）缺点

软件不支持整个生产线仿真，与国外小品牌机器人也不适配。

(2) Robotmaster

Robotmaster 来自加拿大。是目前国外离线编程软件中的顶尖的软件，几乎支持市场上绝大多数机器人品牌（如 KUKA、ABB、Fanuc、Motoman、史陶比尔、珂玛、三菱、DENSO、松下等），其操作界面如图 5-4 所示。

1）功能

Robotmaster 在 Mastercam 中无缝集成了机器人编程、仿真和代码生成功能，提高了机器人编程速度。

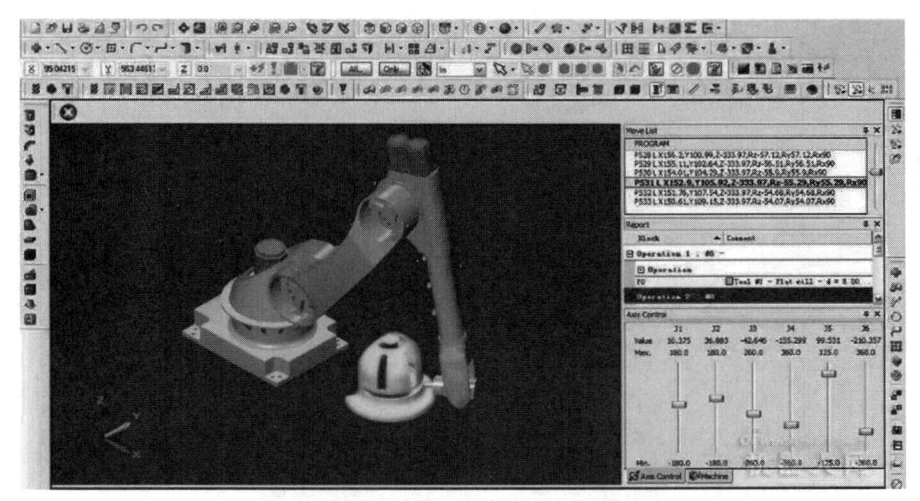

图 5-4 Robotmaster 软件界面

2）优点

可以按照产品数模生成程序，适用于切割、铣削、焊接、喷涂等。具有优化功能，运动学规划和碰撞检测非常精确，支持外部轴（直线导轨系统、旋转系统）与复合外部轴组合系统。

3）缺点

暂时不支持多台机器人同时模拟仿真（只用于单个工作站），基于 Mastercam 的二次开发，价格昂贵，企业版在 20 万元左右。

（3）RobotWorks

RobotWorks 是来自以色列的机器人离线编程仿真软件，与 Robotmaster 类似，是基于 SolidWorks 做的二次开发，其操作界面如图 5-5 所示。使用时，需要先购买 SolidWorks。

1）主要功能

① 全面的数据接口：RobotWorks 基于 SolidWorks 平台开发，SolidWorks 可以通过 iges、dxf、dwg、prarsolid、step、vda、sat 等标准接口进行数据转换。

② 强大的编程能力：从输入 CAD 数据到输出机器人加工代码只需四步。

第一步：从 SolidWorks 直接创建或直接导入其他三维 CAD 数据，选取定义好的机器人工具与要加工的工件组合成装配体。所有装配夹具和工具均可以用 SolidWorks 自行创建调用。

第二步：RobotWorks 选取工具，然后直接选取曲面的边缘或者样条曲线进行加工，产生数据点。

第三步：调用所需的机器人数据库，开始做碰撞检查和仿真，在每个数据点均可以自动修正，包含工具角度控制，引线设置，增加减少加工点，调整切割次序，在每个点增加工艺参数。

第四步：RobotWorks 自动产生各种机器人代码，包含笛卡儿坐标数据、关节坐标数据、工具坐标系数据、加工工艺等，按照工艺要求保存不同的代码。

③ 强大的工业机器人数据库：系统支持市场上主流的工业机器人，提供各大工业机器人各个型号的三维数模。

④ 完美的仿真模拟：独特的机器人加工仿真系统可对机器人手臂，工具与工件之间的

运动进行自动碰撞检查，轴超限检查，自动删除不合格路径并调整。自动优化路径，减少空跑时间。

⑤ 开放的工艺库定义：系统提供了完全开放的加工工艺指令文件库，用户可以按照自己的实际需求自行定义添加设置自己独特工艺，添加的任何指令都能输出到机器人加工数据里面。

2）优点

生成轨迹的方式多样，可支持多种机器人，同时支持外部轴系统。

3）缺点

RobotWorks 基于 SolidWorks 开发，SolidWorks 本身不带 CAM 功能，编程繁琐，造成机器人运动学规划策略智能化程度低。

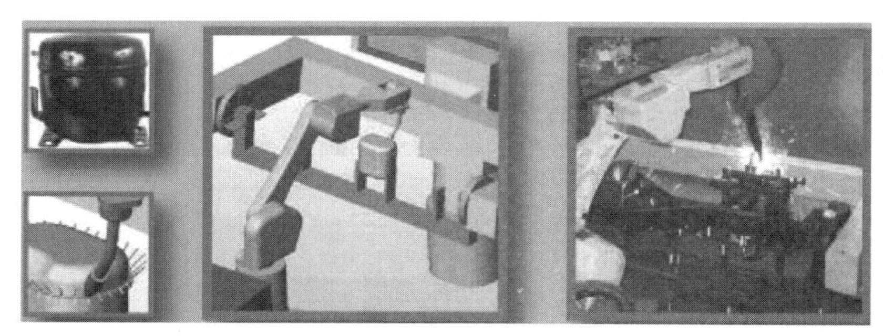

图 5-5 RobotWorks 软件操作界面

（4）Robcad

Robcad 是 SIEMENS 旗下的软件，软件较庞大，重点在生产线仿真。软件支持离线点焊、多台机器人仿真、非机器人运动机构仿真、精确节拍仿真，ROBCAD 主要应用于产品生命周期中的概念设计和结构设计两个前期阶段，其操作界面如图 5-6 所示。

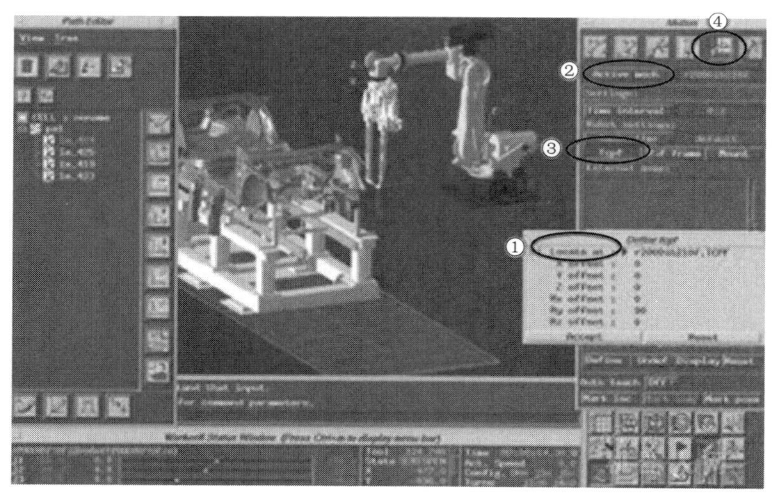

图 5-6 ROBCAD 软件操作界面

1）主要特点

① 与主流的 CAD 软件（如 NX、CATIA、IDEAS）可无缝集成。

② 可实现工具工装、机器人和操作者的三维可视化。

③ 可进行制造单元、测试以及编程的仿真。

2）主要功能

① Workcelland Modeling：对白车身生产线进行设计、管理和信息控制。

② Spotand OLP：完成点焊工艺设计和离线编程。

③ Human：实现人因工程分析。

④ Application 中的 Paint、Arc、Laser 等模块：实现生产制造中喷涂、弧焊、激光加工，绲边等工艺的仿真验证及离线程序输出。

⑤ ROBCAD 的 Paint 模块：实现喷漆的设计、优化和离线编程。其功能包括：喷漆路线的自动生成、多种颜色喷漆厚度的仿真、喷漆过程的优化。

3）缺点

价格昂贵，离线功能较弱，从 Unix 移植而来的界面，人机交互不友好。而且已经不再更新。

（5）DELMIA

DELMIA 是法国达索旗下的 CAM 软件。DELMIA 有 6 大模块，其中 Robotics 解决方案涵盖汽车领域的发动机、总装和白车身，航空领域的机身装配、维修维护，以及一般制造业的制造工艺。

DELMIA 的机器人模块 Robotics 是一个可伸缩的解决方案，利用强大的 PPR 集成中枢快速进行机器人工作单元建立、仿真与验证，是一个完整的、可伸缩的、柔性的解决方案。

1）功能

① 从可搜索的 400 种以上的机器人的资源目录中，下载机器人和其他的工具资源。

② 利用工厂布置规划工程师所完成的工作。

③ 对加入工作单元中，工艺所需的资源进一步进行细化布局。

2）缺点

DELMIA 和 Process&Simulate 等都属于专家型软件，操作难度太高，不适宜初级操作者学习，需要有机器人专业学历或机器人经验丰富的工作人员使用。DELMIA、Process&Simulte 功能虽然十分强大，但价格昂贵。

（6）RobotStudio

RobotStudio 是瑞士 ABB 公司配套的软件，该软件支持机器人的整个生命周期，使用图形化编程、编辑和调试机器人系统来创建机器人的运行，并能模拟优化现有的机器人程序，其操作界面如图 5-7 所示，这也是本书所要介绍的重点。

1）功能

① CAD 导入。可方便地导入各种主流 CAD 格式的数据，包括 iges、step、vrml、vda、sat 及 CATPart 等。机器人程序员可依据这些精确的数据编制精度更高的机器人程序，从而提高产品质量。

② Auto Path 功能。该功能通过解析待加工零件的 CAD 模型，仅在数分钟之内便可自动生成加工曲线所需要的机器人位置（路径），而这项任务以往通常需要数小时甚至数天来完成。

③ 程序编辑器。可生成机器人程序，使用户能够在 Windows 环境中离线开发或维护机器人程序，可显著缩短编程时间，改进程序结构。

④ 路径优化。如果程序包含接近奇异点的机器人动作，RobotStudio 可自动检测并发出报警，从而避免机器人在实际运行中发生这种现象。仿真监视器是一种用于机器人运动优化的可视工具，红色线条显示可改进之处，使机器人按照最有效方式运行。可以对 TCP 速度、加速度、奇异点或轴线等进行优化，缩短周期时间。

⑤ 可达性分析。通过 Autoreach 可自动进行可到达性分析，使用十分方便，用户可通

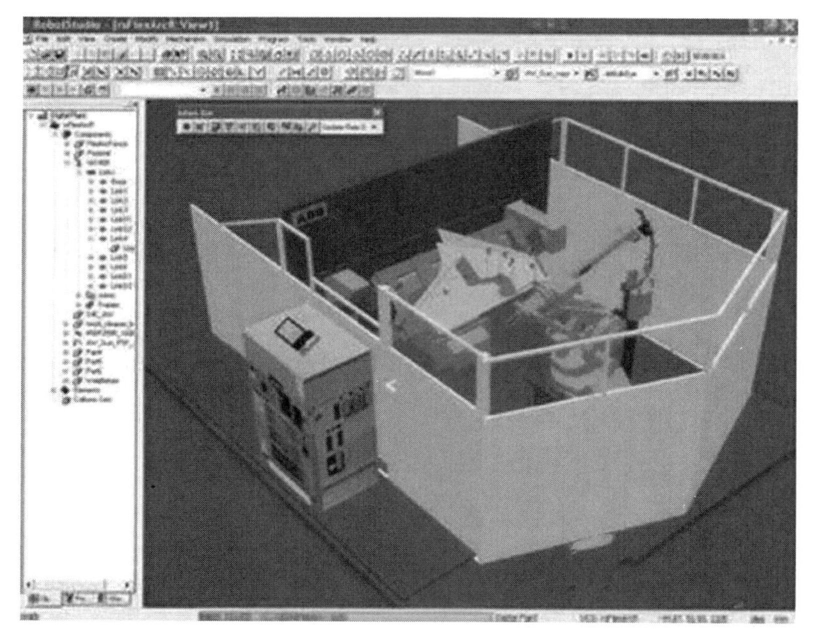

图 5-7 RobotStudio 软件操作界面

过该功能任意移动机器人或工件，直到所有位置均可到达，在数分钟之内便可完成工作单元的平面布置验证和优化。

⑥ 虚拟示教台。是实际示教台的图形显示，其核心技术是 Virtual Robot。从本质上讲，所有可以在实际示教台上进行的工作都可以在虚拟示教台上完成，因而是一种非常出色的教学和培训工具。

⑦ 事件表。一种用于验证程序结构与逻辑的理想工具。程序执行期间，可通过该工具直接观察工作单元的 I/O 状态。可将 I/O 连接到仿真事件，实现工位内机器人及所有设备的仿真。该功能是一种十分理想的调试工具。

⑧ 碰撞检测。碰撞检测功能可避免设备碰撞造成的严重损失。选定检测对象后，RobotStudio 可自动监测并显示程序执行时这些对象是否会发生碰撞。

⑨ VBA 功能。可采用 VBA 改进和扩充 RobotStudio 功能，根据用户具体需要，开发功能强大的外接插件、宏，或定制用户界面。

⑩ 直接上传和下载。整个机器人程序无需任何转换便可直接下载到实际机器人系统，该功能得益于 ABB 独有的 Virtual Robot 技术。

2）缺点

只支持 ABB 品牌机器人，机器人间的兼容性很差。

（7）Robomove

Robomove 来自意大利，同样支持市面上大多数品牌的机器人，机器人加工轨迹由外部 CAM 导入。与其他软件不同的是，Robomove 需根据实际项目进行定制。该软件操作自由，功能完善，支持多台机器人仿真。缺点是需要操作者对机器人有较为深厚的理解，策略智能化程度与 Robotmaster 有较大差距，其操作现场如图 5-8 所示。

（8）ROBOGUIDE

ROBOGUIDE 来自美国，是以过程为中心的软件，允许用户在离线三维世界中创建、编程和模拟机器人工作单元。ROBOGUIDE 使用虚拟机器人和工作单元模型进行离线编程，可在实际安装之前实现单个和多个机器人工作单元布局的可视化来降低风险。其缺点是只支持本公司品牌机器人，机器人间的兼容性很差，操作界面如图 5-9 所示。

图 5-8 操作现场

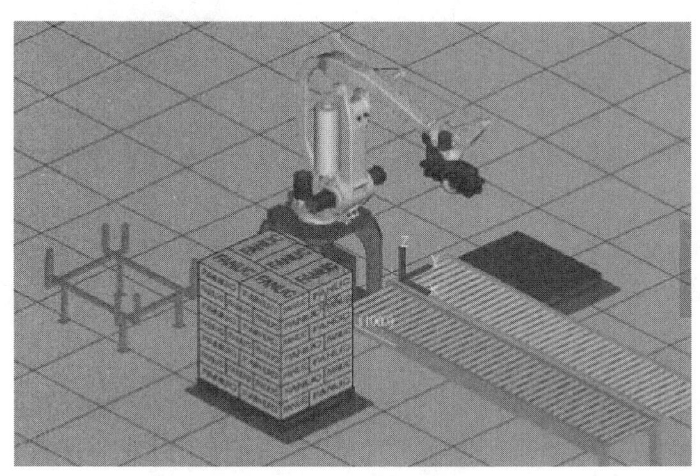

图 5-9 操作界面

5.1.6 机器人离线编程系统实用化技术发展趋势

（1）传感器接口与仿真功能

由于多传感器信息驱动的机器人控制策略已经成为研究热点，因此结合实用化需求传感器的接口和仿真工作将成为离线编程系统实用化的研究热点。例如通过外加焊缝跟踪传感器来动态调整焊缝位置偏差，保证离线编程系统达到实焊要求。目前，传感器应用的难点在于编制带有传感器操作的机器人程序。

（2）高效的标定技术

机器人离线编程系统的标定精度直接决定了最后的焊接质量。哈尔滨工业大学针对机器人离线编程技术应用过程中工件标定问题进行了研究，提出正交平面工件标定、圆形基准四点工件标定和辅助特征点三点三种工件标定算法。实用化要求更精确的标定精度来保证焊接质量，故精度更高的标定方法成为重要研究方向。

在不需要变位机进行中间变位或协调焊接的情况下，工作单元简单，经过标定后的离线编程程序下载给机器人执行。而在有变位机协调焊接的情况下，如何把变位机和机器人的空间位置关系标定准确还需要深入地研究。

5.2 ROBOGUIDE 的应用

ROBOGUIDE 是发那科机器人离线编程软件，通过该软件用户可以创建程序和三维模拟机器人工作单元。其软件功能见表 5-2，具有的主要模块见表 5-3。通过可视化方式可以实现对单个或者多个机器人工作单元的布局，从而降低实际安装的风险。

表 5-2 软件功能

序号	功能	图
1	碰撞提醒	
2	工作区域显示	
3	远程监控	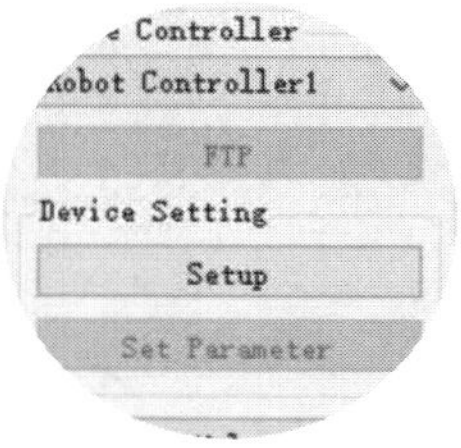
4	全仿真操作	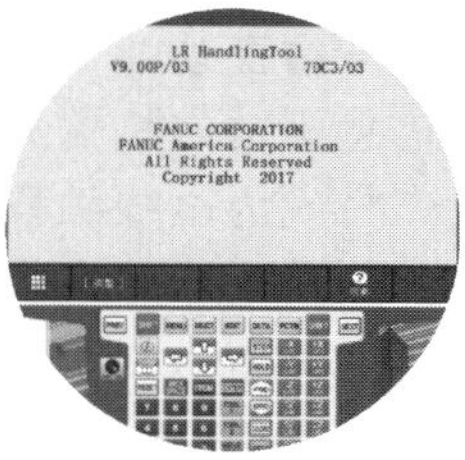
5	工具坐标系显示	

表 5-3 主要模块

序号	模块	功能	图
1	Handling	装卸、包装、装配等，可完成路径规划，输送线跟踪，及机械建模与编程	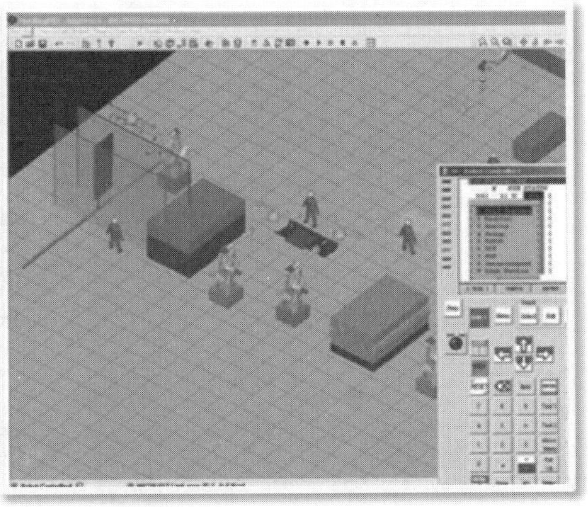
2	Weld	多机器人协调能力，完成路径规划的同时，还可以定义各种焊接工艺参数	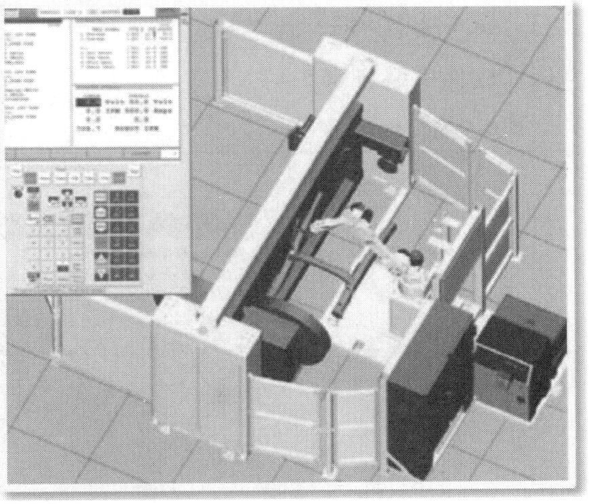
3	Paint	图形化的离线编程解决方案，可根据图形自动生成机器人程序，简化了机器人的路径示教	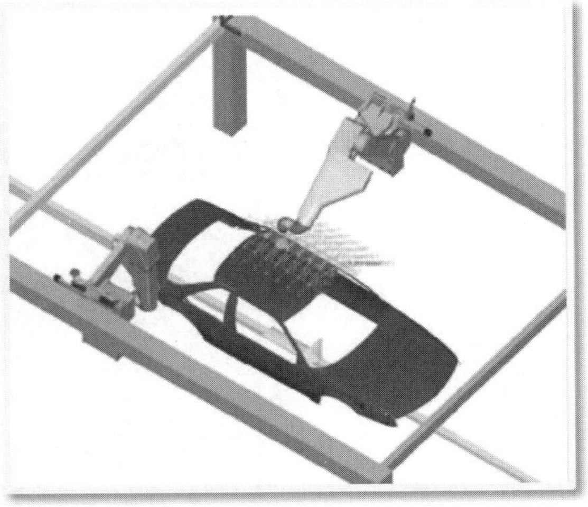

续表

序号	模块	功能	图
4	Pallet	可创建进料站、托盘站等工作站位，以可视化方式建立、调试和测试离线码垛程序	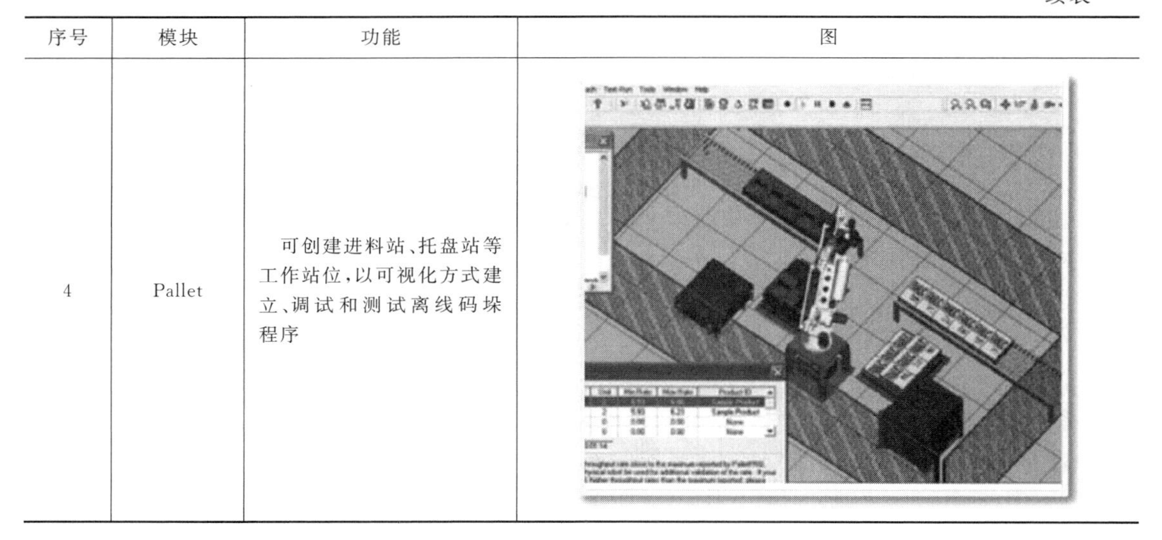

5.2.1 文件的创建

（1）软件安装（表5-4）

表5-4 软件安装

步骤	图样
1	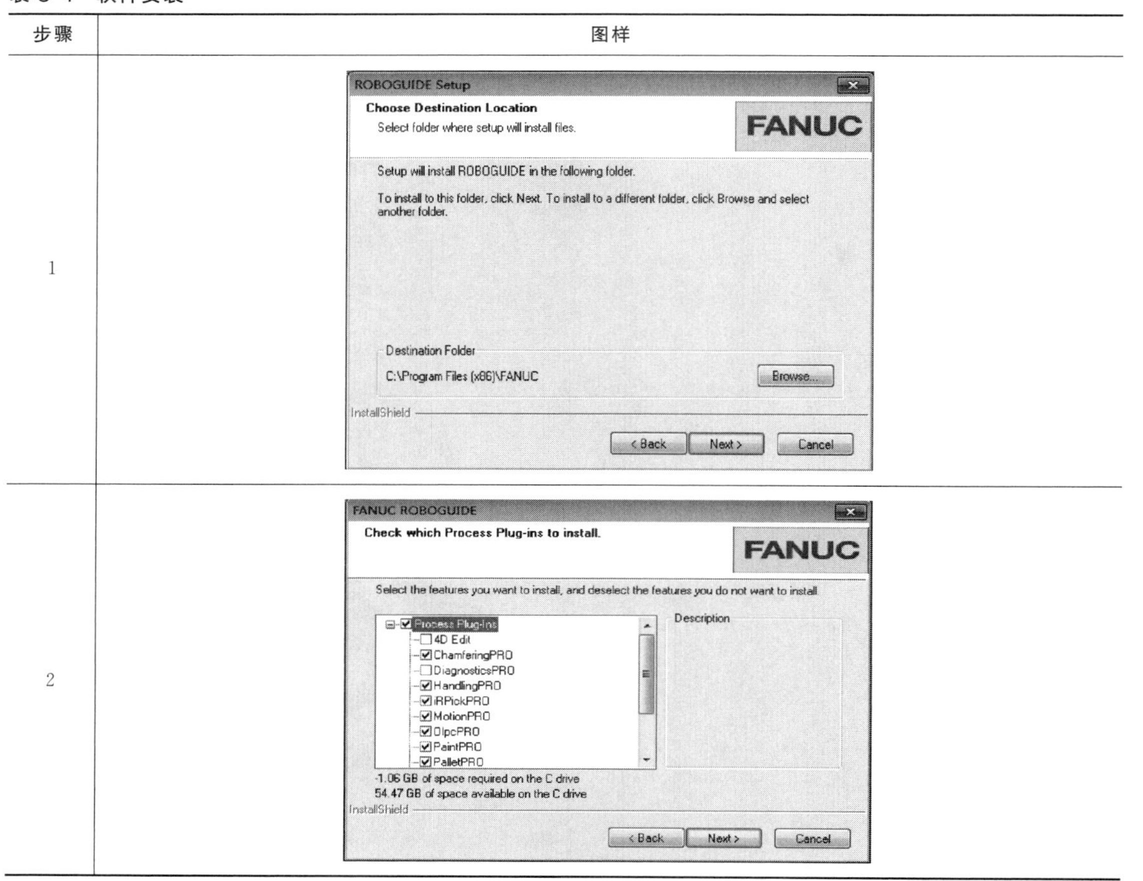
2	

步骤	图样
3	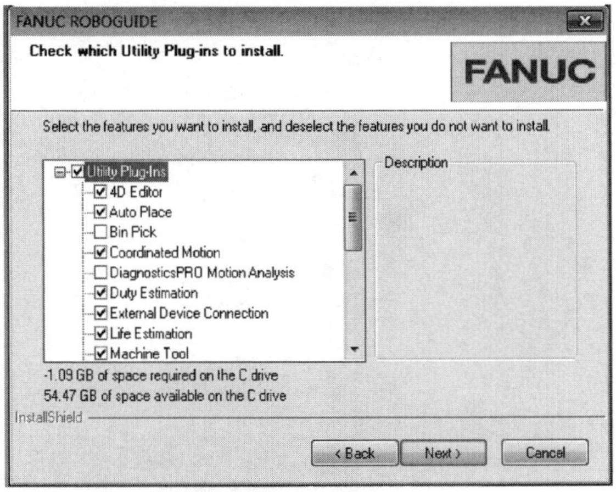 FANUC ROBOGUIDE Check which Utility Plug-ins to install. FANUC Select the features you want to install, and deselect the features you do not want to install. Utility Plug-Ins 4D Editor Auto Place Bin Pick Coordinated Motion DiagnosticsPRO Motion Analysis Duty Estimation External Device Connection Life Estimation Machine Tool Description -1.09 GB of space required on the C drive 54.47 GB of space available on the C drive InstallShield < Back Next > Cancel
4	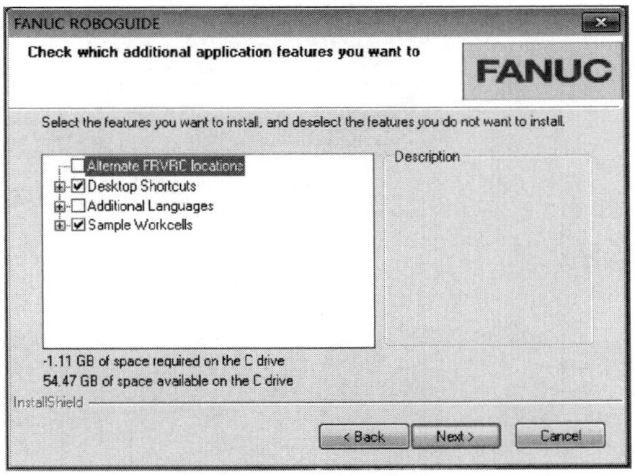 FANUC ROBOGUIDE Check which additional application features you want to FANUC Select the features you want to install, and deselect the features you do not want to install. Alternate FRVRC locations Desktop Shortcuts Additional Languages Sample Workcells Description -1.11 GB of space required on the C drive 54.47 GB of space available on the C drive InstallShield < Back Next > Cancel
5	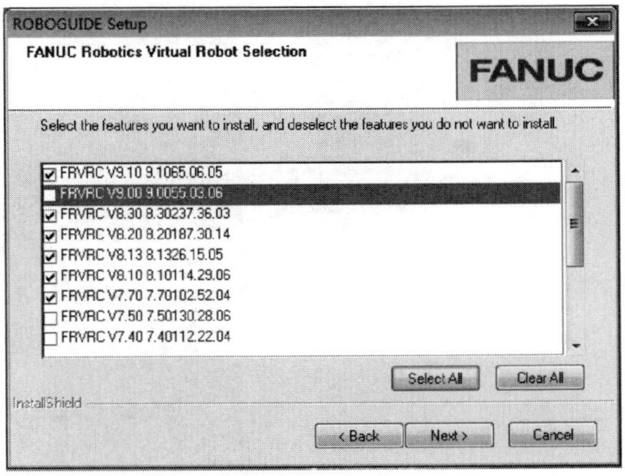 ROBOGUIDE Setup FANUC Robotics Virtual Robot Selection FANUC Select the features you want to install, and deselect the features you do not want to install. FRVRC V9.10 9.1065.06.05 FRVRC V9.00 9.0055.03.06 FRVRC V8.30 8.30237.36.03 FRVRC V8.20 8.20187.30.14 FRVRC V8.13 8.1326.15.05 FRVRC V8.10 8.10114.29.06 FRVRC V7.70 7.70102.52.04 FRVRC V7.50 7.50130.28.06 FRVRC V7.40 7.40112.22.04 Select All Clear All InstallShield < Back Next > Cancel

（2）工程文件的创建（表 5-5）

表 5-5　工程文件的创建

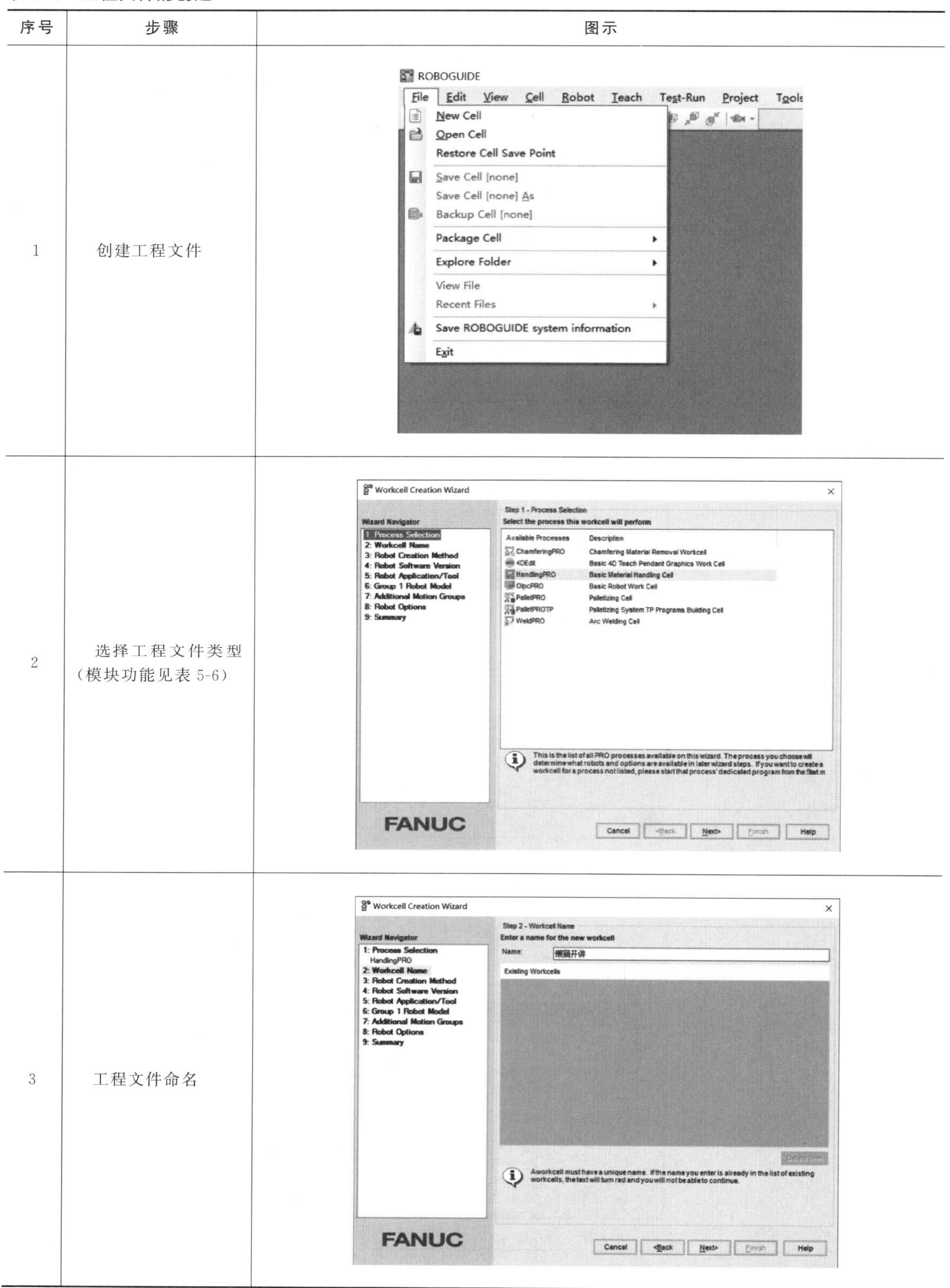

序号	步骤	图示
1	创建工程文件	
2	选择工程文件类型（模块功能见表 5-6）	
3	工程文件命名	

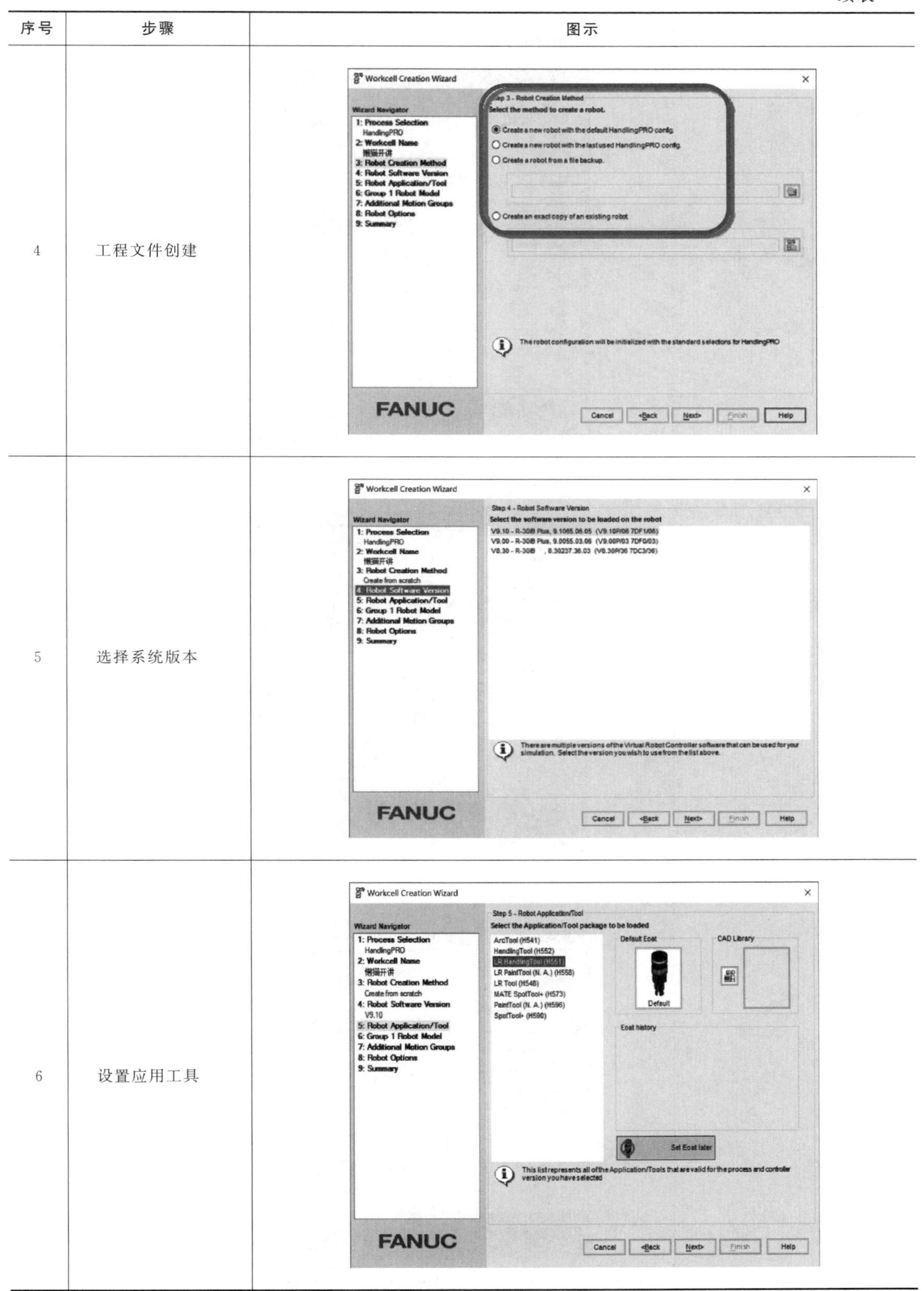

续表

序号	步骤	图示
4	工程文件创建	
5	选择系统版本	
6	设置应用工具	

续表

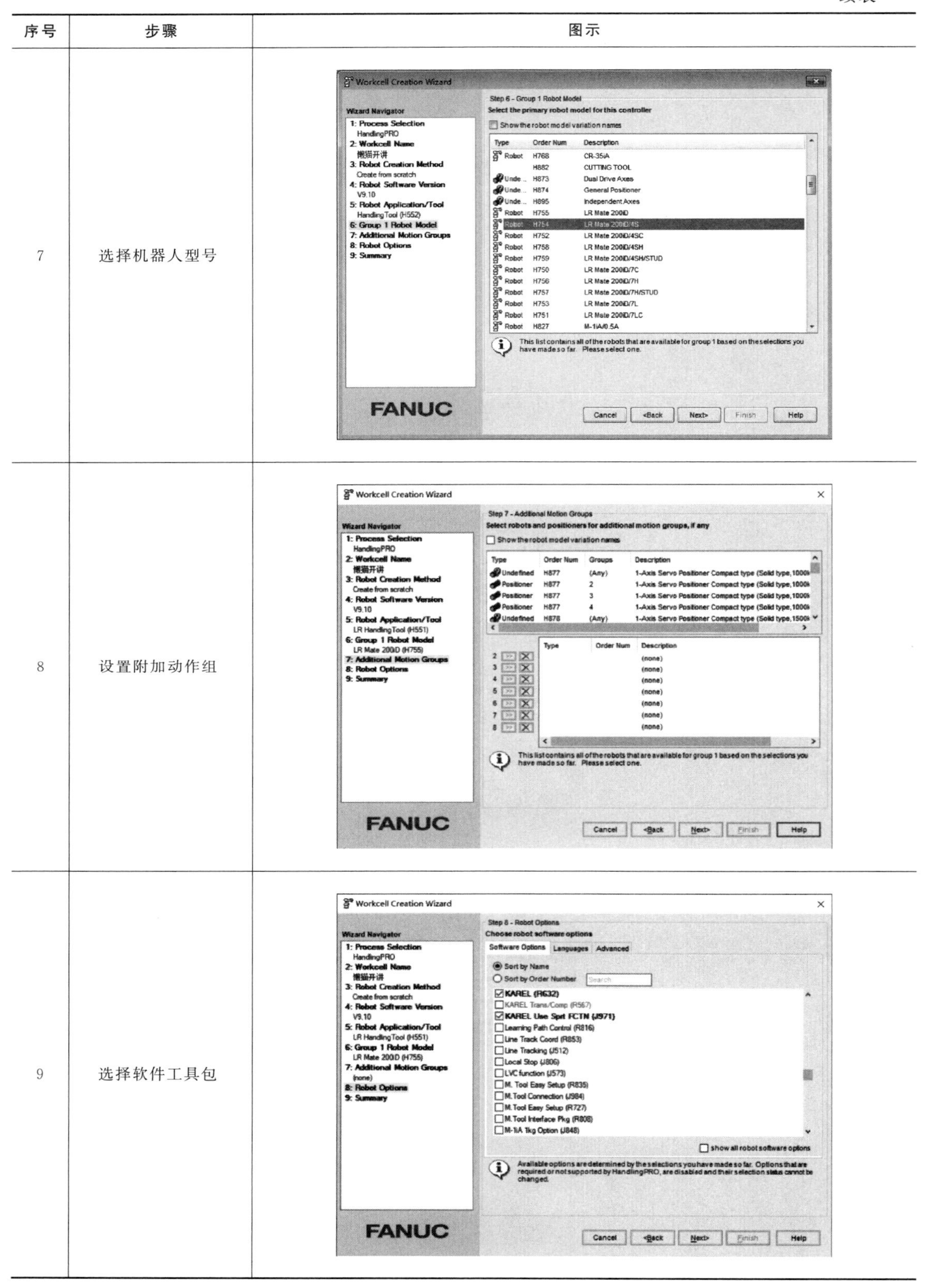

序号	步骤	图示
7	选择机器人型号	
8	设置附加动作组	
9	选择软件工具包	

序号	步骤	图示
10	语言选择	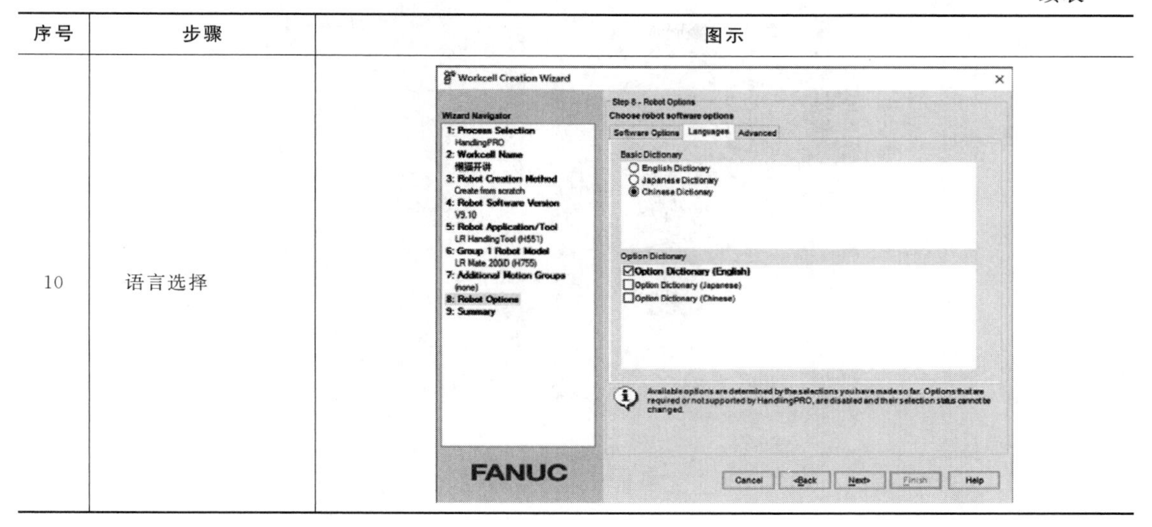

表 5-6 模块名与功能

序号	模块名称	功能说明
1	ChamferingPR　去毛刺、倒角模块	可添加弧焊工具包（ArcTool）、电焊工具包（SpotTool）等工具包实现去毛刺、倒角等仿真应用
2	4D Edit　4D 编辑模块	将真实的 3D 机器人模型导入到示教器中形成 4D 图像显示
3	HandingPro　物料搬运模块	用于机床上下料、冲压、装配等物料搬运仿真应用
4	OlpcPRO　入门模块	TP 程序、KAREL 程序的编辑模块
5	PalletPRO　码垛模块	用于各种码垛仿真应用
6	PalletPROTP　码垛 TP 程序版模块	可生成码垛程序及码垛仿真应用
7	WeldPRO　焊接、激光切割模块	用于焊接、弧焊及激光切割等仿真应用

(3) 轨迹自动生成

复杂工件可使用 CAD-to-PATH 功能自动生成轨迹，其常用种类如图 5-10 所示，步骤如图 5-11 所示。创建程序如图 5-12，生成程序参数见图 5-13，其含义见表 5-7，其程序如图 5-14 所示，程序应用设置如图 5-15 所示，设置说明见表 5-8。

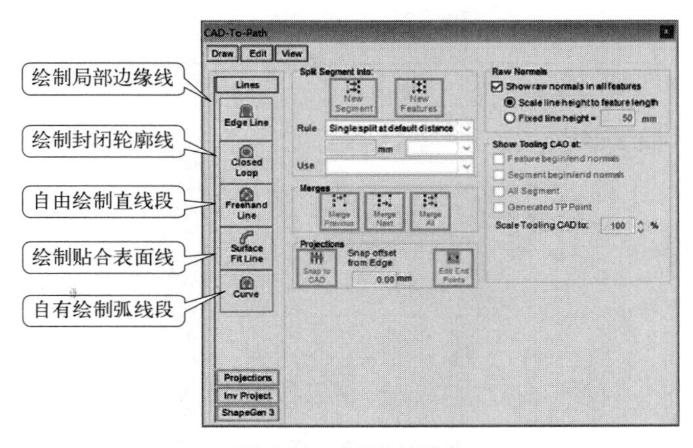

图 5-10　常用轨迹种类

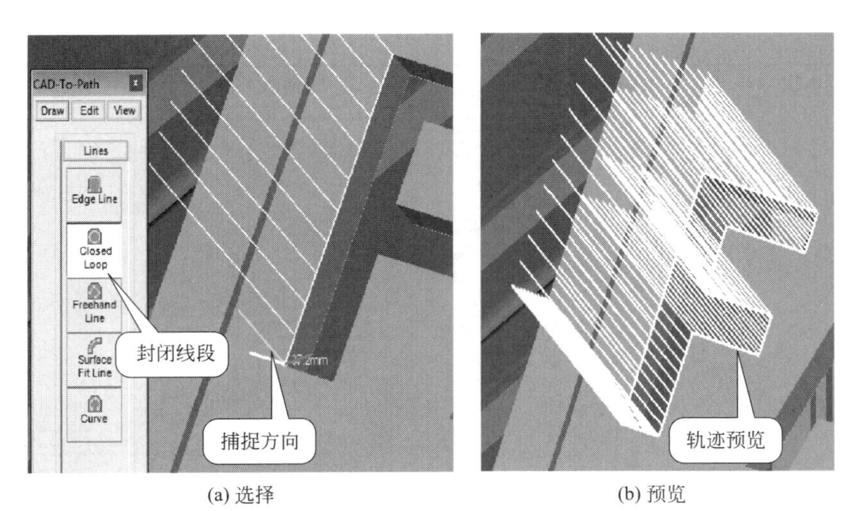

(a) 选择　　(b) 预览

图 5-11 轨迹步骤

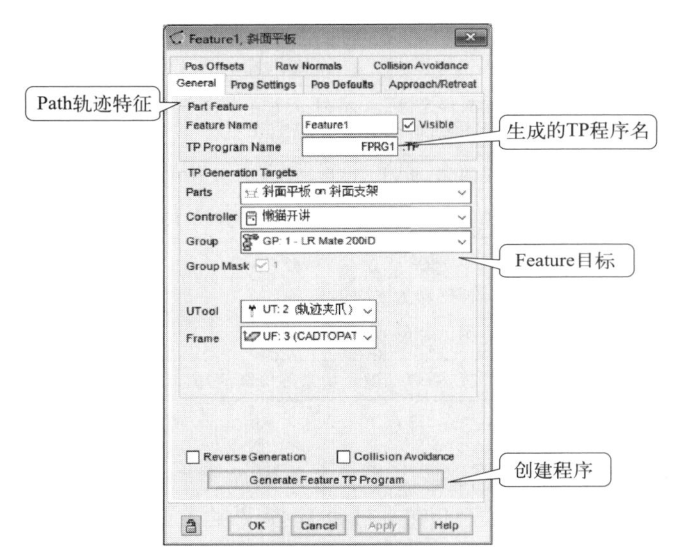

图 5-12 程序创建

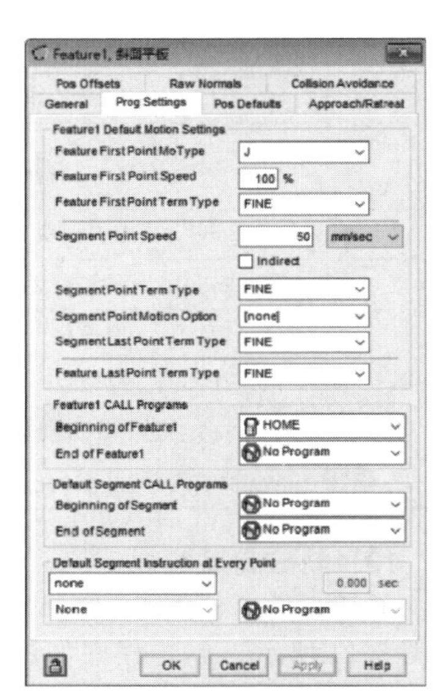

图 5-13 参数生成

表 5-7 参数含义说明

序号	组合框	项目	说明
1	Features Default Motion Settings	Feature First Point Mo Type	设置 Feature 轨迹程序第一点的运动控制指令
2		Feature First Point Speed	设置 Feature 轨迹程序第一点的运动速度
3		Feature First Point Term Type	设置 Feature 轨迹程序第一点的定位类型
4		Segment Point Speed	设置 Segment 程序整体运行速度
5		Indirect	若勾选则速度保存在 R[i]中
6		Segment Point Term Type	设置 Segment 轨迹程序运动指令定位类型

续表

序号	组合框	项目	说明
7	Features Default Motion Settings	Segment Point Motion Option	设置偏移量
8		Segment Last Point Term Type	设置 Segment 轨迹最后一点的运动控制指令
9		Feature Last Point Term Type	设置程序 Feature 轨迹最后一点的定位类型
10	Feature CALL Program	Beginning of Features	设置 Feature 轨迹程序第一行调用的子程序
11		End of Feature	设置 Feature 轨迹程序最后一行调用的子程序
12	Default Segment CALL Programs	Beginning of Segment	设置执行 Segment 轨迹程序前所调用的子程序
13		End of Segment	设置执行 Segment 轨迹程序后所调用的子程序
14	Default Segment Instruction at Every Point		设置执行完 Segment 每条运动之后的添加指令程序，例如控制 RO/RI 等指令及调用程序

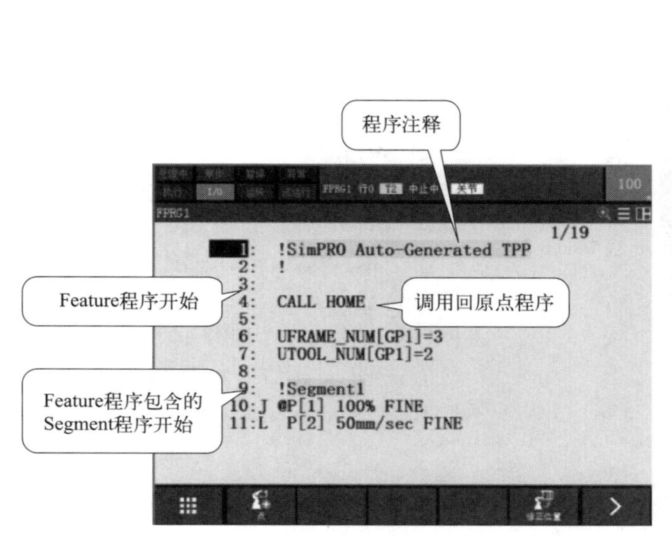

图 5-14 程序预览

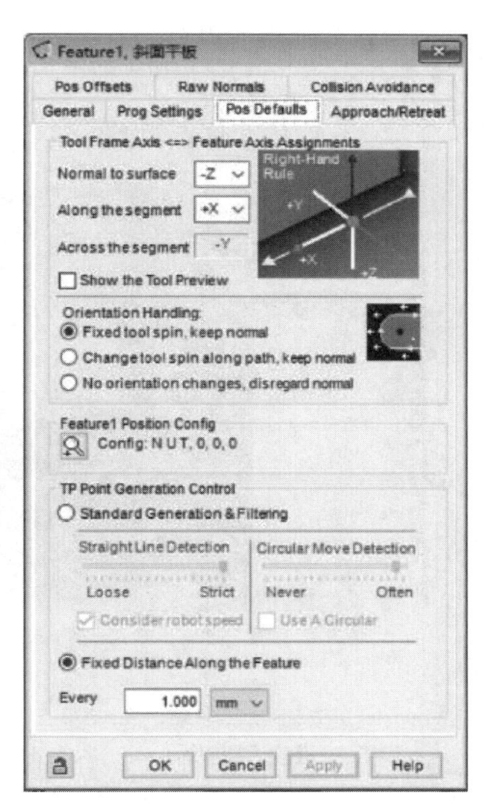

图 5-15 应用设置

表 5-8　设置说明

序号	组合框	项目	说明
1	Tool Frame Axis<=>Feature Axis Assignments	Normal to surface	设置工具在 Feature 程序中的姿态
2		Along the segment	设置工具在 Segment 程序中的姿态
3		Across the segment	根据上述两项自动生成
4		Show the Tool Preview	勾选后可观察工具相对于绘制对象的姿态，建议调试时勾选
5	Orientation Handing	Fixed tool spin, keep normal	勾选后在运动中工具姿态不变
6		Change tool spin along path, keep normal	勾选后在运动中工具根据轨迹改变姿态
7		No orientation changes, disregard normal	勾选后工具姿态由第一个位置确定，运动过程中姿态不变
8	Feature Position Config	Config	配置工业机器人的手臂姿态信息，一般不修改该配置
9	TP Point Generation Control	Standard Generation & Filtering	设置提取特征时的角度判断信息
10		Fixed Distance Along the Feature	设置每个特征点的间隔距离

5.2.2　FANUC PaintPro 模块的应用

(1) 启动 PaintPRO

① 点击“开始”按钮，如图 5-16 所示。

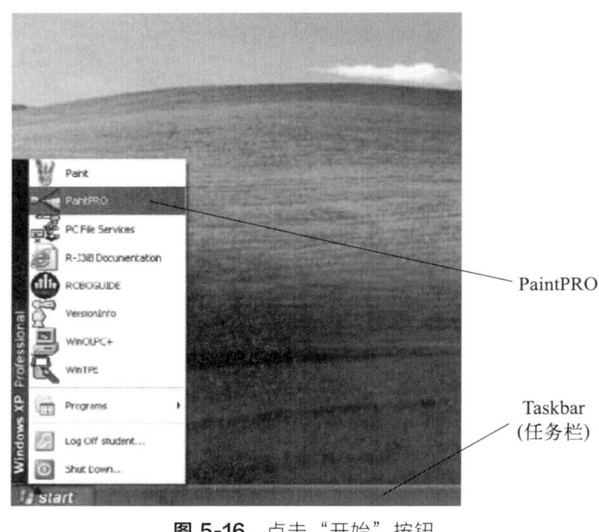

图 5-16　点击“开始”按钮

② 左键点击 PaintPRO 图标，将出现如图 5-17 所示对话框。

(2) 打开 Workcell（工作单元）

① 点击工具栏上的按钮，出现如图 5-18 所示的对话框。

② 双击名字是“PaintPRO_Workcell_P-50”的文件夹，如图 5-19 所示。

③ 双击名字是“PaintPRO_Workcell_P-50”的图标，Workcell 将自动运行打开。

④ 如果 Workcell 中缺少 3D 数模文件，将显示如图 5-20 的信息框，点击“OK to All”以继续。

⑤ 打开 cell 后，如果目前不需显示 cell 目录，点击“Show/Hide Cell Browser”按钮将它隐藏。如图 5-21 所示。

(3) 三维空间操作

① “Ctrl+鼠标右键”，移动鼠标平移画面。

② 按住鼠标右键不放，移动鼠标旋转画面。

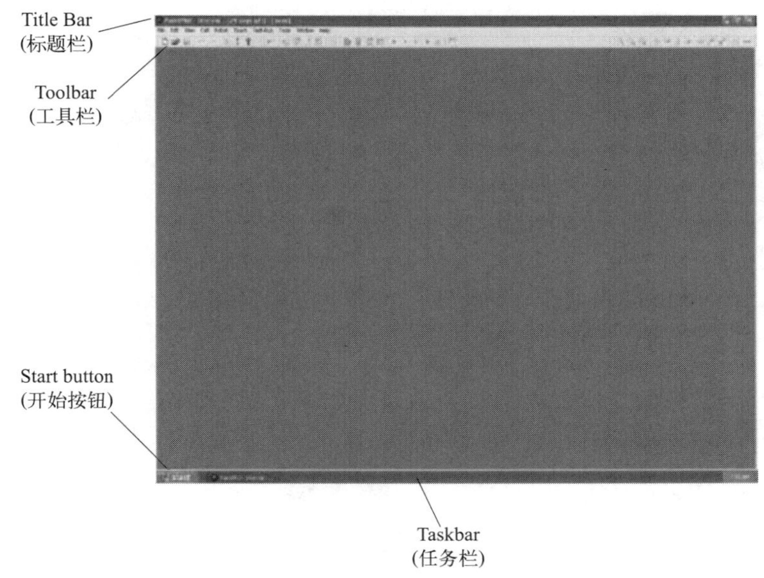

图 5-17 PaintPRO 对话框

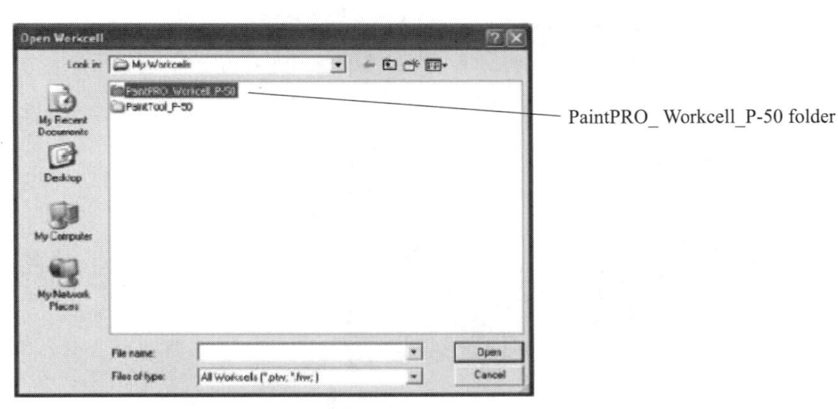

图 5-18 打开 Workcell

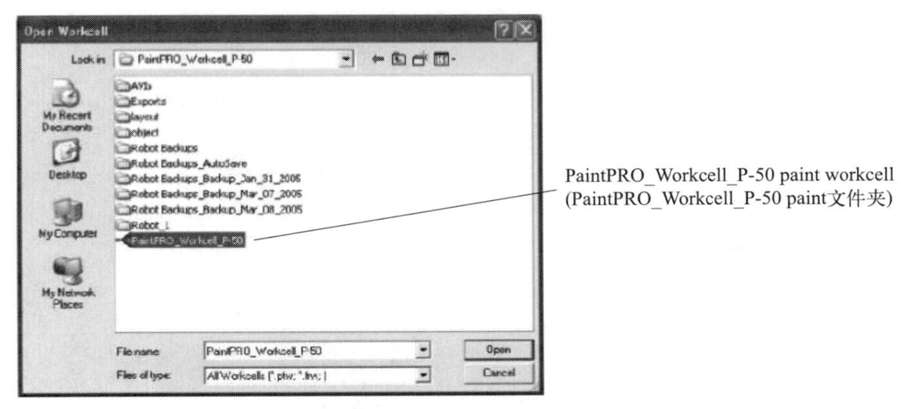

图 5-19 双击 Workcell 文件夹

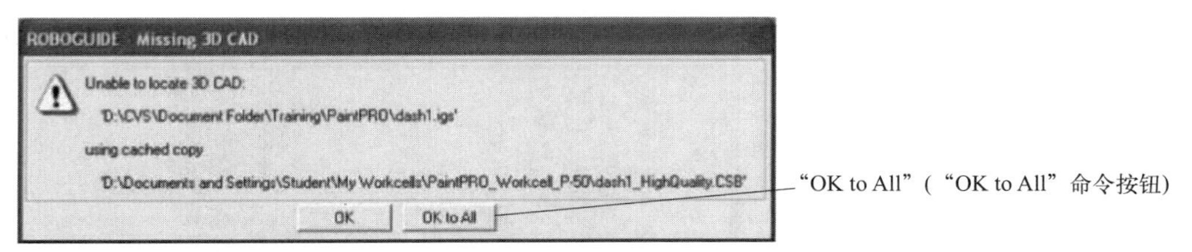

图 5-20 缺少 3D 数模文件

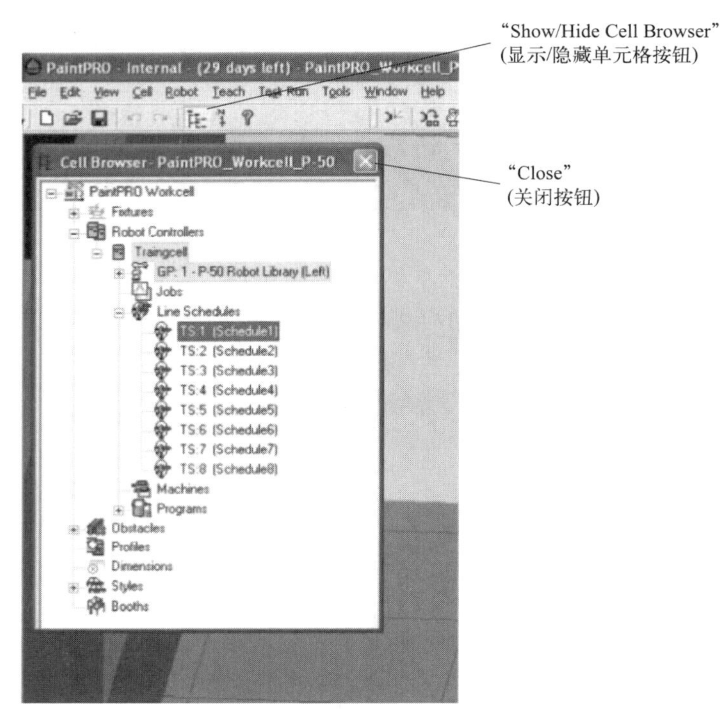

图 5-21 cell 目录

③ 同时按下鼠标左键和右键，前后移动鼠标，放大或者缩小画面。

④ 每一个在三维空间中的物体都有一个属于自己的空间坐标。当这个物体被选定的时候，它的空间坐标就会以绿色或红色被显示出来（当坐标被锁定时呈红色，当未被锁定时呈绿色），如图 5-22 所示。

⑤ 点击工具栏上的“Help”，能了解更多的关于鼠标移动画面的信息。

（4）使用 Teach Pendant 移动机器人

① 点击工具栏上的“Show/Hide TeachPendant” 按钮。出现 Teach Pendant 界面，如图 5-23 所示。

② 点击“Enable Switch”使“TeachPendant”处于“On”的状态。

③ 点击“RESET Key”复位“TeachPendant”上的故障。

④ 反复点击“COORD Key”直到选中需要的机器人坐标系。

⑤ 反复点击“Speed Override Key”直到选中需要的机器人移动速度。

⑥ 按住“SHIFT”同时点击“Jog Key”移动机器人。

（5）创建一个新的 Workcell

① 点击工具条上的“New Cell”按钮。

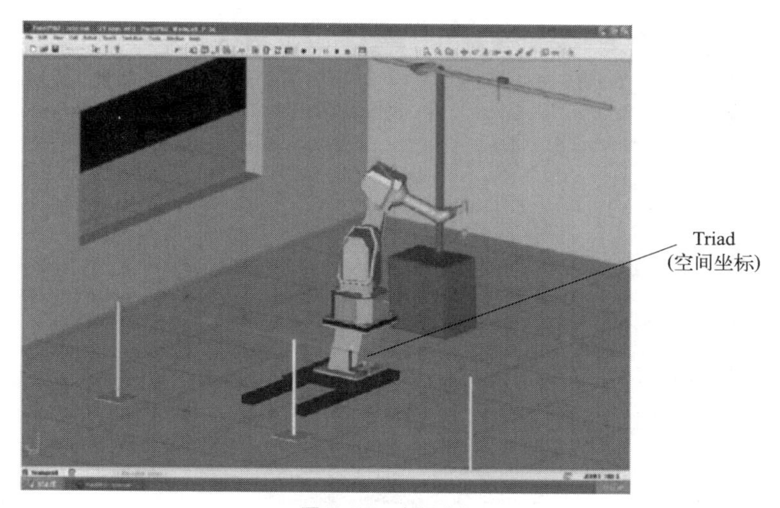

图 5-22 空间坐标

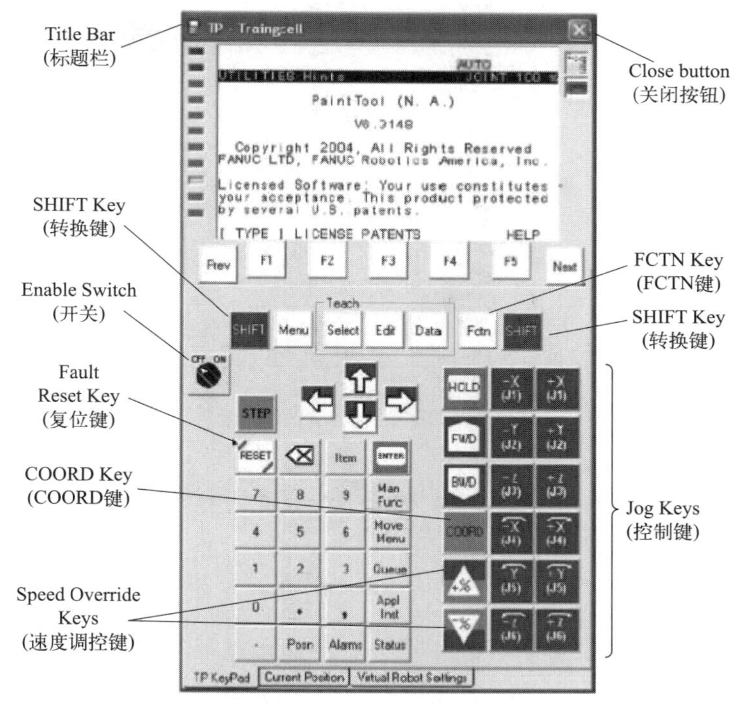

图 5-23 Teach Pendant 界面

② 为新的 Workcell 命名，如图 5-24 所示。

③ 点选“Build From Scratch”。

④ 如果机器人需要跟踪输送链，选择“Conveyor Tracking”和“Generic Simple Conveyor”，如图 5-25 所示。

⑤ 如果机器人不需要跟踪输送链，那么选择“Stop Station”。

⑥ 在“Applicator”部分中选择需要的工具，如喷涂器具。如果选择“None”可在后续的设置中再添加喷涂器具。

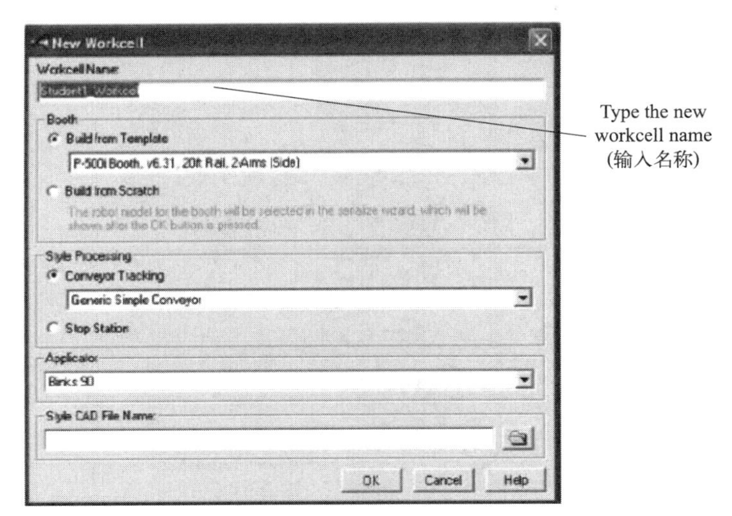

图 5-24 Workcell 命名

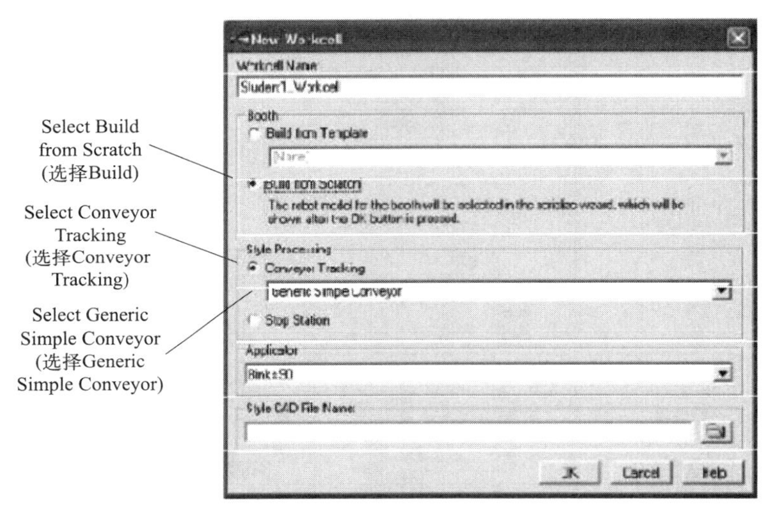

图 5-25 外轴

⑦ 在“Style CAD File Name”中选择需要的数模，如果不选择可在后续的设置中添加数模。

⑧ 点“OK”进入下一个界面。

⑨ 选择机器人软件类型，并按“Next”进入下一界面。

⑩ 选择机器人型号。

⑪ 选择多运动组，这里不需要添加其他的组合，直接点击，“Next”。

⑫ 选择需要安装的软件，这里一般不需要选择任何软件，直接点击“Next”。

⑬ 点击“Finish”结束设置过程。之后一个机器人就会在 3D 的视界中自动出现，如图 5-26 所示。

⑭ 在图 5-26 中，紫色的框体是机器人的跟踪窗口（tracking boundary），对着紫色框双击鼠标左键打开 tracking schedule 的属性框。

⑮ 点击“Boundaries”标签。

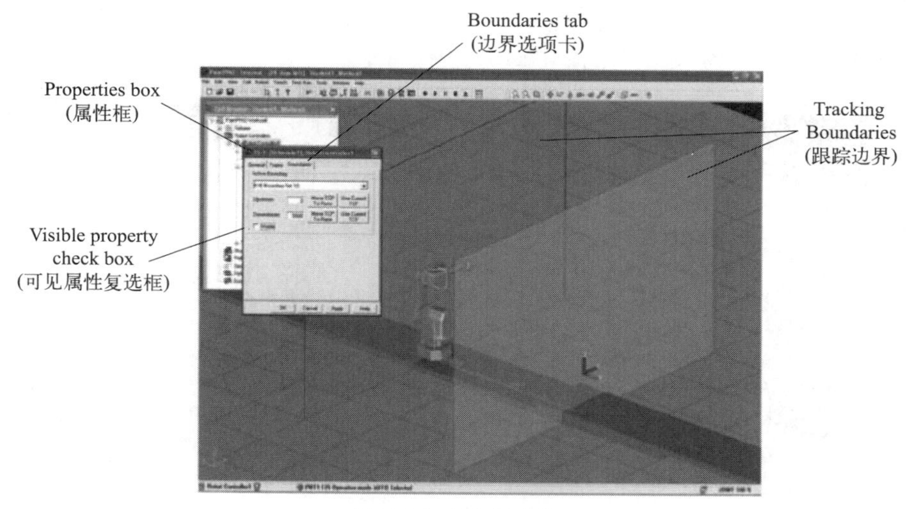

图 5-26 打开属性框

⑯ 点击“Visible”复选框，隐藏紫色框体。由于默认的机器人是右手机器人，如果需要用到左手机器人则需要进行如下步设置。

⑰ 在工具条上选择“Robot”—“Restart Controller”—“Controlled Start”。

⑱ 当 teach pendant 出现后，点击“Menu”，接着在出现的菜单中选择“MAINTENANCE”，如图 5-27 所示。

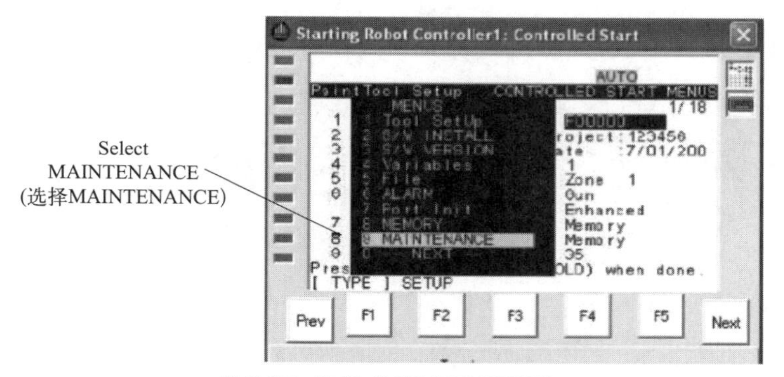

图 5-27 选择“MAINTENANCE”

⑲ 当出现如图 5-28 所示画面后，选择“F4 MANUAL”。

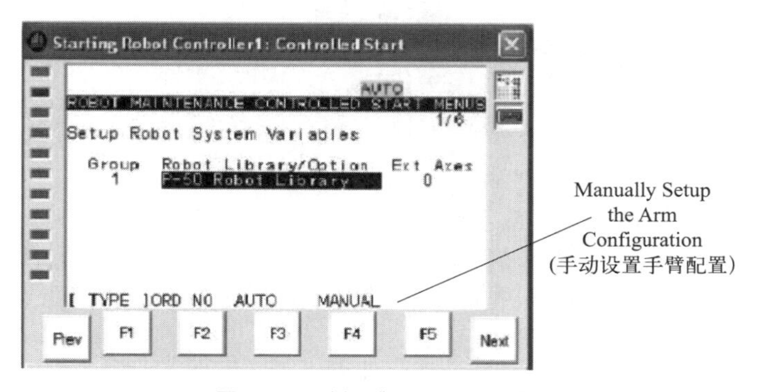

图 5-28 选择“F4 MANUAL”

⑳ 选择机器人负重，如图 5-29 所示选择 7kg。

㉑ 根据需要选择机器人安装方式，如图 5-30 所示。

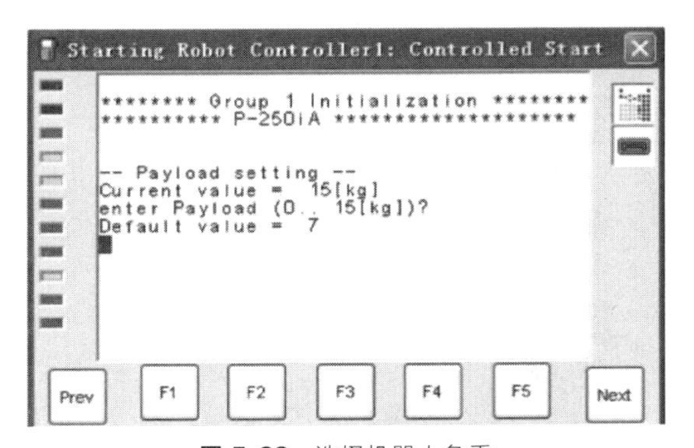

图 5-29 选择机器人负重

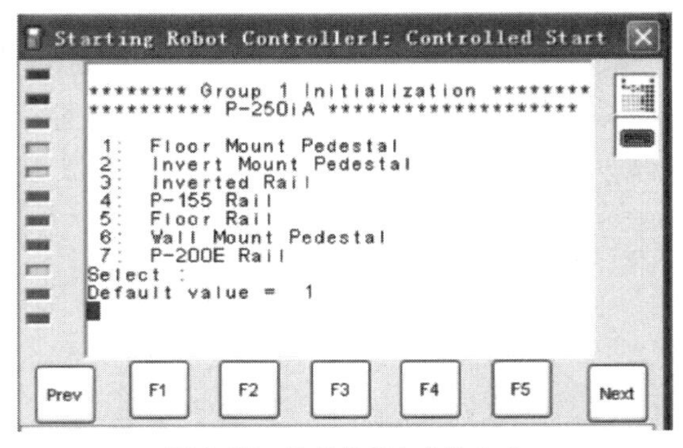

图 5-30 选择机器人安装方式

㉒ 选择机器人左右手，如图 5-31 所示。

㉓ 选择机器人左右手偏置，如图 5-32 所示。

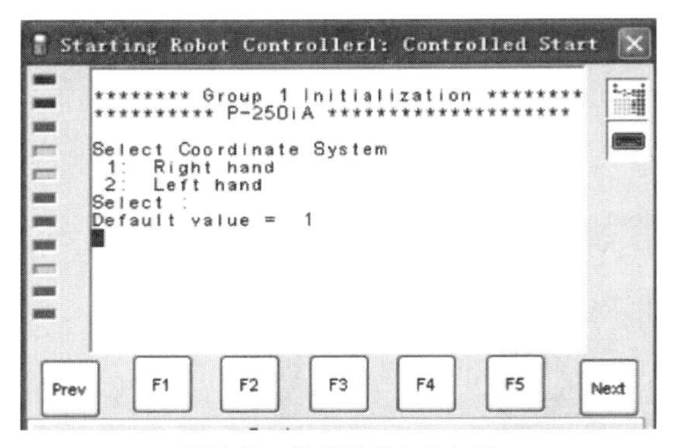

图 5-31 选择机器人左右手

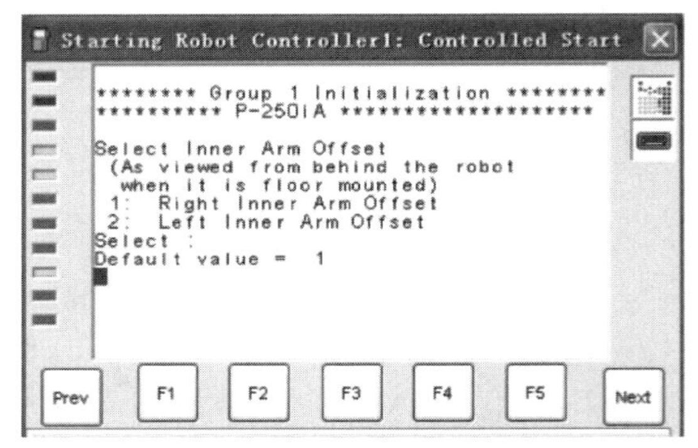

图 5-32 选择机器人左右手偏置

㉔ 选择 “stand wrist”，如图 5-33 所示。

㉕ 选择 “Aluminum Army”，如图 5-34 所示。

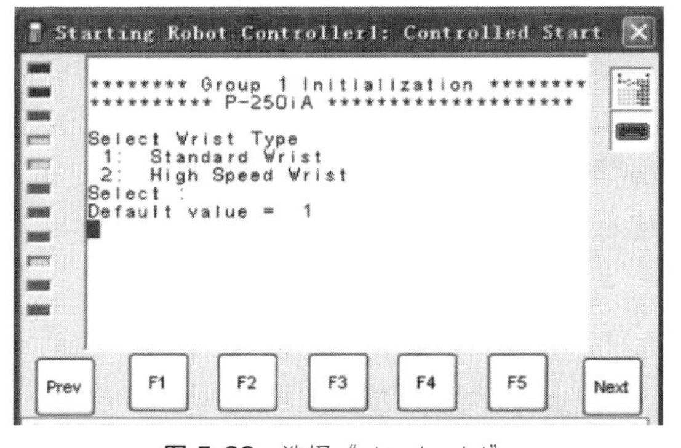

图 5-33 选择 “stand wrist”

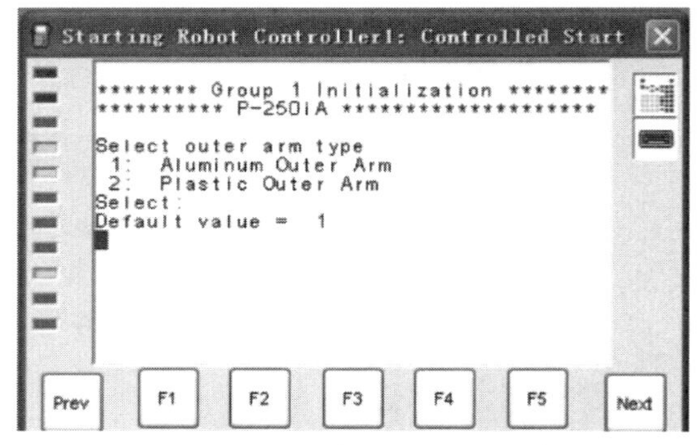

图 5-34 选择 “Aluminum Army”

㉖ 选择 “Unrestricted work envelope”，如图 5-35 所示。

㉗ 选择 “Optional brake installed on J1”，如图 5-36 所示。

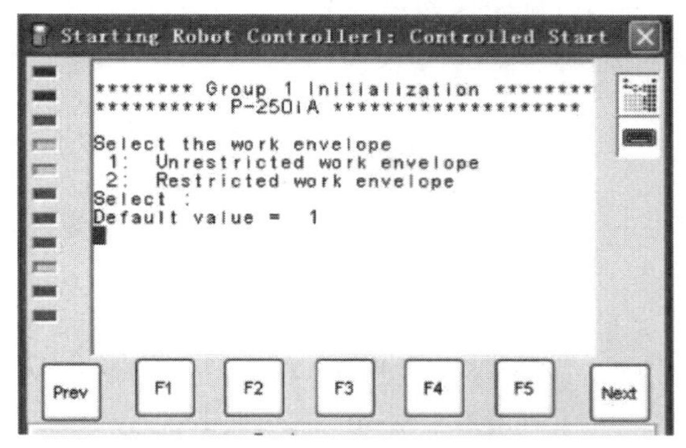

图 5-35 选择“Unrestricted work envelope”

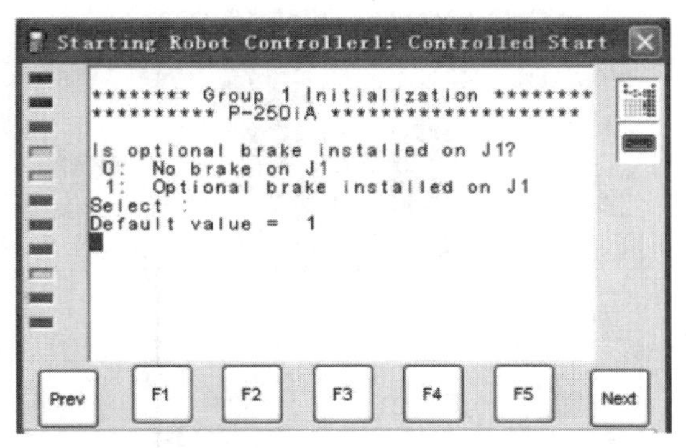

图 5-36 选择“Optional brake installed on J1”

㉘ 选择“Optional wrist axes brakes installe”，如图 5-37 所示。

㉙ 选择“Normal Temperatures”，如图 5-38 所示。

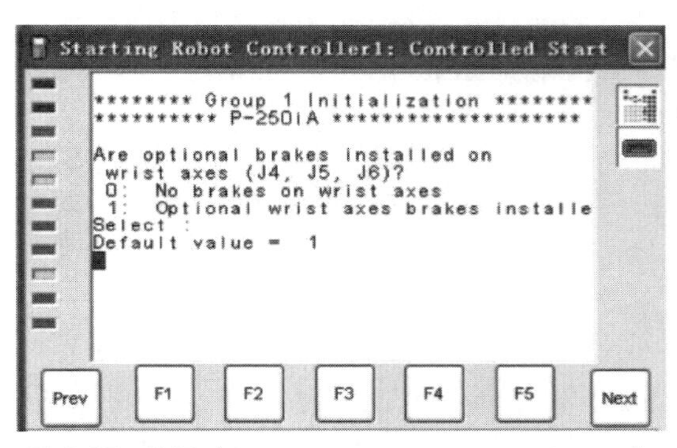

图 5-37 选择“Optional wrist axes brakes installe”

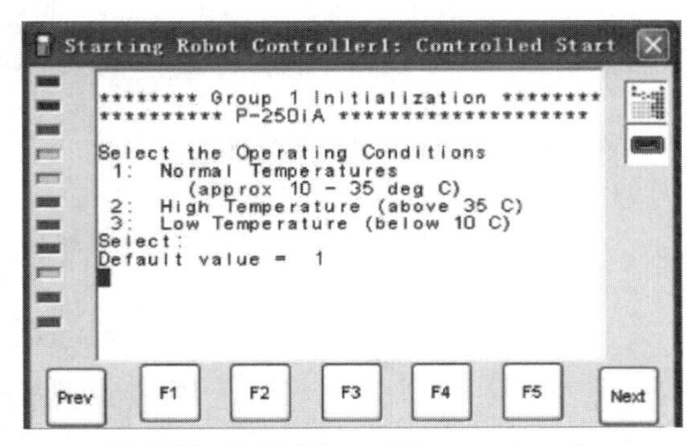

图 5-38 选择“Normal Temperatures”

㉚ 选择“One mastering surface on pedestal”，如图 5-39 所示。

㉛ 选择“Other”，如图 5-40 所示。

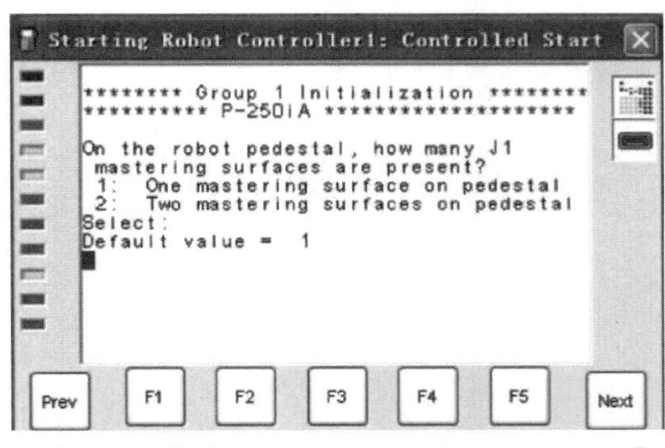

图 5-39 选择“One mastering surface on pedestal”

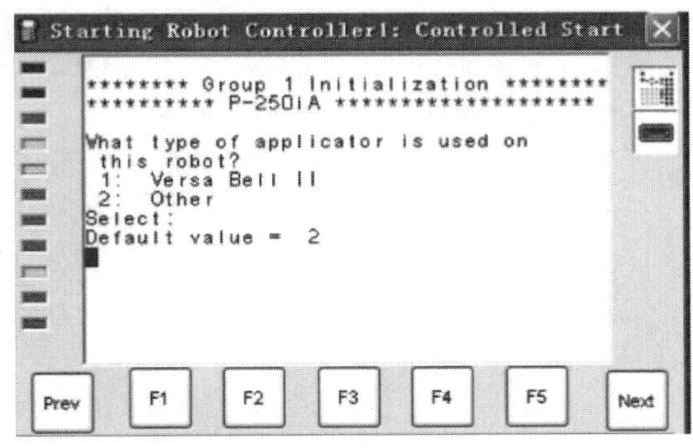

图 5-40 选择“Other”

㉜ 点击“Fctn”并选择“START(COLD)”，如图 5-41 所示。完成所有配置。

㉝ 双击机器人本体，出现机器人属性对话框。在上面通过改变 X、Y、Z 值来改变机器人在 3D 空间中的位置。

㉞ 在菜单栏上选择“Cell”—“Add Obstacles”—“Box”，给机器人添加上支撑底座。

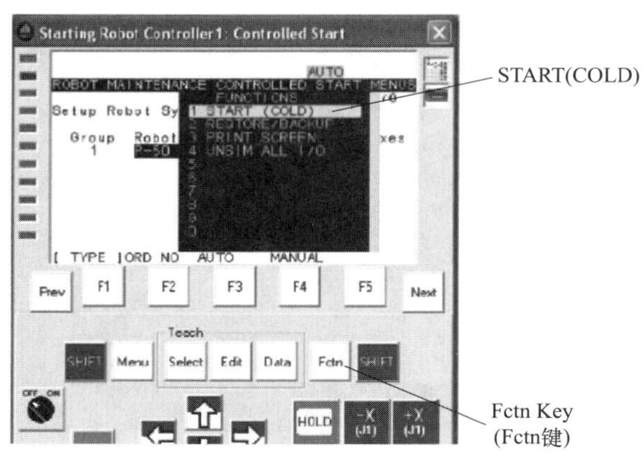

图 5-41 完成所有配置

㉟ 双击新出现的“box”，打开属性框，修改 box 的名字，把名字改为“Right Rail”，修改空间位置（Location）、大小尺寸（Scale），以及颜色。完成后点击“OK”关闭。如在 Scale 中，把 X 方向上的尺寸从 1000mm 改为 1535mm，并点击“Apply”；把 Y 方向上的尺寸从 1000mm 改为 144mm，并点击“Apply”；把 Z 方向上的尺寸从 1000mm 改为 84mm，并点击“Apply”。

在 Location 中，如把 X 方向上的尺寸从 0mm 改为 −1805.5mm，并点击“Apply”；把 Y 方向上的尺寸从 0mm 改为 −295mm，并点击“Apply”；把 Z 方向上的尺寸从 3000mm 改为 84mm，并点击 Apply。

㊱ 点击工具栏上的“Cell Browser”按钮，打开 Cell 目录。在 Obstacles 项上找到刚才创建的“Right Rail”。右键点击“Right Rail”，在出现的次级菜单中选择“copy Right Rail”。再一次右键点击“Right Rail”，选择“PasteRight Rail”。

㊲ 此时，出现一个名称是 Right Rail1 的项目，右键点击“Right Rail1”，选择“Right Rail1 Property”，打开属性界面。将名字改为“Left Rail”。如在 Location 中，把 Y 方向上的尺寸从 −295mm 改为 295mm，并点击“Apply”；把 Z 方向上的尺寸从 1084mm 改为 84mm，并点击“Apply”。

㊳ 在菜单栏上选择“Cell”—“Add Obstacle”—“Box”；在出现的 Box 的属性界面上，将名字改为“Mounting Plate”；把 Mounting Plate 的 X 方向的 Scale 尺寸从 1000mm 改为 813mm；把 Y 方向的 Scale 尺寸从 1000mm 改为 813mm；把 Z 方向的 Scale 尺寸从 1000mm 改为 12mm。把 Mounting Plate 的 X 方向的 Location 尺寸从 1000mm 改为 −1453.5mm；把 Y 方向的 Location 尺寸从 1000mm 改为 0mm；把 Z 方向的 Location 尺寸从 3000mm 改为 600mm。

㊴ 点击“OK”关闭 Mounting Plate 的属性界面。

㊵ 将机器人 Location 部分中 X 方向坐标改为 −1415mm，Z 方向坐标改为 600mm，使其出现在底座上方。

（6）建立 part carrier 和跟踪参数

① 打开 Cell Browser。

② 点击“Fixtures”。

③ 右键点击“Generic Simple Conveyor”。

④ 选择“Generic Simple Conveyor Properties”。

⑤ 将名称修改为“Overhead Conveyor”。

⑥ 将 Overhead Conveyor X 方向的 Size 改为 127mm。

⑦ 将 Overhead Conveyor Y 方向的 Size 改为 4267mm。

⑧ 将 Overhead Conveyor Z 方向的 Size 改为 76mm。

⑨ 将 Overhead Conveyor Z 方向的 Location 改为 3028mm。

⑩ 点击“OK”关闭对话框。

⑪ 双击“Part Carrier”，如图 5-42 所示。

⑫ 点击“Link CAD”栏，如图 5-43 所示。

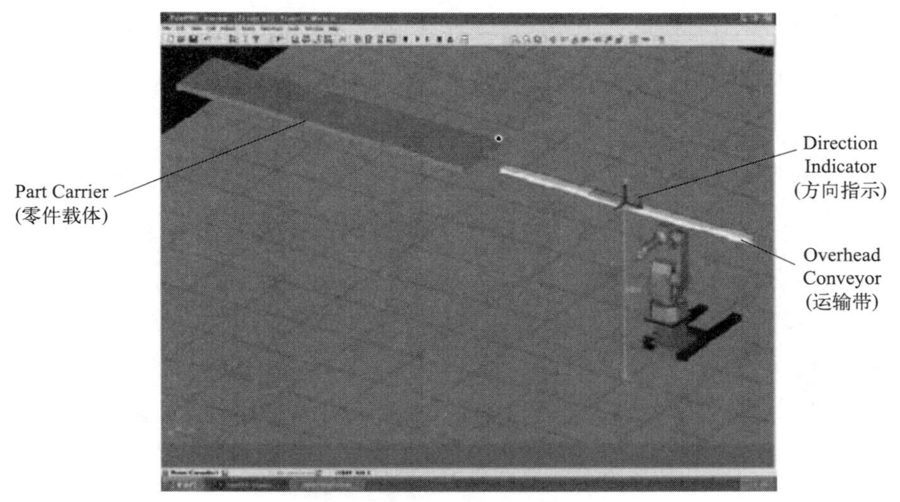

图 5-42 双击“Part Carrier”

⑬ 将 X 方向的 Size 改为 40mm。

⑭ 将 Y 方向的 Size 改为 40mm。

⑮ 将 Z 方向的 Size 改为 1066.8mm。

⑯ 在 CAD Location 部分，将 X 方向的值改为 1960。

⑰ 在 CAD Location 部分，将 Z 方向的值改为－603.871。

⑱ 点击“OK”关闭对话框。

⑲ 在 Cell Browser 上右键点击“Part Carrier”。

⑳ 选择“Add Link—Box”。

㉑ 在出现的对话框中将名称改为“Part Carrier Extension 1”。

㉒ 点击“Link CAD 栏”。

㉓ 将 Scale 部分的 X 方向数值改为 40mm。

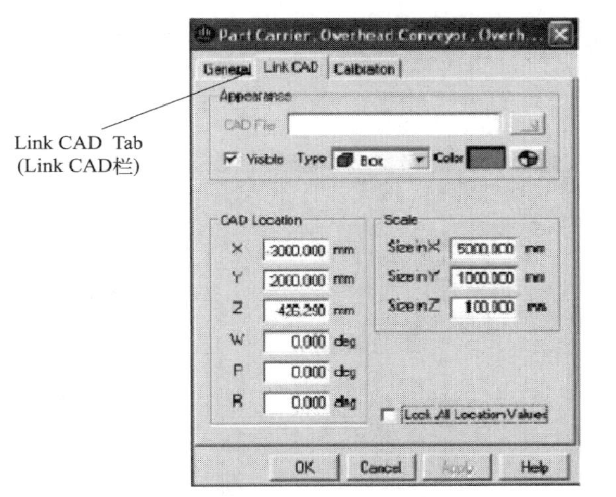

图 5-43 点击“Link CAD”

㉔ 将 Scale 部分的 Y 方向数值改为 40mm。

㉕ 将 Scale 部分的 Z 方向数值改为 295mm。

㉖ 将 CAD Location 部分的 Y 方向数值改为 5.6mm。

㉗ 将 CAD Location 部分的 Z 方向数值改为－1053mm。

㉘ 将 CAD Location 部分的 W 方向数值改为－45°。

㉙ 点击“OK”关闭。

㉚ 在 cell browser 中，右键点击“Part Carrier Extension 1”。

㉛ 选择“Add Link” — “Box”。

㉜ 将新出现的 BOX 名称改为“Part Carrier Extension 2”。

㉝ 点击 Part Carrier Extension 2 的“Link CAD 栏”。

㉞ 将 Scale 部分的 X 值改为 120mm。

㉟ 将 Scale 部分的 Y 值改为 76.2mm。

㊱ 将 Scale 部分的 Z 值改为 1066.8mm。
㊲ 将 CAD Location 部分的 Y 值改为－3mm。
㊳ 将 CAD Location 部分的 Z 值改为－274mm。
㊴ 将 CAD Location 部分的 W 值改为 45°。
㊵ 点击“OK”关闭对话框。
㊶ 双击“Direction Indicator”。
㊷ 在出现的对话框中，根据需要改变参数，如 Scale，Location 等。
㊸ 打开 cell browser。
㊹ 双击“TS：1（Schedule1）”，打开属性界面，如图 5-44 所示。
㊺ 在 General 栏上的 Tracking 部分把数值改为 900mm。
㊻ 点击“Boundaries 栏”。
㊼ 将 Boundary Set10 的 Upstream 数值改为－1100mm。
㊽ 将 Boundary Set10 的 Downstream 数值改为 1100mm。
㊾ 点击下拉菜单，对 Boundary Set9 的数值进行设置。
㊿ 设置其他的 Boundary Set 的数值。
51 点击“OK”，关闭对话框。

(7) 给机器人安装喷枪

① 打开 Cell Browser，如图 5-45 所示。

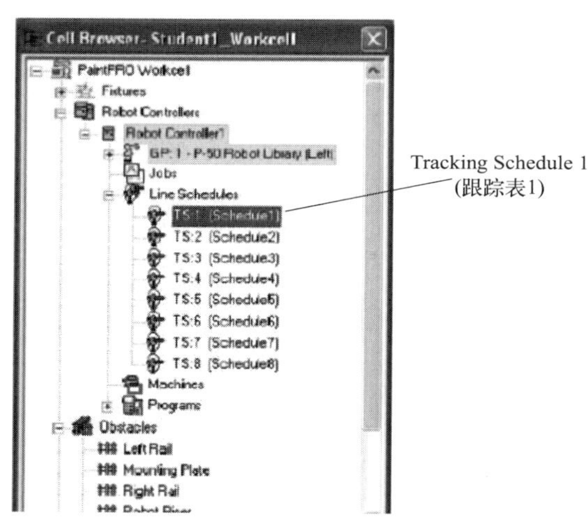

图 5-44 打开属性界面

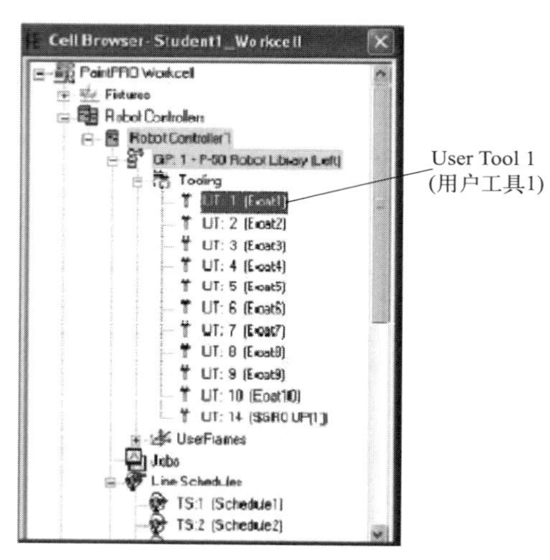

图 5-45 打开 Cell Browser

② 双击“UT：1（Eoat1）”。
③ 在出现的属性框中，将名称改为“Devilbiss AGXV-540”。
④ 点击“Primary CAD”按钮。
⑤ 在对话框中找到 Devilbiss AGXV-540 文件。
⑥ 点击“Apply”确认。
⑦ 点击“UTOOL”栏。
⑧ 点击“Edit UTOOL 框”。
⑨ 将 UTOOL 部分的 X 值改为－275mm。
⑩ 将 UTOOL 部分的 Z 值改为 225mm。
⑪ 将 UTOOL 部分的 P 值改为－90°。

⑫ 点击“Apply”确认。

⑬ 点击“Feature Pos Dflts 栏”，如图 5-46 所示。这里的参数在自动生成喷涂轨迹时会影响到机器人手腕的姿态，喷涂应用多种多样，根据具体情况找到最佳的参数。

⑭ 如图 5-47 所示参数使用默认值。

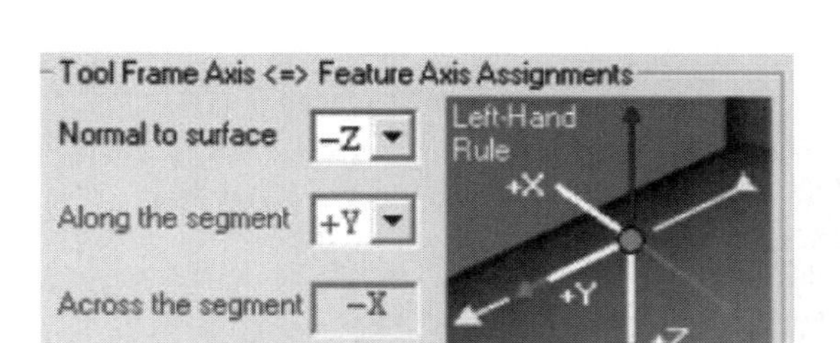

图 5-46 参数

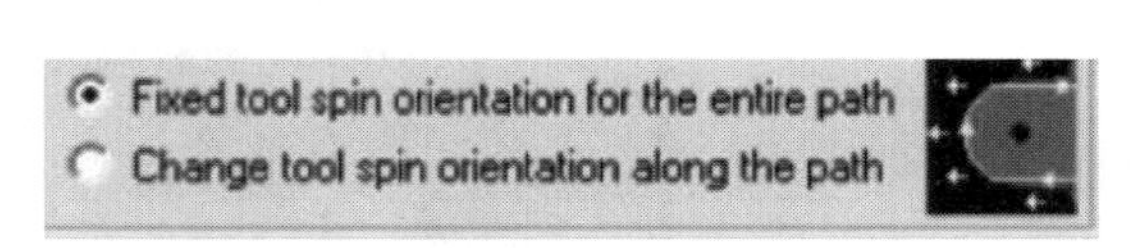

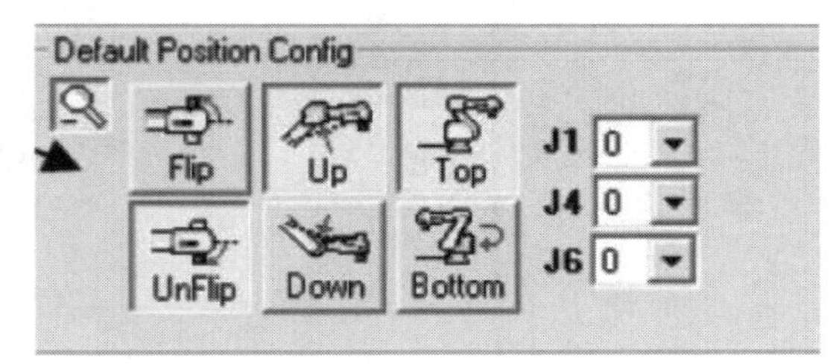

图 5-47 使用默认值参数

⑮ 点击“Painting Defaults”栏，如图 5-48 所示。

⑯ 输入 TCP 速度、喷幅、叠加率。

⑰ 选择喷枪或旋杯应用，并输入枪距离。

⑱ 点击“OK”，关闭页面。

(8) 载入工件数字模型

① 打开 Cell Browser。

② 右键点击“Styles”图标，如图 5-49 所示。

③ 选择“Add Style” — “CAD File”。

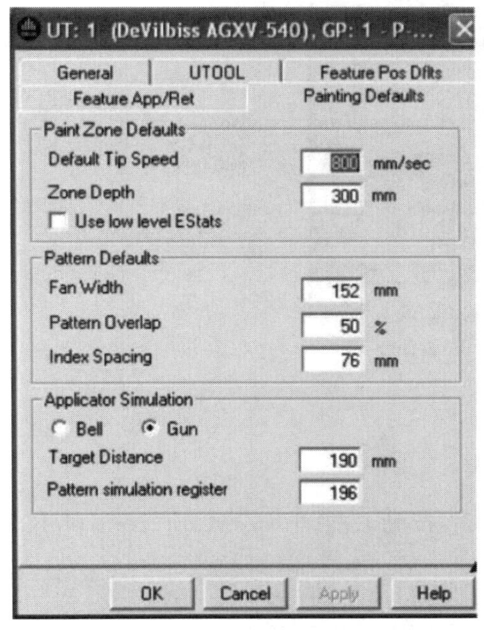

图 5-48 点击“Painting Defaults”栏

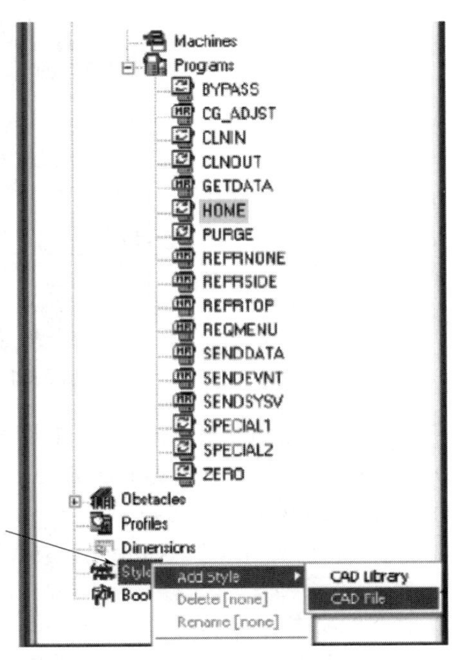

图 5-49 右键点击“Styles”图标

④ 在对话框中找到工件数字模型，如图 5-50 所示。

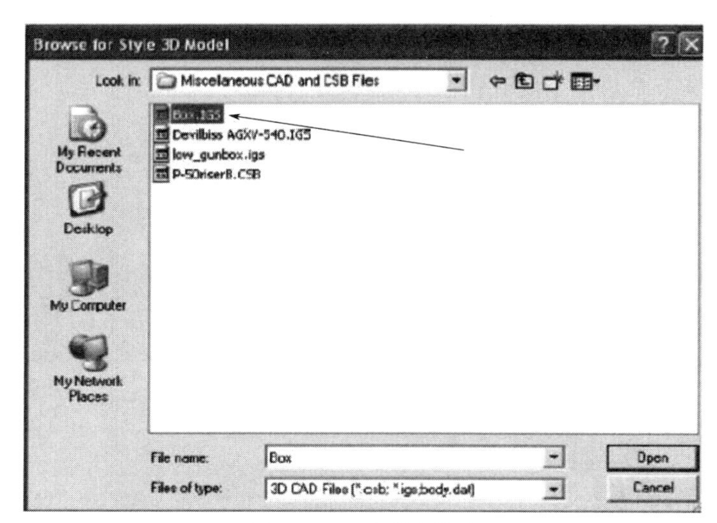

图 5-50 工件数字模型

⑤ 如果出现对话框并提问：是否使用边界识别?（edge detection）请选择“YES”。

⑥ 在出现的属性对话框中变更工件的名称。

⑦ 去掉 Lock All Location Value 前的勾，解除空间位置锁定，如图 5-51 所示。

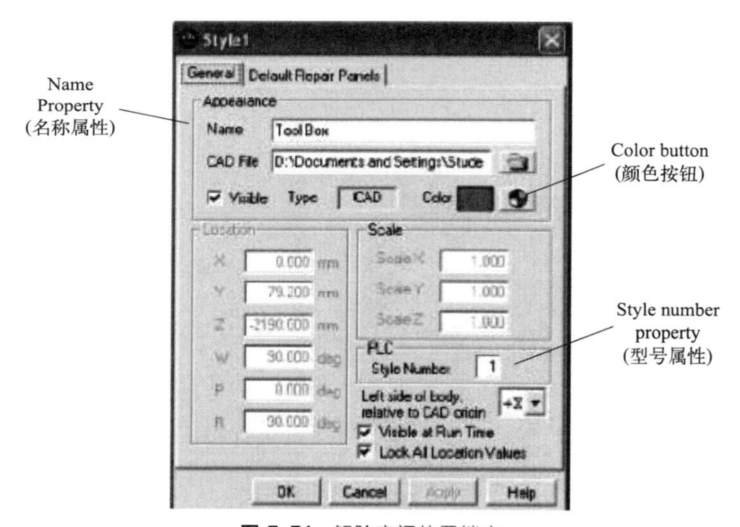

图 5-51 解除空间位置锁定

⑧ 在 Location 部分中能改变工件的空间位置。

⑨ 在 Scale 部分中能改变工件的大小尺寸。

(9) 使用 Conveyor 控制条

① 点击工具栏上的“Conveyor Quick Bar”按钮，打开 Conveyor control Bar，如图 5-52 所示。

② 在 Speed 栏上输入输送链速度。

③ 点击“BWD”按钮，让输送链向后走一小段距离，然后点击“Stop”停止输送链。

④ 点击“Detect”按钮，让 Part Carrier（滑橇）移动到 Part Detector 感应器位置。

⑤ 点击“FWD”按钮让输送链向前运行。

⑥ 点击“1X”“2X”“4X”能让输送链分别以 1 倍、2 倍、4 倍的速度运行。

(10) 将现实机器人的程序导入仿真软件

① 点击工具条上的“Teach”—“Load Program”，将 USB 或者其他文件夹下的 TP 程序导入，如图 5-53 所示。

② 创建 JOB 程序。

a. 打开 Cell Browser。

b. 选择“JOB”—“Add Job”。

c. 在 Job 属性对话框中，输入 Job 程序名，如图 5-54 所示。

d. 将“Generate all assigned paint zone TPsbefore the job TPcheck box”前的钩去掉。

e. 点击“Process”栏，如图 5-55 所示。

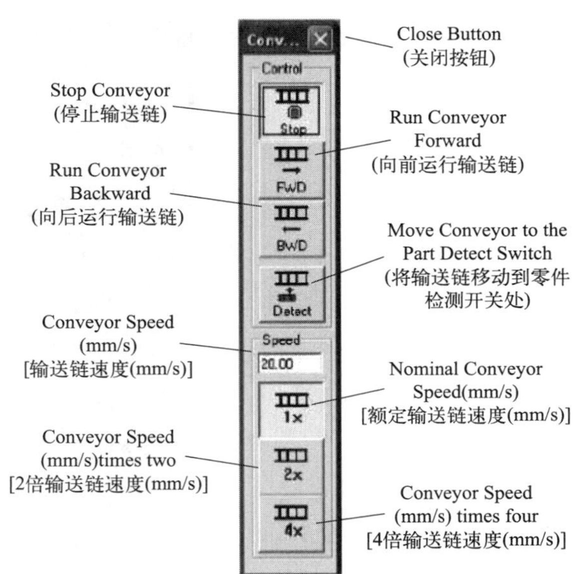

图 5-52 打开 Conveyor control Bar

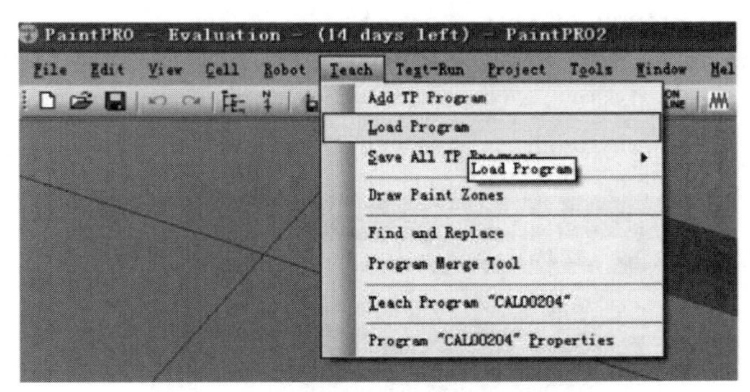

图 5-53 导入 TP 程序

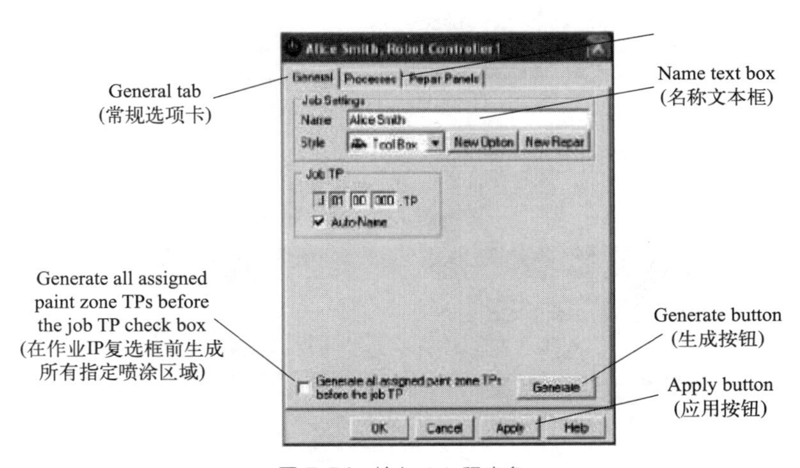

图 5-54 输入 Job 程序名

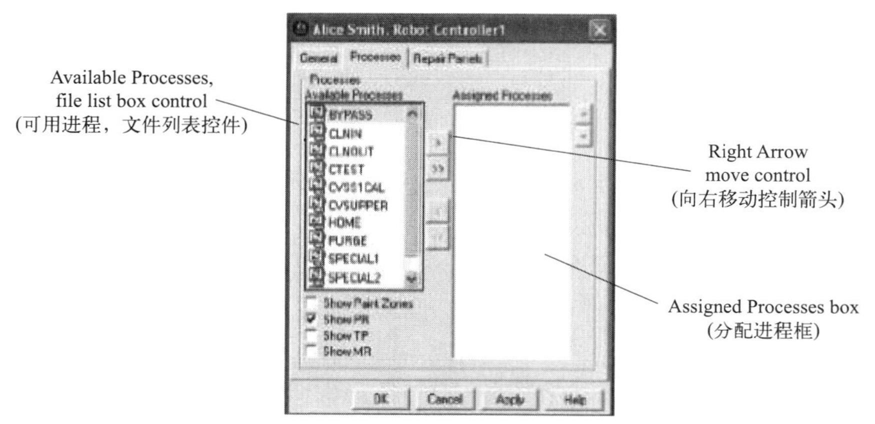

图 5-55 点击“Process”栏

f. Available Process 列表中显示当前所有的机器人子程序。
g. 将需要的子程序选中然后移动到右边的 Assigned Processes 区域中。
h. 点击“Apply”按钮。
i. 切换到 General 栏。
j. 点击“Generate”按钮，创建 Job 程序。
k. 点击“OK”关闭对话框。
③ 将机器人移动到 Home 点。
④ 关掉 teach pendant 界面。
⑤ 在工具栏上面，点击“Cycle Start”按钮。
⑥ 在弹出的 Cycle Time Accuracy 框体点击“OK”，如图 5-56 所示。

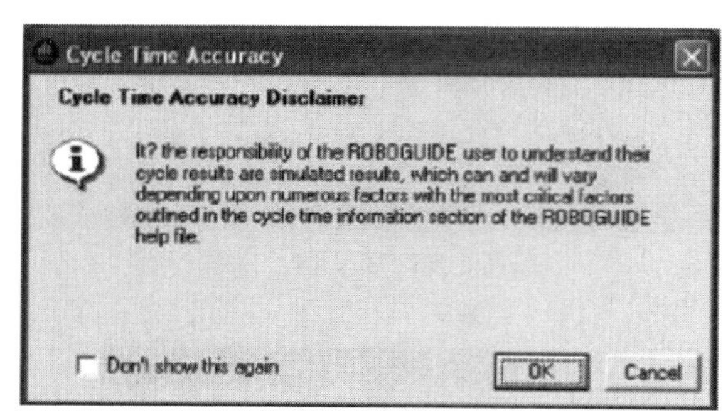

图 5-56 Cycle Time Accuracy 对话框

⑦ 确认下面框体的各项信息无误，然后点击“Initiate”按钮，运行程序，如图 5-57 所示。

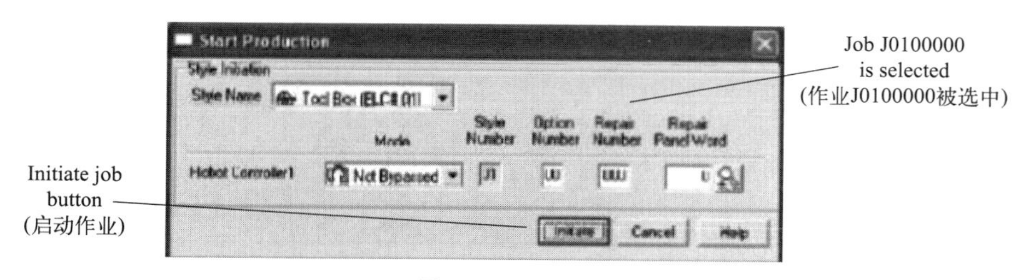

图 5-57 运行程序

⑧ 如果在执行程序的过程中出现故障，机器人停机，点击“Abort”按钮。

(11) 创建喷涂程序

① 左键单击工件。

② 点击工具栏上的“Draw Paint Zones”按钮，出现工具条，如图 5-58 所示。

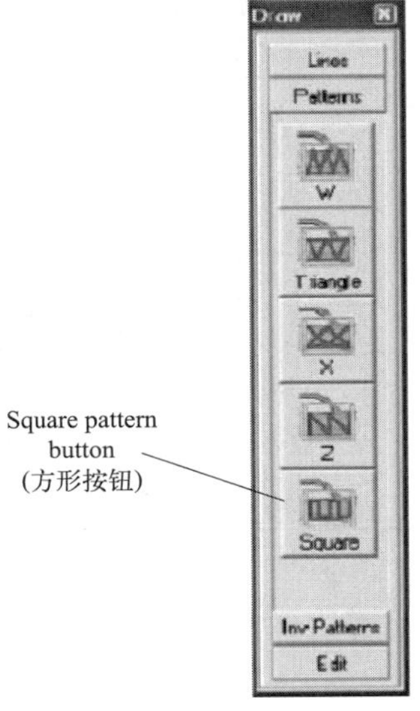

图 5-58 工具条

③ 点击“Square Pattern”按钮。

④ 将鼠标移动到工件表面，直到鼠标和工件之间出现法线，如图 5-59 所示。

⑤ 在工件上单击鼠标左键确认，然后拖动鼠标，生成图 5-60 中所示的白色带箭头框体。

⑥ 将白色框体拉大到合适的尺寸并单击鼠标左键，生成黄色框体并弹出属性对话框，如图 5-61 所示。

⑦ 将鼠标移动到黄色边线，当鼠标变成的形状后，单击左键调整框体大小。

⑧ 属性对话框中，在 General 栏，Paint Zone 区域中将 Paint Zone 的名称修改，如图 5-62 所示。同时在 TP Name 部分定义将要制作的喷涂程序名称。

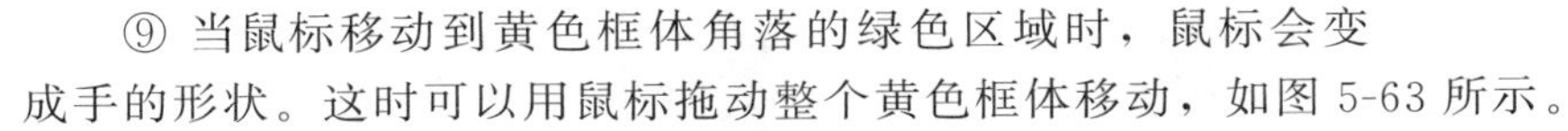

⑨ 当鼠标移动到黄色框体角落的绿色区域时，鼠标会变成手的形状。这时可以用鼠标拖动整个黄色框体移动，如图 5-63 所示。

图 5-59 法线

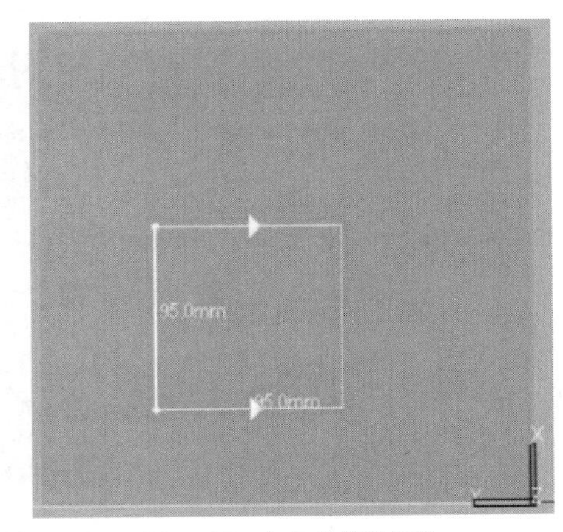

图 5-60 白色带箭头框体

⑩ 点击“Pos Defaults”栏，确认 Along the segment 的值是－Y。

⑪ 点击“Painting ”栏，设置在 Bottom of zone 或在 top of zone 关枪。

⑫ 点击“general tab”栏，选择是否在改变 paint zone 的设置后让 tp 程序也相应随之更改。

⑬ 点击“generate tp”，程序将自动生成。

⑭ 如果不想显示 paint zone，关闭 visible 选择状态。

⑮ 点击“OK”，关闭对话框。

⑯ 将 paintpro 中的 tp 程序导出到现场机器人中。

a. 点击 paintpro 工具栏中的示教器按钮，打开示教器界面。

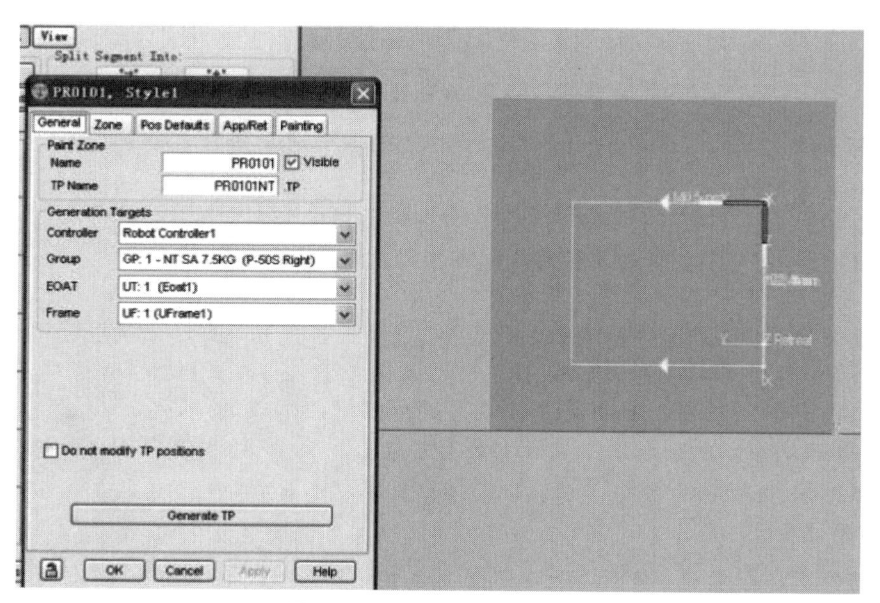

图 5-61 黄色框体及属性对话框

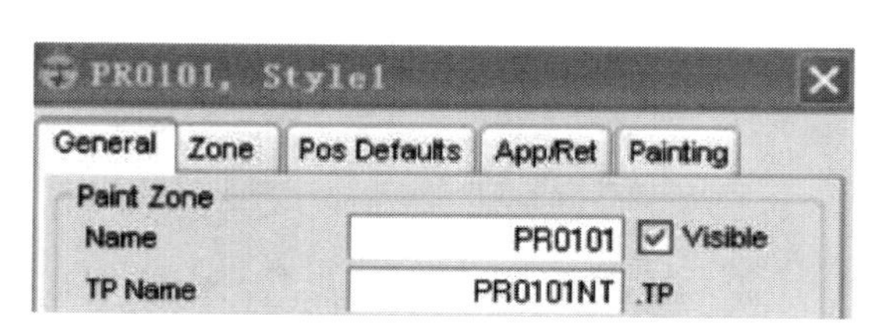

图 5-62 定义喷涂程序名称

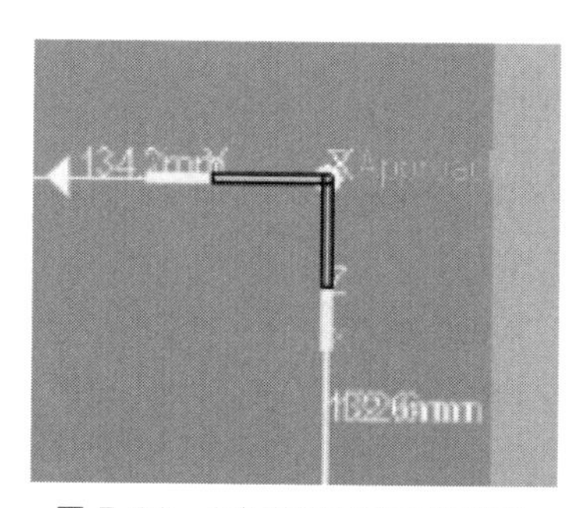

图 5-63 鼠标拖动黄色框体移动

b. 点击最下方的 Virtual Robot Settings 。

c. MC Path D:\..\..\..\..\jac plant 1\robot_1\mc\ Reset to Defaults 图中的路径为 paintpro 存放 tp 程序的位置。

d. 点击“Menu”，选择“7 file”—“F4 backup”—“2 tp programs”—“F3 ALL”备份所有当前机器人程序。

e. 根据路径打开文件夹，将刚才备份的程序拷进 U 盘或 CF 卡。

f. 将 CF 卡或 U 盘插入现场机器人控制器中。

g. 点击“Menu”，选择“7 file”—“F2 DIR”—“8 next”—“1 *.tp”在显示的文件列表中找到需要拷贝进机器人的程序并确认。

参考文献

[1] 张培艳．工业机器人操作与应用实践教程［M］．上海：上海交通大学出版社，2009.
[2] 邵慧，吴凤丽．焊接机器人案例教程［M］．北京：化学工业出版社，2015.
[3] 杜志忠，刘伟．点焊机器人系统及编程应用［M］．北京：机械工业出版社，2015.
[4] 叶晖，管小清．工业机器人实操与应用技巧［M］．北京：机械工业出版社，2011.
[5] 郭洪江．工业机器人运用技术［M］．北京：科学出版社，2008.
[6] 王保军，滕少峰．工业机器人基础［M］．武汉：华中科技大学出版社，2015.
[7] 张宪民．工业机器人应用基础［M］．北京：机械工业出版社，2015.
[8] 李荣雪．焊接机器人编程与操作［M］．北京：机械工业出版社，2013.
[9] 兰虎．工业机器人技术及应用［M］．北京：机械工业出版社，2014.
[10] 蔡自兴．机械人学基础［M］．北京：机械工业出版社，2009.
[11] 王景川，陈卫东，古平晃洋．PSoC3 控制器与机器人设计［M］．北京：化学工业出版社，2013.
[12] 兰虎．焊接机器人编程及应用［M］．北京：机械工业出版社，2013.
[13] 胡伟．工业机器人行业应用实训教程［M］．北京：机械工业出版社，2015.
[14] 叶晖．工业机器人典型应用案例精析［M］．北京：机械工业出版社，2015.
[15] 叶晖．工业机器人工程应用虚拟仿真教程［M］．北京：机械工业出版社，2016.
[16] 蒋庆斌，陈小艳．工业机器人现场编程［M］．北京：机械工业出版社，2014.
[17] 克雷格．机器人学导论［M］．负超，王伟，译．北京：机械工业出版社，2006.
[18] 刘伟．焊接机器人离线编程及传真系统应用［M］．北京：机械出版社，2014.
[19] 李荣雪．弧焊机器人操作与编程［M］．北京：机械出版社，2015.
[20] 韩鸿鸾，张林辉，孙海蛟．工业机器人操作与应用一体化教程［M］．西安：西安电子科技大学出版社，2020.
[21] 韩鸿鸾，时秀波，毕美晨．工业机器人离线编程与仿真一体化教程［M］．西安：西安电子科技大学出版社，2020.
[22] 韩鸿鸾，周永钢，王术娥．工业机器人机电装调与维修一体化教程［M］．西安：西安电子科技大学出版社，2020.
[23] 韩鸿鸾．工业机器人现场编程与调试一体化教程［M］．西安：西安电子科技大学出版社，2021.
[24] 韩鸿鸾，时秀波，孙林，等．工业机器人工作站的集成一体化教程［M］．西安：西安电子科技大学出版社，2021.
[25] 韩鸿鸾，相洪英．工业机器人的组成一体化教程［M］．西安：西安电子科技大学出版社，2020.
[26] 韩鸿鸾．工业机器人机械基础一体化教程［M］．西安：西安电子科技大学出版社，2023.